飞行技术专业系列教材

民航飞机电子电气系统

朱新宇　胡　焱　沈家庆　钟玲玲　主编

西南交通大学出版社
·成　都·

图书在版编目（CIP）数据

民航飞机电子电气系统/朱新宇等主编. 一成都：
西南交通大学出版社，2016.8（2024.1 重印）
飞行技术专业系列教材
ISBN 978-7-5643-4975-2

Ⅰ. ①民… Ⅱ. ①朱… Ⅲ. ①民用飞机 – 电子系统 –
教材②民用飞机 – 电气系统 – 教材 Ⅳ. ①V271

中国版本图书馆 CIP 数据核字（2016）第 205521 号

飞行技术专业系列教材

民航飞机电子电气系统

朱新宇　胡焱　沈家庆　钟玲玲　主编

责 任 编 辑	宋彦博	
封 面 设 计	刘海东	
出 版 发 行	西南交通大学出版社 （四川省成都市金牛区二环路北一段 111 号 西南交通大学创新大厦 21 楼）	
发 行 部 电 话	028-87600564　028-87600533	
邮 政 编 码	610031	
网　　　址	http://www.xnjdcbs.com	
印　　　刷	四川森林印务有限责任公司	
成 品 尺 寸	185 mm×260 mm	
印　　　张	23.25	
字　　　数	579 千	
版　　　次	2016 年 8 月第 1 版	
印　　　次	2024 年 1 月第 10 次	
书　　　号	ISBN 978-7-5643-4975-2	
定　　　价	64.00 元	

总　序

　　民航是现代综合交通运输体系的有机组成部分，以其安全、快捷、通达、舒适等独特优势确立了独立的产业地位。同时，民航在国家参与经济全球化、推动老少边穷地区发展、维护国家统一和民族团结、保障国防和经济安全、加强与世界不同文明沟通、催生相关领域科技创新等方面都发挥着难以估量的作用。因此，民航业已成为国家经济社会发展的战略性先导性产业，其发达程度直接体现了国家的综合实力和现代化水平。

　　自改革开放以来，我国民航业快速发展，行业规模不断扩大，服务能力逐步提升，安全水平显著提高，为我国改革开放和社会主义现代化建设做出了突出贡献。可以说，我国已经成为名副其实的民航大国。站在新的历史起点上，在 2008 年的全国民航工作会议上，民航局提出了全面推进建设民航强国的战略构想，拉开了我国由民航大国迈向民航强国的序幕。

　　要实现民航大国向民航强国的转变，人才储备是最基本的先决条件。长期以来，我国民航业发展的基本矛盾是供给能力难以满足快速增长的市场需求。而其深层次的原因之一，便是人力资源的短缺，尤其是飞行、空管和机务等专业技术人员结构不合理，缺乏高级技术、管理和安全监管人才。有鉴于此，国务院在《关于促进民航业发展的若干意见》中明确指出，要强化科教和人才支撑，要实施重大人才工程，加大飞行、机务、空管等紧缺专业人才的培养力度。

　　正是在这样的大背景下，作为世界上最大的航空训练机构，作为中国民航培养飞行员和空中交通管制员的主力院校，中国民用航空飞行学院以中国民航可持续发展为己任，勇挑历史重担，结合自身的办学特色，整合优势资源，组织编写了这套"飞行技术专业系列教材"，以解当下民航专业人才培养的燃眉之急。在这套教材的规划、组织和编写过程中，教材建设团队全面贯彻落实《国家中长期教育改革和发展规划纲要（2010—2020 年）》，以培养适应民航业岗位需要的、具有"工匠精神"的应用型高素质人才为目标，创新人才培养模式，突出民航院校办学特色，坚持"以飞为主，协调发展"的方针，深化"产教融合、校企合作"，强化学生实践能力培养。同时，教材建设团队积极推进课程内容改革，在优化专业课程内容的基础上，加强包括职业道德、民航文化在内的人文素养教育。

由中国民用航空飞行学院编写的这套教材，高度契合民航局颁布的飞行员执照理论考试大纲及知识点要求，对相应的内容体系进行了完善，从而满足了民航专业人才培养的新要求。可以说，本系列教材的出版恰逢其时，是一场不折不扣的"及时雨"。

由于飞行技术专业涉及的知识点多，知识更新速度快，因此教材的编写是一项极其艰巨的任务。但令人欣喜的是，中国民用航空飞行学院的教师们凭借严谨的工作作风、深厚的学术造诣以及坚韧的精神品质，出色地完成了这一任务。尽管这套教材在模式创新方面尚存在瑕疵，但仍不失为当前民航人才培养领域的优秀教材，值得大力推广。我们相信，这套教材的出版必将为我国民航人才的培养做出贡献，为我国民航事业的发展做出贡献！

是为序。

中国民航飞行学院
教材编写委员会
2016 年 7 月 1 日

前　言

随着中国民航向民航强国的目标越飞越近，围绕飞行技术专业人才培养的改革也在不断深入。为了配合民航新技术的进展以及满足民航业对飞行员素质的要求，中国民用航空飞行学院学科组决定对航空电子电气系列课程进行重新审视和定位，将原有的"民航飞机电气仪表及通信系统"和"航空电子设备"两梯次课程体系变为三梯次课程体系，包括"飞行电学基础""民航飞机电子电气系统"和"民航运输机电子系统"，涵盖了从基础到专业的理论和知识，遵循循序渐进、由浅入深的知识理解的原则。

本教材在电子电气教学体系中具有承上启下的作用，较好地衔接了基础和专业知识。在本书编写过程中，我们结合原《民航飞机电气仪表及通信系统》在使用过程中的反馈信息，汲取了各任课教师多年的教学经验，紧密联系民用飞机电气系统、航空仪表、飞机通信系统的应用实际和发展趋势，对原有内容进行了较大幅度的修改与补充，增加了变频供电、卫星通信等新知识，特别是突出了民航法规在教学与飞行工作中的重要作用，将法规、知识和运行紧密结合，更利于学生对民航法规的理解和运用。

本书分为上、中、下三篇。上篇为"飞机电气系统"，主要介绍了飞机直流电源、交流电源及其调压、控制保护设备的基本原理和基础理论知识，同时对常用的飞机电路设备、电能变换设备以及飞机电源的并联供电、不中断供电、输配电知识也进行了较为详尽的阐述，此外还简要介绍了飞机电力传动装置、发动机电力起动方法、灯光照明及警告设备。中篇为"飞机通信系统"，重点介绍了通信机的收发原理，并以典型飞机的通信系统为例介绍了常用通信设备的使用方法，还介绍了无线电波的传输、干扰及抑制措施等内容。下篇为"航空仪表"，介绍了航空仪表的基础知识和飞机上基本仪表设备的基本原理，并对高空升、姿态、航向仪表进行了重点介绍。

本书由中国民用航空飞行学院朱新宇、胡焱、沈家庆、钟玲玲担任主编。其中，第1~6章由朱新宇编写，第7、8、9、11章由胡焱编写，第12、13章由沈家庆编写，第14、15章由钟玲玲编写，第10章由胡焱和钟玲玲共同编写。何晓薇教授审阅了全书，并提出了宝贵的意见。本书在编写过程中得到了中国民用航空飞行学院教务处和航空工程学院的大力支持，他们为提高教材质量付出了大量心血。同时，电子教研室和电气教研室的全体教师结合教学经验对全书内容进行了多次讨论，并提出了中肯的建议，在此一并感谢。

由于资料和水平所限，书中不妥之处在所难免，敬请广大读者批评指正。

编　者

2018 年 5 月

目　录

上　篇　飞机电气系统

中　篇　飞机通信系统

下　篇　航空仪表

上　篇
飞机电气系统

1　飞机电气系统概述

1.1　飞机供电系统概述

1.1.1　电源系统的组成和功用

　　飞机上电能的产生、调节、控制、变换和传输分配系统总称为飞机供电系统，包括从电能产生到用电设备端的全部设备、控制元件和线路。它又可分为飞机电源系统和飞机输配电系统两部分。

　　飞机电源系统是飞机上电能产生、调节、控制和变换部分的总称，是指由飞机电源到电源汇流条间的部分。通常飞机电源系统由主电源（primary power）、辅助电源（auxiliary power）、应急电源（emergency power）、二次电源（secondary power）和外部电源（external power）及其连接与监控装置部分组成，如图 1.1 所示。

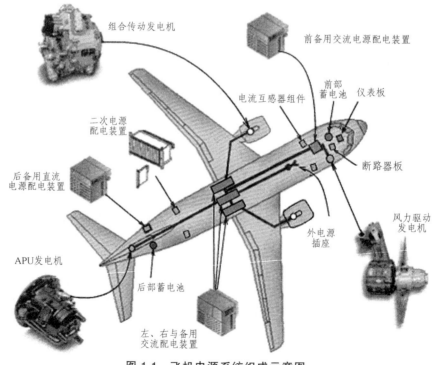

图 1.1　飞机电源系统组成示意图

　　主电源由航空发动机直接或间接传动的发电机及其变换调节、控制保护设备等构成，负责在飞机正常飞行期间向全机提供足够数量和一定质量的电能，满足机载用电设备的需要。

辅助电源是飞机发动机未工作或部分主电源发生故障时向飞机供电的电源。在中、大型飞机上，采用辅助动力装置（Auxiliary Power Unit，APU）驱动的发电机作为辅助电源；在小型飞机上，则采用蓄电池作为辅助电源。

应急电源是在主电源发生故障后向飞机飞行必需的用电设备供电的电源。由于应急电源容量小、储能有限，当飞机上仅有应急电源供电时，飞机必须在就近机场着陆。在小型飞机上，应急电源仅采用蓄电池；而在中、大型飞机上，为满足 ETOPS（延程运行）需要，除蓄电池外，通常还安装有冲压空气涡轮（Ram Air Turbine，RAT）发电机或液压马达驱动发电机（Hydraulic Motor Generator，HMG）作为应急电源。

二次电源由电能变换器构成，用于将主电源产生的一种形式的电能转变为另一种或多种形式的电能，以适应不同用电设备对特殊电压或频率的需要。

飞机停于机场时，为了环保和经济，最好由机场的外部电源供电。外部电源通过电缆和机身的插头插座向飞机供电，以供在地面通电检查机上用电设备和起动发动机之用。

飞机供电系统是飞机的重要子系统，在 CAAR-121 部第 313 条"其他设备"中对电源设备的安装做了如下规定：

飞机只有安装下列设备，方可以实施本规则的运行：（c）符合运输类飞机型号合格审定适航要求的电源和配电系统，或者在任一电源或者配电系统部件失效时，利用外部电源，能为所需要的仪表和设备供电的发电和配电系统。在系统中准许使用普通部附件，只要局方认为其设计能合理地防止失效。当使用由发动机驱动的多个电源时，它们应当分别安装在各台发动机上。

飞机输配电系统是指由电源汇流条到用电设备端的部分。飞机输配电系统又称飞机电网，由电线、配电装置和保护元件等构成。

飞机输配电系统根据配电方式的不同分为集中式、分散式和混合式三种。

集中式配电系统设有中心配电装置，所有电源的电能都送到此配电装置，所有用电设备也通过导线连接到配电装置，所以飞机上的电源都处于并联工作状态。这种配电方式仅适合于小型飞机。

分散式配电系统是将各电源产生的电能送到各自的配电装置，并通过它们向就近的用电设备供电。一旦某电源出现故障，由它供电的设备转由其他正常工作的电源供电。这种配电方式比较简单可靠。

混合式配电系统设有多个用电设备汇流条，分布于用电设备附近，称为二次配电装置。此时所有电源的电能仍集中在中心配电装置，二次配电装置由中心配电装置供电，这样可以简化中心配电装置，减轻飞机电网质量。

输配电系统的控制方式有：常规式、遥控式和固态式。常规控制方式的电源线和用电设备输电线都集中于座舱内的中心配电装置中，由飞行员通过开关控制电源和用电设备电路的接通或断开。遥控式配电系统的配电汇流条设于用电设备附近，由飞行员在座舱内通过继电器或接触器接通或断开电路，故座舱内只有控制线，没有电力线。固态式配电系统应用微型计算机和分时多路传输总线通过大功率晶体器件来控制电源和用电设备的通或断，既有遥控式的特点，又简化了控制线，减轻了飞行人员的负担，减轻了飞机电网的质量，提高了电网的可靠性和易维修性。

此外，飞机电网根据电压分类有低压电网和高压（60 V 以上）电网两种，根据电流类型来划分则有直流电网和交流电网。就交流电网来说，又有单相和三相电网之分。就电网的线制来划分，飞机电网有单线、双线、三线、四线等几种。根据电网的用途来划分，飞机电网则有主电网（即供电网）、配电网、辅助电网和应急电网等。

1.1.2　供电状态和电源容量

1. 供电状态

在飞机的飞行准备、起飞爬升、着陆和停机等各个阶段，要对飞机进行操纵和完成执行飞行任务所需的工作，若此时供电系统能连续地完成其全部功能性工作，称其处于正常供电状态。该工作状态中有用电设备的转换、发电机转速的改变、汇流条的切换和同步、多发电机系统的并联或解除并联等动作。

供电系统的非正常工作状态则是一种意外的短时失控状态，它的发生是不可控制的，发生的时刻也是无法精确预测的，但它恢复到正常工作状态是一个可控制的动作。例如，配电线一旦发生短路，则短路处电流迅速增大，电网电压急剧降低，从而使电网中别的用电设备可能无法正常工作，但随后因该电路中的保护装置动作，切除了短路，系统又恢复正常。又如，在不并联运行的多发电系统中，若其中一台发电机发生故障，则该发电机的控制器将它的励磁电路切断，并将发电机输出的馈电线中的接触器断开，于是由该发电机供电的所有用电设备都失去了电能供应，但随后供电系统将这些用电设备转换到正常工作的发电通道，它们又可恢复正常工作。我国的适航法规也明确要求：任一电源的失效或故障均不得造成危险或损害其余的电源向重要负载供电的能力。

飞行中飞机主电源不能提供足够的或符合规定的电功率，而要求使用应急电源的工作状态，称为供电系统的应急工作状态。由于应急电源容量小，因而只能向飞行和降落所必需的设备供电，且供电时间有限。我国的适航法规 CCAR-25-R4 规定：在正常电源（除蓄电池之外的电源）不工作、燃油（从熄火和重新起动能力考虑）为临界状态，且飞机最初处于最大审定高度的情况下，飞机能按目视飞行规则安全飞行至少 5 min。

应急电源有两种类型：应急蓄电池和应急发电机。前者因储能有限，属于短期供电应急电源，一般规定应急供电时间不低于 30 min；后者属于长期供电电源。蓄电池供电时，供电电压将随供电时间的增加而降低，甚至低到 18 ~ 20 V，而应急设备需在这样低的电压下正常工作。

对于在国内航线使用的飞机，应急供电时可到就近机场或备降机场着陆，且所用通信和着陆仪表设备的用电量不大，故应急电源容量可以小些。对于跨洋飞行的飞机，在到达任一机场前，必须进行长时间飞行，飞机上除安装有国内飞行所需用电设备外，还有短波通信和无线电测向器等用电设备，此时，用增大蓄电池容量来满足应急供电需求是不现实的，宜采用应急发电机，利用液压或气动能量发电。

应急电源必须具有独立性，它应不依赖于主电源或别的电源而能自行工作。应急供电时，应急电源的电气特性指标一般低于主电源的电气特性指标，但在应急状态下工作的电气设备仍必须具有规定的特性，并保证安全可靠。

2. 电源容量选取

飞机电源系统的容量是指主电源的容量，等于飞机上主发电系统的台数与单台发电系统额定容量的乘积。直流电源容量的单位为千瓦(kW),交流电源容量的单位为千伏安(kV·A)。

发电系统的额定容量是在电源质量指标符合技术要求的长期连续工作时的最大容量。发电系统的工作状态要受环境因素的影响:当它在地面工作时,因只能靠内装风扇冷却,允许输出功率较小;在高空时,尽管进气温度降低了,但大气密度也同时降低,导致散热效果变差;飞机低速飞行时,进风量小;超音速飞行后进气温度因绝热压缩而急剧升高,也会使发电机最大允许容量降低。变速工作的直流发电机低速时的功率极限受励磁绕组发热的限制,高速时受摩擦损耗和换向条件的限制。喷油冷却交流发电机的最大允许工作容量受飞行高度及速度的影响较小,但变速交流发电机的低速最大允许工作容量也受励磁过大的限制。

电源系统的容量不仅取决于发电机和变换器(对于变速恒频即 VSCF 电源),还与从电源到电源汇流条的主馈线容量有关。馈电线的容量应与电源的额定容量相匹配。

飞机低压直流发电机的额定容量有 3 kW、6 kW、9 kW、12 kW、18 kW 等数种,交流电源的额定容量有 30 kV·A、40 kV·A、60 kV·A、90 kV·A、120 kV·A、150 kV·A、250 kV·A 等数种。现代民航客机供电系统容量如图 1.2 所示。

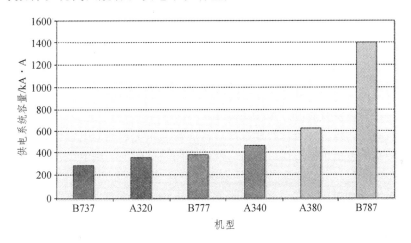

图 1.2　现代民航客机供电系统容量

飞机交流发电机允许在 150% 额定负载下工作 2 min,在 200% 额定负载下工作 5 s。VSCF 电源供电系统的过载能力要低一些。

在多发电机电源系统中,一个发电通道出现故障,不应卸载用电设备;仅在两个或两个以上发电通道出现故障时,才需要卸去次要用电设备。在没有负载自动管理系统的飞机上,卸载工作由飞行员人工完成。由于人工操作会滞后,这种情况下往往会出现电源过载。2 min 过载要求是为了满足电源故障时人工监控负载的需要和短时工作用电设备的需要。5 s 过载是为了满足电动机起动和配电线路发生接地短路故障时排除故障而电源不损坏而需要的时间。

飞机电源的容量取决于机载用电设备的用电量大小。如果电源还有起动航空发动机的功能,则还应满足起动的需求。飞机的用电设备决定于飞机的类型及其任务:大型飞机的用电设备比小型飞机多得多,而旅客机的用电设备与货运机相比又有很大的不同。即使是同一飞机,在不同飞行阶段所使用的用电设备也不同。

在中国民航适航标准 CCAR-25 第 1351 条"电气系统和设备　总则"中规定:

发电系统包括电源、主电源汇流条、传输电缆以及有关的控制、调节和保护装置。发电系统的设计必须符合下列规定：

（1）电源在单独工作或并联运行时功能正常；

（2）任一电源的失效或故障均不得造成危险或损害其余的电源向重要负载供电的能力；

（3）在任何可能的运行条件下，所有重要负载设备端的系统电压和频率（如果适用）均能保持在该设备的设计限制范围之内；

（4）因切换、清除故障或其他原因而引起的系统瞬变不会使重要负载不工作且不会造成冒烟或着火的危险；

（5）备有在飞行中相应机组成员容易接近的措施，以将各电源与该系统单独断开或一起断开；

（6）备有措施向相应机组成员指示发电系统安全运行所必需的系统参量，如每台发电机的输出电压和电流。

1.1.3　用电设备

广义的飞机电气系统是飞机供电系统和飞机用电设备的总称。狭义的飞机电气系统是飞机供电系统、电气照明与灯光信号系统、电气防冰和加温系统、发动机起动和电点火系统、飞机电力传动系统的总和。

飞机用电设备的分类方法很多，最重要的是按照设备对保证飞行安全的重要性分为三类：飞行关键设备、任务关键设备和一般用电设备。

飞行关键设备，如仪表、飞行控制系统、仪表着陆系统和通信电台等，它们是确保飞机安全返航或就近降落（包括维持可操纵飞行）所必需的最低限度的用电设备。它们的供电一旦中断，将威胁飞机和机上人员的安全，为此，必须将其配置在重要负载汇流条上。正常供电期间，飞行关键设备由主电源供电，当主电源失效需要转入应急供电时，应能自动或人工地转为由应急电源供电。

任务关键设备是完成飞行任务所必需的设备，如民用飞机中的座舱增压和空调设备等。在飞机应急供电时，为确保重要负载得到供电，将视故障的严重程度，切除部分乃至全部任务关键设备。

一般用电设备，如座舱照明和厨房炊具等，它们正常工作与否并不危及飞行安全，故当主电源发生局部故障而提供的功率有限时，为确保对重要负载和主要负载的供电，根据故障的严重程度，将首先切除部分乃至全部一般用电设备。

根据机载设备重要性的不同，供电系统将采用不同的供电余度，如图1.3所示。普通负载由主发电机供电，重要负载可由主发电机和主蓄电池供电，而飞行关键负载则可由主发电机、应急发电机、主蓄电池、飞控蓄电池和主发电机及应急发电机的永磁机供电，构成了六余度供电。应急发电机可由发动机引气或液压马达二余度驱动。

在民航法规中对某些关键的系统或设备有明确的要求，例如，在适航法规 CCAR-25 第25.1165 条"发动机点火系统"规定："（h）涡轮发动机飞机的每个发动机点火系统必须作为重要电气负载。"

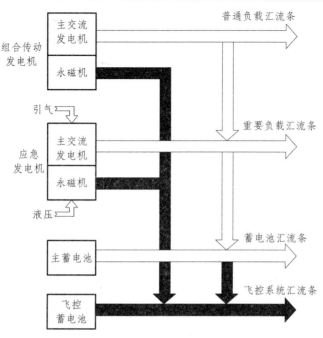

图 1.3 机载设备的余度供电

飞机用电设备的类型很多，对供电的要求也有所不同。下面进行简单的论述。

1. 用电设备的供电频率特性

有的飞机用电设备必须使用直流电，有的必须使用交流电，有的则二者均可。有的在使用交流电时必须使用恒频交流电，有的也可以使用变频交流电。直流电磁铁、接触器和继电器、直流电动机只能使用直流电。集成电路、微机芯片不仅应使用直流电，而且要求直流电压较稳定。变压器、磁放大器和交流电动机只能使用交流电，通常希望所提供的交流电频率较稳定。白炽灯和电加温设备既可使用交流电，也可使用直流电，它们对交流电的频率也没有要求，可由变频交流电源供电。

2. 用电设备的起动特性

白炽灯的灯丝电阻在点燃前后相差数十倍，故接通电源时的电流要比正常工作电流大得多，但因灯丝的热惯性很小，故一般不计初始接通电源的过程。电动机则不同，它的起动电流大，起动时间长，有明显的起动过程。若飞机供电系统发生故障，导致供电短暂中断，从而使电网中的电动机停转，则当恢复供电时，这些电动机同时起动，将会给电网带来很大的冲击。实际上，任何用电设备都有一个从起动到稳态的工作过程，但多数设备的这个过程较短，一般可以忽略不计。

3. 用电设备的输入电压特性

不同用电设备的工作电压是不同的。集成电路、微机芯片的工作电压为 ±15 V 和 5 V，并可以进一步降低；飞机用白炽灯的工作电压有很多种，一般功率越小工作电压越低；雷达发射机的功率管工作电压则达数千伏；多数交流电动机的额定电压为 115/200 V，直流电动机的额定电压为 27 V 或 270 V。电源电压变化范围对用电设备的影响很大。

供电电压的变化有两种：稳态电压变化和瞬态电压变化。稳态电压不稳定是由飞机使用过程中工作环境变化、发电机转速或负载大小变化所造成的，是一种缓慢的变化。瞬态电压变化是由供电系统突加或突卸负荷、电源或汇流条切换或系统故障引起的短时电压变化。持续时间为几毫秒至上百毫秒的电压瞬变常被称为电压浪涌，持续时间在 10 μs 左右的电压瞬变被称为电压尖峰。集成电路、微机芯片、电子元件对电压的稳态和瞬态变化很敏感，若电压变化过大会产生永久性损坏。

4. 用电设备对供电系统的影响

用电设备的数量和功率，用电设备的投入与切除，直接影响到供电系统的工作，对供电电压大小、频率、电压波形和供电系统的发热状态、机械应力、电应力等都有影响。用电设备的性质不同，影响的程度也不同。线性负载总的影响较小，但是在三相系统中，三相负载配置的不对称，会导致三相电压的不平衡和三相电机损耗加大。电动机是一种特殊用电设备，它的起动特性和稳态运行特性差别很大，直接起动时起动电流很大且有较低的功率因数，对电网的电压、电流和频率都有影响。直流电机的特性和工作状态直接与供电电压有关：当电压大于电动势时，作为电动机工作；当电压约等于电动势时，电机空载工作，基本上不吸取电源功率；当电压小于电动势时，作为发电机工作，向电网提供电能，即将机械能转化为电能。故大型电动机在电网突然短路、电网电压降低时，工作于发电机状态，也向短路点输送电流。

电子设备增多，会使交流供电系统的波形发生畸变。电子设备工作时，其内部电源首先将输入的 400 Hz 交流电通过二极管整流电路整流成直流电，然后经电容滤波后送至稳压电路。整流滤波电路是一种典型的非线性电路，会使交流电源输入电流中出现高次谐波。该高次谐波在电源内阻抗上产生高次电压降，从而使电源电压波形畸变，损耗加大，并对电网上其他用电设备产生不良影响。通信电台发射机、雷达和电子对抗设备发射机往往还是一种脉冲工作负载，发射期间消耗功率很大，不发射时消耗功率则较小，从而使供电电源长期处于瞬变状态，使供电质量降低。

在中国民航适航标准 CCAR-25 中，第 1431 条对电子设备的安装与使用提出了如下要求：

（c）无线电和电子设备、控制装置和导线，必须安装成在任一部件或系统工作时，对中国民用航空规章所要求的任何其他无线电和电子部件或系统的同时工作不会有不利影响。（d）电子设备必须被设计和安装成当由于电源供电瞬变或其他原因产生的瞬变时不会导致重要负载不工作。

拓展阅读

1.2 飞机电源系统技术发展

1.2.1 飞机电源系统发展沿革

当飞机的发展处于萌芽阶段时，航空先驱们将精力主要放在了提高飞机的飞行速度和高度上，因此飞机上的电气设备十分简单。在早期的飞机上，仅仅有磁电机使用电能点燃发动机内的油汽混合气，使发动机保持持续工作。在第一次世界大战后期，飞机在军事上的价值逐渐突显，要求其能够长距离飞行且可以在夜间使用，因此自 1914 年飞机开始安装飞机内部照明灯、着陆灯和通信电台等用电设备，但早期仅采用电池作为电源，供电时间受到很大限制。随着军用飞机和民航飞机中用电设备的不断增加，不仅因为电池容量小，而且因为即使是 6 V 的直流电源也因电压低而无法满足需要，所以电源系统的革命也随之展开。

1.2.1.1 低压直流电源

低压直流电源是飞机上使用得最早的电源系统，并于 20 世纪 40 年代趋于成熟。根据飞机不同，其调压点电压有 28.5 V、28 V、27.5 V 等，统称为 28 V 电源系统，由航空发动机直接驱动直流发电机作为主电源。目前，在飞机上使用的直流发电机的最大功率为 18 kW。飞机上还安装有铅酸蓄电池作为应急电源，旋转变流机或静变流器作为二次电源，为需要交流电能的设备供电。

随着单台直流发电机功率的增加，6 kW 以上的通常作为起动发电机使用，使其同时具有了发电机和发动机起动机两种功能，有效地减轻了系统质量。

低压直流电源系统在轻型飞机和小型直升机上仍得到普遍应用，主要是由于小型飞机上的用电设备少，对电能的需求较小，因此除了 28 V 直流电源系统外，有的飞机采用 14 V 供电。为了提高电源系统的可靠性和可维修性，现代的小型飞机和直升机多采用直流起动机加交-直流发电机（由发电机输出交流电，然后通过二极管整流为直流电）的组合方式。

1.2.1.2 恒频交流电源

低压直流供电系统的工作电压低，比较安全，在拥有多台发电机的飞机上容易实现并联供电，但由于电机中电刷的存在，限制了其在大型飞机上的应用。它主要面临如下问题：

1）电源容量增加，需要提高电源电压以减轻系统质量

大型飞机的供电容量都在 100 kV·A 以上，如果仍然采用低压直流电源系统，电网质量将大幅增加。由于受到换向条件的限制，直流发电机的电压不能太高，否则其质量必然增大。例如，功率为 18 kW 的直流发电机，质量达 41.5 kg，而 60 kV·A、115/200 V 的交流发电机的质量仅为 17 kg 左右。低压直流电源系统的电网质量也很大，如某型飞机的电网质量达 630 kg，占全机质量的 1.75%，如果将电压提高到 120 V，电网质量可以减少约 150 kg。

2）工作环境限制

a）随着飞机飞行高度的增加，直流电机电刷和整流子的磨损变得越来越严重

活塞或涡轮螺旋桨飞机的飞行高度一般都在 6 km 以下，而喷气式飞机的飞行高度则增加到了 10 km 以上。随着飞行高度的增加，空气变得稀薄，水蒸气含量急剧减少，在 10 km 高空，水蒸气含量约为海平面的 1/360。水蒸气对直流电机的电刷和整流子具有润滑作用，可以减少磨损，同时氧化生成的薄膜也可以形成保护层。水蒸气减少使直流发电机的换向困难，电刷磨损变得很严重。而交流发电机不存在换向问题，即使是有刷交流发电机，电刷和滑环只通过励磁电流，电流密度比直流发电机电刷的小得多，所以电刷磨损比直流发电机小得多。

b）用电量增加，电机发热增加，需要效率更高的冷却方式

直流发电机整流子与电刷的摩擦和火花是发热的主要来源，直流发电机大约有 75% 的损耗发生在转子上，因而直流发电机一般都采用迎面气流通风冷却。

　　随着飞行速度的提高，气流温度升高。例如，当飞行速度达到 2 Ma 时，入口冷却温度达到了 100 ℃，需要采用喷油或循油冷却；直流发电机约 75% 的损耗发生在转子上，但直流电机有电刷和换向器，对转子喷油冷却技术实施比较困难。

　　c）电压和功率变换的要求

　　现代飞机上的雷达、通信导航和飞行控制系统等用电设备需要多种不同电压的交流电源或直流电源。如果采用交流电源系统作为主电源系统，使用变压器可以方便地得到不同电压的交流，再经过整流就可以得到直流，变换效率可以达到 80% 以上。

　　目前，低压直流供电系统由于本身固有的缺陷，不能满足大容量供电系统的需要。而交流供电系统则提高了供电电压，减轻了系统质量；易于变换，即变压和整流容易实现；交流发电机没有换向器，特别是无刷交流发电机没有电刷和滑环，同时采用喷油冷却，工作可靠性大大提高。因此，大中型民航飞机上普遍采用交流供电系统。飞机交流电源系统有恒频交流电源系统和变频交流电源系统两种。恒频交流电源系统又有恒速恒频（CSCF）和变速恒频（VSCF）两种。飞机交流电源调节点额定电压为 115/200 V，恒频交流的额定频率为 400 Hz。

　　1. 恒速恒频交流电源系统

　　恒速恒频交流电源系统的交流发电机是通过恒速传动装置（Constant Speed Drive，CSD，中文简称为恒装）由飞机发动机驱动的，因此交流发电机的转速是恒定的，它向汇流条输出恒频交流电，如图 1.4 所示。

飞机发动机　　　　　恒速传动装置　　　　　交流发电机

图 1.4　恒速恒频交流电源系统方框图

　　恒速恒频交流电源具有很多优点，主要是：

　　（1）恒频交流电对飞机上的各类交流负载都适用，而且由于电源频率恒定，用电设备和配电系统的质量比变频系统轻，配电也比较简单。

　　（2）恒频交流发电机可单台运行，也可以并联运行，而且电气性能好，供电质量高。

　　恒频交流电具有较多优点，恒速传动装置的设计制造也取得了较大的发展，使得恒速恒频交流电源系统在现代飞机上得到了广泛的应用。目前在飞机上应用的是恒速传动装置和发电机一体化设计的组合传动发电机（Integrated Drive Generator，IDG）。目前民航的主力运输飞机仍采用此种供电方式，如 B737、A320、B777、A340 等。

　　2. 变速恒频交流电源系统

　　虽然恒速传动装置得到了不少改进，但仍然存在结构复杂、成本高、可靠性低、维护比较困难等缺陷。电力电子技术的发展为变速恒频电源奠定了基础。目前用得较多的是交-直-交系统，即由发动机带动交流发电机发出变频交流电，然后经过整流变成直流电，再逆变为所需频率和电压的交流电。

变速恒频交流电源具有如下优点：

（1）电气性能好。变速恒频电源的输出频率恒定，精度高，无频率瞬变现象。

（2）系统损耗小而效率高。变速恒频电源与其他电源不同，它的损耗主要体现在两部分：一部分是变频交流发电机的损耗，另一部分是功率变换器的损耗。前者由于没有恒速驱动部件，发电机本身的效率可以达到 85% 以上，发热量小，减轻了发电机冷却系统的负荷。功率变换器属于电子器件，其各级电路的总效率约为 83%，此类系统总的效率比恒速恒频系统高出近 10%。

（3）使用维护性好。变速恒频电源系统结构简单，旋转部件少，发电机无电刷，没有恒速传动装置，因此系统的使用维护性好。

（4）可靠性高，使用寿命长。变速恒频系统中没有高应力的机械/液压部件，易磨损部件减少，可靠性提高。

虽然在麦道和波音的机型中出现过变速恒频系统作为选配，但由于电力电子器件抗高温能力差、过载能力低，因此在现代民航中采用变速恒频系统作为主电源的机型较少；但其采用的技术仍在新型飞机的变频供电系统中作为一个供电模块保留。

1.2.1.3 变频交流电源

与恒频交流电源相比，变频交流发电系统存在以下优点：

（1）结构简单，体积质量小，平均故障间隔时间显著增长。

（2）电能转换效率也从恒速恒频系统的 70% 左右，提高到了 90%。

（3）克服了恒速恒频系统不能电力起动发动机的不足。

民用飞机，特别是旅客机的用电设备中，加热防冰负载的用电量约占飞机总用电量的 50%，电动机用电量占 25%～35%，照明设备用电量占 5% 左右。加热防冰及照明设备一般对电能频率没有严格的要求，可以使用变频交流电。另外，一些中短程支线客机采用涡轮螺旋桨发动机，因为涡轮螺旋桨发动机飞机适合于频繁起落，且耗油少、费用低。而涡轮螺旋桨发动机的一个重要特点是工作时转速变化范围小，因而即使发电机由该类发动机直接传动，它的工作频率一般也在 400 Hz 左右。因此，不少支线飞机采用变频交流与低压直流组合的混合电源系统，如新舟-60、多尼尔-328、ATR-42 等。

目前的变频交流供电系统中，交流电的频率范围为 360～800 Hz，而输出电压由调压器保持恒定。特别是将电压从目前的 115 V 提高到 230 V 后，有效地减轻了系统质量。

1.2.1.4 混合电源

混合供电系统指飞机发动机传动两种不同型式的发电机向飞机供电网络提供电能。目前采用得较多的形式为直流发电机提供低压直流电，交流发电机提供变频交流电，如运七、新舟 60、DHC8 等机型。混合供电并不是指在飞机电源系统中存在多种形式的电能，而是指采用了两种以上供电指标，由不同的发电机为机载设备提供电能。

在混合供电系统中，交流发电机和直流发电机都是由发动机通过减速器直接传动的。交流发电机和直流发电机的输出电压保持恒定，而交流发电机频率随发动机转速的变化而变化，从而构成了低压直流和变频交流混合供电系统。

变频交流电由航空发动机直接传动的无刷交流发电机产生。与恒频交流发电系统相比，变频交流发电系统结构简单，体积、质量小，电能转换效率高。

但由于混合供电系统有两套主电源、两套独立的供电系统，因此供电系统控制、保护复杂，体积、质量大，属于过渡型电源系统。

1.2.2　先进飞机电源系统

现代飞机的二次能源有液压能、气压能和电能等，每种辅助能源都包括能量的产生、转换、调节、控制、保护、传输和分配等环节，是一个完整的系统。这些系统都以发动机为原动力，其中，液压和供电系统均遍布整个飞机。多种二次能源的使用，使得飞机在结构布局上显得重复和复杂，因此使用同一种二次能源——电能将是一种趋势。

传统飞机发动机产生的动力主要用于满足环控系统、机械系统、液压系统、电力系统这四大系统的需要。由于系统越来越复杂，发动机能量利用率很低，于是在 20 世纪 70 年代初出现了全电飞机（AEA）的概念。所谓全电飞机是一种用电力供电系统取代原来的液压、气压和机械系统的飞机，即所有的次级功率均用电的形式分配，实现所有机载设备和操纵系统的电气化。而多电飞机（MEA）是全电飞机发展的一个过渡产物，是用电力系统部分取代次级功率系统的飞机。这是一个逐渐发展的过程，在一定时期内，以电能部分地取代液压能、气压能是比较现实的，部分技术已经应用在了波音公司的 B787 和空客的 A380 上。图 1.5 给出了 A380 多电飞机的设计方案。

图 1.5　A380 多电飞机方案

多电飞机计划是一项按技术可用性分阶段实施的研究、发展和验证计划，引出三代不同的多电飞机。第一代多电飞机的发电容量，足以取代飞机上的液压系统，在供电系统方面将可靠性提高 9 倍，系统功率密度提高 1 倍。第二代多电飞机的发电容量更大，从而有能力为新增的功能（如定向能武器、雷达等）提供电力，且供电系统比第一代的轻 43%，供电系统的可靠性提高 14～19 倍，系统功率密度提高 2 倍。第三代多电飞机代表了供电技术的长远设想，其技术可用期为 2012 年。欧盟的"电传动力项目"，美国空军实验室的"多电飞机"项目，都取得了许多研究成果，包括：①从发动机的起动发电机产生高压直流电，同时为发动机的燃油系统、滑油系统、助力系统和磁性轴承提供能源；② 飞机电力系统为机电舵机和混合动力舵机提供能源，用于起落架收放、刹车，喷口控制和平尾控制等；③ 环控系统将采用多电环控技术。

无论是过渡性的多电飞机，还是最终要实现的全电飞机，其电源系统都将具有以下特点：① 电源容量大。现代高性能飞机的电源系统容量已达 100 kV·A。② 多余度不中断供电。③ 电源系统应能提供多种形式的电能。电能的多样性可以简化用电设备结构，减小其体积与质量。④ 电源系统应具有计算机检测、监控、管理和保护系统，并接受飞机自动管理中心的管理。⑤ 节省燃油，使用费用低，性能价格比高。

在目前运营中的民航客机中采用得较多的恒频交流电源已不再适应多电飞机或全电飞机发展的需要，主要是由于：① 恒频交流电源的效率较低，不适应大容量的需要。通常恒速恒频电源的效率在 70% 以下，变速变频电源的效率能达到 80% 以上，但仍较低。② 115 V 三相四线制交流电网限制了电源系统容量的进一步提高，且随着电源容量的增长，馈电线的质量又成为问题。③ 交流电源只有在满足一定条件时才能投入并联工作，且交流电网实现不间断供电也比较复杂。④ 现代飞机上机载设备的形式日趋多样化，恒频交流电并不一定是设备所需的理想电源。

高压直流电源系统已在美国空军的 F-22 、F-35 飞机和某些型号的公务机上得以采用。虽然在民航客机中尚无 270 V 高压直流供电系统，但在 B787 飞机的变频供电系统中已经选用 270 V 供电系统作为子电网。研究表明，高压直流电源具有较大的发展前途，它主要具有以下特点：① 效率较高，可以达到 90% 左右，且电能质量较高；② 容易实现不间断供电，可靠性较高；③ 配电电网质量较小；④ 同交流电源相比，高压直流电源可以减少机电作动器、雷达、开关电源等内部的交流/直流变换环节，从而可以减小设备的体积与质量。

电源供电体制决定了飞机主电源系统发电设备本身的质量，也决定了配电装置和用电设备的质量，而且使飞机燃料从化学能转化为电能的效率也有很大区别。例如，高压直流电源系统的效率可以达到 90%，变频电源系统的效率可高达 95%，而变速恒频、恒速恒频、低压直流电源系统的效率分别为 82% ~ 86%、74% ~ 79% 和 40% ~ 56%。

在总结高压直流和恒频交流电源的研究成果的基础上，美国胜德斯特兰公司分析了未来飞机电气负载的特性，针对多电飞机的需要，提出了 270 V 直流/115 V 交流混合电源配电方案，它具有效率高、可靠性高、容错能力强、质量小、价格低、研制风险小等特点。由于无刷发电机、高性能电能变换器、固态功率控制器和固态配电技术三项关键技术均已得到了部分解决或取得了突破，因此在不远的将来，高压直流混合配电系统将成为先进飞机的首选电源系统。

270 V 直流/115 V 交流电源系统的组成如图 1.6 所示，主要由无刷交流发电机、整流器、逆变器、固态功率控制器和发电机/系统控制器等构成。由飞机发动机直接传动的无刷交流发电机输出恒压变频交流电，经整流后得到电压恒定的直流电。该直流电经两条汇流条向用电设备供电：一条提供 270 V 直流电，另一条经过逆变器转换后提供恒频交流电。重要用电设备可以经 28 V 直流汇流条通过静止变流器、整流器等实现冗余供电。28 V 汇流条由机载应急电源（蓄电池）、直流变换器和变压整流器等实现多余度供电。发电机/系统控制器对系统进行控制和保护，实现电压调节，完成发电机的差动、过压/欠压、欠速、过流、缺相保护，直流汇流条的纹波分量超限、过压/欠压和过流保护，以及交流汇流条的过压/欠压、过频/欠

频、谐波含量和直流分量超限、差动保护、缺相保护，并通过通信总线（最新采用 ARINC629）
与电气负载管理中心（ELMC）和飞机自动管理中心连接。

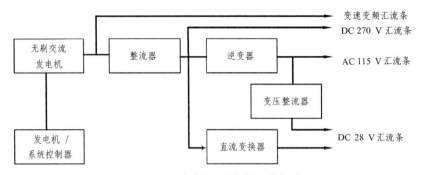

图 1.6　混合电源系统单通道构成

从结构上看，该系统可以提供多种形式的电能：① 变频交流电可直接用于加热、除雾、
除冰等对电压要求不高的设备；② 高压直流汇流条可以为机电作动器、雷达、通信导航设备
等供电；③ 恒频交流电为电动机、变压器等交流负载供电。这种混合电源系统适应负载发展
的需要，具有继承性好、能实现余度供电的特点。

表 1.1 对单通道系统功率为 60 kV·A，由两通道组成的恒速恒频系统（IDG）、变速恒频
系统（VSCF）、变频系统（VF）、混合供电系统（10 kV·A、4 kHz，50 kV·A 变频）等进
行了比较，可见混合供电系统的综合性能最优。

表 1.1　系统费用、质量和性能参数比较

系 统 名 称	IDG	VSCF	VF	混合系统
系统质量/kg	242	247	214	234
系统可靠性/（MTBF·h^{-1}）	1 424	1 632	1 831	1 687
系统费用比	1	0.95	0.63	0.78
系统功率质量比/（kVA·lb^{-1}）	1	0.93	0.34	0.6
维修费用率	1	0.85	0.75	0.8

注：因为飞行系统的需要，教材中保留部分英美制单位，未统一为国际标准单位。表中 1 lb ≈0.454 kg。

复习思考题

1. 飞机电源系统由哪几部分组成？各有何功用？
2. 飞机电源系统的配电方式有哪几种？各有何特点？
3. 简述飞机用电设备按重要程度的分类以及余度供电的概念。
4. 简述在飞机电源发展过程中的几种电源的特点。
5. 高压直流供电系统有何优点？
6. 简述多电飞机的概念及其特点。

2 飞机电路控制与保护装置

2.1 电路连接装置

1996 年，执行 TWA800 航班的 B747 客机发生空中爆炸，造成机上 230 人全部遇难。经调查，此次空难最可能的原因是飞机电气线路故障产生的电火花进入燃油箱。1998 年，瑞士航空公司的 MD-11 飞机失火造成空难。这些事件促使 NTSB（美国国家运输安全委员会）和 FAA（美国联邦航空管理局）对飞机输电线路更加关注。2007 年 11 月，在 FAR-25 部中增加了 H 分部，统一组织和明确原来分散在各子系统中的有关电气线路设计、安装和维修方面的适航要求，对其他分部中与线路有关的条款也进行了修订，最大限度地提高运输飞机电气线路系统的安全性。

在中国民航 CCAR-25-R4《运输类飞机适航标准》第 25.1701 条"电气线路互联系统"中对线路连接给出了定义：任何导线、线路装置，或其组合，包括端点装置，安装于飞机的任何部位用于两个或多个端点之间传输电能（包括数据和信号）等构成了电气线路互联系统（Electric Wire Inter-connect System，EWIS）。它们包括：导线和电缆；汇流条；电气装置的端点，包括继电器、断路器、开关、接触器、接线块、跳开关和其他电路保护装置的端点；插头，包括贯穿插头；插头附件；电气接地和搭接装置及其相应的连接；接线片；给导线提供附加保护的材料，包括导线绝缘，导线套管，用于搭接具有电气端点的导管；屏蔽线和编织线；卡箍或其他用于布线和固定导线束的装置；电缆束缚装置；标牌或其他识别措施；压力封严；在支架、面板、设备架、连接盒、分配面板和设备架的背板内部的 EWIS 组件，包括但不限于电路板的背板、线路集成单元和设备外部线路。同时，该标准对 EWIS 安装、识别、安全、保护等做出了明确且详细的规定。

本节将介绍电气线路互联系统中的导线、电缆和连接装置等。

2.1.1 飞机导线及电缆

2.1.1.1 电力导线和电缆

导线（wire）和电缆（cable）构成了配电系统的主干线，它们在用电设备各部分之间，在设置于飞机各区域的设备之间传输各种形式的电气参数和电能。导线是导电金属的单根实心棒或绞合金属丝，包裹在绝缘材料和保护套中。电缆通常由一组导线结合而成，一般比较柔软。容易产生电磁干扰的电缆外面要设置金属屏蔽层，有些地方还要进行防油、防水、防摩擦处理。飞机上常用电缆的结构如图 2.1 所示。

线芯　绝缘层　　　　　　　屏蔽层　　　保护层

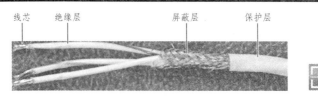

图 2.1　飞机上常用电缆的结构

在现代飞机中有庞大而复杂的导线、电缆系统，它们就像人身体中的神经网络。现代民航客运飞机中的线缆长度如图 2.2 所示。A380 飞机中各种线缆的总长度超过了 500 km。在 DC-10 飞机上，电缆质量占电气、电子设备总质量的 60%。协和号飞机上，电缆总质量达 1 500 kg。

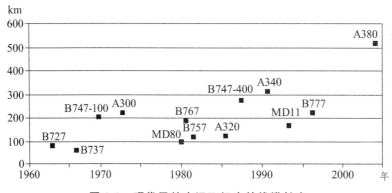

图 2.2　现代民航客运飞机中的线缆长度

按照用途的不同，飞机上的导线（或电缆）可以分为：机内导线、设备导线、起动点火导线、热电偶导线（又称为热电偶补偿导线）、数据线和射频系统导线。不同用途的导线具有不同的特性，如点火电缆承受的电压高，因此绝缘层的厚度远大于其他导线；而热电偶导线必须是同一材质，且要与所连接的热电偶的热电动势相匹配。在热电偶参考端温度波动的情况下，使用补偿导线将参考端延长到温度较稳定的环境或远离热源的环境，从而补偿热电偶参考端温度变化所产生的误差。热电偶电缆采用不同的颜色作为标识（不同国家颜色标识的意义不同），以降低同一系统中不同材料电缆混接的可能性。

根据工作电压的不同，导线可以分为高压导线和低压导线。低压导线的绝缘层比较薄，高压导线的绝缘层较厚。在飞机上一般采用铜或铝作为导线的线芯。铜的电阻率很低，适用于各种电缆。为了防止铜氧化，铜丝可以浸锡、镀镍或镀银。锡的熔点较低，因此浸锡导线的工作温度不超过 150 ℃。镀银导线的工作温度不超过 200 ℃。覆镍导线的工作温度可以超过 260 ℃。铝线的横截面面积较大，质量较小，在低电阻和短期使用的电路中具有一定的优势，例如起动机供电电路。

飞机导线的线芯多采用多股绞合线，因为绞合线与单股线相比，柔性更强，更能适合飞机上安装导线的路径不规则的具体状况；而且在飞机振动时，绞合线可以有效地抵抗导线的局部应力集中，或对接线部位施加过大的载荷。

安装在飞机上的导线应该有绝缘层，以避免导线之间或导线与机身之间发生短路。飞机导线的绝缘材料要能够阻燃、在高温下不产生烟雾和有毒气体，早期曾采用硅橡胶、PVC、尼龙等绝缘材料。目前，氟塑料电缆得到了广泛应用，采用 ETFE（乙烯-四氟乙烯共聚物）、

PTFE（聚四氟乙烯）、FEP（氟化乙烯丙烯）等绝缘材料。

为了易于查找，避免出现错误，在适航法规中规定：① 标识必须沿导线、电缆、导线束，按照适当的间隔设置，在飞机区域使机务、修理和改装人员容易看到；② 如果无法在一个电气线路互联系统部件上标识，必须提供其他标识方法。

在导线两端套有标志管，在导线上也打有标志，以确定导线所属的系统。线缆标识的间距应不超过 380 mm（15 in）。我国规定，导线标志由汉语拼音和数字组成，各组成部分的含义如下：

（1）第一个字母表示所属系统。

（2）第二个字母表示导线所属设备。

（3）数字表示导线序号。

例如，我国的导线标准中，DF42 表示直流系统中发电机的第 42 根导线，字符 JD 代表交流电源系统。

在美制飞机上使用的导线常采用 AWG（American Wire Gage）规格，它使用数字标识导线的直径，数字越小线径越大，如 22 号线的直径为 0.025 in（0.0635 cm），12 号线的直径为 0.081 in（0.2057 cm）。不同公司的导线标识不同。例如，波音机型的导线标识"W1062-003-02"，其中 W 是电线的标识，1062 是电缆的线束号；003 代表序号为 3，表明是单根未屏蔽线；最后的"02"是它的 AWG 号；其他进一步的相关信息，如导线的颜色、类型、所在系统等信息，需要到 WDM（线路图册）的"wire list"部分继续查找。

在对导线进行维修更换时，必须满足：负载电流不会在导线上产生过大压降，不会导致导线过热。在实际安装或更换导线时，应考虑以下因素：导线长度、额定电流、允许压降等。此外，还要考虑导线的工作状况，即导线是连续工作，还是断续工作。对于 28 V 电源系统，在连续工作制下的允许最大压降为 1 V，而断续工作制下的允许最大压降为 2 V；对于 115 V 系统，在两种工作制下的允许最大压降分别为 4 V 和 8 V。

2.1.1.2　信号传输线

信号传输线有同轴电缆（coaxial cable）、三芯同轴电缆（triaxial cable）、双绞线（twisted pair）、屏蔽双绞线（twinax）、平行线（twin lead）等，如图 2.3 所示。其中，同轴电缆最为常用，它承载的信号频率范围宽。

同轴电缆的结构如图 2.3（a）所示，即在中心内导体外包裹一定厚度的绝缘介质，在绝缘介质外是管状外导体，外导体表面再用绝缘塑料保护。它是一种非对称传输线，电流的去向和回向导体轴是相互重合的。在信号通过电缆时，所建立的电磁场是封闭的，在导体的横切面周围没有电磁场。因此，内部信号对外界基本没有影响。

三芯同轴电缆的结构与同轴电缆类似，但附加了一个屏蔽层，如图 2.3（b）所示。它具备了更宽的带宽和更强的抗干扰能力。

双绞线是由两根具有绝缘保护的铜导线组成的，如图 2.3（c）所示。把两根绝缘导线按一定的密度绞在一起，每根导线在传输过程中辐射出来的

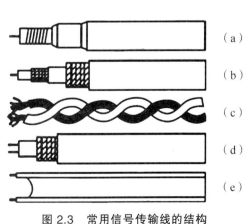

图 2.3　常用信号传输线的结构

电波会被另一根导线辐射出的电波抵消，因此可降低信号干扰的影响。

屏蔽双绞线与双绞线相比，多了一个屏蔽层，因此受外部信号的干扰更小，但价格较双绞线高。其结构如图 2.3（d）所示。

平行线中两根导线平行布线，有时用作天线的引入线。其结构如图 2.3（e）所示。

2.1.2　导线连接装置

要完成配电系统各元件之间的连接，必须提供某些连接与断开措施。按照元件需要连接或断开的频率，人们将连接分成两类：一类是较永久性的，一类是在维修计划规定时间内需要拆卸的。

永久性连接常采用钎焊或压接方式。钎焊连接法一般用于各用电设备内部电路的连接。压接是利用压力使接头与导体结合在一起，在飞机中使用得较多。压接具有如下优点：

（1）连接容易实现，易实现自动化。

（2）可保证良好的电导率和较低的电压降。

（3）连接强度高。

（4）消除了钎焊焊料溢出和焊药污染造成的短路。

（5）消除了导线与接头间可能的虚焊。

需要拆卸的电气连接常使用接线钉、接线片和插头、插座，它们统称为连接器（connector）。连接器中的插钉、插孔常采用可更换形式，插头、插座常通过联接螺母组合，拆卸方便，因此使用较多。常见的电连接器有四种类型，分别是圆柱型、方型、同轴型和接线片型，如图 2.4 所示。

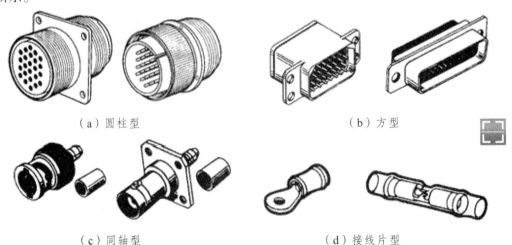

（a）圆柱型　　　　　　　　　　　　　　　　（b）方型

（c）同轴型　　　　　　　　　　　　　　（d）接线片型

图 2.4　电连接器的类型

2.1.3　汇流条

在飞机中，电源输出端与一个或几个低阻抗导体连接在一起，就构成了汇流条（Bus bar，通常简称为 Bus），也称为配电条。一般是用粗的金属条或棒，将发电机、蓄电池和各种负载连接在一起，用于电能的输入和输出连接。

在飞机上，用电设备按照重要性的不同，可以分为三类：飞行关键设备、任务关键设备和一般用电设备。飞机供电系统中的汇流条的配置也与之相对应，一种典型的配置如图 2.5 所示。在这个系统中共有主汇流条，连接汇流条，电子设备汇流条 1、2，非重要汇流条和蓄电池汇流条等 6 根汇流条。飞机上的大部分用电设备都连接到主汇流条上，次要用电设备连接到非重要汇流条上。当电源系统存在故障时，可以首先切断非重要汇流条上设备的电力供

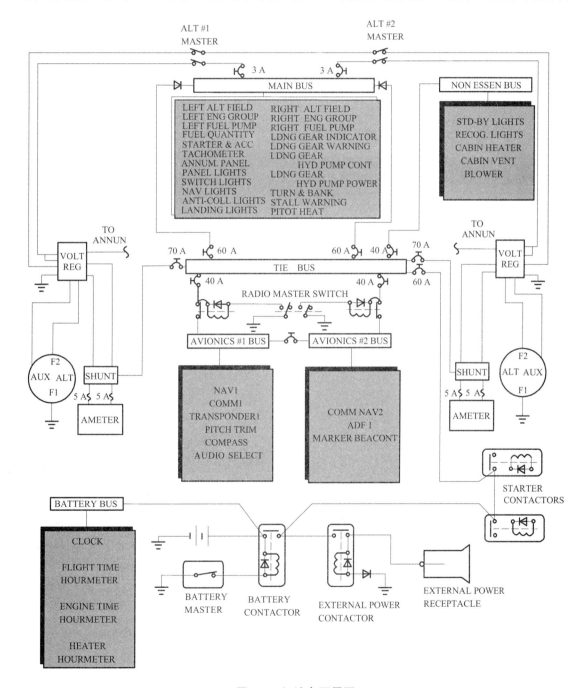

图 2.5　汇流条配置图

应。无线电设备作为飞行关键设备，都连接在电子设备汇流条上。同种类型的设备分别连接到不同的汇流条上，可以避免在一根汇流条发生短路等故障时导致某种设备无法使用。蓄电池汇流条直接与蓄电池相连，中间没有控制开关，以便给不允许断电的时钟等设备持续供电。由以上分析可知，一般用电设备接在非重要设备汇流条上，任务关键设备接在主汇流条上，飞行关键设备接在电子设备汇流条和蓄电池汇流条上。在图 2.5 中，"TIE BUS（联接汇流条）"和"BATTERY BUS（蓄电池汇流条）"属于电源汇流条，其他属于设备汇流条。

2.2　电路控制装置

电路控制装置用来接通、断开或转换电路。它们最基本的组成部分是活动触点与固定触点，利用触点的闭合与断开来控制电路中电流的通断。常用的电路控制装置有：手动控制装置，如开关、按钮；电磁控制装置，如继电器和接触器。而新型的控制装置采用晶体管器件，利用它们的开关特性进行控制。

2.2.1　开　关

开关（switch）有很多种类，下面进行简单介绍。

1. 拨动开关

拨动开关又被称为扳动开关，用于切换电路。图 2.6 所示是一个三位置拨动开关。在某些时候，需要若干独立电路中的开关同时动作，可以使用图 2.7 所示的联动开关。它利用一根联杆将各个拨杆连接在一起，从而实现各开关的联动。另一种形式的开关是限动开关，如图 2.8 所示。它通过一根锁定杆来控制哪个开关可以接通，以避免由于疏忽而接通不应工作的开关，使相应系统误动作。有些开关为了避免误操作，还设有保护盖，如图 2.9 所示，这类开关只有在保护盖打开后才能进行操纵。

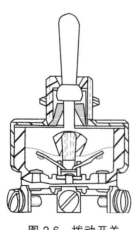

图 2.6　拨动开关

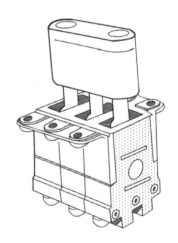

图 2.7　联动开关

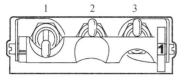

图 2.8 限动开关

图 2.9 保护开关

2. 按钮开关

按钮开关主要用于短时间工作，即当电路需要暂时闭合或中断，或者需要短时间连通到另一路径时使用。常用的按钮开关有按合式、按断式和双动作式。按钮开关都具有插棒、复原弹簧、触点等。一种按合式按钮的基本结构如图 2.10 所示。有些按钮开关兼有警告和指示功能，在按钮的顶端设有灯泡，外部罩有适当颜色的半透明塑料罩。

3. 旋转开关

旋转开关又被称为选择开关，多用于多电路的选择。旋转开关在飞机上的典型应用就是用单个电压表读出多个汇流条的电压，如图 2.11 所示。在某些情况下，将旋转式开关和变阻器组合在一起，用来通断电路并可以调节电流值，通常用于仪表板照明或音量控制。

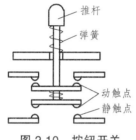

图 2.10 按钮开关

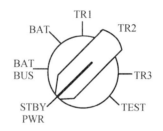

图 2.11 选择开关

4. 微动开关

微动开关是一种特殊类型的开关，在飞机电气系统中得到了广泛应用。它又被称为微动电门、灵敏开关或速动开关。"微动"是指闭合与断开触点间的行程很短。微动开关的特点是：动作迅速、工作可靠、精度高、寿命长、体积小，常用于需要频繁通断的小电流电路中。一种微动开关的结构如图 2.12 所示。

5. 定时开关

定时开关用于控制用电设备在预定的时间内按一定顺序工作。定时开关的工作原理是由电动机或

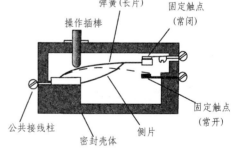

图 2.12 微动开关

弹簧带动凸轮轴恒速旋转来控制一系列开关的接通或断开。图 2.13 是某型定时开关的工作原理示意图。定时开关是根据控制对象的时间特性设计的，内装的恒速电动机带动 8 个接通时间不同的凸轮，每个凸轮旁装有一个微动开关，通过微动开关的接通和断开控制继电器或其他附件的接通或断开。在该开关内有一快速电磁离合器，在满足一定条件时，凸轮可以 10 倍于原速的动作返回原始位置，为下一次工作做好准备。

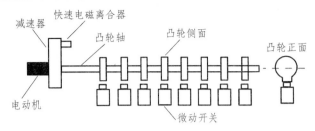

图 2.13　定时开关

6. 接近开关

接近开关（proximity switch）没有固定触点和活动触点，而是装有一种对接近物体有感知能力的传感器，利用这种传感器对接近物体的敏感特性控制开关的通断。接近开关在工作时对距离有要求，只有当物体接近到一定距离时，传感器才能感受到，开关才会动作。它具有反应迅速、定位精确、寿命长、没有机械接触等优点，目前已广泛应用于行程控制、定位控制、自动计数以及各种安全防护等方面，例如在飞机上用作客舱门、货舱门是否安全关闭和锁住的指示电路的一部分。

按照所用传感器的不同，接近开关分为涡流式、电容式、霍尔式、光电式、红外式、多普勒式等类型。

电容式接近开关的测量头构成电容器的一个极板，而另一个极板是开关的外壳。当物体移向接近开关时，使得电容的介电常数发生变化，从而使电容的容量改变，由此可控制开关的接通或断开。

霍尔式接近开关是利用霍尔元件做成的。当磁性物体移近霍尔元件时，霍尔效应使开关内部电路的状态发生改变，以此可以判断出磁性物体是否接近。

涡流式接近开关，也称为电感式接近开关，它能产生电磁场。当导磁物体接近开关时，物体内部产生涡流，使开关内部电路的参数发生变化，由此可识别有无导磁物体移近，进而控制开关的通断。图 2.14 是某型飞机上舱门控制使用的接近开关工作原理图。

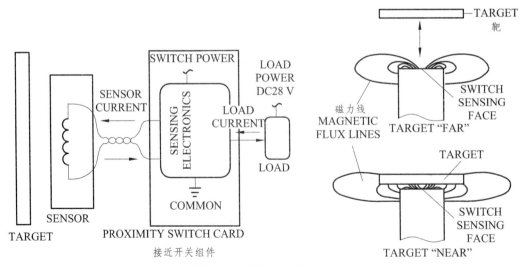

图 2.14　涡流式接近开关

光电接近开关是利用光电效应做成的。红外接近开关是利用热释电原理做成的。多普勒接近开关是利用多普勒效应制成的，即当系统与波源的距离发生改变时接收到的波的频率会发生偏移。

2.2.2 继电器

继电器（relay）是一种非人工直接操纵，能实现自动和远距离工作的开关器件，很早以前就在飞机上得到了应用。继电器在飞机上的用途十分广泛，如电源、空调、起落架、照明、燃油、供气、防冰防雨、飞行操纵以及发动机的起动、操纵和指示等系统中都使用了继电器，它们用作控制、调节、检测、保护和指示等功用。在 B757-200 飞机上单独使用的继电器就有 390 多只，如果把机载设备中使用的继电器、接触器都计算在内，总数超过 1 000 只。

航空用继电器的种类很多，下面将分别介绍电磁继电器、极化继电器、固态继电器和混合继电器。

1. 电磁继电器

当线圈通电时，由于磁通的作用产生吸力，吸动衔铁，带动触点，使被控制电路接通、断开或转换的继电器就叫作电磁继电器。

一种具有拍合式电磁系统的继电器（通常称为摇臂式继电器）的基本结构如图 2.15 所示。其电磁铁的活动部分是一块可以转动的平板衔铁,衔铁的支点在支架上。电磁铁的线圈未通电时,恢复弹簧的弹力使活动触点与常通触点接通,并使弹性导电片变形,以给触点提供一定的接触压力;线圈通电后,当电压达到其动作电压值时,电磁吸力便大于弹簧弹力,衔铁就绕支点转动,使活动触点离开常通触点,而与常断触点接通;线圈断电时,在恢复弹簧的作用下,衔铁与活动触点都回到原来的位置。

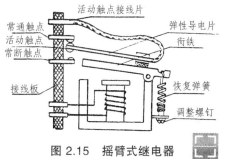

图 2.15 摇臂式继电器

飞机上使用的电磁继电器多为直流继电器，即线圈中通入直流电。电磁继电器触点切换的负载电流一般限制在 25 A 以内。

2. 极化继电器

极化继电器是电磁继电器的一种特殊形式，它能反映输入信号的极性。随着工作线圈中所通电流的方向不同，衔铁的动作方向也不同。

极化继电器具有两个显著特点：其一是能反映输入信号的极性；其二是具有很高的灵敏度，即其所需动作电流或电压值很小。极化继电器与普通电磁继电器的主要不同点是其磁路里同时作用着两个磁通，一个是永久磁铁产生的极化磁通，另一个是由电磁铁工作线圈产生的工作磁通。工作磁通的大小和方向决定于输入信号的大小和方向。

极化继电器的工作原理如图 2.16 所示。衔铁是一块永久磁铁，铁心由高导磁材料制成。衔铁平时偏置于一侧，处于图 2.16（a）所示的静止状态。当对线圈施加一个直流电压时，铁心就变成了电磁铁的铁心。在铁心中建立的磁通与永磁衔铁产生的磁通方向相反，而且在数量上更大，则铁心的极面上产生了如图 2.16（b）所示的极性。由于衔铁极和铁心极面的极性相同，衔铁就被排斥，沿逆时针方向转动，到达图 2.16（c）所示的位置。此时衔铁极和铁心极面的极性相反，强大的吸力使衔铁保持在这个位置。如果线圈断电，永久磁铁的磁通仍可使衔铁保持在该位置。如果外加电压的极性变化，则衔铁的位置如图 2.16（d）所示。

极化继电器具有方向性好、灵敏度高、动作迅速等优点。其主要缺点是触点的切换容量小，体积较大。

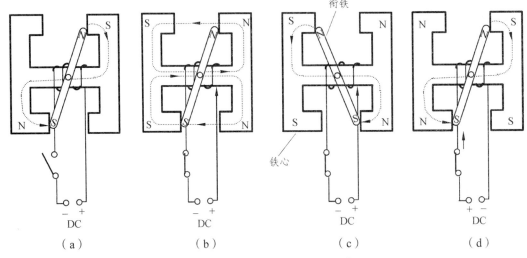

图 2.16   极化继电器工作原理示意图

3. 固态继电器

具有传统继电功能，且具有电气隔离输入和输出回路的电子装置称为固态继电器（Solid State Relay，SSR），它能像电磁继电器一样在输入信号的控制下执行通断电路的功能，但属于无触点控制装置。

图 2.17 是一种典型的光电耦合固态继电器的原理方框图。它是一种四端器件，其中两端为输入控制端，另外两端为输出受控端，中间有光电隔离环节。当有输入信号时，触发电路工作，发光二极管发光，光敏三极管将光信号转换为电信号并控制固态转换器件（如大功率三极管、MOSFET 等），进行开关状态的转换。

固态继电器具有灵敏度高，能够与 TTL、CMOS 等集成电路兼容，可以实现小型化，无触

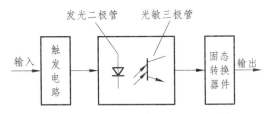

图 2.17   光电耦合固态继电器原理方框图

点，工作可靠性高，抗冲击、抗振动能力强，使用寿命长等优点，因此在某些领域可以取代电磁继电器。但它也存在输入和输出隔离困难，通态电阻大，易受温度和辐射的影响，抗瞬变过电压能力差等缺点。

4. 混合继电器

电磁继电器所需的驱动信号大，无法用集成电路的电平控制，必须增加放大环节；而固态继电器由于存在饱和压降，在大电流电路中功耗大。但二者也各有所长，于是结合两者的优点就构成了混合继电器。它以固态器件作为反应机构，可以充分发挥固态电路灵敏度高、能反应非常微弱信号的特点，起延时、放大、整流等作用；以电磁继电器作为执行机构，充

分发挥电磁继电器接触电阻低、过载能力强、容易实现多组转换等特点。

混合继电器在结合了固态和电磁继电器的某些优点的同时，也集合了二者的缺点。例如，混合继电器既具有固态电路易受温度和辐射影响的缺点，同时又存在电磁继电器所固有的触点弹跳、触点污染、动作慢等缺陷。

2.2.3 接触器

接触器（contactor）是一种用于远距离频繁地接通和断开交直流主电路或大容量控制电路的电磁控制装置，在飞机上通常作为机载电源系统发电机输送电能和汇流条向大功率用电设备供电的连接开关。它可以安装在飞机的任何地方，以便飞行员通过驾驶舱内的手动开关实现远距离控制电路通断的目的。

接触器的基本工作原理与前面提及的电磁继电器相似，但具体结构不同。接触器控制的电流较大，一般都是几百安培，有些达到 1 kA。通常人们把操纵电流小于 25 A 的称为继电器，大于 25 A 的称为接触器。

接触器的种类很多，按照其触点所控制电路性质的不同，可分为直流和交流两种（飞机上的交流接触器，其电磁线圈也是通直流电的）；按照触点类型的不同，可分为单极单投、单极双投、双极单投、双极双投、三极单投、三极双投等多种；按照接触器本身结构原理的不同，则可分为单绕组、双绕组、机械闭锁式、磁保持接触器等。

1. 单绕组接触器

单绕组接触器的原理如图 2.18 所示。从图中可以看出，当线圈没有通电时，电磁铁的电磁力等于零，活动铁心在返回弹簧弹力的作用下被推向上方，使触点分离。线圈通电后，电磁铁所产生的电磁力大于返回弹簧的弹力时，返回弹簧被压缩，活动铁心向固定铁心一边运动，活动触点与固定触点接通，从而使外电路接通；线圈断电后，在返回弹簧弹力的作用下，活动铁心带动活动触点恢复原位，将外电路断开。

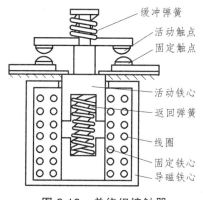

图 2.18　单绕组接触器

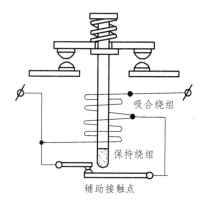

图 2.19　双绕组接触器

2. 双绕组接触器

双绕组接触器的结构与单绕组接触器基本相同，其主要不同点是双绕组接触器采用两个电磁线圈，一个称为吸合绕组，另一个称为保持绕组，如图 2.19 所示。当线圈接上电源时，由于保持绕组被辅助触点短接，电源电压只加在吸合绕组上。由于吸合绕组导线粗，电阻小，电流就比较大，所以能产生较大的电磁力，将主触点接通，从而接通外电路。在主触点接通的同时，连杆的末端（用绝缘胶木制成）将辅助接触点顶开，这时，保持绕组与吸合绕组串联，电路中的电阻增大，接触器就以较小的线圈电流维持主触点在接通状态。

3. 机械闭锁式接触器

机械闭锁式（又称机械自锁型）接触器是以机械方法使主触点在电磁线圈断电后仍能自行保持其工作位置的接触器。这种接触器的结构比较复杂，其原理示意图如图 2.20 所示。它有两个电磁铁：吸合电磁铁和脱扣电磁铁。吸合电磁铁的工作线圈称为吸合线圈，脱扣电磁铁的工作线圈称为脱扣线圈。吸合线圈通电后，吸合电磁铁的活动铁心被吸下并被脱扣电磁铁的活动铁心锁住。此时，三对主触点接通被控制的电路，活动铁心下端的辅助触点转换，吸合线圈电路断开；脱扣线圈电路接通，为脱扣线圈通电做准备。当需要接触器断开被控制的电路时，只需要给脱扣线圈通电即可。脱扣线圈通电后，机械闭锁机构脱钩，活动铁心在返回弹簧的作用下恢复原位，主触点跳开。

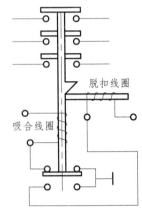

图 2.20　机械闭锁式接触器

由于机械闭锁式接触器具有可靠性高、长时间工作不消耗电能等优点，因此在飞机上得到广泛使用。

4. 磁保持接触器

图 2.21 是磁保持接触器的原理电路图，它有三对主触点用于控制三相交流电路。在线圈未通电时，活动铁心与静铁心之间的气隙较大，也就具有较大的磁阻，永久磁铁的磁通只有很小的一部分通过活动铁心，不会产生吸力，磁保持接触器不会动作。

在线圈的"吸合 +"与"吸合 −"之间加上相应极性的输入信号后，线圈产生的磁通方向与永久磁铁的磁通方向相同，线圈磁通产生足够大的吸力克服弹簧的反力，活动铁心向静铁心移动，在触点闭合后，辅助触点断开了线圈的吸合电路，使跳开线圈处于预位状态。由于永久磁铁的磁通通过活动铁心、静铁心构成的磁路磁阻较小，在它产生的吸力的作用下，接触器保持在吸合位置。

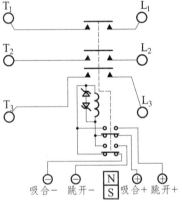

图 2.21　磁保持接触器

如果在线圈的"跳开 +"与"跳开 −"端加上输入信号，线圈在铁心内产生的磁通大于永久磁铁的磁通，并且方向相反，抵消了永久磁铁的吸力，使活动铁心在弹簧反力作用下回到释放状态，带动主触点断开，并使辅助触点发生转换，断开跳开线圈电路，同时接通闭合线圈电路，为下一次接通做准备。

线圈两端并联的稳压二极管可以减小线圈电路在通断时产生的自感电动势。而两只稳压二极管反向串联，可以保证在外加电源换向后二极管组的工作特性一致。

2.3　电路保护装置

　　飞机上的用电设备很多，导线比较长，多数飞机又是以金属机体作公共负线或"地"线，如果对飞机电气设备使用不当，或者摩擦、振动等原因，很可能导致用电设备和输电导线受到损伤，绝缘层遭到破坏，造成短路。另外，如果用电设备工作不正常，还可能出现电流长时间过载（超过额定值）的情况。短路和长时间过载不仅会烧坏导线和用电设备，造成供电中断，还可能引起火灾，导致严重事故。为了避免这种情况的产生，飞机输电线路中设置了保险装置（保护性熔断器），当电路发生短路或长时间过载时，保险装置立即自动将短路（或较大过载）的部分从电路中切除，避免出现危险的过电压或其他故障，从而保证电源的正常供电和其他电气设备的正常工作。

　　飞机上的电路保险装置（又称电网保护器）有熔断器和断路器两大类。

2.3.1　熔断器

　　熔断器俗称保险丝（fuse），它的主要构成元件是金属熔丝或熔片，串联在被保护的电路中。当被保护的电路出现短路或长时间过载时，熔丝就会发热到熔化温度而熔断，从而切断电路，起到保护电路的作用。熔断器虽存在不能反复使用的缺点，但结构简单，成本低廉，因此在航空中得到了广泛应用。飞机上的熔断器可分为易熔、难熔、惯性三种。

2.3.1.1　易熔熔断器

　　易熔熔断器的熔丝常用铜、银、锌、铅、锡等合金材料制成。飞机上的易熔熔断器是将熔丝装在玻璃管内，玻璃管两头有金属插脚（或套管），使用时插入专用的熔断器座内。这种熔断器的主要特点是熔丝惯性比较小，主要用来保护电路免遭短路的危害。在过载能力比较小的用电设备的电路中，常采用这类熔断器。

　　飞机上常用管状熔断器，有的还带有插脚（见图 2.22）。玻璃管采用密封结构，一方面可以加速熔断器的熔断，另一方面也可以防止高温金属颗粒飞溅，造成二次破坏。易熔熔断器的额定电流一般为 0.15～50 A。为适应电子计算机、微型电子设备等现代科学技术发展的需要，微电流时可使用保险电阻。

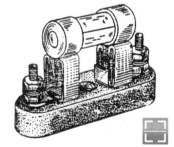

图 2.22　插脚式熔断器

2.3.1.2　难熔熔断器

　　难熔熔断器是采用难熔金属铜作熔断片，在铜片上敷薄层锡。这样，在熔断片发热至锡的熔点时，便有一部分锡熔化并渗入铜片中，形成类似锡铜合金，其熔点比铜要低一些。在熔断片周围包有石棉水泥，它能吸收熔断片的一部分热量，增大熔断器的热惯性，使熔断片断开时产生的电弧迅速地熄灭。难熔熔断器对小电流不敏感，但在发生大电流短路时有明显的限流作用，主要用于飞机电源系统的短路保护。飞机上常用的难熔熔断器的外形如图 2.23 所示，

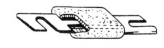

图 2.23　难熔熔断器

其额定电流一般为 200 ~ 900 A。

2.3.1.3　惯性熔断器

　　某些用电设备（如电动机）允许短时过载运行。在这些用电设备的电路中，采用上述熔断器将不能满足电路保护的要求，因为它们的热惯性较小。如果采用额定电流同电动机的额定电流相等的熔断器，则熔丝在电动机起动过程中将会因起动电流大大超过其额定值而迅速熔断，中止电动机的起动；如果采用额定电流大于电动机额定电流的普通熔断器，又不能保护电动机免受长时间过载的危害。因此，要保护容许有较大的短时过载电流的电路，就需要热惯性较大的保险装置。它在过载时，需较长时间才熔断；而在短路时，又能很快熔断。惯性熔断器就是为适应这种需要而制作的。

　　这种熔断器在结构上包括两大部分，即短路保护部分和过载保护部分，如图 2.24 所示。

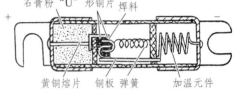

短路保护部分的熔化材料是黄铜熔片，它只有在短路汇流条过载电流很大时才能熔断。过载保护部分的熔化材料是低熔点焊料，它将两个"U"形铜片焊接在一起，过载后要持续一段时间它才会熔断。

　　当有电流通过时，加温元件和黄铜熔片同时发热。在过载电流不是很大时，黄铜熔片由于熔化电

图 2.24　惯性熔断器

流比过载电流大，不会熔断；而易熔焊料在经过一段时间后就会熔化，导致弹簧把"U"形铜片拉开，电路被切断。由于焊料同热惯性较大的铜板焊在一起，到达熔点需要一定的时间，故在发生短路时在较短时间内不会熔断，而黄铜熔片则迅速熔断。这种熔断器有方向性，若连接不当，将影响它的动作保护时间。

　　飞机上常用的惯性熔断器的额定电流一般为 5 ~ 250 A，主要用于电机和具有起动特性要求的电路。

　　在 CAAR-121 部第 313 条"其他设备"中对熔断器在飞机上的备件数量做了规定：

　　飞机只有安装下列设备，方可以实施本规则的运行：（a）如果飞机上装有保护性熔断器，每种规格保护性熔断器的备用数量应为该飞机批准的并在合格证持有人手册中规定的数量。

　　我国适航法规 CCAR-25 部提出了进一步的要求：当飞机上安装有可更换型熔断器时，应在飞机上提供备用熔断器，以备熔断时更换，而且数量至少应为保护整个电路所需的每种额定熔断器数量的一半。

拓展阅读

2.3.2　断路器

　　断路器（Circuit Breaker，CB）又叫自动保护开关或自动保险电门，它利用双金属片发热变形的原理，在短路或长时间过载时自动操纵开关的触点，使之断开以保护电路。它不仅将电路保护和开关合而为一，而且可以多次使用，可以避免熔断器的更换问题。同时，由于双金属元件和解扣机构间的联动装置可以调节，故容差很严格的解扣时间特性可以实现。因此，断路器在飞机上被大量采用以取代熔断器。

　　按照工作原理的不同，断路器可分为热式断路器、磁式断路器、热磁式断路器、电子型断路器、遥控断路器和固态功率控制器等。按照操作方式的不同，断路器可分为扳动式断路

器和按拔式断路器。扳动式断路器通常又被称为自动保险电门。按照故障后脱扣方式的不同，断路器可分为自由脱扣断路器和非自由脱扣断路器。自由脱扣断路器在发生故障脱扣后，即使手动操作也不能使电路接通，只有在电路故障排除后才可以正常使用，因此自由脱扣断路器常被作为有保护能力或安全的保护装置使用。

2.3.2.1　按压式断路器

不同类型的断路器在设计和结构上有所区别，但一般来说它们都具有三个主要的组成部分：双金属热元件、开关装置和机械闩锁机构。此外，还有一个手柄或按钮用于脱扣后进行人工复位，以及在需要时人工切断所保护系统的电源。

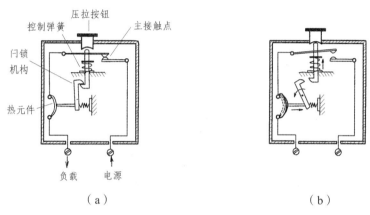

（a）　　　　　　　　　　　　（b）

图 2.25　按钮式断路器

某种类型的断路器如图 2.25 所示。图 2.25（a）中所示为断路器的正常工作位置，被保护电路的电流全部通过开关装置的触点和热元件。在电流值正常时，热元件中产生的热量很快地辐射掉，因而温度在最初升高之后，便保持恒定。如果发生短路，电流超过正常值，元件的温度开始升高，由于组成热元件的金属有不同的膨胀系数，就会发生图 2.25（b）所示的变形。变形达到一定程度后就会释放闩锁机构，并在控制弹簧的作用下使触点断开，从而使负载与电源隔离。与此同时，按钮弹出，按钮上的白色标志带露出，为脱扣提供目视指示［见图 2.26（a）］。

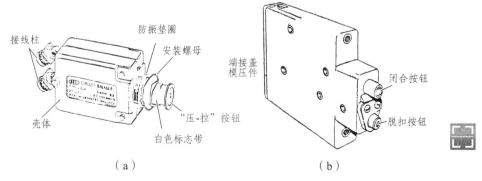

（a）　　　　　　　　　　　　（b）

图 2.26　断路器外形

断路器脱扣后，变形的元件便开始冷却并恢复原状，闩锁机构回到正常位置。一旦引起脱扣的故障被清除，即可通过按压断路器的按钮（或扳动手柄）使电路重新接通，此时机械闩锁机构使触点保持在闭合位置。

在需要人工断开所保护电路时，可以通过拉出按钮断开被控制电路的断路器被称为压拉断路器。压拉断路器虽然可以在必要时手动断开其所保护的电路，但一般不作为控制电路通断的开关。有一种断路器，其按钮只能压下接通电路而不能拉出断开电路，称为压通断路器。还有一种断路器设置了两个按钮，分别是闭合按钮和脱扣按钮。此种断路器多用于需要经常接通与断开的小功率电路中，即主要起开关的作用，因此习惯上又被称为跳开关［见图 2.26（b）］。

在三相交流电路中，采用了三极断路器，它只有一个按钮（或手柄）用于操作，只要有一相电路发生过载或短路，就能使保护机构动作，三相电路同时断开。

某型断路器的工作特性曲线如图 2.27 所示。对于无温度补偿的断路器，它的动作时间受环境温度的影响。表 2.1 中给出的断路器可在 –54 ~ 121 °C 的环境下工作。在选择、安装断路器时，要考虑保护电流、环境温度以及上一级保护电路的特性。

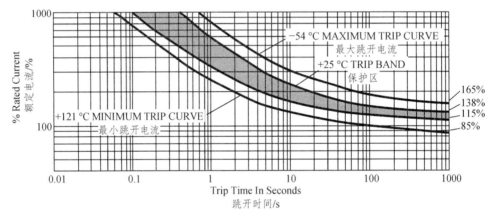

图 2.27　断路器保护曲线

表 2.1　断路器工作电流与温度之间的关系

TEMP /°C	MIN ULT TRIP	MAX ULT TRIP	TRIP TIME IN SECONDS		
			200%	500%	1000%
+25	115%	138%	4 ~ 16	0.4 ~ 1.6	0.10 ~ 0.40
– 54	115%	165%	7 ~ 35	0.6 ~ 3.0	0.15 ~ 0.70
+121	85%	145%	2 ~ 13	0.25 ~ 1.0	0.06 ~ 0.25

*2.3.2.2　扳动式断路器（自动保险电门）

飞机上采用的扳动式断路器有非自由脱扣型（如国产 ZKC 型）和自由脱扣型（如国产 ZKP 型）两种，它们同样具有开关和过流保护的双重作用。

ZKC 型扳动式断路器如图 2.28 所示。将手柄向左扳，活动触点与固定触点闭合，同时手柄上的三角形拨板带动胶木滑块向右移动，压缩复位弹簧。当胶木滑块下的卡销滑过双金属片上的挡板后，即被挡板卡住，此时扳动式断路器处于接通状态。以后再扳动手柄时，就只能控制接触点的接通与断开，而不能使胶木滑块返回原位，于是扳动式断路器就起到了普通开关的作用。

在扳动式断路器接通时,如果电路过载或短路,双金属片将发热变形而向下弯曲。当双金属片弯曲到一定程度时,挡板脱离胶木滑块上的卡销,胶木滑块在复位弹簧的作用下迅速左移,推动手柄使触点断开,扳动式断路器就起到了过流保护的作用。

在 ZKC 型扳动式断路器自动切断所保护的电路后可通过按压手柄使电路强制接通,但这对电动油泵一类易发生火灾危险的电路是不适宜的。在此种情况下可以采用 ZKP 型扳动式断路器,其内部结构如图 2.29 所示。当向左扳动手柄时,传动板右端由于被支架顶住

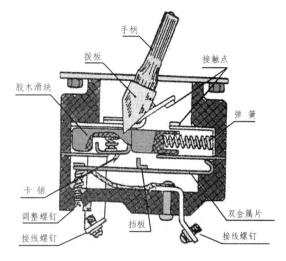

图 2.28 ZKC 型扳动式断路器的结构

而不能转动,压簧被压缩。当手柄移过中立位置后,压簧则产生向左的弹力,迫使活动触点向左移动而与固定触点接通,并使弹簧恢复拉长。接通以后的情形如图 2.29(b)所示。当向右扳动手柄时,则在手柄超过中立位置后,恢复弹簧的拉力将使触点断开。

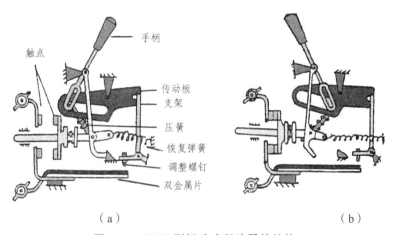

（a）   （b）

图 2.29 ZKP 型扳动式断路器的结构

在触点接通时如果电路过载或短路,双金属片发热变形而右端向上翘,顶动调整螺钉,使支架沿顺时针方向转动而脱离传动板。此时,传动板在压簧的作用下沿顺时针方向转动,压簧本身放松,作用在触点上的压力消失,于是在恢复弹簧的作用下,触点自动断开。触点自动断开以后由于双金属片尚未冷却复原,支架无法顶住传动板,压簧没有受到向左的力,即使强行按压手柄触点也不可能接通。此种不能手动强迫接通的断路器称为**自由脱扣型断路器**(trip free breaker),而在跳开后可以用手强迫接通的则称为**非自由脱扣型断路器**(non-trip free breaker)。

按照我国适航法规要求,每一重要负载电路都必须具有单独的保护装置进行保护,但并不要求重要负载系统中的每一支路都独立保护。例如,分别位于左右翼尖和尾部的航行灯,可以共用同一保护装置。

在美国联邦航空局颁布的咨询通告 AC 25-16 *Electrical Fault and Fire Prevention and Protection*（电气故障与火灾防护）中规定：小型飞机中的飞行员对飞机的任何一个断路器的复位次数不能超过一次。在 FAR-23 部适航法规中要求：对于保证飞行安全相关的断路器，应该清楚它们的位置，并在需要时进行复位。但对于一些制造年代较早的飞机，由于飞行手册并不完善，对飞机中的断路器的复位管理没有明确的要求。因此，飞行员可以掌握以下原则：非飞行关键系统的断路器，当跳开后，不能再次复位；而如果跳开的是关键系统的断路器，且断路器所在位置或相关系统没有出现烟雾或焦煳味，可以在至少 2 min 以后尝试复位一次，但如果再次跳出，不允许再次复位断路器。

在 AC 120-80 *In-Flight Fires*（飞行中的火灾）中多次强调，当断路器跳开的原因不明，无法确定相关系统故障时，除非该系统对保障飞行安全至关重要，否则不能再次复位断路器，同时应将故障现象填入飞行日志，以便维修人员及时、准确排除故障。

为了便于管理，在某些飞机上断路器分为不同的颜色，如 A320 系列飞机的断路器主要有四种颜色：绿色、黑色、红色和黄色。黑色断路器是普通系统的断路器，没有监控；绿色的断路器是所谓的关键系统的断路器，受 ECAM（电子中央监控系统）监控。当断路器由于故障或人工原因跳开，1 min 后在 ECAM 上显示琥珀色信息，发出单谐音警告，警告灯亮。电子舱设备的断路器都是绿色的，受系统监控。红色断路器在 A320 系列飞机上只有 4 个，红色用于提醒飞行员不可以在空中复位。

黄色的断路器只在早批 A320 飞机上出现。该断路器和 RAT 有关，较老型号的 A320 飞机在紧急供电情况下，RAT 在前起落架放出后会停止工作，也就是说飞机在进近过程中会有较长一段时间只有蓄电池供电，为了使飞行时间可以延长到 30 min，需要飞行员将这两个断路器拔出。黄色可以起到提醒作用，便于飞行员快速找到该断路器。

传统的断路器以双金属片等机械结构为工作核心，容易受到工作环境、制造工艺、使用状况等条件的影响，使其保护电流与动作时间之间的关系不能确定。在新型飞机上采用了固态功率控制器（SSPC），电流保护更为精确，除了类似普通断路器的 I^2R 的热保护策略之外，还可以根据用电设备的特性对保护曲线进行修正，对于大电流冲击性负载，可以允许短时间大电流通过，如 2.30 图所示。

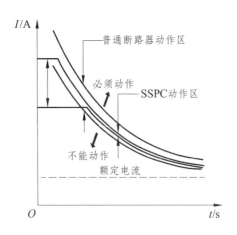

图 2.30　普通断路器和 SSPC 保护对比

*2.3.3 电子断路器

随着固态配电技术的不断发展，传统的断路器在飞机上的数量越来越少，例如，在 B787 飞机上就使用了大约 900 个电子断路器（Electronic Circuit Breaker，ECB）取代传统的双金属热元件式断路器。电子断路器是固态功率控制器（SSPC）的功能之一。本书以 B787 飞机的电子断路器为例进行介绍。

断路器指示与控制模块（Circuit Breaker Indication and Control，CBIC）通过检测负载电压和负载电流实现断路器的四种功能：断开、接通、跳开、锁定。无论是在空中还是在地面，电子断路器的状态都可以通过飞机的多功能显示器显示。当飞机在地面时还可以通过便携式计算机对电子断路器进行检查与管理。通过"SYS（系统）"菜单中的 CB（断路器）按钮可以进入断路器显示与控制页面，如图 2.31 所示。

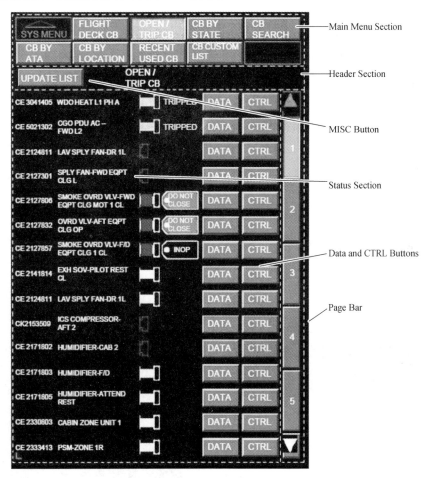

图 2.31 断路器显示与控制页面

在 CBIC 的"主菜单区"为一系列按键，用于按照不同方法对断路器（CB）进行检查。第一排自左至右为：驾驶舱断路器、断开或跳开断路器、断路器状态（断开、闭合、锁定、跳开）、断路器查询；第二排自左至右为：断路器按 ATA 章节分类、断路器按安装位置分类、最近使用的断路器（在当前页，如果显示的不是最新的断路器状态，UPDATE LIST 将变为可选状态）、用户断路器列表（为执行特定的维修功能预设的列表，仅可在地面维修模式下使用）。

　　飞机上的电子断路器有多种工作状态，如图 2.32 所示，分别是：Open（断开）、Closed（闭合）、Locked-Do Not Close（锁定-不能闭合）、Locked-Inoperative（锁定-不工作）、Tripped（跳开）、Unknown（系统与断路器之间通信故障）。从图中可以看出，不同区域的电子断路器具有不同的工作状态。系统仅能检查普通断路器（TCB）的工作状态，无法对其实施控制。

	Open	Closed	Locked-Do Not Close	Locked-Inoperative	Tripped	Unknown
RPDS ECB, PPDS ECB	▭	▯	Do Not Close	•INOP	TRIPPED	UNKNOWN
FC ECB	▭	▯	N/A	N/A	TRIPPED	UNKNOWN
ELCC	▭	▯	Do Not Close	•INOP	TRIPPED	UNKNOWN
TCB	▨	▯	N/A	N/A	▨	UNKNOWN

图 2.32　电子断路器工作状态

注：RPDS ECB：Remote Power Distribution System Electronic Circuit Breaker.
　　PPDS ECB：Primary Power Distribution System Electronic Circuit Breaker.
　　FC ECB：Flight Control Electronic Circuit Breaker.
　　ELCC：Electrical Load Control Contactor.

　　在各断路器查询页面有 DATA 按钮，用于查看断路器的工作状态。某一断路器的数据页面如图 2.33 所示，通过观看该页面，可以了解所保护电路的工作状态。 CTRL 按钮可用于对断路器进行控制，可控和不可控按钮的显示状态不同，如图 2.34 所示。例如，要锁定断路器，先选择 CTRL 按钮，然后按压 LOCK 按钮。

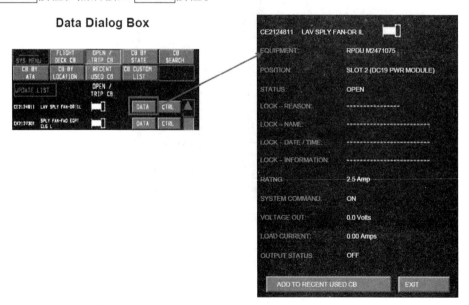

图 2.33　电子断路器数据显示页面

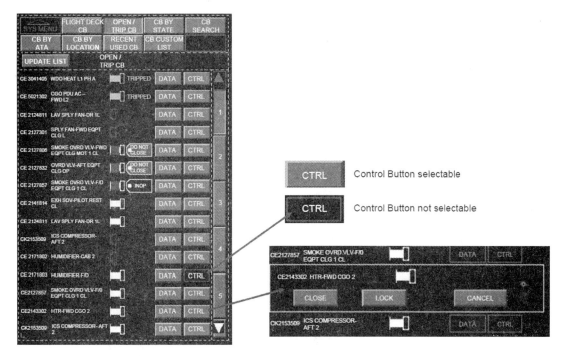

图 2.34　电子断路器状态控制

　　为了避免对某些断路器的误操作，可以对断路器进行上锁保护，其操作页面如图 2.35 所示。在 TAG（标签）选项中选取相应的选项，如"DO NOT CLOSE（不要闭合）"，然后在 REASON（原因）选项中选择相应的选项，如"PERSONNEL HAZARD DO NOT OPERATE（不能操作，避免造成人身伤害）"，之后按压 OK 按钮，锁定程序完成。NAME（名称）、DATE/TIME（日期/时间）和 INFO（信息）为可选项。解锁则按相应的提示完成，不再赘述。

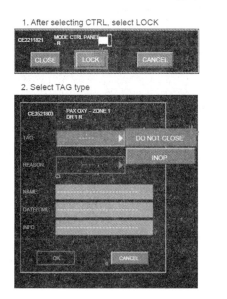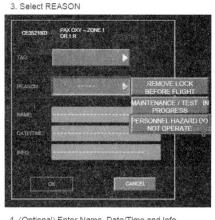

图 2.35　电子断路器锁定保护

复习思考题

1. 简述不同汇流条在与电源或用电设备连接时有何特点。
2. 接近开关与拨动开关相比有何特点？
3. 与单绕组接触器相比，双绕组接触器、机械闭锁式接触器各有何特点与优点？
4. 接触器与电磁继电器在功用与工作原理上有何异同？
5. 与电磁继电器相比，极化继电器有何特点？
6. SSR 代表什么？与电磁继电器相比有何特点？
7. 常用的熔断器有哪些种类？各有什么相同点、不同点？
8. 惯性熔断器如何实现在短路时迅速熔断，而在过载时经过较长时间才熔断？
9. 断路器有何功用？同熔断器相比有何优点？
10. ZKC、ZKP 型扳动式断路器各有何特点？
11. 简述电子式断路器的工作状态和基本操作。

3 飞机电源系统

微信扫一扫
彩图更生动

3.1 航空电池

化学电池是一种将物质反应的化学能直接转化为电能的储能装置或换能装置，按照能量的转换方式一般可分为：原电池（primary cell）、蓄电池（storage battery）、燃料电池（fuel cell）。

原电池又被称为一次电池，这种电池不能用充电的方法使其活性物质（指在充电或放电过程中电池极板上参加化学反应的物质）还原，放电结束后无法再次使用，如锌锰电池和锌银电池。目前飞机飞行数据记录器的水下信标中则采用锂电池。蓄电池又被称为二次电池或可充电电池，在工作中其化学反应可逆，可反复充、放电，常见的有铅酸蓄电池、镉镍蓄电池、锌银蓄电池、锂离子电池等。燃料电池不同于一次电池和二次电池，其活性物质可以补充，且不经过"充电、储电"过程。其活性物质在催化剂的作用下连续不断地反应，输出电能。常见的燃料电池有：氢氧燃料电池和肼-空气燃料电池。2008 年，空中客车飞机公司在 A380 上对氢氧燃料电池进行了飞行测试，在不久的将来燃料电池有可能取代飞机上的 APU。

下面重点介绍蓄电池。蓄电池是一种化学电源，是化学能与电能相互转换的装置。充电时，它把电能转换为化学能储存起来；放电时，它又把化学能转换为电能向飞机用电设备供电。航空蓄电池有飞机蓄电池和地面蓄电池两种。

我国 CCAR-25 部"运输类飞机适航标准"规定，一旦完全丧失主电源系统时，蓄电池必须有能力向持续安全飞行和着陆必需的那些负载供电至少 30 min。该 30 min 时间段包括了驾驶员为判明电源丧失并采取适当卸载措施所需的时间。

FAR-23 部"正常类、实用类、特技类和通勤类飞机适航标准"规定：最大飞行高度在 25 000 ft（7620 m）以下的飞机，蓄电池为飞行关键负载供电的时间不少于 30 min；而最大飞行高度在 25 000 ft 以上的飞机，蓄电池为飞行关键负载供电的时间不少于 60 min。以上时间包含了飞行员发现飞机上仅由蓄电池供电，并断开非飞行关键用电设备的时间。

拓展阅读

飞机蓄电池是目前飞机上天必须安装的设备之一，用作飞机上的应急电源、辅助电源和发动机（或 APU）起动电源。当飞机发电机不能供电时，蓄电池向维持飞行所必需的飞行关键设备供电，必要时也可作为起动飞机发动机的起动电源，还可用于检查小功率用电设备，在直流电源系统中也可以与主电源一起负担尖峰电流。从民航法规的规定也可以看出蓄电池在飞机上的重要作用。

飞机蓄电池按电解质性质的不同，又分为酸性蓄电池、碱性蓄电池、中性蓄电池和有机溶液蓄电池四类。碱性蓄电池，主要以氢氧化钾水溶液为电解质，如碱性锌锰电池、镉镍电池、氢镍电池等。酸性蓄电池，主要以硫酸水溶液为电解质，如铅酸蓄电池。中性蓄电池，以盐溶液为电解质，如锌锰干电池、海水激活电池等。有机溶液蓄电池，主要以有机溶液为电解质，如锂离子电池等。

目前民航飞机大量装机使用的蓄电池有：铅酸蓄电池、镉镍蓄电池和锂离子电池。

3.1.1 铅酸蓄电池

铅酸蓄电池（lead-acid battery）也被称为铅蓄电池，自 1859 年由法国的 G. Plant 发明以来，已有 140 多年的历史，在科技发展日新月异、许多新电源不断出现的过程中，它始终未被淘汰，仍广泛地在航空、航海、通信、医疗等各个领域中使用。在当今世界的各种电化学能源中，铅酸蓄电池的份额占到了 65%，主要是因为铅资源丰富、价格低，铅酸蓄电池工艺成熟、适用范围广、具有良好的可逆性、使用维护简单。在含水电池中，只有铅酸蓄电池的单体电池电压超过了 2 V。

3.1.1.1 铅酸蓄电池的基本工作原理

铅酸蓄电池的正极板的活性物质在充电状态下为二氧化铅（PbO_2），在放电状态下为硫酸铅（$PbSO_4$）；负极板的活性物质在充电状态下为海绵状铅（Pb），在放电状态下为硫酸铅（$PbSO_4$）；正负极板间隔板用木质或其他能通过离子的物质构成，极板放于装有稀硫酸（$H_2SO_4+H_2O$）的容器中。把正负极板浸入稀硫酸中，就组成一个单体蓄电池，由于化学作用，两板之间会有电位差（即电动势）产生。实际测量说明：二氧化铅板的电位高，称为正极板；铅板的电位低，称为负极板；正、负极板之间的电位差约为 2.1 V，而铅电池的额定电压为 2V。

放电时，把蓄电池的正、负极通过负载连接起来，在电动势的作用下，电路中就会有电流流过，如图 3.1 所示。在外电路中，电子流不断地从负极流向正极；在电解液中，则有正、负离子分别流向负、正电极，构成了离子电流。电流的流通，在正、负极板上引起一定的化学反应：正、负极板上的活性物质（二氧化铅和铅）都要转化为硫酸铅，而电解液中的硫酸则要转化生成水，硫酸的浓度不断降低。

充电时，充电电源的正极要与蓄电池正极相接，负极要和负极相接，而且，电源电压要大于蓄电池的电动势。此时，电流的方向和放电时相反，如图 3.2 所示。结果，在正、负极板上引起的化学反应正好和放电时相反，硫酸铅和水转变为硫酸和氧化铅，硫酸浓度不断升高。

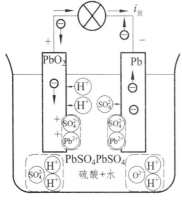

图 3.1　铅酸蓄电池的放电

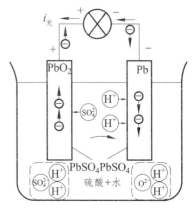

图 3.2　铅酸蓄电池的充电

充、放电时的化学反应方程可写成如下的综合形式：

$$PbO_2 + 2H_2SO_4 + Pb \underset{充电}{\overset{放电}{\rightleftharpoons}} PbSO_4 + 2H_2O + PbSO_4 + 电能$$

（正极）（电解液）（负极）　　　　（正极）（电解液）（负极）

3.1.1.2　铅酸蓄电池的主要电气特性

1. 电动势

铅酸蓄电池的电动势 E 与电解液的密度 ρ 有关。当温度为 15 ℃，电解液密度在 1.05 ~ 1.30 g/cm³ 内变化时，单体电池的电动势 E 可用如下经验公式表示：

$$E = (0.84 + d) \quad V$$

如 15 ℃ 时，$d = 1.25$ g/cm³，则 $E = (0.84 + 1.25)$ V $= 2.09$ V。电动势受温度的影响不大，可以忽略。

2. 内电阻

蓄电池的内电阻是衡量电池特性的一个重要参量，它主要包括电解液电阻和电解液与电极间的过渡电阻。电解液电阻在电解液密度为 1.20 g/cm³ 时最低，浓度增大，流动性变差，电阻变大；浓度减小，电离的分子变少，电阻也变大。电解液与电极间的过渡电阻决定于它们之间的接触情况，因此铅酸蓄电池内阻与其结构及使用状态有关。增加极板面积和片数，采用薄的隔板以减小两极板间距离，用多孔隔板，均可减小电池内阻。

在充、放电过程中，电池电阻将不断变化。放电时间越长，电解液越稀，电池电阻加大；同时，硫酸铅不断增多，由于其本身不导电且密度小，会逐渐堵塞极板内的微孔，阻止离子进入极板内部，使内阻加大。放电电流越大，内阻也越大。放电电流大时电解液来不及进入极板内部，化学反应仅在极板表面进行，从而使极板电解液间的过渡电阻加大。低温时，电解液的黏度加大，内阻也增大。航空铅酸蓄电池的内电阻较小，一般为百分之几到千分之几欧姆。

3. 端电压

蓄电池端电压 U 与电动势 E 相差一内电阻压降 IR，即在充电时：

$$U = E + IR$$

而在放电时：

$$U = E - IR$$

式中，I 为充电或放电时电池内流过的电流。

图 3.3 所示为某型铅酸蓄电池一个单体电池的放电特性曲线。其中曲线是铅电池的放电特性，放电电流为额定电流。在刚放电时电动势 E 下降较快；其后在相当长的时间内电动势下降速度很慢，几乎保持不变；放电临近结束时电动势下降速度又加快，如果此时切断放电电路，则电动势又有少许回升。放电初期，极板附近及孔隙中的电解液浓度迅速下降，导致电动势迅速下降。当极板孔隙中的硫酸浓度与极板外的硫酸浓度达到一定值后，硫酸的扩散作用也随浓度差的加大而加大，于是与一定放电电流对应的硫酸消耗速度与扩散速度达到动态平衡。电动势的下降速度决定于容器中电解液的平均消耗速度，故下降变缓了。放电快结

束时，硫酸铅将极板孔隙堵死，孔隙内硫酸浓度迅速下降，导致电池电动势也迅速下降。断电后，扩散作用使极板孔隙内的硫酸浓度逐渐与外面的一致，故电动势有所回升。放电过程中，电池内阻也随放电量的加大而加大，故电池端电压的变化比电动势变化量大。

图 3.4 所示为铅酸蓄电池的充电特性曲线。充电特性曲线中电动势的初始和中间变化情况与放电过程中的变化情况类似，但它随时间的增长而增加。充电快结束时极板上的活性物质几乎都还原了，若继续充电，则因电池电压大于 2.3 V 而导致水的电解，负极上析出氢，正极上析出氧。它们附着于电极上，使电极电位升高，故电动势很快升高。在水进入电解反应后，电动势不再增加了。停止充电后，氢气逸出，电极电动势下降，电解液渐趋均匀，电动势回落到某一稳定值。随着充电时间的增长，电池内阻降低，故电压增加速度比电动势增长速度慢。但水电解时，端电压很快增加到 2.6 V，并保持不变。

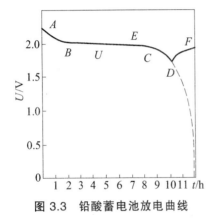

图 3.3　铅酸蓄电池放电曲线

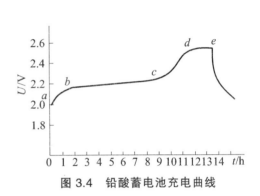

图 3.4　铅酸蓄电池充电曲线

充足电的单体铅酸蓄电池的端电压为 2.13 ~ 2.17 V。

蓄电池端电压与放电流大小有关。大电流放电时，为使电解液的渗透作用与电解液消耗速度平衡，极板孔隙处电解液与容器中电解液的浓度差加大，使电动势下降较多。同时放电反应在极板表面进行，反应区域大大缩小，内电阻比小电流放电时大，故大电流放电电压较低，如图 3.5 所示。这个曲线还表明：放电电流越大，允许的放电终止电压也越低。

放电终止电压是指电池放电完毕时允许达到的最低电压。超过终止电压继续放电，电池的使用寿命将明显缩短。

电池的放电特性和温度有密切关系。温度低时电解液黏度增加，扩散能力降低。放电电流相同时，由于低温时电解液浓度差增大，使电池电动势下降，同时电池内阻加大，因此放电电压下降。图 3.6 是电解液温度不同时的放电特性。

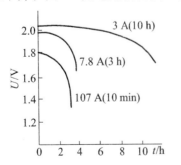

图 3.5　不同放电电流的放电特性

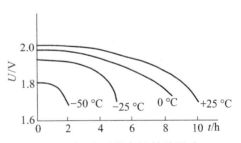

图 3.6　温度对放电特性的影响

4. 容　量

蓄电池容量有实际容量和额定容量之分。实际容量是指蓄电池在一定工作条件下所输出的电荷量。额定容量是指在给定的工作条件下，由电池设计者规定或保证输出的最低电荷量。容量的大小用放电电流与放电时间的乘积来表示，单位为安培小时，简称安时（A·h）。

蓄电池的有效容量与工作状况和使用条件有关。放电电流大会使电池的有效容量减小。电解液温度越高，有效容量越大。此外它还与极板构造、电解液浓度和总量有关。

放置不用的蓄电池的容量会随存放时间的增长而降低，这是由自放电造成的。电解液或极板上有金属杂质或电池表面有污垢都会使自放电增加。

按规定，实有容量小于额定容量80%的蓄电池不准装在飞机上使用，应及时予以充电或更换（实际使用中，按照手册规定执行）。

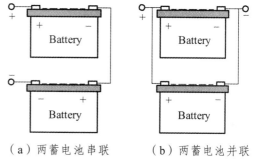

蓄电池根据实际需要会串联或并联使用。为了保证蓄电池具备最佳工作特性，一般情况下都采用同型号的蓄电池（或单体电池）进行串联。例如，均采用额定电压为12 V，额定容量为20 A·h的铅酸蓄电池。如果采用图3.7（a）所示的串联接法，蓄电池组的输出电压可以提高到24 V，但额定容量仍为20 A·h；如果采用图3.7（b）所示的并联接法，蓄电池组的输出电压仍为12 V，但额定容量可以提高到40 A·h。

（a）两蓄电池串联　　　（b）两蓄电池并联

图3.7　蓄电池的串联和并联

3.1.1.3　铅酸蓄电池的构造及性能

每个单体电池的额定电压为2 V，主要由极板组、隔板、电解液和容器几部分组成，如图3.8所示。在电池中，极板由绒状和多孔的二氧化铅（棕红色）和铅（灰色）涂在用铅锑

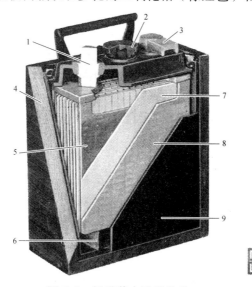

图3.8　铅酸蓄电池的构造

1—正极；2—工作螺塞；3—负极；4—电池箱；5—正极板；6—支撑肋条；
7—负极板；8—隔板；9—电池容器

构成的栅架上制成,正、负极板交替排列,中间用隔板隔开,防止极板间短路。下面以 12HK-28 型铅酸蓄电池为例介绍蓄电池的主要性能参数。

（1）额定容量：28 A·h。

（2）额定电流：2.8 A（10 h 放电率），5.6 A（5 h 放电率）。

（3）额定电压：24 V。

（4）单体电池终止电压（额定工作情况）：1.7 V。

（5）短时间（3.5 min）放电电流： 170 A。

3.1.1.4　铅酸蓄电池的使用注意事项

为了充分发挥铅酸蓄电池的供电能力，防止故障的产生并延长其使用寿命，我们在使用中必须注意以下几点：

（1）地面通电不允许使用飞机蓄电池。为了保证飞机有可靠的应急电源，必须保证飞机蓄电池经常储存足够的电能。所以在地面通电检查使用各种飞机用电设备和起动发动机时，应使用地面电源。

（2）每次飞行前，应对飞机蓄电池进行电压检查。用双倍额定电流放电时，蓄电池的电压不应低于其额定值。这样检查电压的目的有两个：其一是可确信飞机上装有飞机蓄电池且其供电电路良好；其二是可迅速判断蓄电池已处于充足电的状态，且容量在额定容量的 85% 以上。容量不足的蓄电池不允许装机使用。

（3）在低温情况下应尽量避免使用飞机蓄电池起动发动机。当温度下降时，电解液黏度增加，扩散困难，同时内阻增加，有效容量急剧下降，而且低温大电流放电会影响蓄电池的使用寿命。

（4）禁止用蓄电池进行长时间大电流放电或过量放电。这是因为蓄电池进行大电流放电时，化学反应只能在极板表面进行，极板内层的有效物质由于其外层生成不易导电的硫酸铅结晶而不能完全参加化学反应。因而，放电电流越大，参加化学反应的有效物质越少，蓄电池输出的电荷量就越小，供电时间就会大大缩短。过量放电时，极板表面会生成大颗粒的硫酸铅结晶，再次充电时，极板上的有效物质不能还原，蓄电池就要报废。

铅酸蓄电池具有价格低、寿命长、可浮充充电等优点，目前在通用飞机上装备较多。但它也有质量大、体积大、内阻大、自放电多、容量受放电电流影响，且大电流放电时端电压下降较多等缺点，因此航线飞机中更多的是采用碱性电池。

3.1.1.5　阀控式铅酸蓄电池

阀控式铅酸蓄电池(Valve Regulated Lead Acid battery，VRLA)分为 AGM(Absorbed Glass Mat，吸附式玻璃纤维棉)电池和 GEL（胶体）电池两种。AGM 电池采用吸附式玻璃纤维棉作隔膜，电解液吸附在极板和隔膜中，电池内无流动的电解液，电池可以立放工作，也可以卧放工作；GEL 电池采用 SiO_2 作凝固剂，电解液吸附在极板和胶体内，一般立放工作。目前的阀控式铅酸蓄电池除非特别指明，皆指 AGM 电池。

与富液式电池相比较，阀控式铅酸蓄电池具有以下特点：

（1）在使用过程中，不需要添加水和调整酸的比例。

（2）不漏液，无酸雾，无环境污染。

（3）自放电小。

（4）结构紧凑，密封良好，抗震，比能量高。

（5）不存在记忆效应。

（6）使用不当时易产生热失控。

阀控式铅酸蓄电池的电化学反应原理与富液式蓄电池基本相同，但充电过程中存在水分解反应，当正极充电到70%时开始析出氧气，负极充电到90%时开始析出氢气。由于氢、氧气的析出，如果反应产生的气体不能重新复合，电池就会失水干涸。对于早期的传统式铅酸蓄电池，由于氢、氧气的析出及从电池内部逸出，不能进行气体的再复合，是需经常加酸、加水维护的重要原因。而阀控式铅酸蓄电池能在电池内部对氧气再复合利用，同时抑制氢气的析出，克服了传统式铅酸蓄电池的主要缺点。

阀控式铅酸蓄电池采用负极活性物质过量设计，通过 AGM 或 GEL 吸附电解液，正极在充电后期产生的氧气通过 AGM 或 GEL 空隙扩散到负极，与负极海绵状铅发生反应变成水，使负极处于去极化状态或充电不足状态，达不到析氢过电位，所以负极不会由于充电而析出氢气，电池失水量很小，故使用期间不需加酸、加水维护。阀控式铅酸蓄电池氧循环图示如下：

$$
\begin{array}{ll}
\text{正极} & PbSO_4 + H_2O \longrightarrow PbO_2 + O_2 \\
\text{负极} & \\
& \longrightarrow PbSO_4 \xrightarrow{\text{充电}} Pb \quad O_2 \\
& \longrightarrow H_2O \\
& \longrightarrow H_2SO_4 + PbO
\end{array}
$$

可以看出，在阀控式铅酸蓄电池中，负极起着双重作用，即在充电末期或过充时，一方面极板中的海绵状铅与正极产生的 O_2 反应而被氧化成一氧化铅，另一方面是极板中的硫酸铅又要接受外电路传输来的电子进行还原反应，由硫酸铅变成海绵状铅。

在电池内部，若要使氧的复合反应能够进行，必须使氧气从正极扩散到负极。氧的移动过程越容易，氧循环就越容易建立。

阀控式铅酸蓄电池与前面所讲的富液式电池基本相同，除了正负极板、电解液、隔板、电池盒等几个主要部分组成之外，还有一个单向阀门。

安全阀是阀控电池的一个关键部件，其质量的好坏直接影响电池的使用寿命、均匀性和安全性。

3.1.2 镉镍蓄电池

目前，正式装机使用的碱性蓄电池有锌银蓄电池（silver-zinc battery，Zn-Ag battery）和镉镍蓄电池（nickel-cadmium battery，Ni-Cd battery）。其中锌银蓄电池具有质量、体积小，能够短时大电流放电，自放电少，内电阻小等优点，但它同时具有价格高、寿命短、低温性能差、使用维护要求严格等缺点，因此仅在少数战斗机上装备。镉镍蓄电池具有较高的可靠性，能在剧烈的冲击、较大的加速度和压力条件下正常工作，寿命长，因此广泛应用于民航大中型运输飞机上。

镉镍蓄电池是1901年由瑞典人雍格涅尔（Jungener）发明的，用于航空领域始于第二次世界大战期间，目前正逐步取代历史悠久的铅酸蓄电池及锌银蓄电池。航空镉镍蓄电池具有比能量高、使用寿命长、维护简便等优点，因而得到广泛应用。它在航空界通常被称作镍镉（Ni-Cd）蓄电池。

镉镍蓄电池的负极活性物质在充电状态下为金属镉（Cd），在放电状态下为氢氧化镉（$Cd(OH)_2$）；正极板上的活性物质在充电状态下为碱式氧化镍（NiOOH），在放电状态下为氢氧化镍（$Ni(OH)_2$）；电解液是氢氧化钾（KOH）的水溶液。镉镍蓄电池更适合于低温使用，因为配比为31%的氢氧化钾水溶液的结冰温度为 – 66 ℃。碱性电池在使用时必须密封，以避免电解液与空气接触而发生化学反应，从而降低电池的容量。镉镍蓄电池在充电和放电时的化学反应方程可写成如下综合表达式：

$$2NiOOH + 2H_2O + Cd \underset{充电}{\overset{放电}{\rightleftharpoons}} 2Ni(OH)_2 + Cd(OH)_2 + 电能$$

（正极）（电解液）（负极）　　　（正极）　　（电解液）（负极）

可见，放电时，蓄电池把化学能转化为电能输出，正极板的氢氧化镍转化为氢氧化亚镍，负极板的镉转化为氢氧化镉，而电解液中的氢氧化钾并无消耗，这是因为负极附近消耗的氢氧化钾，恰好由正极附近生成的氢氧化钾所补偿；充电时的变化则正好相反。镉镍蓄电池在充放电过程中，电解液中的氢氧化钾并无增减，故电解液的密度和液面高度几乎不变，这是它和铅酸蓄电池的重要区别之一。因此，不能通过检查密度的方法检测蓄电池的剩余容量。

3.1.2.1　镉镍蓄电池的主要电气特性

1. 电动势

单体镉镍蓄电池的电动势一般稳定在 1.34 ~ 1.36 V，基本不受电解液密度和温度的影响。这是因为镉镍蓄电池在充、放电过程中，其电解液的密度基本不变，而且极板孔隙较大，对电解液的扩散速度影响很小。

2. 内电阻

镉镍蓄电池放电时，正、负极板上分别生成导电性能很差的氢氧化亚镍和氢氧化镉，它们一方面使极板电阻增大，另一方面又使极板与电解液接触的有效面积减小，接触电阻增大，因此内电阻随放电程度的加深而增大，充电时则相反。

电解液的电阻则与充、放电程度无关。它除了随温度的升高而减小外，还受密度的影响。当温度为 15 ℃、密度在 1.23 ~ 1.26 g/cm^3 时，电解液的电阻值最小。因此，电解液的密度一般都选择在这个范围附近。

3. 电　压

镉镍蓄电池与铅酸蓄电池不同，不能采用恒压充电，因此常采用专用的充电器，以使其在有限的寿命中获得最长的使用时间。镉镍蓄电池的充电特性曲线如图 3.9 所示。

刚开始充电的短时间内电压上升较快，随着电化学反应的深入，蓄电池电压平稳上升，温度和压力变化不大；在接近充满时电压上升较快，温度也明显上升；当充电电压达到最大值时，蓄电池充满电。如果继续充电则为过度充电，易产生热失控现象，这不但使蓄电池的容量减小，而且会导致电池负极分子结构的改变，使其严重腐蚀并析出大量的污染物，因此必须加以控制。

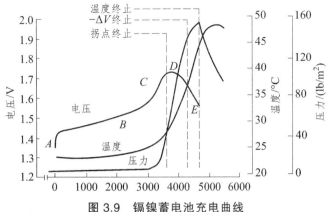

图 3.9 镉镍蓄电池充电曲线

从图 3.9 所示镉镍蓄电池的充电特性曲线可以看出，如果充满电后不及时停充，蓄电池电压会迅速下降，而温度和内部压力会迅速上升，容量降低。温度对镉镍蓄电池的化学性能影响很大，温度过高会引起容量衰减甚至热失控。而随着温度升高，镉会向负极板外侧迁移，形成的晶体颗粒增大，而且会促使镍基板腐蚀和尼龙隔膜氧化，所以对蓄电池的最高充电温度必须加以限制。同时，必须对充电终止时间进行控制，实现既保证蓄电池充足电又不过充的目的。

为了避免热失控对镉镍蓄电池造成损伤，温度是最为基本的监测指标。如在 MA-60 上，每个蓄电池内装有两组独立的温度传感器（一个热敏电阻、一个热动开关）。每组热敏电阻和热动开关分别固定在蓄电池的单体电池连接片上。一个显示传感器（热敏电阻）提供温度输出到有关指示器驱动电路，指示温度刻度范围是 15 ~ 80 ℃（59 ~ 176 ℉）。其中 15 ~ 50 ℃（59 ~ 122 ℉）为绿色显示，50 ~ 65 ℃（122 ~ 149 ℉）为黄色显示，65 ~ 80 ℃（149 ~ 176 ℉）为红色显示，相应地表示正常区域、警告区域和危险工作区域。

过热警告信号有两路，一路来自热敏电阻，另一路来自过热温度传感器（热动开关）。任何一路的感受温度超过相当于 65 ℃（149 ℉）时，提供信号到过热警告电路，发出过热警告，过热警告灯亮，此时应断开充电电路。

根据我国适航法规的规定，镉镍蓄电池系统应该能够控制电池的充电电流，避免过量充电；设置温度传感器，并能够进行超温警告；设置蓄电池失效警告系统。

镉镍蓄电池的放电特性与铅酸蓄电池基本类似，所不同的是在放电过程中电压保持相对平稳，但在放电临近结束时，电压下降很快，如图 3.10 所示。

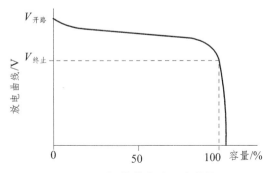

图 3.10 镉镍蓄电池充电曲线

4. 记忆效应

记忆效应是电池在长时期经受特定的工作循环后主动保持这一特定电性能的倾向。其发生的原因是电池重复地部分充电与放电不完全，使得电池暂时性的容量减小，进而导致实际容量减小。

5. 热失控

热失控是指在恒压充电情况下（除非长时间、大电流放电，否则在放电情况下不易产生）对镉镍蓄电池过量充电而出现的温度上升、充电电流增大。在过充电情况下形成恶性循环，可能导致火灾或电池爆炸。如果单体电池短路、温度过高或储存电量过低，就会：① 产生过大的电流；② 温度上升；③ 电池内阻下降，从而导致电流和温度进一步上升。为了避免这种情况出现，必须在充电温度达到 71 °F（160 ℃）前停止充电。镉镍蓄电池一般采用恒流充电，因为它具有负的温度系数，在采用恒压充电时易发生过量充电，导致热失控，使电池损坏，危及飞机安全。如果发生热失控，即使断开蓄电池充电电源，有时情况也无法得到控制，因为状态良好的单体电池会持续为发生热失控的单体电池充电。如果发现断开充电电源后，蓄电池温度没有得到控制，就必须驾驶飞机尽快着陆。

3.1.2.2 镉镍蓄电池的使用注意事项

（1）新的或经长期存放的蓄电池，使用前应注入电解液至液面高出极板 5 ~ 12 mm，静置 1 ~ 2 h，然后用过量充电的方法进行充电，充足后即可使用。

（2）每经一年左右，或 50 ~ 100 个循环，应在放电状态下更换电解液，以防止因碳酸盐含量增高而降低蓄电池的容量。倒出电解液时，应摇动蓄电池，将内部沉淀物倒出。必要时可用蒸馏水洗 1 ~ 2 次，并及时注入新电解液。

（3）禁止过度放电，放电终止电压一般不低于 1 V。

（4）当蓄电池的极柱和气塞密封不严、电解液液面过高、电流过大及温度过高时电解液会溢出，而极柱周围和槽盖上出现白色结晶粉末（即爬碱），此时需使用尼龙或其他非金属刷清除。在爬碱严重时应对蓄电池的液面进行检查、调整。

（5）镉镍蓄电池使用的工具、仪表等不能与酸性电池的共用，充电间要相互隔离。

警告：蓄电池电解液是有腐蚀性的强碱溶液，对维护人员是有危害的，应避免其与皮肤和眼睛接触。如果接触到皮肤，应尽快用大量的清水浸泡和清洗受影响的部位并用硼酸溶液或醋进行中和。如果接触到眼睛，应立即用清水冲洗和进行医疗护理。

为了保证镍镉蓄电池在飞机上的使用安全，CCAR-25 适航法规的第 25.1353 条"电气设备及安装"中规定：

镉镍蓄电池必须具备下列系统之一：

（i）自动控制蓄电池充电速率的系统，以防止蓄电池过热；

（ii）蓄电池温度敏感和超温警告系统，该系统具有一旦出现超温情况即可将蓄电池与其充电电源断开的措施；

（iii）蓄电池失效敏感和警告系统，该系统具有一旦发生蓄电池失效即可将蓄电池与其充电电源断开的措施。

拓展阅读

3.1.3 锂电池

锂电池通常是指以金属锂为阳极活性物质的一类化学电源的总称。金属锂是电位最负、比能量最高的金属材料，以锂为负极材料的电池具有工作电压高、比能量大的优点。锂电池大致可分为两类：锂金属电池和锂离子（Li-ion）电池。锂离子电池不含有金属态的锂，并且可以充电，是目前应用的主流。锂电池在人们的日常生活领域得到了广泛应用，如手表电池、手机电池等，近年来也开始正式在飞机上安装使用，如 B787 飞机。

锂离子电池具有以下几个方面的优点：比能量高，按质量计算，可达 150 ~ 200 W·h/kg，即 540 ~ 720 kJ/kg；质量轻；维护工作量小；充电时间短；无记忆效应；单体电池电压高，因电极材料不同而不同，可达 3.3 ~ 4.2 V；工作温度范围宽，可在 − 20 ~ 60 ℃ 正常工作；等等。但锂电池的缺点也十分显著，如：安全性相对较差、电解液易燃、成本高等。

锂离子电池根据活性材料分有很多种类，如钴锂电池、镍锂电池、锰锂电池、磷酸锂铁电池等。目前在 B787 飞机上装机使用的是钴锂电池（由于该电池是在飞机设计时选用的技术，经过多年的技术发展与进步，已经出现了许多安全系数更高的锂电池）。锂电池的常见结构如图 3.11 所示。钴锂电池正极板的活性材料为锂钴氧化物（$LiCoO_2$），负极板为石墨，电解质为锂盐。钴锂电池的化学反应方程式为：

$$CoO_2 + LiC_6 \underset{充电}{\overset{放电}{\rightleftharpoons}} LiCoO_2 + 6C$$

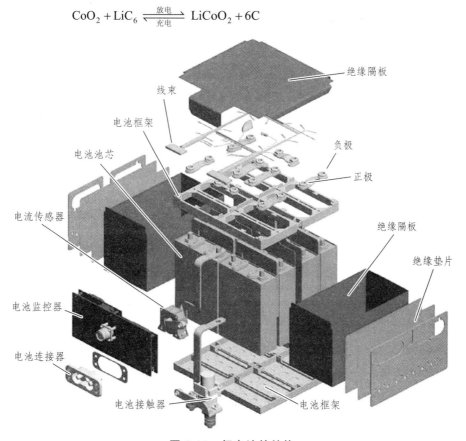

图 3.11　锂电池的结构

在 B787 飞机上，锂电池的额定电压为 28.8 V，由 8 块额定容量为 75 A·h（1 小时放电率）的锂电池串联而成，单体电池的额定电压为 3.6 V，恒压充电电压为 4.2 V，当充电电流降到 5 A 时，电池充满。图 3.12 所示是锂电池的放电特性曲线。当电池以低放电率放电时，放电电压平稳，因此依据电池电压无法确定电池的荷电状态。

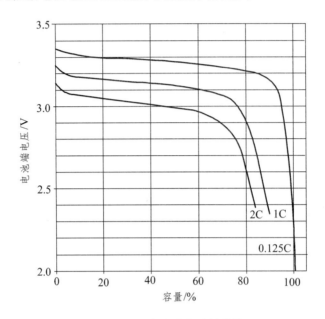

图 3.12　锂电池放电特性曲线

在 B787 飞机上，主蓄电池可以为以下部件提供备用电源：

（1）在 RAT 未放出工作时，向飞行关键设备供电。

（2）当其他所有 28 V 直流电源无法供电时，向电动刹车供电。

（3）为左主燃油箱加油。

（4）为主电瓶汇流条供电。

（5）牵引飞机。

（6）如果确有需要，可以为地面设备操作提供有限能源。

为了防止锂电池起火对飞机的其他结构和组成部分造成损坏，蓄电池安装在一个密封的不锈钢壳体中，起到阻隔燃烧的作用。在保护箱下部安装有通气管，连接到机外，必要时可以将保护箱内的高压气体排到机外。

在蓄电池保护箱上通气管的接头处安装有压力爆破片，它是一个易碎片，在箱体内外压差达到 18psi（约 124.11 kPa）时会破碎，使保护箱内外连通，将高压气体排出机外，防止其进入客舱。在爆破片的附近，有两个相对的小孔，可以在飞机爬升或下降等压力缓慢变化的情况下保证内外压差平衡，同时可以避免过量空气进入起到助燃作用。

在通气管路中还安装了爆破片压力指示器，以便于对蓄电池保护箱内压力过高的情况给出告警指示。压力指示器实为红色的指示销，当内外压差大于 3 psi（约 20.68 kPa）时，指示销弹出，需要维护人员按照相关程序处理。

同时，蓄电池箱中安装有监控装置，可用于向系统提供电池的状态数据，控制单体电池间的电压平衡，提供过充和过热保护。

为了掌握电池的荷电情况，飞机上安装有"TEST（测试）"开关，指示电池的三种状态：HIGH、MEDIUM、LOW。如果指示为"HIGH"，表明电池电压在 30.1 V 以上，可以供电至少 60 min；如果指示为"MEDIUM"，表明电池电压低于 30.1 V，但高于 29.7 V，可以供电至少 30 min；如果指示为"LOW"，表明电池电压低于 29.7 V，最少可以供电 15 min。（注：此处的最小供电时间是以不刹车、稳定牵引飞机的状态进行估算的。）

根据我国民航 CCAR-276 部法规《中国民用航空危险品运输管理规定》的要求，锂离子电池必须在电池外表面标注以"瓦特小时（W·h）"为单位的锂含量，替代原来的"安培小时（A·h）"。"安培小时（A·h）"与"瓦特小时（W·h）"的换算公式如下：

$$额定能量(W·h) = 电池容量(A·h) × 额定电压（V）$$

同时，对锂电池的携带及运输也做出了如下规定：

（1）旅客自用电子设备中的锂金属或锂合金电池，锂含量应不超过 2 g。锂离子电池，额定电量应不超过 100 W·h；如果大于 100 W·h 但不超过 160 W·h，经承运人批准后，方可携带登机，最多限带 2 块；超过 160 W·h 的严禁携带。

拓展阅读

（2）旅客自用的便携式电子医疗装置中锂金属电池的锂含量应不超过 8 g。锂离子电池的额定电量不应超过 160 W·h，经承运人批准后，方可携带登机，限带 2 块。

（3）对于电动轮椅或代步工具，其电池不可拆卸的，应进行托运。电动轮椅或类似的代步工具中可拆卸的锂电池，额定电量应不超过 300 W·h，经承运人批准后，方可将锂电池卸下携带登机。对于可卸下的轮椅用锂电池，旅客可携带 1 块不超过 300 W·h 的备用电池，或 2 块不超过 160 W·h 的备用电池，并应通知机长。

当锂电池、与设备包装在一起的锂电池、安装在设备中的锂电池（在每个包装件内所含的锂电池大于 2 个锂电池或 4 个锂电池芯时）作为非危险品运输时，锂电池操作标签（一旦包装件发生破损，将停止运输）必须由托运人自行粘贴，如图 3.13 所示。

图 3.13　锂电池运输标签

注：标签中*号位置需标注"Lithium ion battery"或"Lithium metal battery"；
　　其最小尺寸为 120 mm×110 mm（长×高）；边框为红色警示边框；"Call"后面的××为联系电话。

3.2　飞机直流发电机

3.2.1　整流子式直流发电机

3.2.1.1　整流子式直流发电机的构造及特点

整流子式直流发电机（D.C. generator）由定子、转子和电刷装置等三个主要部分构成，平时讲的直流发电机就是这种结构的发电机，如图 3.14 所示。

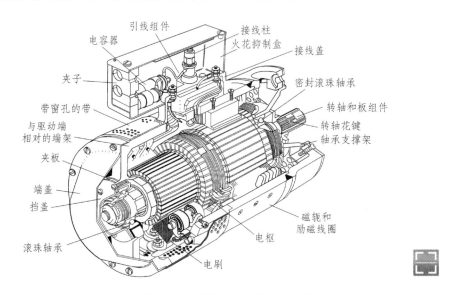

图 3.14　整流子式直流发电机的主要构造

定子的主要作用是产生磁场，并为磁力线提供回路。它包括机壳、磁极、励磁绕组和前后端盖。转子又叫电枢，它是电机中的转动部分，包括带槽的电枢铁心（由硅钢片叠成）、电枢绕组（即装在电枢铁心槽中绕在该铁心上的线圈组）、换向器和转轴。电刷装置包括电刷、刷握和弹簧。电刷安装在刷握内，由弹簧将它压紧在换向片上。

飞机低压直流发电机的标称电压为 30 V，额定电流有 100 A、200 A、300 A、400 A 和 600 A 多种，相应的额定容量为 3 kW、6 kW、9 kW、12 kW 和 18 kW。6 kW 及其以上者有直流发电机和直流起动发电机两种。

为减少发电机扭转振动引起的疲劳和破坏，飞机直流发电机常采用复合轴，即电枢铁心和换向器压装在空心轴上，空心轴内装有软轴，用于传递扭矩和吸收扭转振动能量。

提高发电机最低工作转速是减轻电机质量的有效方法。目前飞机直流发电机的最低工作转速在 9 000 r/min 以上，有的可达 15 000 r/min。

飞机直流发电机采用通风冷却，有两种通风方式：自带风扇冷却和借飞机飞行时的迎面气流或发动机压气机压缩的空气冷却。自带风扇冷却的发电机主要用于直升机，迎面气流冷却发电机主要用于固定翼飞机。由于飞机停于地面时也要由发电机供电，迎面气流冷却的发电机内也自带风扇。

3.2.1.2　整流子式直流发电机的基本工作原理

当线圈在磁场中旋转时，线圈中就会产生交变电动势。为了使线圈中产生的交变电动势变为单一方向的电动势，要将线圈的两端分别和两个互相绝缘的换向片相连，并经过固定电刷和外电路相连接，如图 3.15 所示。

当电枢由原动机（飞机上是发动机）驱动按逆时针方向旋转时，电枢线圈的两根有效边（切割磁力线的部分导线）便切割磁力线，产生感应电动势。显然，每根有效边中的电动势是交变的，即在 N 极下是一个方向，当它转到 S 极下时则是另一个方向。但是由于电刷 A 总是同与 N 极下的一边相连的换向片接触，而电刷 B 总是同与 N 极下的一边相连的换向片接触，因此在电刷间就出现一个极性不变的电动势或电压。所以换向器的作用在于将发电机电枢绕组内的交变电动势换成电刷之间的极性不变的电动势。当电刷之间接有负载时，就有由电刷 A 经负载而流向电刷 B 的电流。对外电路而言，电刷 A 的电位高，称为正电刷；电刷 B 的电位低，称为负电刷。图 3.16 表示了图 3.15 中电刷 A、B 之间的感应电势随时间变化的波形。

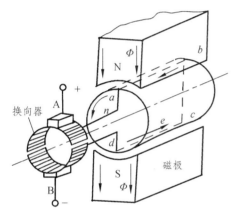

图 3.15　直流发电机的物理模型

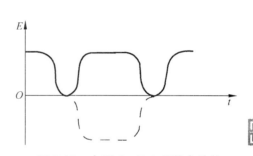

图 3.16　电刷 A、B 之间的电动势

但是，由单匝线圈所产生的电动势脉动性很大，而且电压数值又很小，因而在实际的发电机中，都将线圈匝数与整流片的片数做得很多，且分布在电枢铁心的不同位置上，彼此互相串联，这样就可在两电刷间获得数值较大而平稳的直流电动势。

直流发电机的电动势是因导线切割磁感线而产生的，故两电刷间电动势 E 的大小，就与发电机的转速 n 以及一个磁极下的磁通 Φ 的乘积成正比，即

$$E = k_e \Phi n$$

式中，k_e 是与电机结构有关的常数。

要实现并励式直流发电机自激发电，必须具备一定的条件，即：

（1）发电机的磁极要有剩磁。

（2）励磁电流产生的磁场方向与剩磁场的方向相同。

（3）励磁电路的电阻不能过大。

（4）对飞机发电机来说，其转速是经常变化的，但最低转速不得低于某临界值，否则，发电机也不能正常发电。

其中（1）、（2）是直流发电机能够发电的必要条件，而（3）、（4）是发电机产生的直流

拓展阅读

电是够能够达到供电要求的条件。

3.2.1.3　整流子式直流发电机的电气性能

　　表征直流发电机电气性能的特性曲线有空载特性曲线、外特性曲线和调节特性曲线。飞机直流发电机由于工作转速范围很大，且工作转速对发电机性能有重要影响，故常用最低工作转速、中速和最高工作转速来表示发电机的特性。图 3.17 ~ 图 3.20 所示是 ZF-18 直流发电机的特性曲线。由图 3.17 所示的空载特性曲线可见，最低工作转速时发电机的主磁路接近饱和，中速和高速时工作于曲线的直线段，故空载电势相同时，低速时的励磁电流比高速时大得多。若使低速时电压为额定电压，并保持此励磁电流不变，则在最高工作转速时发电机的电动势将超过 80 V。这样大的电压加到用电设备上，将使用电设备很快损坏。因此，飞机直流发电机必须与电压调节器配套工作，调压器在发电机转速升高的同时减小励磁电流，使调节点电压保持在额定值。从图 3.18 所示的调节特性曲线上可以求得发电机励磁电流变化范围，其中，励磁电流的最大值即最低转速曲线上发电机输出额定电流时对应的励磁电流值，励磁电流的最小值即最高转速曲线上发电机输出额定电流时对应的励磁电流值。

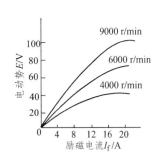

图 3.17　ZF-18 直流发电机的
空载特性曲线

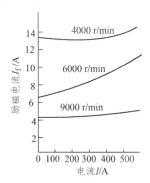

图 3.18　ZF-18 直流发电机的
调节特性曲线

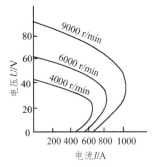

图 3.19　ZF-18 直流发电机的
外特性曲线

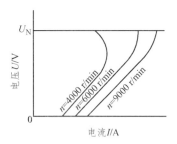

图 3.20　具有电压调节器的
发电机外特性曲线

　　图 3.19 所示的外特性曲线是在励磁回路电阻不变的情况下作出的，故发电机转速越高，外特性曲线也越高。外特性曲线对应的最大电流称为临界电流，这是发电机在稳态运行时所能获得的最大电流，该电流的大小决定了发电机电气过载能力的大小。图 3.20 所示为具有电压调节器的发电机外特性曲线，在此曲线上的最大电流称为极限电流，是有调节器的发电机

实际能够输出的最大电流。

现代飞机上的大多数有刷直流发电机均可用于起动航空发动机，即起动发电机。起动发电机在起动发动机时工作于电动机状态，此时允许电机在过载状态下工作，而且应能在短时间内多次起动发动机。例如，在新舟-60 飞机上使用的 QF-12 起动发电机能起动 5 次，每次工作 0.5 min，间歇时间为 2 min。表 3.1 给出了 QF-12 起动发电机的主要技术数据。

表 3.1　12 kW 起动发电机性能参数

工作状态	序 号	项　目	参　数
发电机工作状态	1	额定电压/V	30
	2	额定电流/A	400
	3	额定功率/kW	12
	4	转速范围/（r/min）	7200～12 000
	5	过载能力	133%：2 min 200%：5 s
	6	过速能力/（r/min）	14 000：5 min
	7	效　率	≥70%
电动机工作状态	8	起动电压/V	30
	9	起动次数	3（起动 3 次后间歇 30 min）
	10	最小起动力矩/（N·m）	2.84
	11	最小力矩/（N·m）	2 062
	12	悬挂力矩/（N·m）	2.02
	13	质量/kg	14.4
	14	工作环境温度/℃	－55～＋121

3.2.2　晶体管整流式直流发电机

直流发电机由于具有电刷和换向器，因此其高空性能和可靠性受到限制。晶体管整流式直流发电机可以有效地克服这些缺点。它在小型飞机上得到广泛使用，其常见安装位置如图 3.21（a）所示。

3.2.2.1　有刷直流发电机

由图 3.21（b）所示的交流发电机原理电路图可知：当发电机被发动机带动运转时，飞机蓄电池或外接电源经调压器内的控制电路，再通过滑环与电刷为交流发电机的励磁绕组供电，产生旋转的磁场；发电机的三相定子绕组切割磁场，感应出三相交流电动势，再通过安装在发电机内的 6 个硅二极管整流就可以得到脉动较小的直流电。这种结构虽然仍然采用电刷，但它仅为电流较小的励磁电路供电，省去了整流子和电枢电路中的电刷，质量大大减轻，可靠性大幅提高，因此在小型飞机和直升机中得到了广泛的应用。

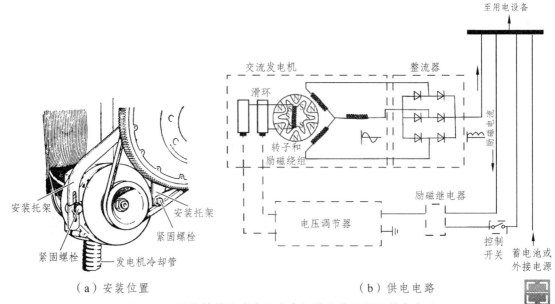

图 3.21　晶体管整流式直流发电机的安装位置及供电电路

3.2.2.2　无刷直流发电机

由于上述电机仍有电刷，可维修性和可靠性受到一定的限制，因此无刷直流发电机得到了发展。无刷直流发电机有电磁式和永磁式两种（目前使用还不普遍）。

1. 电磁式无刷直流发电机

电磁式无刷直流发电机的原理电路图如图 3.22 所示。它由永磁副励磁机、交流励磁机、旋转整流器和主发电机构成。交流励磁机的电枢在转子上，产生的三相交流电经旋转整流器整流后供给主发电机的励磁绕组，从而可以省略电刷和滑环。

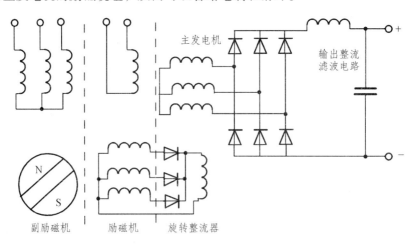

图 3.22　电磁式无刷直流发电机原理电路

2. 永磁式无刷直流发电机

永磁式无刷直流发电机是永磁式交流发电机和整流装置的组合，其内部电路如图 3.23

所示。现代飞机永磁发电机普遍采用稀土永磁材料，可以得到比较平坦的外特性，电压变化率小，短路电流与额定电流的比值大。但永磁发电机不能用灭磁的方法实现发电机内部短路保护，通常采用脱扣机构在内部短路时将发电机与原动机脱开。

整流子式和晶体管式直流发电机均作为输出直流电的装置，都可以将机械能转换为电能，都是利用电磁感应原理工作，电枢线圈中都产生交流电。此外，整流子式和常用的晶体管式直流发电机都有电刷组件，需要对电刷进行维护。但二者之间仍存在很多不同点，如表3.2所示。

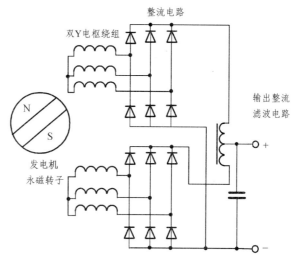

图 3.23　永磁式无刷直流发电机主电路

表 3.2　整流子式和晶体管式直流发电机对比

对比项	整流子式直流发电机	晶体管式直流发电机
整流装置	整流子（换向器）	二极管整流桥
磁极位置	定子	转子
励磁方式	可自励发电	他励
工作状态	也可作为电动机	仅作为发电机
效率	低	高
输出电压	低	可输出高电压
体积及质量	大	小
磁极数量	少	多
剩磁	需要保留剩磁	不需要
电刷寿命	短	长
滑动接触部件	整流子（换向器）	滑环
工作高度	高	低

注：表中的晶体管式直流发电机为在小型飞机上普遍使用的有刷发电机。

3.3　飞机交流发电机

交流发电机是交流电能的产生者，又是交流用电设备所需电能的直接供给者。在现代飞机上普遍采用同步交流发电机。有刷交流发电机存在电刷和滑环，可靠性低，使用条件受到很大限制，目前仅用在小型飞机和直升机上。这种发电机内置有整流装置，使得发电机的输出端输出低压直流电。这种发电机的功率普遍较小，一般只有几千瓦。20世纪50年代发明的旋转整流器式无刷交流发电机则对交流电源系统的供电性能有很大提升。它由主发电机、交流励磁机和旋转整流器等构成。交流励磁机的三相电枢在转子上，产生的三相交流电经装在电机转子上的旋转整流器整流为直流电，作为主发电机励磁绕组的励磁，定子上的主发电机电枢就可以输出三相交流电能。

3.3.1　无刷交流发电机

旋转整流器式无刷交流发电机有两种结构形式：两级式和三级式，如图 3.24 所示。

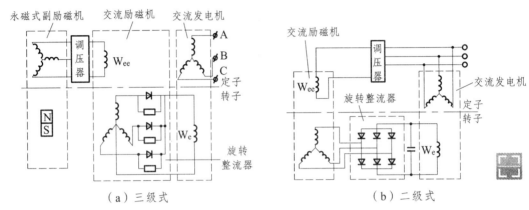

图 3.24　无刷交流发电机的基本形式

三级式无刷交流发电机由副励磁机、主励磁机、主发电机组成发电机组，如图 3.24（a）所示。它的第一级是永磁式副励磁机，由它给调压器供电。调压器调节主励磁机的励磁电流。励磁机电枢绕组经旋转整流器接到主发电机的励磁绕组上，向主发电机提供励磁电流。三级式无刷交流发电机的优点是励磁可靠，主发电机输出短路时具有强励磁能力。B747、B757、B767、MD-82、A320 等飞机均采用三级式无刷交流发电机。三级式无刷交流发电机的结构示意图如图 3.25 所示。

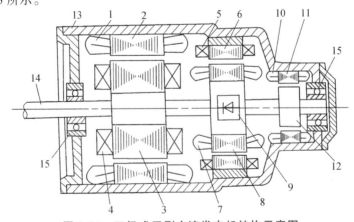

图 3.25　三级式无刷交流发电机结构示意图

1—主发电机电枢绕组；2—主发电机电枢铁心；3—主发电机磁极铁心；4—主发电机激磁绕组；
5—主励磁机激磁绕组；6—主励磁机磁极铁心；7—旋转整流器；8—主励磁机电枢铁心；
9—主励磁机电枢绕组；10—副励磁机电枢绕组；11—副励磁机电枢铁心；
12—星形永磁转子；13—机壳；14—转轴；15—轴承

二级式无刷交流发电机由交流励磁机和主发电机组成，如图 3.24（b）所示，它属于自励式发电机。因为半导体整流器的正向电阻是非线性的，电压低时它的正向电阻大，因此必须有足够大的剩磁电压才能使发电机起励。为了保证起励可靠，可以在励磁机定子铁心中夹入永磁片，或在励磁机磁极间嵌入永磁磁极，使剩磁电动势增大。例如，B707 飞机的二级式无刷交流发电机采用的是在交流励磁机两个磁极中间加装永久磁铁的方法。二级式无刷交流发电机的结构如图 3.26 所示。B707、B737 等飞机采用了二级式无刷交流发电机。

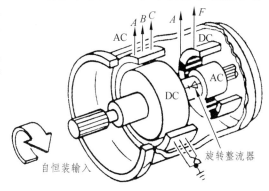

图 3.26　二级式无刷交流发电机结构示意图

无论是三级式还是二级式无刷交流发电机都具有如下特点：

（1）在定子（电枢）上输出电能。

（2）主发电机采用旋转磁极式结构，都安装了旋转整流器。

（3）发电机的频率通过其转速变化来调节。

（4）通过改变发电机励磁磁场强度来调节发电机电压。

3.3.2　交流电源的主要参数

交流供电质量的指标有两个：电压和频率。如果它们的稳定性、调制量及精度等不在一定范围内就会对机载电子设备的工作性能造成影响，缩短它们的工作寿命，因此必须对电源系统、配电系统和用电设备之间的参数进行协调。1987 年，航空无线电委员会的 ARINC-609，即《飞机供电系统设计指南》对 115 V/400 Hz 系统提出了如下要求：

空载到额定负载	(115 ± 1.0) V
100% 到 125% 额定负载	(115 ± 1.5) V
125% 到 150% 额定负载	(115 ± 2.0) V
非正常稳态电压极限	115^{+15}_{-10} V
对称负载时三相电压不平衡	<0.6 V，相移 0.6°
不对称负载时三相电压不平衡	<3 V，相移 1.5°
频率	(400 ± 4) Hz

提高发电机的电压和频率都对降低发电机质量和电网质量有利。在飞机主电源系统的形式从低压直流变为三相交流的过程中，把电压从 28 V 提高到 115/200 V 避免了由于发电机安装容量的增加而导致配电系统质量过大。在额定功率、馈线长度和电流密度相同的条件下，115/200 V，400 Hz 三相（功率因数为 0.75）交流电源系统的配电线质量仅为 28 V 低压直流电源系统的 30%。当交流电的频率提高后，电磁器件的体积、质量都可以降低。但要提高频率就要增大电机的转速，这要受到轴承和机械强度的限制。而且当频率提高后，由于集肤效应，导线电阻和电抗增大，电压降和损耗也随之增加。当频率高过 kHz 数量级后，为防止电磁干扰必须使用屏蔽导线，反而增加了质量，因此，飞机主交流电源的频率选为 400 Hz。

3.4　恒频交流电源

3.4.1　恒速恒频交流电源

3.4.1.1　概　述

恒速恒频（CSCF）供电系统利用恒速传动装置使发电机恒速运行，从而产生恒频交流电。

1946 年，美国发明了恒速传动装置，开辟了恒速恒频交流电源的新时代。恒速传动装置（Constant Speed Drive Unit，CSD）简称恒装，负责将发动机的能量传递给发电机。它在涡轮风扇发动机上的安装位置如图 3.27 所示。发动机的 N_2 转速通过塔轴、附件齿轮箱、恒速传动装置，转变为交流发电机的转速。当发动机转速变化时，恒速传动装置可以保证发电机的转速基本恒定。

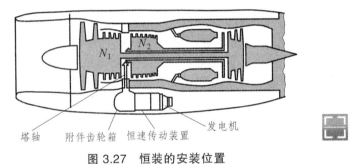

图 3.27　恒装的安装位置

安装恒速传动装置的恒速恒频交流电源系统已经过了 50 多年的发展，大致经历了 4 个发展阶段，如表 3.3 所示。

表 3.3　恒速恒频交流电源系统参数

项　　目	使用年代			
	20 世纪 40、50 年代	20 世纪 60 年代	20 世纪 70 年代	20 世纪 80 年代后
系统功率/kV·A	40	60	60	40
系统重量/kg	99~145	63	43	33
系统重功比/（kg/kV·A）	2.5~3.6	1.22	0.71~0.85	0.83
可靠性/MTBF·h	几百	1 000	900~1 500	2 000
系统特点	有刷气冷发电机，液压差动式恒装，电磁式控制保护器	无刷油冷发电机，轴向齿轮差动式恒装，晶体管控制保护器	发电机与恒装组合化，集成电路控制保护器	发电机与恒装组合化，微处理器，晶体管控制保护器，数字化，集成化，智能化

恒速传动装置的输出转速一般有 6 000 r/min、8 000 r/min、12 000 r/min 等，少数输出转速达到了 24 000 r/min。

目前采用的恒速传动装置按能量的传递方式来分有液压式、气压式、电磁式、机械式、机械液压式和空气涡轮等。使用得最为广泛的是机械液压式恒速传动装置。电磁机械式和液压式恒速传动装置主要用于传动容量小于 30 kV·A 的交流发电机。20 世纪 70 年代以来，人们将恒速传动装置和无刷交流发电机组装到了一个壳体中，构成组合传动发电机，使体积和质量都得到了降低。后来在 80 年代出现的结构紧凑的组合传动发电系统采用了微处理机控制器，加强了监控和管理功能。

3.4.1.2 液压机械式恒速传动装置的主要组成

液压机械式恒速传动装置主要包括传动系统、滑油系统、调速系统和保护系统四大部分。传动系统包括液压泵-液压马达和差动齿轮系两大部分。液压机械式恒速传动装置的组成如图 3.28 所示。

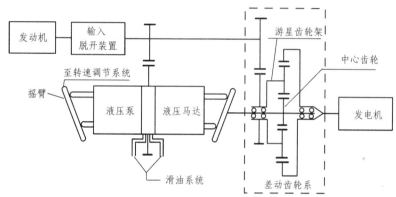

图 3.28 液压机械式恒速传动装置组成原理简图

恒速传动装置输出的转速是由两部分合成的，一是发动机输入轴的转速经过差动游星齿轮系直接传输的转速，它随发动机转速的变化而变化；二是液压马达输出齿轮经过差动游星齿轮系传输的转速，用来补偿发动机转速的变化。两者的合成使液压机械式恒速传动装置输出轴转速保持恒定。在齿轮差动式液压机械式恒速传动装置中，发电机所需功率大部分由差动齿轮机构直接传递，液压泵和液压马达只传递一小部分功率，所以泵和马达的体积、质量比较小，因而整个恒速传动装置的体积、质量也比较小，其工作可靠性却比较高。

滑油系统除对齿轮系统起润滑、散热作用外，同时作为液压泵与液压马达组件传递功率的介质。调速系统由离心调速器和伺服油缸两部分组成。离心调速器反映恒速传动装置输出转速的变化，控制伺服油缸的工作，通过摇臂改变液压泵可动斜盘的倾斜角，从而改变液压泵与液压马达之间的打油量，调节液压马达输出齿轮的转速，补偿转速的偏离，达到恒速输出的目的。保护系统在恒速传动装置出现故障时，可以将发电机与恒速传动装置脱开，以保护整套机构不被损坏。

3.4.1.3 液压机械式恒速传动装置的简要工作原理

飞机交流发电机的磁极对数可为 4、3、2 或 1。例如，某台交流发电机的磁极对数为 2，为了得到 400 Hz 的恒频交流电，则其额定转速应为 12 000 r/min。为保持发电机转速在额定值所需要的恒速传动装置输入轴转速称为制动点转速，在波音飞机资料中又称为直通传动点（straight through drive）转速。当恒速传动装置输入轴转速等于、低于或高于制动点转速时，对应下面 3 种工作状态。下面以图 3.29 为例简要说明恒速传动装置的工作原理。

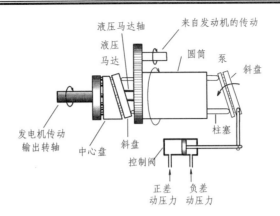

图 3.29　恒速传动装置的工作状态

1. 零差动工作状态

恒装输入轴转速为制动点转速时的工作状态称为零差动工作状态。在这种情况下，液压马达不转动，整个系统就像一个固定的联轴器，是一种单纯的机械传动，恒速传动装置的输出转速等于发电机额定转速。

2. 正差动工作状态

恒装输入轴转速低于制动点转速时的工作状态称为正差动工作状态。在这种情况下，转速调节系统会使液压泵可动斜盘向左倾斜，柱塞的行程改变，泵向马达打油，对中心盘的压力增加。发动机转速越低，液压泵可动斜盘倾斜角越大，液压马达转速越高。

3. 负差动工作状态

恒装输入轴转速高于制动点转速时的工作状态称为负差动工作状态。在此情况下，作用在中心盘上的压力减小，使它相对于缸体以较慢的速率旋转，从而克服使发电机转速增加的趋势。发动机转速高出制动点转速越多，可动斜盘向右倾斜角越大，液压马达沿反时针方向转得越快。

综上所述，在恒速传动装置中，液压泵-马达系统对发动机转速的变化起着补偿作用，以保证发电机的转速不变。

3.4.1.4　液压机械式恒速传动装置的故障及保护

恒速传动装置在工作过程中可能出现的故障有：油路系统堵塞或漏油、滑油工作温度过高、运动部件磨损或卡死、输出欠速或过速等。为了防止故障扩大，在系统中设置有保护装置。

安装恒速传动装置的飞机需要监测恒装的滑油压力和滑油温度，以防止它出现损毁性故障。一种典型的监控装置如图 3.30 所示。

恒速传动装置的输出齿轮与输出轴间有单向离合器，在发电机转速高于恒速传动装置输出转速时该离合器脱开，以防发电机反过来传动恒速装置。

恒速传动装置输出转速欠速或因发动机减速而欠速时，与定压油路相接的低速压力开关因油压降低，将发电机从电网上切除。若输出转速又恢复，则该发电机可重新投入电网。

恒速传动装置输出过速时，离心调速机构与伺服作动筒使变量泵的斜盘达最大负倾角，以降低输出转速。若转速仍降不下来，应将恒速传动装置与发动机的传动轴脱开。

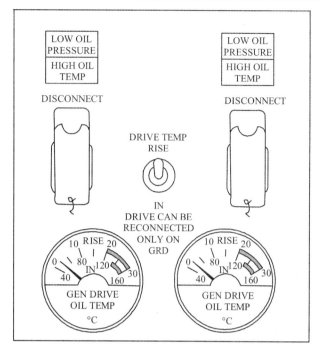

图 3.30 恒装监控装置

恒速传动装置输入端有手动脱开机构。当发现恒速传动装置不正常时，飞行员接通脱扣机构内的电磁铁，该机构动作，将恒速传动装置与发动机的传动轴脱开，使恒速传动装置停止转动。恒速传动装置脱开开关有红色保护盖（标有 DISCONNECT）保护，不能随意操纵。

恒速传动装置输入轴上有剪切颈，该部分的直径最小，万一发生机械卡死，剪切颈会扭断，以保护恒速传动装置和发电机的附件机匣。

3.4.1.5 组合传动发电机

组合传动发电机（Integrated Drive Generator，IDG）是恒速传动装置与交流发电机组合成一个整体的装置。目前常用的是机械液压差动式恒速传动装置与喷油冷却发电机的组合，如图3.31 所示。其特点是：恒速传动装置的注油、回油系统同时供给发电机的冷却、润滑用油，它们具有共同的油源、油槽及散热器；恒速传动装置的输出端与发电机输入端共用一个轴承，没有旋转密封部件。因此，其结构简化，质量减小，质量功率比可达 0.45 kg/kV · A。同时，系统可靠性也大大提高了，平均故障间隔时间达到 1 000 h 以上；电机过载能力增强，可在 150% 额定负载下连续工作。这种组合传动发电机是一

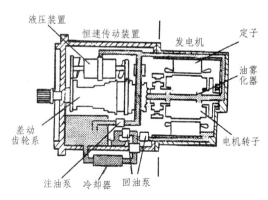

图 3.31 组合传动发电机

种比较先进的结构形式，目前广泛使用的有 60 kV · A、90 kV · A 和 120 kV · A 多种规格，适用于各种超音速和大型飞机。组合传动发动机的组成框图如图 3.32 所示。

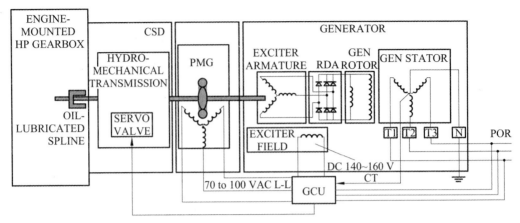

图 3.32 IDG 的组成框图

3.4.2 变速恒频交流电源

变速恒频（VSCF）供电系统是在电力电子技术迅速发展的基础上发展起来的新型飞机电源系统，它通过电子变换器把飞机发动机直接驱动的变频发电机产生的变频交流电，变换成 115/200 V、400 Hz 三相交流电。图 3.33 是变速恒频电源的构成方框图。

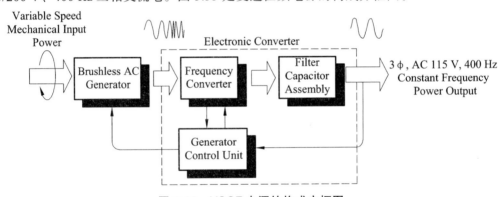

图 3.33 VSCF 电源的构成方框图

3.4.2.1 变速恒频简介

变速恒频电源系统中的发电机是变频无刷交流发电机，由飞机发动机直接传动，其频率变化范围与发动机的转速变化范围一致。变速恒频电源中采用电子变换器将发电机发出的变频交流电转换为恒频交流电。变速恒频电源变换器有两种类型，一类是交-交型，一类是交-直-交型。相应地，变速恒频电源也分为交-交型和交-直-交型。交-直-交型变换器先将发电机发出的变频交流电转换成直流电，再逆变成交流电；而交-交型变换器省去了变换为直流的环节，通过对晶体管的控制直接将发电机发出的高频交流电变换成 400 Hz 交流电输出。

第一套变速恒频电源是 1972 年装机的，采用交-交型变换器。1983 年开始，经美国联邦航空局鉴定后，变速恒频发电系统正式在一些民用飞机上使用，其中在美国的湾流Ⅲ和湾流Ⅳ两种公务机上首先使用。1991 年，B737 飞机上开始准备使用变速恒频发电系统，用以取代原来的组合传动发电机，后来的 B777 飞机上使用两台 20 kV·A 的变速恒频发电装置作为备用电源。

变速恒频系统的供电质量比恒速恒频系统好得多，美国军用规范 MIL-E-23001 所规定的供电指标已经明确说明了这一点，洛克希德飞机公司所做的实验也给予了证实。具体对比结果如图 3.34 所示。

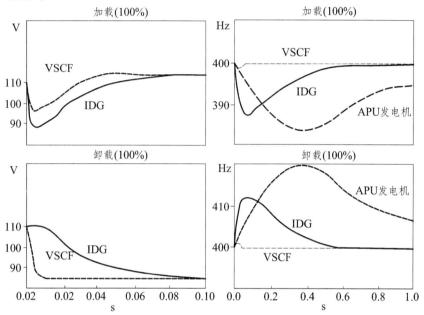

图 3.34 变速恒频与恒速恒频交流系统供电特性对比

变速恒频电源同恒速恒频电源相比，具有如下优点：

（1）电能质量高，无频率瞬变现象。

（2）能量转换效率高，比恒速恒频电源高了近 10%。

（3）旋转部件少，可靠性高。

（4）电源系统结构灵活，除发电机必须安装在发电机附件机匣内外，其他部件可以按需放置。

（5）能够实现无刷起动发电。

（6）生产和使用维护方便，有利于减少飞机全寿命期费用。

在表 3.4 中给出了各种类型变速恒频电源的典型应用，并进行了比较。

表 3.4 变速恒频电源的应用举例

飞机型号	F-18	B737-400	MD-90
电源类型	交-交	脉宽调制交-直-交	阶梯波合成交-直-交
电源容量	2×40 kV·A	2×60 kV·A	2×90 kV·A
结构	组合式	组合式	分体式
安装位置	发动机附件机匣	发动机附件机匣	发电机安装于附件机匣，变换器装于机体
冷却方式	循油	喷油和强迫风冷混合式	变换器风冷
质量/kg	30.0	71.4	80.0

3.4.2.2 B737 飞机变速恒频系统

B737-300 是使用最广泛的旅客机，可以载客 150 人，巡航速度为 927 km/h，航程为 2570 km。它的主电源可以选装恒速恒频或变速恒频交流电源，辅助电源为 APU 驱动的发电机，输出 115/200 V、400 Hz 三相交流电。

B737 飞机的变速恒频电源是由美国 Westinghouse 公司研制的，采用交-直-交变换方案。其原理框图如图 3.35 所示，它由 6 个主要部分组成：三级式无刷交流发电机、逆变器组件、发电机/变换器控制组件（简称 GCCU）、交流滤波器组件、直流滤波器组件和电流互感器/电磁干扰滤波器组件（图中未标出）。GCCU 是整个变速恒频电源的控制中心，主要功能为：内部电源、电压调节控制、逆变逻辑控制、电气系统控制保护与自检。GCCU 的计算机使系统具有仿真恒速恒频电源的特性，从而实现用变速恒频电源直接置换飞机上原有的恒速恒频发电系统，而不必对飞机电路进行改装。

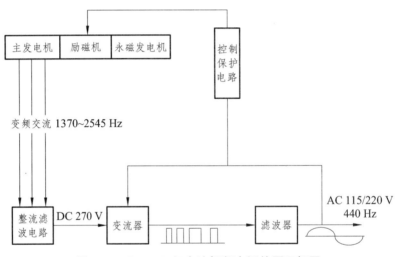

图 3.35　B737 飞机变速恒频电源的原理框图

在发动机起动时，若发动机转速达到最大转速的 20%～30%，永磁副励磁机电压已足够高，GCCU 开始工作；若转速达最大转速的 45%～50%，GCCU 使逆变器产生 15～20 V 相电压，频率为 360 Hz，以模拟恒速恒频电源起动时的剩磁电压。此时 GCCU 监测 GCU 的输入电压，若此直流电压小于 5 V，则表示 GCU 中的 GCR 处于断开位置。若该直流电压大于 5 V，则 GCR 已闭合，待发动机转速达最大转速的 50% 时，GCCU 输出电压升到 115 V/400 Hz。若发动机转速降到小于最大转速的 50%，则 GCCU 使电源输出频率降到 360 Hz，电压仍为 115 V，GCU 实行倾频保护，将 GB 断开。当转速降到最大转速的 45%～50% 时，GCCU 实现欠速保护，断开发电机励磁电路并使逆变器停止工作。转速降到最大转速的 20%～30% 时，GCCU 停止工作。

MD-90 飞机上也采用了变速恒频系统，但和 B737 中采用的结构不同，也就具有了不同的特点。下面进行简单的比较。

MD-90 飞机的变速恒频发电系统采用四通道阶梯波合成逆变器，将整流滤波后的直流电逆变成具有 24 个阶梯波的交流电压，可以有效地减少谐波次数，降低滤波元件的尺寸和质量。B-737 的发电系统采用脉宽调制（PWM）方法来抑制输出交流电压中的谐波含量，为了减少谐波，必须精确控制交流电压脉冲的宽度。

MD-90 飞机的变速恒频发电系统把变频交流发电机和变换器分别安装在飞机上的不同部位，把对温度比较敏感的电子变换器部分安装在远离发动机中高温源的地方，并用专门的冷却风扇引入外部空气进行通风冷却，可以大大提高电子变换器工作的稳定性和可靠性。B737 飞机的变速恒频发电系统为了能够与原有的组合传动发电机兼容，以便在发动机的安装部位上进行互换，将变速恒频系统组装在一起安装在了发动机附件齿轮箱上。由于距离发动机太近，其通风冷却条件差，易产生过热现象。

变速恒频电源的工作原理涉及较多的电力电子知识，这里不再介绍，如有兴趣可以参考相关书籍。

3.5 变频交流电源

变速变频交流电源系统（VSVF）的无刷交流发电机通过减速器直接由飞机发动机传动。由于没有恒速传动装置，它输出的交流电频率是随发动机转速的变化而变化的。变频交流电源系统在之前多用于涡轮螺旋桨飞机，但目前在 B787 和 A380 飞机上都作为主电源使用，区别在于之前为窄变频（360 ~ 650 Hz），后者为宽变频（360 ~ 800 Hz）。

B787 飞机的电源系统与以往的波音飞机有很大的区别，飞机上的电源系统由 4 个安装在发动机上的交流 235 V/250 kV·A 变频发电机和两个安装在 APU 上的交流 235 V/225 kV·A 变频发电机组成，变频系统取代了传统的恒频系统，采用了"多电架构"。飞机的机翼除冰系统、液压系统、空调系统和机舱增压系统都采用电力驱动而不是气动驱动的方式，节省了大约 2% 的燃油消耗。而以上几个系统消耗的电能占了飞机总功率消耗的大部分，如环境控制系统（ECS）中安装有 4 台大功率电动压气机，全部工作的峰值功率可以达到 500 kV·A；电气防冰需要的功率大约为 100 kV·A。B787 飞机的电源及其配电系统在飞机上的分布如图 3.36 所示。

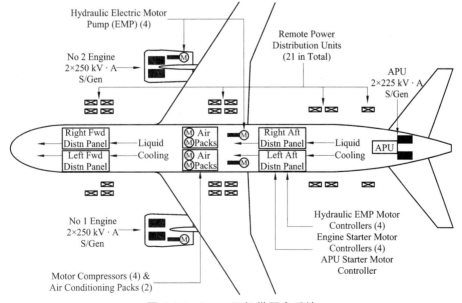

图 3.36 B787 飞机供配电系统

B787 飞机的一次电源经过变频、整流、变压分配后形成飞机的 4 种电源模式,即传统的 115 V 交流、28 V 直流和新的 235 V 交流、270 V 直流。其中 235 V 交流和 270 V 直流电源主要用于以往由气源系统驱动的系统部件。

虽然 B787 飞机上使用的电源制式众多,但由于主电源为恒压变频交流电,因此不是混合供电系统,也不称为复合供电系统。B787 飞机上供电电源的类型包括以下几类:

1. 交流供电

(1)相电压为 235 V(线电压 407 V)、频率范围为 360 ~ 800 Hz 的三相四线制交流系统。

(2)相电压为 115 V(线电压 200 V)、频率范围为 360 ~ 800 Hz 的三相四线制交流系统。

2. 直流供电

(1)低压直流供电:28 V 直流电。

(2)高压直流供电:

① 由相电压为 235 V(线电压为 407 V)的主交流系统供电的自耦变压整流装置(ATRU)系统来提供 ±270 V(额定值)的系统。系统的两个输出端相对电流返回网络的电压分别应为 +270 V 和 −270 V,所有 ±270 V 设备应连接在 +270 V 和 −270 V 端之间。

② 28 V 直流供电系统供电,转变为电动刹车供电装置(EBPSU)所需的 ±130 V 直流电。系统的两个输出端相对电流返回网络的电压分别应为 +130 V 和 −130 V,所有 ±130 V 设备应连接在 +130 V 和 −130 V 端之间。该直流供电电源专为起落装置电动刹车系统供电。

由上述规定可以看出,B787 飞机供电电源类型较多,必然增加供电系统设计、控制的复杂性,增加配电系统质量。其交流供电系统同时采用了 115 V 和 235 V 两种电压等级、频率范围为 360 ~ 800 Hz 的三相四线制变频交流系统,这也是 235 V 交流供电体制在民用飞机研制中的首次应用。B787 飞机的配电系统见图 3.37。

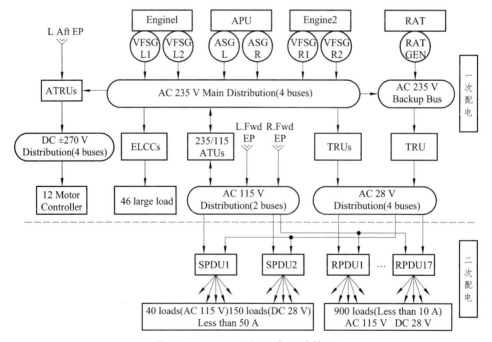

图 3.37　B787 飞机配电系统简图

由于 B787 飞机已经是标准的多电飞机，与传统的飞机相比供电量大增，因此电力不再像以前那样被送到飞机前部的电子设备舱中，而是被送至后置的电子设备舱，使得电力馈线的总长度减小。同时根据设备用电量的情况，采用了分散配电，在飞机不同位置设置了 17 个配电盘，由它们向临近的负载提供电力，可以有效缩短配电线路长度。

如果将 B787 飞机的线路长度和传统飞机（比如 B767-300ER 飞机）进行比较，B787 飞机的布线长度大约为 70 英里（约 112.65 km），而 B767-300E 的布线长度大约为 90 英里（约 144.84 km）。节省的 20 英里（约 32.19 km）布线长度能够极大地降低飞机的制造成本和维护成本，同时由于质量的减少，进而节约了运营成本。

B787 飞机的主发电机和 APU 发电机发出的电力输送到后电子电气设备舱中，三个配电箱对三组六台交流发电机输出的 235V 变频交流电进行管理。然后再通过 17 个二次配电装置 SPDS（Secondary Power Distribution System）向设备汇流条和大功率设备供电。飞机的二次配电是通过远程电源分配组件 RPDU（Remote Power Distribution Unit）实现的。

*3.6 混合供电系统

装有两种主要电源的电源系统就是混合供电系统。在全世界运营的飞机中，采用混合供电系统的多为低压直流加变频交流的供电形式。与组合传动发电机相比，一台变频发电机只包含大约 120 个零部件，而一台组合传动发电机则有大约 400 个零部件。零部件的减少降低了变频发动机的价格，提高了它的可靠性，并大幅降低了它的维护成本。一台变频发电机的平均故障间隔时间超过 30 000 h，大大高于组合传动发电机；一台组合传动发电机的平均成本为 4.5 美元/飞行小时，而变频发电机只有约 0.5 美元/飞行小时。

国产运 7、运 8 飞机的电源系统属于老式混合供电系统，主电源由低压直流电源和变频交流电源构成。变频交流发电机是为了满足飞机用电量增长的需要而加装的，使电源系统、配电系统复杂化，而且由于变频交流电使用范围有限，飞机上还必须安装旋转变流机或静止变流器等二次电源，以满足仪表和自动驾驶仪等电子设备的需要。新一代混合供电系统由航空发动机直接传动的交流发电机产生变频交流电，然后通过电能变换器转为恒频交流电、低压直流电或 270 V 高压直流电。例如，湾流 Ⅲ 和湾流Ⅳ公务机的变换器将发动机发出的交流电的 3/4 功率转变为 400 Hz 恒频交流电，1/4 功率转变为 28 V 直流电。下面以新舟-60（MA60）飞机为例，对混合供电系统进行简单介绍。

3.6.1 概 述

新舟-60 飞机采用了国外先进发动机和电子设备，大大提高了飞机的经济性和舒适性，达到了国外先进支线飞机的同等水平。该机采用低压直流与变频交流电源混合供电的体制，电源系统具有 50% 以上的供电裕度，蓄电池可以满足起动 6 次发动机的要求。

直流电源系统由左右发动机驱动的直流起动发电机、发电机控制器、汇流条保护器、电流互感器、直流电源监控器和接触器等构成。发电机额定电压为 28.5 V，额定电流为 400 A，工作转速范围为 7 200 ~ 12 000 r/min，在 2 min 内可过载 133%，在 5 s 可过载 200%。起动航空发动机时工作电压为 24 V，起动时间为 30 s。正常工作时，左右发电机分别向对应的汇流条供电。任一发电通道出现故障时，正常工作的发电机可向全机直流电网供电。两台发电机可以并联运行。

飞机上的辅助动力装置传动一台 28.5 V/400 A 直流发电机，它可作为飞机地面准备和起动发动机的电源。机上装备有两块 43 A·h 镍镉蓄电池，作为发动机的起动电源和应急电源。

飞机的变频交流电源由 20 kV·A 变频交流发电机、发电机控制器、交流电源监控器、电流互感器和主接触器等构成。左右发电机分别由两台发动机传动，额定容量均为 20 kV·A，过载容量为 30 kV·A，额定电压为 120/208 V，转速范围为 9 750~15 850 r/min，频率范围为 325~528 Hz。正常时，每个交流发电机向自己的用电设备供电，一个通道故障时，可由另一台发电机继续向两个通道供电。

恒频交流电源由 2 台 1 000 kV·A 单相静止变流器构成，它将 28 V 直流电逆变成 115 V 和 26 V 交流电。

由于飞机采用混合供电体制，飞机上既有直流配电系统，又有变频交流配电系统和恒频交流配电系统。

3.6.2 低压直流供电系统

新舟-60 飞机的低压直流电源系统由航空发动机传动的主直流电源、APU 传动的辅助直流电源和蓄电池构成的应急电源 3 部分构成。其中，主直流电源与辅助直流电源的构成相同。

图 3.38 是新舟-60 飞机直流电源方框图。在蓄电池供电时，接通右蓄电池接触器 RBC 和直流汇流条连接断路器 BTB，则左右发电机汇流条（LG BUS、RG BUS）和超应急汇流条（SE BUS）有电，而地面维护汇流条（GS BUS）无电。

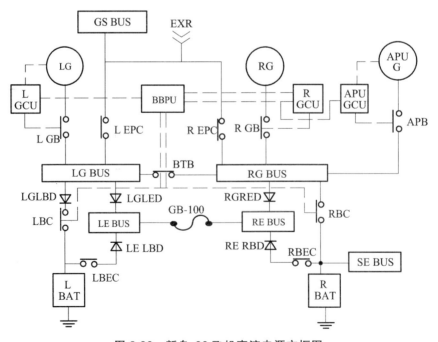

图 3.38 新舟-60 飞机直流电源方框图

外电源供电时，只要接通左右外电源断路器（LEPC、REPC），则地面维护汇流条、左右发电机汇流条和左右应急汇流条有电，如果再接通 LBC 和 RBC，则外电源即可给蓄电池充电。

APU 发电机供电时，接通 APB 之前应断开 LEPC 和 REPC，以免两电源并联。如果 BTB 未接通，则 RG BUS 和 RE BUS 有电；如果 BTB 接通，则 LG BUS 和 LE BUS 也有电。

左右发电机断路器应在左右发电机正常运行后接通，而且在接通前应断开 LEPC、REPC 和 APB，以免两电源并联。如果 BTB 未接通，则两发电机不并联供电，它们分别向各自的通道供电。由于左右应急汇流条间用一个 100 A 熔断器相连，故只要任一侧的应急汇流条有电，两边的应急汇流条都有电。如果出现一侧的应急汇流条短路，熔断器熔断，可防止两应急汇流条同时短路。在 BTB 接通后，两台发电机并联运行，GCU 控制负载均衡。

新舟-60 直流电源系统中的两台主发电机同时工作时有两种方式：独立供电和并联供电。两台发电机同时工作时，如果不接通并联运行开关，则为独立供电方式，它是飞机的基本工作方式。在左右应急汇流条的电源入口处有二极管，可以防止应急汇流条以外电网的故障导致应急汇流条的故障。例如，在 RG BUS 短路时，由于 RG RED 的作用，可以避免 RE BUS 短路，从而提高了应急汇流条供电的可靠性。而且在熔断器 GB-100 熔断前，任一应急汇流条都由三个方向供电，可以保证足够的供电裕度。左发电机汇流条与左蓄电池之间的二极管 LG LBD 可以防止左蓄电池向左发电机汇流条供电，使得左蓄电池只能向左应急汇流条供电；而右蓄电池电路中没有此二极管，故可用于起动主发动机或 APU。

3.6.3 飞机交流电源系统

新舟-60 飞机上有两类交流电源，一类为三相 115/200 V 变频交流电源，由航空发动机直接驱动的油冷无刷交流发电机和 GCU 等构成，输出电压的频率与发动机的工作状态有关。另一类是 400 Hz 单相交流电源（115 V 和 26 V），由 28.5 V 直流电源供电的静止变流器等构成。两种电源系统的电路如图 3.39 所示。

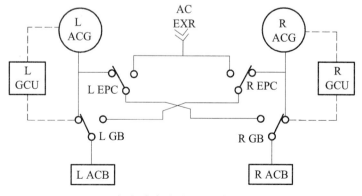

（a）变频交流电源供电图

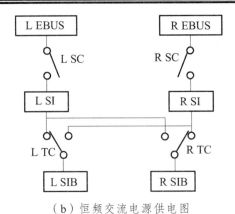

（b）恒频交流电源供电图

图 3.39　新舟-60 交流电源供电系统简图

3.6.3.1　变频交流电源系统

变频交流电源由变频交流发电机、GCU、发电机断路器和电流互感器等组成。每台发动机上安装一台交流发电机，它的额定容量为 20 kV·A，其配套的 GCU 对发电机进行电压调节，实行系统控制和保护。电压调节器检测调节点三相电压平均值，通过改变发电机励磁机的励磁电流来调压。调压器中还有三套电路：高相限制电路，用于防止任一相电压超过允许值；电流限制电路，用于与测量互感器配合限制发电机的最大输出电流；低速偏置电路，用于保证发电机频率低于 325 Hz 时输出电压与频率成比例下降。

GCU 具有双通道供电系统的控制与故障隔离功能。例如，在左发电机向左右汇流条供电时，发生欠压故障，经延迟后备用电设备端的热断路器未跳闸，说明欠压故障继续存在，于是发电机控制器断开右汇流条；若此后欠压消除，则控制器认定右汇流条有故障，故锁定 R GC，此后，左发电机仅向左汇流条供电。如果 R GC 断开后未消除欠压故障，则 GCU 断开 L GC，GCU 认定左汇流条有故障，即锁定 L GC，接通 R GC，左发电机仅向右汇流条供电。若左右汇流条均切除后欠压故障仍存在，则 GCU 认为左发电机有故障，切除左发电机，左右汇流条由右发电机供电，实现了故障隔离，保证了供电。其他故障隔离情况类似。

发电机开关有两个位置："接通"和"断开/复位"。若将开关从"接通"位拨到"断开/复位"位，再拨到"接通"位，则使 GCU 初始化。如果故障仍存在，故障隔离程序将重复。

3.6.3.2　恒频交流电源系统

400 Hz 单相交流电源由两台 1 kV·A 静止变流器、开关和接触器等构成。两套系统采用非并联供电。若左静止变流器故障，则由右静止变流器向左右 400 Hz 汇流条供电；若右静止变流器故障，则由左变流器向两汇流条供电。在直流应急供电时，右静止变流器不工作，仅左静止变流器向左汇流条供电。

3.7　二次电源

在现代民航运输机上，使用了各种各样的用电设备，有些用电设备所需的电源与飞机上的主发电机所提供的主要电源不一定匹配。例如，在一架拥有 28 V 直流主电源的飞机上，使用了一些需要由 26 V 和 115 V 交流电源供电的仪表和电子设备。即使在主要采用交流电源的飞机上，也不可能完全取消直流电源，因为在这种飞机上还装有许多需要直流电源的用电设备。

就是用电设备本身，它们电路中的某些部分，也需要不同类型的电源，或需要类型相同但参数不同的电源。因此在飞机上，不仅需要改变电源形式的设备，还需要将同一种电源的参数值加以改变的设备。飞机电能变换设备（又叫电源变换装置）就是用来完成交流电能和直流电能相互变换，高压电能和低压电能相互变换的设备。这些设备能够将飞机上主电源的电能变换成另一些形式的电能，以满足不同用电设备的需要。所以这些设备往往是飞机上的二次电源、应急电源、备用电源或某些用电设备的专用电源的主要组成部分。

飞机电能变换设备的种类很多,按照该设备有无旋转部件可分为旋转型和静止型两大类。例如，老式飞机上用得较多的旋转变流机就属于旋转型，而变压器、变压整流器、静止变流器等则属于静止型。

3.7.1　变流器

3.7.1.1　旋转变流机

旋转变流机是将直流电变换为交流电的电动机-发电机组,用于低压直流电源系统中作为二次电源，给交流用电设备供电。它又分单相变流机和三相变流机两大类。

单相变流机可将飞机上的低压直流电转变为 115 V/400 Hz 单相交流电，给无线电和雷达等设备供电。它们通常由一个并励式（或复励式）直流电动机和一个旋转电枢式单相交流发电机组成，如图 3.40 所示。当变流机接通直流电源时，电动机便转动起来，并带动交流发电机的电枢旋转，产生 115 V/400 Hz 单相交流电，经过滑环和电刷向外输出。

三相变流机可将飞机上的低压直流电变换成 36 V/400 Hz（或 500 Hz）三相交流电，给陀螺仪表及雷达、自动驾驶仪等设备供电。它通常由一个直流复励式电动机和一个具有永磁转子的三相交流发电机组成，如图 3.41 所示。

图 3.40　变流机外形

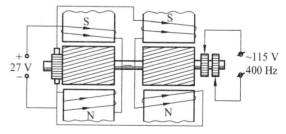

图 3.41　单相变流机原理图

变流机的工作效率普遍较低，一般为 47% ~ 51%,而且体积、质量大，噪声大，质量功率比大，可靠性较差，正在逐步被静止变流器（Static Inverter, INV）所取代。

3.7.1.2　静止变流器

静止变流器用于将飞机上的直流电转变为 400 Hz 或其他频率的单相或三相交流电。其外形如图 3.42（a）所示。

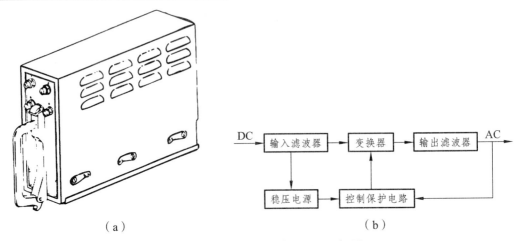

（a）

（b）

图 3.42　静止变流器外形及原理框图

现代飞机所用的静止变流器主要由两部分构成：直流变换器和直交逆变器。前者用于将低压直流电转变为高压直流电并实现电气隔离，后者用于将高压直流电转变为 400 Hz 正弦交流电，经滤波后输出。

直流变换器由输入滤波器、输出滤波器、变换器和控制保护电路构成，如图 3.42（b）所示。输入滤波器用于减少变换器工作时对电网的影响；输出滤波器用于滤除交流分量，平滑输出电压；控制电路用于在电源电压变化和负载变化时保持输出电压不变；变换器通过电力电子器件的开关作用，将直流变换成矩形波。

逆变器是静止变流器的核心部件，负责将直流电转变为一定频率的交流电。它按照输出交流电相数的不同可以分为单相逆变器和三相逆变器。在飞机用得较多的单相逆变器有矩形波逆变器、正弦脉宽调制逆变器、阶梯波合成逆变器。

1. 矩形波逆变器

逆变器多采用桥式逆变器，它的主电路与工作波形如图 3.43 所示。通过改变大功率晶体管基极电压的波形就可以在 e_2 端得到不同频率的准矩形波，再通过输出滤波器滤除其中的各高次谐波电压就可以获得比较理想的正弦交流电。此种电路多用于直流变换器，在输出正弦交流电时，由于效率低、波形失真大而较少采用。为了减小逆变器输出电压中的高次谐波，有两种方法，一种是阶梯波合成法，另一种是正弦脉宽调制法。

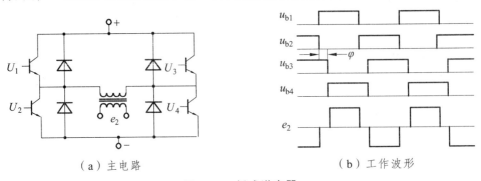

（a）主电路　　　　　　　　　　（b）工作波形

图 3.43　桥式逆变器

2. SPWM（正弦脉宽调制）逆变器

SPWM 是利用三角载波与正弦信号叠加生成正弦脉宽信号，如图 3.44 所示。SPWM 技术可以有效地改善逆变器输出电压波形。正弦交流电压在半个周期中，中间电压高，两边电压低。SPWM 技术正是按照此规律设置脉宽调制波的宽度，使中间脉宽宽，两侧脉宽窄，从而有效地降低了谐波含量。

图 3.44（a）所示是借助三角波信号与正弦调制波信号的交点获得的晶体管正弦脉宽开关信号的波形。图 3.44（b）所示是逆变器输出电压和电流的波形。

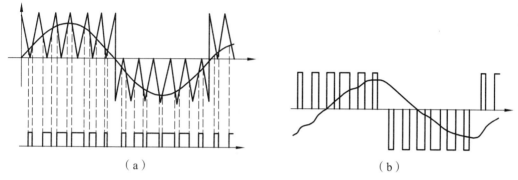

（a）　　　　　　　　　　　　　（b）

图 3.44　正弦脉宽调制逆变器

改变正弦调制波的频率和幅值，即可调节逆变器输出电压的频率与幅值。若正弦调制波的幅值为零，则逆变器输出电压也为零。调制波电压小于三角波电压峰值时，输出电压随调制波电压的升高线性增长。正弦波的幅值大于三角波峰值后，输出电压增长变慢，并最终达到一稳定值。

3. 阶梯波合成逆变器

阶梯波合成逆变器由振荡器、分相电路、矩形波逆变器和综合变压器等组成，如图 3.45 所示。图中 U、V、W 三个单相逆变器分别输出（$180° - \alpha$）宽的方波交流电压，三个电压的相位互差 45°，电压幅值均为 U_d。输出的电压波形为 12 阶梯波，它的 3、5、11 和 13 等次谐波为零。当移相角 α 减小时，输出电压基波分量加大。由于低次谐波为 7 次和 9 次，故用较小的输出滤波器即可保证输出电压中总谐波含量小于 5%。

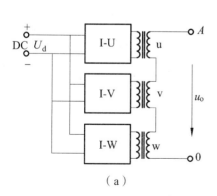 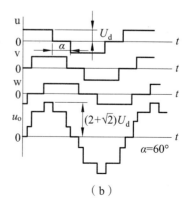

（a）　　　　　　　　　　　　　（b）

图 3.45　阶梯波合成逆变器

3.7.2 变压整流器

飞机变压整流器（Transformer Rectifier Unit，TRU 或 TR），用于将 115/200 V、400 Hz或变频交流电转变为 28 V 直流电，主要用于以交流电源为主电源的大、中型飞机上，也可用于装备变频交流电源的飞机上。典型的变压整流器由三相降压变压器和二极管整流桥构成，由于它自身没有输出电压调节作用，输出电压受负载和电源电压的影响较大，且因有 400 Hz变压器，体积、质量较大。因此，在先进飞机中采用了电子式变压整流器。它实际上是一种具有隔离作用的直流变换器，在其输入端还有将三相交流电整流为直流电的整流电路，可以克服普通变压整流器的缺点。

3.7.2.1 变压器

变压器（transformer）是利用电磁感应原理来改变交流电压的装置，其主要构件是初级线圈、次级线圈和铁心（磁心）。其主要功能有：电压变换、电流变换、阻抗变换、电气隔离等。变压器由铁心和线圈组成，线圈有两个或两个以上的绕组，其中接电源的绕组叫作初级线圈，其余的绕组叫作次级线圈。它可以变换交流电压、电流和阻抗。最简单的铁心变压器由一个软磁材料做成的铁心及套在铁心上的两个匝数不等的线圈构成，如图 3.46 所示。

变压器是利用电磁感应原理制成的静止用电器。可以得出：

$$\frac{U_1}{U_2} = \frac{N_1}{N_2}$$

在空载电流可以忽略的情况下，原、副线圈电流有效值大小与其匝数成反比，即

$$\frac{I_1}{I_2} = \frac{N_2}{N_1}$$

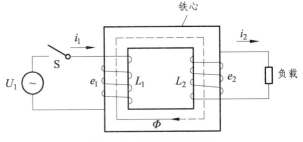

图 3.46 变压器的磁路

理想变压器原、副线圈的功率相等，即 $P_1 = P_2$，说明理想变压器本身无功率损耗。实际变压器总是存在损耗，其效率为 $\eta = P_2 / P_1$。电力变压器的效率很高，可达 90%。

变压器有不同的分类方法：按相数分为单相变压器和三相变压器；按绕组形式分为双绕组变压器、三绕组变压器、自耦变压器；按铁心形式分为芯式变压器、壳式变压器。

常用的航空变压器铁心有卷环 E 形和卷环 Y 形，如图 3.47 所示。Y 形铁心利用率高，结构紧凑，磁路对称，但在需要采取强迫通风冷却时的冷却效果差。大容量航空变压器的铁心一般采用 E 形结构。

（a）E 形铁心

（b）Y 形铁心

图 3.47 铁心形状

3.7.2.2 普通变压整流器

飞机变压整流器通常由输入滤波器、降压变压器、二极管整流电路和输出滤波器等构成，有的变压整流器中还有冷却风扇和过热保护电路等，如图 3.48 所示。

输入滤波器通常为 L 或 π 型 LC 滤波器，主要用于减小变压整流器工作时对交流电源的影响。输出滤波器用于滤除整流后的脉动分量，使直流输出更平滑。二极管整流电路用于将

主变压器输出的交流电变换为直流电。

变压器负责将 115/200 V 交流电转变为低压交流电。它的质量占到了整个变压整流器质量的一半。为了减小质量，变压器的铁心应选用高饱和磁感应和低损耗的铁磁材料，铁心的结构形式采用芯式。原、副绕组根据交流电源电压可能的变化范围和整流电路的形式选取。

根据变压器和整流器的线路连接方式，三相变压整流器可以分成三相半波整流、三相全波整流及六相全波整流等基本类型。

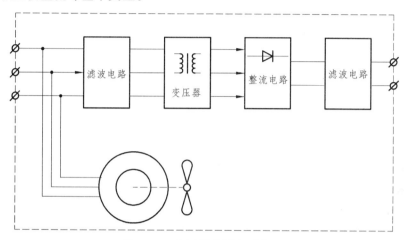

图 3.48　变压整流器组成框图

变压整流器的外特性指的是整流后的输出电压 U_d 与负载电流 I_d 的关系。图 3.49 所示为一台容量为 60 A 的某型变压整流器在不同输入电压时的外特性曲线。由图可见，变压整流器的输出电压不仅受输入电压大小的影响，而且随负载电流的增大而下降。

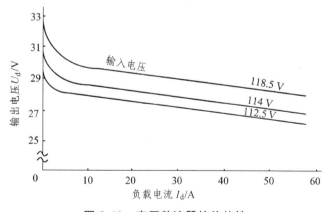

图 3.49　变压整流器的外特性

对于变压整流器的使用，我们必须掌握下述特点：由于变压整流器外特性的初始部分（即小负载时）的变化规律很复杂，输出电压随负载的增加而很快下降，在实际使用中，一般应接入一个很小的固定负载，从而可避开变化较剧烈的初始部分，保持电压稳定。

3.7.2.3　自耦变压整流器

在前面所述的多相变压整流器中，利用三相变压器使交流电压实现相移。使两个三相桥式整流电路移相 30°电角度，然后串联或并联，在一个周期中出现了 12 个脉冲，通常称为 12 脉波整流。但变压整流器体积、质量大，在需要大功率交流和直流进行转换时通常使用自耦变压整流器（Auto Transformer Rectifier Unit，ATRU），有效减轻了设备质量。

自耦变压整流器一般由三部分组成：自耦变压器、三相整流桥、均衡电抗器。其中，多相自耦变压器是核心组成部分，多个三相自耦变压器的绕组既可以采用三角形接法，也可以采用星形接法。采用星形接法时，结构设计的复杂性降低，可靠性提高。

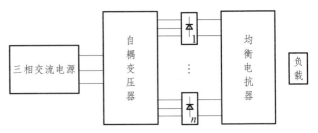

图 3.50 多相自耦变压整流器组成示意图

在电源并联对负载供电时，只有两个电源的电压平均值和瞬时值都相等，才能使负载电流均衡分配，因此在整流桥的输出端连接了均衡电抗器。如果没有均衡电抗器，在任何时刻仅有一组三相整流桥导通，也就是按照 6 个脉波整流；而采用均衡电抗器后，在一定的时间段内有不同整流桥的 2 个二极管同时导通，每个二极管导通时间比没有均衡电抗器时延长了一倍，且电流只有原电流的 1/2。均衡电抗器的关键参数为电感值。

目前的航空自耦变压整流器多采用 24 波或 30 波设计，有效消除了低次谐波，减轻了滤波器的质量。

3.7.2.4　电子式变压整流器

电子式变压整流器由输入 LC 滤波器、输入桥式整流电路、直流滤波电路、高频逆变器、降压变压器和输出整流滤波电路及控制保护电路等构成。它将高压交流电先转变为高压直流电，再逆变为高频交流电，通过高频变压器降压后经整流滤波输出低压直流电。由于逆变器输出交流电频率高（例如 20 kHz），变压器体积、质量小。又因逆变器可调节输出电压，故输出电压不受负载和交流电源电压的影响。

图 3.51（a）所示是电子式变压整流器原理方框图。其控制保护电路由内部电源、基极驱动、脉宽调制、电压和电流调节器、直流分量限制和温度检测电路及保护电路等构成。

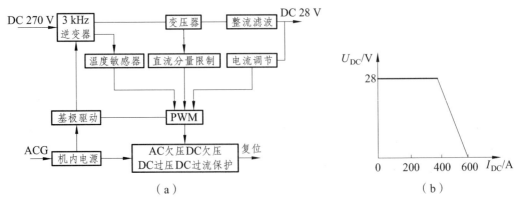

（a）　　　　　　　　　　　　　　（b）

图 3.51　电子式变压整流器及其特性

功率电子器件一般都要限制输出的最大电流，以防功率电子器件过载而损坏。采用电压和电流调节器是实现该目标的重要手段。图 3.51（b）所示是电子式变压整流器的外特性：电流在 400 A 以内，电压调节器工作，使输出电压不因负载电流和电源电压的变化而改变，保持在 28 V；电流超过 400 A 后，电流与电压调节器同时工作，使输出电压降低；到 600 A 时，输出电压为零，从而防止了输出电流的进一步增大。

电子式变压整流器的保护项目有输入交流电压过压、欠压及缺相保护，输出过压和过流保护。其中过流保护是后备保护，在电流调节器失效后工作。

3.7.3　蓄电池充电器

由蓄电池的特性可知，铅酸蓄电池可以与飞机低压电网很好地协调工作，不需要专门的充电器；而镉镍蓄电池不能采用浮充充电，需要专门的充电器保证充电电流可以控制。充电器常被设计成具有两种工作模式，一种是充电工作模式，另一种是变压整流器工作模式，两种模式间可以互相转换。因此，蓄电池充电器与电子式变压整流器类似，都属于二次电源，将 115/200 V、400 Hz 的三相交流电变换成直流电，仅控制方式不同。

3.7.3.1　充电器的组成

图 3.52 是 B757 飞机蓄电池充电器的原理方框图。它由输入滤波器、输入整流电路、电流互感器、变流器、输出变压整流电路、输出滤波器和控制保护电路等组成。三相交流电经输入整流电路变换成直流电，再由变流器变换成交流电，然后由输出变压整流电路变换成蓄电池所需的直流电。电流互感器用来检测蓄电池内部电流的大小，并送到控制保护电路。

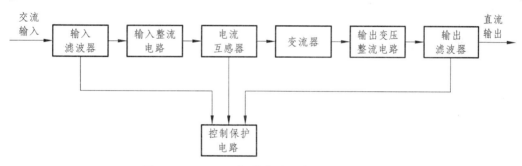

图 3.52　B757 飞机蓄电池充电器原理方框图

控制保护电路的作用是控制蓄电池充电器的工作方式，并在蓄电池充电器交流输入电压高于 134 V 或低于 94 V、内部电流过大或者端电压过低、温度过高等工作不正常的情况下起保护作用。为了使蓄电池充电器的输出电压平滑，在充电器的输出端接有输出滤波器。另外，为了减小充电器对电源电压的影响，也在充电器的输入端接有输入滤波器。

3.7.3.2　充电器的工作方式

恒流式充电器有两种工作方式：恒流充电模式和变压整流模式。

1. 充电模式

当充电器工作在充电模式时，蓄电池端电压的变化情况如图 3.53 所示。其变化情况可以分为恒流充电和恒压充电两个阶段。当充电器检测到蓄电池端电压低于 23 V（但高于 4 V，只有在蓄电池端电压高于 4 V 时充电器才能启动）时，就开始恒流充电，充电电流保持（38±2）A 不变。随着时间的增长，电压不断升高，在基本充电时间的后期，电池已接近充满电，充电电压急剧升高，一直上升到温度补偿电压转折点。电压大 31 V 时，充电转入过充工作阶段，此时充电电压进一步升高。此段时间较短，然后转入恒压工作阶段，充电电压保持为 27.75 V，这样可以补充蓄电池的能量消耗，保持蓄电池容量充足。正常过充电时间等于基本充电时间的 5%。

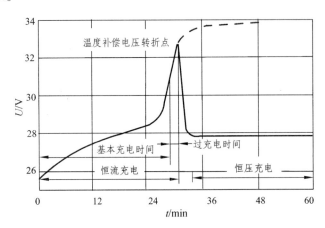

图 3.53　充电器充电模式时的电压变化曲线

在充电器刚通电或在任何工作模式下蓄电池断电时间超过 0.5 s 而又重新通电时，充电器也会开始恒流充电，与蓄电池的端电压无关。

2. 变压整流模式

图 3.54 所示是变压整流器工作模式时的外特性曲线。此曲线分为两段，即恒压工作段和限流工作段。在恒压工作段充电器的输出电压随着交流电源电压或负载的变化而稍有变化，但与电磁式变压整流器相比，变化量显著减小，基本保持在 27.75 V。在限流工作阶段，输出电压随电流的增加而迅速减小，避免损坏功率电子器件。

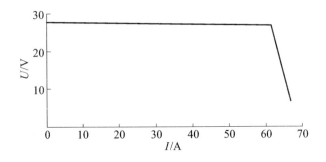

图 3.54　变压整流器工作模式时的外特性曲线

蓄电池充电器的输入电压可以是 105～122 V 的交流电，变换效率不小于 82%，两种工作模式可以自动或人工转换。

3.8 应急电源

3.8.1 应急电源的种类

为了保证飞行安全，即使飞机上的主电源和辅助电源都失效，仍应为飞行关键设备提供电源，这类电源称为应急电源（emergency power, stand-by power）。蓄电池是所有飞机上都会安装的应急电源。为了保证蓄电池能够提供足够时长的电能供应，要求容量低于85%的蓄电池不能装机使用。但由于蓄电池的供电容量和供电时间有限，因此越洋飞行和 ETOPS 飞行的飞机上必须安装能够长时间供电的应急电源，常用的有冲压空气涡轮（RAT）发电机和液压马达发电机（HMG）。

在安装冲压空气涡轮发电机的飞机上，当正常电源失效后，人工或主动放出冲压空气涡轮发电机，靠飞机飞行的迎面气流推动涡轮转动，驱动发电机发电。冲压空气涡轮发电机的使用不受时间限制，但受空速限制，只有当空速大于一定值时才能使用。冲压空气涡轮发电机所驱动发电机的功率越大，它工作所需的空速也越高。

在飞行中，只要发动机和液压系统工作正常，HMG 就可以工作，它不受飞行时间和飞行速度的限制。

蓄电池的知识在前面已经介绍，因此本节仅介绍冲压空气涡轮发电机和液压马达发电机。

3.8.2 冲压空气涡轮发电机

在现代大中型客机上广泛采用冲压空气涡轮发电机作为应急电源，如 B777、A320、A330等机型。图 3.55 所示是在飞机上安装的冲压空气涡轮发电机。

冲压空气涡轮发电机主要由涡轮、调速器、交流发电机、发电机控制器、自动释放控制器等部分组成。

涡轮上安装有螺旋桨叶片，它与发电机同轴。飞机高速飞行时，迎面气流推动螺旋桨转动，带动发电机旋转发电。由于涡轮与发电机同轴，省掉了传动部分，减轻了系统质量。

冲压空气涡轮发电机一般采用无刷交流发电机，电压、频率均与正常交流系统一致，额定功率一般为 $5\sim7.5\ \mathrm{kV\cdot A}$。功率值将影响冲压空气

图 3.55　冲压空气涡轮发电机

涡轮发电机的涡轮叶片大小和飞机的飞行速度。冲压空气涡轮发电机输出的交流电还可以通过 TRU 将交流电转变为直流电，向重要直流设备供电。

机械式调速器通过改变螺旋桨的桨矩控制涡轮的转速。调速器采用离心飞重在旋转过程中产生的离心力平衡桨叶上的气动力扭矩和弹簧力矩，以改变桨叶的桨矩。在它的工作转速范围内，发电机的转速可以保持在额定转速的 90%～110%范围之内，使得发电机的频率保持在 360～440 Hz 的允许范围之内。

　　冲压空气涡轮发电机的控制器可以调整发电机输出电压在允许范围之内，检查系统内是否存在故障，如果存在故障则切断发电机的输出电路。同时控制器内有自检装置，用于向维护系统提供自检信息。冲压空气涡轮发电机的工作原理图如图 3.56 所示。

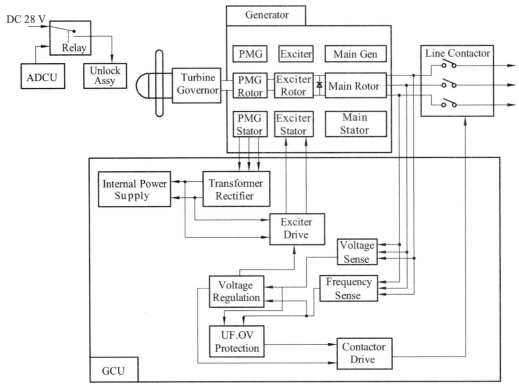

图 3.56　冲压空气涡轮发电机发电系统

　　自动释放控制器用于监测飞机主电源系统和起落架位置信号。当飞机在空中，且检查到左右主交流汇流条均无电时，向上位锁的电磁控制线圈发出开锁信号，自动将冲压空气涡轮发电机从机体内放出。除了自动释放之外，飞机上还配有手动释放钢索，作为备用。当冲压空气涡轮发电机放出后，在空中无法收回，需要机务人员在地面以手动方式将其收回。

3.8.3　液压马达发电机

　　在 B757 等飞机上配备了液压马达发电机，它的动力来自飞机的液压系统，可以为左右转换汇流条和热电瓶汇流条供电。

　　液压马达发电机系统位于左轮舱，由左液压系统提供液压源。它主要包括：液压马达、交流发电机、液压关断活门、发电机控制器等。

　　液压马达上安装有一个电动液压伺服活门，它由 GCU 控制。GCU 通过感受液压马达发电机上的永磁发电机的频率来判断发电机的转速，同时发送信号控制液压马达发电机内的电液伺服活门，从而实现对发电机转速的控制。在稳定工作状态下，它可以保持发电机的输出交流电频率为（400±5）Hz。当伺服系统失效时，由机械式超速调节器使发电机的输出频率为（430±10）Hz。

在飞行过程中，当检测到两侧主交流汇流条无电，且左液压系统工作正常时，液压关断活门打开，液压马达发电机开始工作。在非 ETOPS 飞行状态下，液压马达发电机允许失效飞行。

3.9　地面电源

3.9.1　地面电源供电

一般来说，飞机机载用电设备可以使用的电源包括：主电源（飞机发电机）、APU 发电机、蓄电池、外电源。当飞机停留在地面，需要对飞机进行维护、加油、装卸货物、起动发动机等作业时，可以使用 APU 发电机、蓄电池、外电源。为了减低成本，减少对环境的危害，应尽量使用地面电源。地面电源供电装置分为固定式、汽车式、挂车式和非动力式几种；根据电源的性质又可以分为直流和交流电源，交流电源又有单相交流电源和三相交流电源之分。以低压直流电为主电源的小型飞机通常采用地面直流电源，运输飞机和以交流电源为主电源的飞机采用地面交流电源。地面直流和交流电源可以通过两种方法获得：一是利用地面柴油发电机产生与飞机上相同的交直流电源，俗称"电源车"；另一种是将工频交流电通过变压整流器或变流器转变为飞机所需的直流电或交流电。

3.9.1.1　地面直流电源

图 3.57 所示为一种典型的三针插头，由两根正插针和一根负插针组成。一根正插针比其余的插针短，直径也小。这些插针由一个保护盖盖住，整个装置通常安装于设置在飞机机体结构适当部位的凹槽内。在飞机外部，通过带有可快速松开紧固件的铰链板对插头进行保护。

图 3.58 所示的使用多针插头装置的电路中，短的正插针与地面电源继电器的线圈电路相连接，这样即使在电路带电的情况下拔下地面电源插座，地面电源继电器将在主插针从插座脱开之前消除激励，保证电源断开前，在继电器大电流的触点处不产生电弧。

外电源插入地面电源插座后，地面电源继电器接通工作，如果蓄电池总开关接通，地面电源就可以通过蓄电池继电器代替飞机蓄电池，向飞机电路供电。

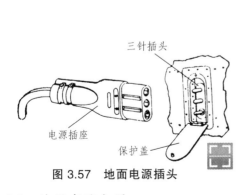

图 3.57　地面电源插头

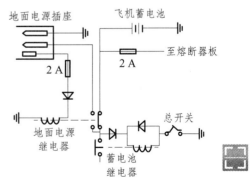

图 3.58　地面电源供电电路

3.9.1.2　地面交流电源

地面交流电源通常采用三相交流电。地面电源插座及指示灯的安装情况如图 3.59 所示，插座中共有 6 根插针，其中 4 根插针较长，而且直径大，为三相四线制交流电源的连接插针，分别对应 A、B、C 三相和零线 N。E、F 插针为辅助插针，它们比主插针细且短。只有当 E、F 插针与外部插孔紧密连接后，地面电源才可能向飞机电网供电，可以有效避免在插拔地面电源插头时产生火花。

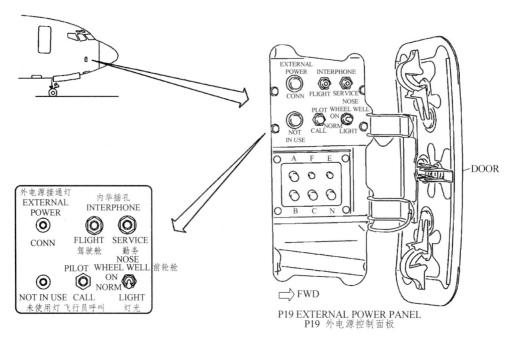

图 3.59　飞机外部电源（B737 飞机）

在 B737-800 飞机中，BPCU 用于飞机电源系统的控制与管理。只有外电源的相序、电压、电流、频率符合要求，BPCU 才会发出外电源可用信号，允许地面电源向机上供电。E、F 用于为外电源接触器提供接通逻辑信号，如图 3.60 所示。

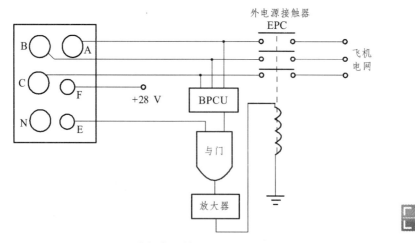

图 3.60　飞机外部电源控制原理图（B737 飞机）

在飞机外部的地面电源插座上有两个指示灯，分别是"AC CONNECT"灯和"NOT IN USE"。当外部电源插好后，"AC CONNECT"灯亮。"NOT IN USE"灯亮时，表明地面电源没有向机上网络供电，允许拔下地面电源插头。而"NOT IN USE"灯熄灭时，说明飞机正在使用地面电源，必须先断开地面电源开关，方允许拔下插头。

在地面电源向机上供电过程中，BPCU 监控地面电源。当出现电压、频率等故障时，BPCU 会断开外电源接触器，停止向机上供电，以避免损坏机载用电设备。

3.9.2 地面电源通电检查要求

地面电源在设计时已经对使用过程中可能遇到的恶劣天气和温度、湿度剧烈变化等进行了考虑，但精心的日常维护与管理可以延长地面电源的使用寿命，减少电源的故障发生率。在使用地面电源过程中必须注意以下几点：

（1）地面电源车的操作，应由经过专门培训和具有独立工作能力的人员担任，严格遵守电源车的有关使用规定。

（2）要尽量避免电源长期在特别潮湿的环境中暴露或使用，不使用时应该储藏在房屋或遮阳棚中。如果需要露天放置，应进行雨雪防护。

（3）在不使用地面电源车时应及时为蓄电池充电，即在延长其使用寿命的同时，使之处于随时可用状态。

（4）保持地面电源车的插座和外壳清洁，防止异物进入电源车，或污染插座。

（5）在停机坪发生溢油时，不准启动地面电源车。

（6）使用过程中注意对电源车电缆的防护，避免用力牵拉、硬物割（划）伤或碾压等。

（7）当电源车向飞机供电时，司机不得离开岗位。

（8）在将地面电源车拖（驶）离飞机时，必须确认电源插头已断开。

（9）在飞机通电前，确认飞机已经接地。

（10）当连接地面电源装置的电接头到飞机上时，必须用带钩子的吊带将馈电线吊好，以防损坏飞机外接电源插座。

（11）在连接电接头前，先检查外接电源电线和外接电源插座是否有腐蚀或损伤，如果发现插针损坏，更换外接电源插座。

（12）在将地面电源装置的电接头接到飞机外电源插座上前，确认外接电源未接通。如果已接通，则可能会出现危险的电弧。

（13）在给飞机上电前，确认所有维护用的电路已经隔离开。

（14）在脱开地面电插头前必须先关断电源，避免产生危险的电火花。

（15）在外电源不能正常向机上供电时，可以考虑外电源接头接触是否良好，检查插紧性，检查接头和插座有无腐蚀、污物等导致绝缘问题。

（16）外电源参数不符合要求时，应检查电源车仪表和飞机上仪表指示，频率、电压、相序是否正确。

飞机的电源系统既有 24 V、12 V 的低压直流供电系统，也有 115 V/200 V、400 Hz 恒频交流供电系统。因此，在连接外电源之前必须对外电源的供电电压进行确认，避免损坏机载电子设备。与外电源继电器线圈串联的二极管虽然可以起到反极性保护的作用，但对于过电压或欠电压的保护无能为力。

复习思考题

1. 铅酸蓄电池的活性物质是什么？放电电压的变化规律如何？试说明原因。

2. 与铅酸蓄电池相比，镉镍蓄电池有哪些主要特点？镉镍蓄电池在使用维护中有哪些注意事项？

3. 直流发电机为什么能产生直流电动势？

4. 交流发电机整流得到直流电与由直流发电机发电得到直流电相比有何优点？

5. 为什么现代中大型飞机通常采用交流电供电？

6. 简要说明三级式和二级式无刷交流发电机是如何实现发电的。

7. 恒装有何功用？液压机械式 CSD 各主要组成部分起何作用？其传动系统有哪几种工作状态？

8. 什么是变速恒频？它有何优点？

9. 飞机上为什么要使用二次电能变换设备？简述各种飞机电能变换设备的功用。

10. 简述变流机的工作原理。

11. 简述静止变流器的组成和各部分的功用，以及各种逆变器的特点。

12. 一台降压变压器，它的原边电压为 115 V，副边电压为 28 V，如果副边绕组为 60 匝，计算其原边匝数。

13. 普通变压整流器与电子式变压整流器的基本组成包括哪几部分？它们的外特性有什么不同？电子式变压整流器有什么优点？

14. 镉镍蓄电池充电器的工作特点是什么？

15. 冲压空气涡轮发电机在飞机上的作用是什么？其主要组成部分有哪些？各有何功用？

16. 地面电源插针为什么长短、粗细不一致？请说明原因。

4　飞机输配电系统

微信扫一扫
彩图更生动

4.1　飞机电网型式和配电方式

4.1.1　飞机电网型式

4.1.1.1　直流电网

直流电能的供应通常采用单线制或双线制。对于全金属结构的飞机，多用单线制，利用飞机机体作为负回路；在采用复合材料的飞机中，则采用双线制。

单线供电制是将电源和用电设备的负极接线柱用一根较短的导线就近接于机体之上，利用飞机的金属机体作负线。这样可以大大减轻电网的质量，而且机体负线回路的电阻小，电压损失少，便于连接、使用和维护。但单线供电制容易发生短路故障，对磁罗盘和无线电接收机的干扰大。

双线供电制是用一根导线将电源的正极接线柱与用电设备的正极接线柱相连，称为正线；再用另一根导线将电源的负极接线柱与用电设备的负极接线柱连接起来，称为负线；正线与负线之间彼此绝缘。与单线供电制相比，双线供电制的可靠性较高，即使一根导线与飞机机体发生短路，也不会影响整个系统的供电。而且正线与负线一般平行敷设，距离较近，通过电流时它们产生的磁场相互抵消，对飞机仪表（主要是磁罗盘）和无线电接收机产生的影响较小。

4.1.1.2　交流电网

在交流电源系统中，因发电机和供电馈线的连接方式不同，而构成了单相交流电源系统和三相交流电源系统。单相交流电源系统比较简单，它的一根馈线将电源连到汇流条，另一根馈线则利用飞机机体形成回路。由于单相供电对发电机的利用率较低，故较少采用。交流电源系统广泛采用三相供电系统。

对于 B787 和 A380 等复合材料使用量大的飞机来说，采用机身提供供电回路已不可能，因此要设置 ESN（ Electrical Structure Network，电气结构网络 ）或 CRN（ Current Return Network，电流回路网络 ），与飞机的金属结构部分相连接，共同承担供电网络的地线功能。它们包括了机身框架金属结构、设备金属支架和导电条（或搭接线）。在大量使用复合材料的飞机中，保证机身供电网络的连续性尤为重要，否则就会严重影响供电系统和用电设备的运行。

接地网一般采用如下结构形式：多个导电能力强的金属搭接组件沿着飞机复合材料机身布置，提供飞机纵向的电气传导路径。纵向电气传导路径的布置应考虑到发动机转子爆破、轮胎爆破、鸟撞等影响。在飞机横向上提供多个金属搭接组件，沿飞机横向扩展构成飞机横向的电气传导路径。同时，将横向的金属搭接组件与纵向的金属搭接组件连接，保证当特定风险发生时，即使有一些纵向金属搭接件失效，仍有部分纵向金属搭接组件实现电气传导的功能。图 4.1（a）所示是飞机接地网的分布图，图 4.1（b）所示是接地网的结构简图。

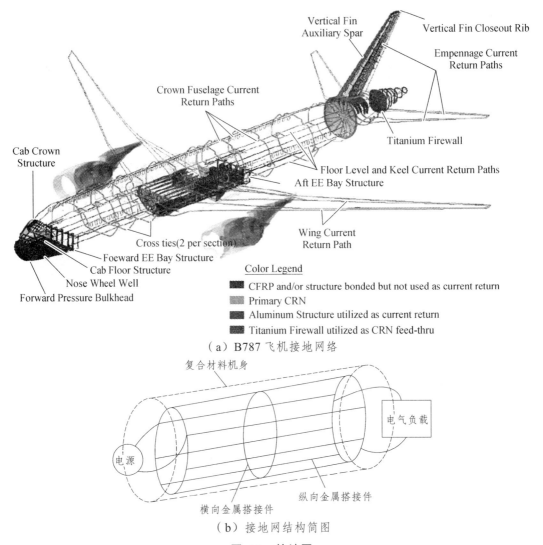

（a）B787 飞机接地网络

（b）接地网结构简图

图 4.1　接地网

在检查和检修时一定要注意：① 在修理后，对不同部件和设备的 ESN（或 CRN）必须进行连通性检查；② 对于可拆卸的连接结构，在安装时要保证连接面清洁，要使用合适的力矩，并进行大电流测试，避免接触不良；③ 在拆装 ESN（或 CRN）组件时一定要按照飞机制造商给定的手册执行。

在三相交流电源系统中，主要有下面几种连接形式：

1. 以机体为中线的三相四线制

图 4.2 是以机体为中线的三相四线制交流供电系统示意图。其主要优点是：由于省略了一根中线，故电网质量较轻；单相用电设备可接于相与相或相与地之间，可获得两种电压（即

相电压与线电压）；由于三相对称，其通断控制及保护设备都比较简单；对机上人员来说比较安全，因为对飞机壳体的电压只是相电压。这种形式是现代飞机普遍采用的供电形式。

2. 不接中线的三相三线制

图 4.3 是不接中线的三相三线制供电系统示意图。单相用电设备的电压为线电压，由于三次谐波的补偿作用，其波形失真较小。另外，在正常情况下，供电系统不与飞机机体构成回路，对机上人员是比较安全的。其缺点是单相用电设备只能使用一种电压（即线电压），另外，在某一相断路时还会发生单相用电设备串联的现象，使这些设备都不能正常工作。

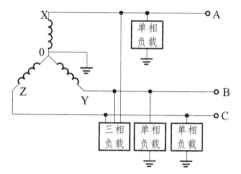

图 4.2　机体为中线的三相四线制供电系统

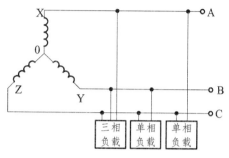

图 4.3　不接中线的三相三线制供电系统

3. 以单相为主而兼有三相的供电系统

这是一种特例，应用于安-24 飞机的交流电源系统中。它的交流电源由接成三角形的三相有刷交流同步发电机提供，其中的 A-C 相提供单相交流电源。此外，该系统还向自动驾驶仪三相负载供电。其供电线路示意图如图 4.4 所示。

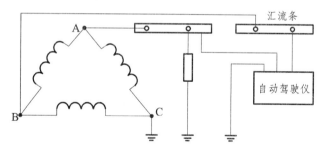

图 4.4　以单相为主而兼有三相的供电系统

4.1.2　飞机配电方式

飞机供电系统由电源系统和输配电系统构成。输配电系统又称配电系统，也叫飞机电网，由导线或电缆、配电装置、保护装置及检测仪表等构成，用于实现电能到用电设备的输送、分配和控制保护。

4.1.2.1　输配电形式

飞机直流电网可分为供电网和配电网两部分。供电网是从飞机电源、电源汇流条到用电设备汇流条间的部分，配电网是从用电设备汇流条到用电设备间的部分。

电网的配电方式有 3 种：集中配电、混合配电和独立（分散）配电。

集中配电的原理如图 4.5 所示。两台发电机（或蓄电池、地面电源）都接在中央电源汇流条上，由它直接将电能输送到用电设备。图 4.6 所示是混合配电原理。图中除有多根电源汇流条外，还有多个用电设备汇流条。按图 4.7 构成的配电系统称为独立配电系统。在正常情况下，各供电通道之间互不接通；在一组电源发生故障后，其负载转由另一组电源供电。

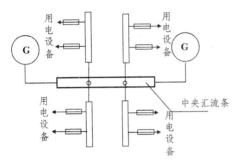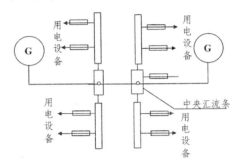

图 4.5　集中配电原理示意图　　　　　图 4.6　混合配电原理示意图

集中配电系统中，电源和用电设备的控制和保护都设在有电源汇流条的中央配电盘内，配电盘位于空勤人员附近。这种配电方式的线路压降仅决定于设备本身消耗的电流，设备电压较稳定，电网简单，易于检查和排除故障。其缺点是：当电网发生短路故障时，所有用电设备都可能失去电力供应；由于所有馈电线都集中到中央配电盘，故导线长、质量大，中央配电盘结构复杂、体积大。因此，这种配电方式仅适用于用电量不大的小型飞机。

混合配电系统有多个配电盘，结构简单，功能分散，易于检查维修，电网质量轻，但用电设备端电压因用电设备个数和负载大小而异，适合于中型或中大型飞机。

独立配电系统中即使发生短路故障，也只对发生故障的电网产生影响，从而提高了工作的可靠性。但如果每个独立系统的发电容量不够大，则在起动大负载时会导致本系统电压显著波动。此外，在一组电源发生故障后，其用电设备转换到正常通道需要一定的时间，会导致供电中断，影响计算机设备的使用。

供电网有开式（辐射式）、闭式（环形）两种。开式供电网的电能仅从一个方向传送到用电设备汇流条（见图 4.5）。闭式供电网的配电汇流条由两个或两个以上方向供电，可靠性高。图 4.8 所示是一种闭式供电网。开式供电网结构简单，电网质量轻；闭式供电网可靠性高，生命力强。

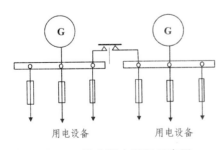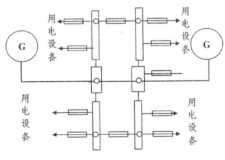

图 4.7　独立配电原理示意图　　　　　图 4.8　闭式供电网

*4.1.2.2 飞机电气综合控制系统

1. 概　述

虽然常规配电系统在近几十年得到了充分的发展，但大型飞机的配电系统中仍存在断路器、电缆、继电器等数量多、质量大、使用维护困难等缺点。为了克服以上缺点，国外从 20 世纪 60 年代开始研究以计算机为中心的由多路数据总线和固态混合式功率控制器构成的新型配电系统，现称为飞机电气综合控制系统。

飞机电气综合控制系统具有以下特点：① 电网质量轻，配电汇流条设置在用电设备附近，电源至用电设备间的馈电线可取尽量短的路径敷设，并显著地减少了控制线。② 具备了容错供电的能力，即供电系统出现故障后仍能向用电设备供电。③ 实现了负载的自动管理，可自动协调电源所能供给的功率和用电设备所需的功率，有效地提高了电源利用率；可有秩序地加载与卸载，避免了多个大容量负载同时突加或突卸，改善了供电品质；减轻了飞行人员的负担，避免了误操作引起的事故，缩短了负载故障监控时间。④ 固态功率控制器具有通断负载、实现故障保护和提供开关状态信息的功能，且保护作用通过直接检测电流来实现，而不是热保护方式，改善了保护选择性，改变了短路故障引起的后果。⑤ 实现了计算机资源共享，一旦其中一台计算机失效，其工作可以由别的计算机分担，从而保证了系统连续运行。⑥ 具有自检测功能，实现了地面维护自检和飞行中周期性自检，可正确地记录与隔离故障，从而显著地改善了可用性和维修性，提高了飞机出勤率。系统信息可以自动或根据需要进行显示，以便于飞行员掌握系统的运行参数、状态信息与故障情况。

美国在 20 世纪 70 年代提出了数字式航空电子信息系统，且在 A-7 飞机上完成了可行性实验。电气综合管理系统的基本思想是使用分布式计算机系统实现电气设备的综合管理，如图 4.9 所示。该系统采用了多配电中心的用电负荷管理方式，用电设备就近与配电中心相连，而不用按照设备的重要性集中连接到相应的汇流条上，通过远程配电管理装置（Remote Power Distribution Unit，RPDU）进行管理，再通过固态功率控制器（SSPC）实现接通、关断和配电线的电流保护。分布式配电有两种实现方式：① 遥控配电，将继电器、接触器的控制线引入驾驶舱，需要人工对负载进行管理，不适合于多电飞机；② 自动配电，由机载计算机通过

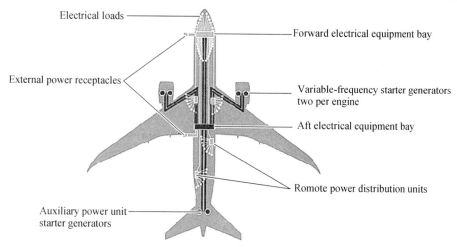

图 4.9 多电飞机上的综合配电系统

数据总线实现对 RPDU 的控制，并使用双余度数据总线完成电气控制系统间的数据交流与信息共享，通过非航空电子信息处理机进行信息的综合与管理，其系统结构如图 4.10 所示。

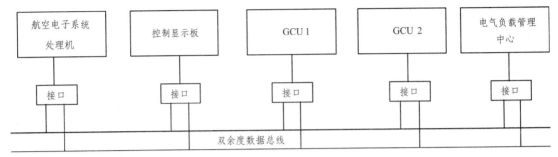

图 4.10　航空电气综合管理系统结构框图

采用综合管理系统以后，各个子系统的信息采集、传输、处理、存储、显示、告警等环节不再独立，而是通过信息综合、资源共享、局部处理与统一处理相结合的方式，实现了电气系统管理的高度自动化。当电源系统出现故障时，该系统不仅可以报告、显示、存储已发生的故障，而且可以通过功能转移、系统降级等措施完成电气系统的重构，以保证飞机各系统能够完成各项基本功能，不影响飞行任务的执行。机组成员还可以根据实际需要进行必要的人工干预，超控综合管理系统。

电气负载管理中心是一个智能管理系统，它的结构框图如图 4.11 所示。

图 4.11　电气负载管理中心方框图

电气负载管理中心主要由配电中心、智能终端、固态功率控制器等部分组成，并通过双余度数据总线与电气系统处理主机交换信息。

1）配电中心

配电中心内有直流汇流条、交流汇流条和蓄电池汇流条，每个汇流条采用自动后备方式，正常时由基本电源供电，基本电源故障后转为备用电源供电，二者不能同时供电。直流电源通过反向阻断二极管向汇流条供电，二极管在汇流条的附近。由于二极管的隔离作用，多个直流电源可直接通过二极管接到汇流条。

配电中心并不单单是为负载提供电源，还通过对系统内电源及汇流条的工作状态的监控，最大限度地实现不间断供电，而且能够完成在通道主电源恢复正常功能后，切除备份电源继续投入工作。

在 B787 飞机中，配电系统包括：6 个主电源配电装置（Primary Power Distribution System，PPDS）、2 个二次配电装置（SPDU）和 17 个远程配电装置（RPDU）。PPDS 用于对发电机输出电能的管理，由于输出电流大，一般采用普通的断路器和接触器。SPDU 和 RPDU 则采用固态功率控制器，但 SPDU 控制的设备功率较大，一般不小于 50 A。

2）固态功率控制器（SSPC）

固态功率控制器是一种无触点开关电器，它是先进电气管理系统中不可缺少的组成部分。它在功能上取代了传统的机械开关、断路器、继电器和接触器，能向处理器提供"正常""故障""跳闸"三种状态信息，并接受来自主机的控制命令。固态功率控制器主要具有如下功能：① 根据指令接通或断开负载设备；② 具有远程控制能力；③ 能够进行过载保护；④ 过载时进行限流控制。与采用常规机电转换装置的系统相比，采用固态功率控制器的系统具有许多优点，主要表现在功耗小、寿命长、无电磁干扰、灵敏度高等方面。

混合式功率控制器是无触点固态功率控制器与有触点电器的组合。在接通电路时，先接通无触点电器，再接通有触点电器。在有触点电器接通后触点将固态电器短路，故大部分电流通过触点，减小了固态电器的损耗。在断开电路时，先断开有触点电器，再断开固态电器，从而防止了有触点电器断开时的电弧。此种控制器可用于高电压系统中。

3）智能终端

智能终端是电气管理系统的神经中枢，相当于常规飞机供电系统中的配电盒。它负责监视电源系统各汇流条的运行情况，并采集固态功率控制器的状态，根据系统运行状态的不同，采取适合的控制策略。此外，当发现故障时，智能终端及时存储故障信息，并把它们放到总线上，以便上位机读取并处理。

2. 电气负载管理系统

B777飞机首次采用了电气负载管理系统（ELMS）。在飞机上它用于完成汇流条的转换、用电设备的控制以及电气负载的监控。在ELMS中共有7个配电箱，即左电源配电箱、右电源配电箱、辅助电源配电箱、地面勤务和地面作业配电箱、左配电箱、右配电箱、应急电源配电箱。用电设备接通电源的控制有3种方法：EEU（电气负载管理系统的电子单元）控制、外部控制和远距控制。EEU控制是指接到输入信号后，由EEU的软件确定开关动作时刻，然后控制开关通断。外部控制是指控制电路在ELMS外面，而开关或继电器则在ELMS内部。远距控制是指EEU接受外部信息或指令，通过EEU内软件处理或由软件直接发控制指令到操作电路。

ELMS在对电气负载进行监控时有5种方法：检测断路器两侧的电压，检测电器触点两侧的电压，通过继电器的一对触点检测它是否接地或接电源，用电流传感器检测是否有电流流过触点，监控负载提供的模拟信号。

ELMS的负载管理采用卸去次要负载，以保证负载消耗的功率小于电源能够提供的功率的方法。卸载次序是：厨房负载、普通用电设备汇流条上的负载、厕所与厂房的风扇、液压泵、座椅电子设备。飞机停留在地面时，液压泵与座椅电子设备的次序对调。ELMS恢复负载的次序与卸载时相反。

4.2 发电机的电压调节

4.2.1 概 述

飞机上的用电设备都要求电源有一个基本恒定的电压，但如果不做适当调节，无论是交流发电机还是直流发电机，它们的转速或负载变化时都会引起电压相应的变化。飞机发电机是由航空发动机带动的，其转速取决于飞机类型及飞行状态，变化范围很宽。比如飞机直流发电机的额定电压为 28.5 V，如果不加以调节，当发动机工作于高转速且发电机空载运行时，端电压可高达 80 ~ 90 V。因此，为了满足用电设备的需要，必须调节端电压，使其稳定在一定范围之内。从上一章的图 3.20（a）所示曲线可以看出，当直流发电机的转速或负载变化时，若能改变励磁电流使发电机的磁通相应变化，以补偿转速或负载变化对发电机电压的影响，就可以保持发电机端电压基本恒定。同样，在飞机交流电源系统中，也是通过调节发电机或励磁机的励磁电流来调节同步发电机的电压的。在一定条件下自动保持发电机端电压基本恒定的装置叫作电压调节器（voltage regulator），简称调压器。

早期的飞机直流发电机的额定容量在 1 500 W 以下，采用振动式电压调节器，它是通过一个对励磁电流敏感的继电器在发电机的励磁电路中串入或切除一附加电阻来调节励磁电流的。串入附加电阻，励磁电流减小，发电机端电压降低；切除附加电阻，则端电压升高。通过改变附加电阻的串入和切除时间便可调节励磁电流的平均值，使发电机电压在转速和负载变化时保持在规定范围内。由于受到触点容量的限制，这种电压调节器只能用于小容量发电机，且触点容易损坏。

炭片式电压调节器可用于中大功率飞机发电机，励磁电流可达 10 ~ 15 A，但炭柱损耗大，炭片易磨损，抗冲击与振动的能力差，调压精度低，动态响应慢。

磁放大器式电压调节器是利用基础放大器的原理工作的，由于质量大、精度低，已不再装机使用。

现代飞机直流发电机采用的是晶体管电压调节器，具有体积小、质量小、损耗小、调压精度高和动态响应快等优点。利用晶体管原理制作的集成式电压调节器则进一步减小了体积、质量。

图 4.12　炭片式电压调节器

4.2.2　炭片式电压调压器

一种炭片式电压调节器的外形如图 4.12 所示。

炭片式电压调节器由炭柱、电磁铁和固定在电磁铁上的六角弹簧（或膜片弹簧）三个基本部分组成。它与发电机连接的原理电路如图 4.13 所示。

炭柱由几个炭片叠成，一端与衔铁上的炭质接触点接触，另一端由调整螺钉顶住。它作为一个可变电阻与发电机的励磁线圈串联。炭片电阻主要由炭片之间的接触电阻构成。当作用在炭柱上的压力变化时，炭柱电阻的阻值可在几十欧到零点几欧范围内均匀地改变。

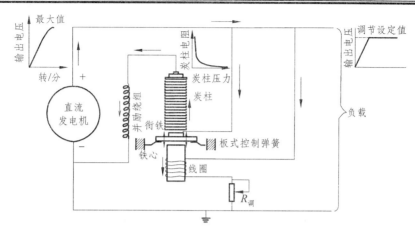

图 4.13　炭片式电压调节器与发电机连接的原理电路

固定在衔铁上的弹簧给炭柱提供压力。在调压器装配、调整好后，弹簧就处于变形状态，就有弹簧力存在，使衔铁压缩炭柱。

电磁铁的线圈连接在发电机正负极两端，感受发电机电压的变化，产生电磁力吸引衔铁，从而改变加在炭柱上的压力，使炭柱电阻随着发电机端电压的变化而改变。

发电机未转动时，作用在衔铁上的电磁力为零，衔铁在弹簧力的作用下将炭柱压得最紧，炭柱上承受的压力最大，因而炭柱电阻最小。当发电机转动发电后，就有电磁力作用在衔铁上，使衔铁向铁心方向移动，炭柱承受的外加压力便减小，因而炭柱电阻变大。

当发电机的输出电压为额定值时，作用在衔铁上的炭柱压力、弹簧力和电磁力三个力互相平衡，调压器处于相对静止状态。这时衔铁停在某一位置，炭柱电阻、发电机励磁电流和磁通的大小均不变化，调压器使发电机电压保持在额定值。

当发电机转速上升或负载减小时，发电机电压会升高而超过其额定值。此时电磁铁线圈中的电流会立即增大，作用在衔铁上的电磁力会随之增大，衔铁向电磁铁方向移动，炭片之间的压力便减小，炭柱电阻逐渐增大，发电机励磁电流逐渐减小，发电机电压逐渐下降。当炭柱电阻的改变所引起的电压变化量，恰好抵消了由转速和负载改变所引起的电压变化量时，发电机电压就恢复至额定值。经过这一变化后，作用在衔铁上的三个力又重新平衡，衔铁停在新的平衡位置，调压器又处于新的平衡状态。

当发电机转速下降或负载增加时，电压调节器的工作过程与上述过程相反。此时，电磁力会减小，衔铁向炭柱方向移动，使炭片之间压紧，炭柱电阻减小。当炭柱电阻减小至一定值时，发电机电压又可回升至额定值。

由此可见，随着发电机转速和负载的变化，衔铁会相应地改变其平衡位置，使炭柱电阻相应地变化。对应一定的转速和负载，衔铁即停在相应的位置，炭柱电阻便有一个相应的数值。转速越高，负载越小，衔铁的位置越靠近电磁铁，炭柱电阻就越大；反之，炭柱电阻就越小。

此外，还有两点要注意：第一，炭片式电压调节器只能相对地使发电机电压恒定，而不能绝对地将电压保持在某一数值。直流发电机电压一般为 28.5 V，实际上，只要炭片式电压调节器将发电机电压保持在 27.5～29.5 V 范围内就认为是正常的。第二，上述调节过程只有当发电机转速在正常工作范围内和发电机的负载不超过额定值时才能发生。例如，发电机转速在其最低转速以下时，虽然炭片之间压得很紧，但发电机仍不能产生足够的电动势，这时，发电机电压将随其转速的下降而降低。又如，当发电机的负载电流超过一定值时，炭柱电阻已达最小值，此后，若负载再增大，励磁电流已不可能再增加了，发电机电压也不可能维持在额定值，而是按发电机的自然外特性变化（参看图 4.13）。

　　在炭片式电压调节器的电磁铁线圈电路中，还串接有康铜制成的调压电阻 R$_调$（又叫调压变阻器），如图 4.13 中所示。调压电阻是用来人工调整调压器调出的电压数值的。这是由于调压器在使用一段时间以后，调出的电压值会因炭片磨损或衔铁弹簧产生永久变形等原因而发生变化。这时可人工调整 R$_调$，使调压器调节出来的电压符合规定值。顺时针拧动调压变阻器的调整螺钉或转轮时，其电阻值会增大，使电磁铁线圈中的电流减小，电磁力减小，炭柱被压紧，炭柱电阻减小，发电机的励磁电流增加，这样就可使发电机的电压升高。当发电机电压升高到额定值时，应立即停止调整。反时针拧动 R$_调$时，则其电阻值减小，即可使发电机电压下降。

　　此外，有的炭片式电压调节器为了提高调压精度，最大限度地消除温度变化对调压器工作的影响，往往采用温度补偿电阻和温度补偿线圈。为了提高调压系统工作的稳定性，一般还采用稳定电阻或稳定变压器电路等。它们的作用原理，这里不再一一叙述，其中的均衡线圈和均衡电路将在后面介绍。

4.2.3　晶体管式电压调节器

　　由于晶体管式电压调压器工作可靠、性能稳定、稳态误差小、动态品质高、电压调节范围大、体积小、质量轻，因此在现代飞机上得到广泛应用。

4.2.3.1　晶体管控制励磁电流的原理

　　晶体管式电压调压器控制励磁电流的方式，是将工作于开关状态的大功率晶体管（以下简称功率管）串联在励磁绕组电路中，用以控制励磁机的励磁电流。图 4.14 所示是调压器末级功率管作为开关元件的调压示意图。图中 W$_F$ 为励磁机的励磁绕组；R$_F$ 为励磁机励磁绕组电阻；E 为励磁机励磁电路的电源电压；D 为续流二极管，它可以在功率管截止时，给 W$_F$ 中产生的自感电势形成续流通路，使励磁电流变得比较平滑。

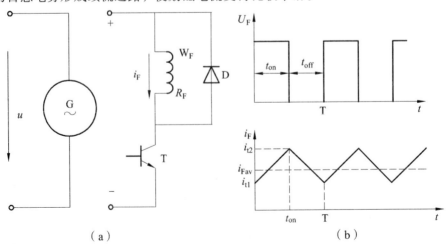

（a）　　　　　　　　　　　　　　　　（b）

图 4.14　发电机励磁绕组与晶体管连接图及波形

在功率管的基极输入一定频率的矩形脉冲信号，就可使功率管工作在开关状态。忽略功率管的饱和压降和穿透电流，则可将功率管视为一个开关：饱和导通时，即为开关闭合，立即有电压加在励磁线圈 W_F 两端，如图 4-14（a）所示；截止时，即为开关断开，W_F 的电源被断开，通过续流二极管构成放电回路。由此可知，加在 W_F 两端的电压 U_F 波形为矩形。若令功率管的饱和导通时间为 t_{on}，截止时间为 t_{off}，则其开关周期为 $T = t_{on} + t_{off}$。在一个周期内，W_F 两端电压的平均值 $U_{F(av)}$ 为

$$U_{F(av)} = E \cdot \frac{t_{on}}{T} = E \cdot \sigma$$

式中，$\sigma = \dfrac{t_{on}}{T}$，是功率管在一个周期里的相对导通时间，叫作晶体管的导通比或占空比。

由于 W_F 具有电感线圈的作用，故励磁电流 i_F 不能突变，而只能在 i_{t1} 与 i_{t2} 之间按指数规律脉动，如图 4-14（b）所示。通常其脉动幅度仅有几毫安到几十毫安。

励磁电流的平均值为

$$I_{F(av)} = \frac{U_{F(av)}}{R_F} = \frac{E}{R_F} \cdot \sigma$$

上式表明：在功率管的控制下，励磁电流的平均值和功率管的导通比成正比，改变功率管的导通比，即可改变励磁电流，以调节发电机电压。例如，当发电机感性负载增加引起发电机电压低于其额定值时，使功率管的导通比适当增大，就可使励磁电流相应地增加，以保持发电机电压为额定值。

通过脉冲电压调节励磁电流通常采用两种方法：一种是保持脉冲宽度不变，仅调节脉冲的频率，叫作脉冲调频式，如图 4.15（a）所示；另一种是脉冲频率保持不变，仅调节脉冲的宽度，叫作脉冲调宽式，如图 4.15（b）所示。

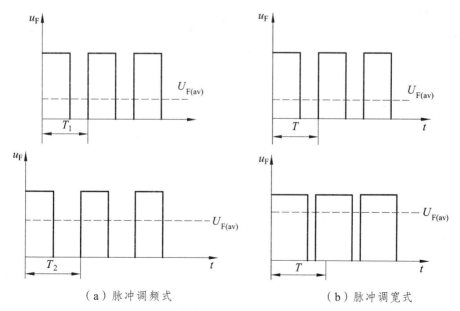

（a）脉冲调频式　　　　　　　　　（b）脉冲调宽式

图 4.15　晶体管式电压调压器脉冲调节形式

4.2.3.2　脉冲调宽式晶体管调压器

脉冲调宽式晶体管式电压调压器用得较多,它的原理框图如图4.16所示。它由检测比较、调制、整形放大、功率控制四个部分组成。图中发电机为三级式无刷交流发电机,即由主发电机、交流励磁机和永磁副励磁机三部分组成,副励磁机给电压调节器及电源保护电路提供电能。

检测比较电路检测到发电机电压偏离调定值时,就输出差值电压信号到调制电路。调制电路将电压偏差信号转变为相应宽度的脉冲,而保持脉冲频率不变。整形放大电路将调制电路输出的梯形波整形放大为前后沿较陡的矩形波信号。该信号经功率控制电路放大后就可以控制励磁电流的变化了。当发电机电压升高时,功率控制电路中的功率管导通比减小,从而使励磁电流减小,发电机输出电压降到正常值。

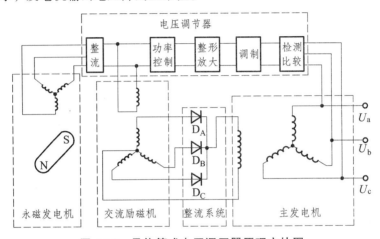

图4.16　晶体管式电压调压器原理方块图

综上所述,当发电机的转速或负载变化引起发电机输出电压相对于基准电压的变化时,调压器通过改变功率晶体管的导通比就可以调节励磁机的励磁电流,以补偿发电机电压的变化量。

4.3　并联供电

4.3.1　概　述

在飞机上,多台发电机供电系统中,每台发电机可以单独向各自的用电设备供电,也可以并联起来共同向用电设备供电。在单独供电的情况下,如果某台发电机因故障被从电网上切除,则原来由故障发电机供电的负载,要转由正常发电机供电,这就需要一定的转换时间,造成暂时中断供电。在并联供电的情况下,个别发电机因故障被从电网上切除后,电网上的负载仍可不中断地获得电能供应,这就提高了供电的可靠性。此外,并联供电时由于电网总容量增大,可满足大的起动电流和尖峰负载的要求,在负载突变时,可以减小电网电压的波动,这就改善了供电质量。由于并联供电具有上述优点,因此低压直流供电系统广泛采用并联供电的方式。

在装有两台发动机的中小型飞机上，通常采用两台同型号的直流发电机并联供电。在这种情况下，就有一个负载分配均衡性的问题，也就是两台发电机分担的负载是否平均的问题。如果两台发电机输出电流相等，各为总负载电流的一半，则负载分配就是均衡的；如果两台发电机输出电流不相等，负载分配就是不均衡的，且输出电流相差越大，负载分配就越不均衡。交流电源的负载均衡由于电流中含有有功和无功分量两部分而变得更为复杂。

供电系统要求两台发电机的负载分配，在总负载接近两台发电机额定负载之和时，能够接近于均衡状态。否则，两台发电机的输出电流相差过大，一台发电机的输出电流超过了它的额定值，严重时甚至可能被烧坏；而另一台发电机的输出电流太小，又未能充分发挥它的供电能力。然而，由于许多因素的影响，实际上负载的分配往往是不均衡的。下面首先讨论负载均衡分配的条件，然后叙述提高负载分配均衡性的措施。

4.3.2 直流电源并联供电

4.3.2.1 负载均衡条件

直流电源投入电网的条件是：电源极性和电网相同，电源电压和电网电压相同。图 4.17 是两台直流发电机并联原理图，A 和 B 为调节点，U_1、U_2 为 A、B 点电压，U_n 为并联汇流条电压，R_{+1}、R_{+2} 为电源到汇流条间的正线电阻，I_1、I_2 是 G_1 和 G_2 的输出电流。

拓展阅读

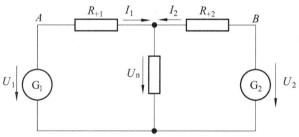

图 4.17 两台直流发电机并联原理图

由图 4.17 可得方程组：

$$\begin{cases} U = U_1 - I_1 R_{+1} = U_2 - I_2 R_{+2} \\ I = I_1 + I_2 \end{cases}$$

由此可得 I_1 和 I_2 的表达式：

$$I_1 = \left(\frac{U_1 - U_2}{R_{+1} + R_{+2}} + \frac{R_{+2}}{R_{+1} + R_{+2}} \right) I , \quad I_2 = \left(-\frac{U_1 - U_2}{R_{+1} + R_{+2}} + \frac{R_{+1}}{R_{+1} + R_{+2}} \right) I$$

两台发电机的负载分配均衡程度，可用两台发电机的电流差表示，即

$$\Delta I = I_1 - I_2 = \left(\frac{2(U_1 - U_2)}{R_{+1} + R_{+2}} + \frac{R_{+2} - R_{+1}}{R_{+1} + R_{+2}} \right) I$$

由上式可以看出，在同时满足下面两个条件时两台发电机的输出电流可以相等：

（1）两个调压器所保持的电压相等，即 $U_1 = U_2$。

（2）两台发电机的正线电阻相等，即 $R_{+1} = R_{+2}$。

满足了上述两个条件，负载分配就是均衡的。这时，两台发电机的输出电流 I_1 和 I_2 都等于负载电流 I 的一半（即 $I_1 = I_2 = \frac{1}{2} I$），当负载电流 I 增加时，电流 I_1 和 I_2 都按同样的比例增大，电流差 ΔI 恒等于零。

4.3.2.2 提高负载分配均衡性的措施*

要使负载均衡分配的两个条件同时具备，实际上是很难做到的。例如，两个调压器的调压准确性不可能完全一致，两台发电机的转速不可能完全相同，这都会引起 U_1 与 U_2 不可能完全相等；各导线连接处的拧紧程度及清洁状况不可能完全相同，发电机输出电路中接触器触点的接触电阻很可能有差异，这就会引起正线电阻不等。因此，不采取一定措施，要使两台发电机的负载均衡分配是不可能的。

由于各供电系统采用的调压器的型式不同，因此各种均衡方式存在差异。

1. 炭片调压器采用均衡线圈提高负载分配的均衡性

带炭片调压器的并联供电系统，通过调压器铁心上的均衡线圈 W_{eq} 与接在发电机负极的负极电阻 R_- 构成均衡电路，如图 4.18 所示。

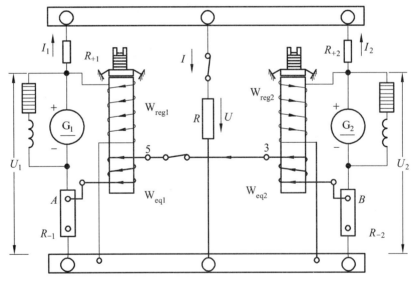

图 4.18 炭片调压器的均衡电路

负极电阻是由电阻温度系数很小的镍铬合金制成，阻值很小，而且两个负极电阻要求阻值相等，即 $R_{-1} = R_{-2}$。两个均衡线圈的匝数相等，阻值也相等。负极电阻一端接直流发电机的负极，另一端接地。

如果负载分配不均衡，设 $I_1 > I_2$，则 A、B 两点电位不相等，$V_A < V_B$，于是有电流自 B 点经过 W_{eq2} 和 W_{eq1} 流向 A 点，产生相应的磁动势。在输出电流大的发电机调压器中，均衡线圈磁动势与工作线圈磁动势方向相同，使调压器铁心合成磁动势增强，调节点电压 U_1 降低；输出电流小的发电机调压器，均衡线圈磁动势与工作线圈磁动势方向相反，使铁心合成磁动

势减弱，调节点电压 U_2 升高。结果原来输出电流大的发电机电流 I_1 减小，输出电流小的发电机电流 I_2 增大，使负载趋于均衡。

可见，均衡线圈减小电流差的实质是将与电流差有关的信号反馈到调压器的检测电路，借以改变调节点的电压，从而提高负载分配的均衡性。安装晶体管式电压调压器的直流供电系统，原理类似，也是通过负极电阻检测发电机之间是否有电流差，然后将差值信号作用于调压器，调节励磁电流，使发电机输出电流保持均衡。

2. 发电机与蓄电池的并联运行

发电机投入已有蓄电池的飞机直流电网时需要满足两个条件：一是发电机极性必须与电网极性相同，二是发电机电压应稍高于电网电压。若在发电机电压低于电网电压时进行投入，则一投入就有反流，使发电机断开，断开后又投入，又因反流断开，导致主干线接触器处于振荡状态，可能损坏发电机和蓄电池。

图 4.19 所示是发电机与铅酸蓄电池并联运行原理电路图，图中 R_{+1} 是发电机主馈电线电阻，R_{b1} 包含电池内电阻和外接线电阻。发电机与电池并联时的负载分配决定于发电机与蓄电池本身的特性和馈电线电阻。图 4.20 所示是发电机与蓄电池电流分配示意图，图中曲线 1 是发电机的外特性曲线，曲线 2 是蓄电池的正常充电曲线，曲线 3 是未充足电的蓄电池的充电曲线。

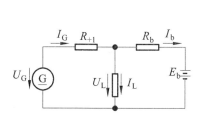

图 4.19　发电机蓄电池并联运行原理电路

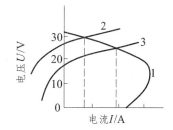

图 4.20　发电机与蓄电池电流分配示意图

如果电网中没有负载，则发电机仅对蓄电池充电，充电电流等于发电机的输出电流，即 $I_b = I_G$；如果接有负载，则有 $I_b = I_G - I_L$，充电电流减小，汇流条电压也有所降低。如果负载电流进一步增大，则汇流条电压进一步降低，充电电流进一步减小。在某一负载情况下，电池的充电电流为零，发电机的输出电流全部提供给负载。进一步增大负载，蓄电池将转入放电状态。

发电机与蓄电池间的负载分配与发电机的电压调定值、调压器的调节误差、发电机主干线电阻、电池的充放电程度及其连接电阻等因素有关。蓄电池只有在充足电后才能装上飞机，否则会导致汇流条电压过低，电池充电电流过大（见图 4.20 中的曲线 1、3），且不能在应急时保证供电。

4.3.3　交流发电机的并联运行

在多发动机的飞机上，一般装有多台发电机。由多台发电机组成的电源系统有并联系统和不并联系统两种形式。当交流系统不并联时主要具有如下优点：

（1）恒速传动装置之间不需要设置功率自动均衡装置，降低了系统的复杂性。

（2）电气系统中某一部分的扰动仅影响到与该台发电机有关的那一部分系统。

（3）由于不需要考虑发电机负载均衡的问题，可以充分利用单台发电机的全部容量。

（4）调节、控制与保护设备简单，有利于提高系统的可靠性。

电源系统不并联供电的供电容量小，抗扰动能力差，不中断供电难以实现，所以在某些飞机上交流电源系统采用并联供电形式。它主要具有如下优点：

（1）电压负载在供电的各发电机之间均匀分配。

（2）多发电机系统中，一台发电机发生故障不会导致主系统停止供电。

（3）在某些使用条件下，安装容量在给定的时间-电压干扰特性下，能满足更大的起动电流和尖峰负载的要求，同时能更有效地利用发电机的安装容量。

（4）并联系统可以使反延时的过流保护装置动作更迅速。

恒速恒频交流电源中的交流发电机实现并联必须满足一定的条件，才能接通发电机断路器，使该发电机投入电网。不满足并联条件时，发电机投入电网将引起很大的电流、电压和功率冲击，以至于电网上的并联发电机解列，退出并联，这是不允许的。交流发电机并联运行还必须实现各发电机之间有功功率和无功功率合理分配，调整发电机的功率时又应不影响电网的电压和频率。

4.3.3.1　交流发电机并联

交流发电机投入电网需要满足 5 个条件：

（1）发电机的电压波形应与电网电压波形一致，为正弦波。

（2）发电机的相序应与电网电压的相序一致。

（3）发电机的频率应与电网频率相近，频差越大同步时间越长。

（4）发电机电压应与电网电压相近。

（5）发电机电压与电网电压间的相位差应小，以减小投入时的冲击。

只有当波形、相序、频率、电压和相位这 5 个参数均在规定的范围内时，发电机才能投入电网。由于飞机上采用同型号的同步发电机并联，其结构、参数均相同，其电压波形可以认为是相同的，都与理想的正弦波形相接近，因此将它们并联时，不会对电源系统产生明显的影响。对于恒速恒频系统来说，在一定安装条件下的飞机交流发电机，只要传动装置输出转向不变，电源相序就是固定的，再加上发电机的出线端都有明显的标志，只要正确地连接线路，就不难满足相序相同的条件。至于后三个条件要完全满足是不可能的。实际上，只要将上述参数控制在一定的范围内，使投入并联瞬间的冲击电流和冲击功率在允许范围内，并保证投入并联的稳定性，那么，即使有一定的压差、频差和相位差，还是可以投入并联的。目前，一般要求压差 ΔU 不超过额定电压的 5% ~ 10%，频差 Δf 不超过额定频率的 0.5% ~ 1%，相位差 $\Delta \varphi$ 不超过 90°，即可投入并联。以上条件由自动并联装置进行检测，当满足要求时，自动将待并联的发电机投入电网。

自动并联装置一般由 5 部分组成，即电网电压检测电路、自动并联检测电路、或门鉴压电路、触发电路和控制执行电路，如图 4.21 所示。

电网电压检测电路用于检测电网上有无电压。当电网上无电压时，即没有其他发电机连接在电网上，发电机可以立即投入电网；当电网上有电压时，该电路不会输出合闸信号。

自动并联检测电路通过检测发电机与电网之间的差值电压来判断是否满足并联条件。当并联条件满足时，该电路就会发出令发电机并网的合闸信号。

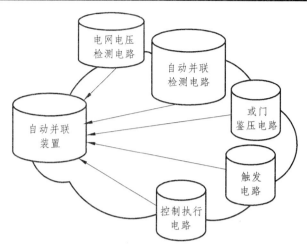

图 4.21　自动并联装置原理方框图

或门鉴压电路用于对电网电压检测电路和自动并联检测电路输出的信号进行"或"运算，在电网无电压或符合并联条件时输出合闸信号。

触发电路用于对合闸信号进行放大，以便有足够的功率推动大功率晶体管。

控制执行电路由大功率晶体管和发电机断路器组成，用来控制发电机投入电网。

4.3.3.2　交流负载的自动均衡

在发电机并联运行过程中，虽然各发电机系统的原动机、传动装置、发电机、调压器和调速器都是同一型号的，但由于制造工艺、工作环境和工作状态等因素的差异，在并联工作时肯定会出现各发电机间负载（包括无功负载和有功负载）分配不均匀的现象。为了充分利用系统容量，使负载均匀分配，必须在并联供电系统中设置负载自动均衡装置。

负载自动均衡装置要保证并联运行的各发电机的负载相等，即要求各台发电机输出的有功功率和无功功率相等。

无功负载均衡（reactive load sharing）就是保持并联交流电源系统中各发电机的无功负载电流彼此平衡。从电机学的有关内容可知，在发电机并联运行的电源系统中，若要改变发电机输出的无功电流，进而使并联电源系统的无功负载均匀分配，则必须调节发电机的励磁电流，即在增强一台发电机励磁电流的同时，减弱另一台发电机的励磁电流，才能保证电网电压不变。

有功负载均衡（real load sharing）就是保持并联交流电源系统中各发电机的有功负载电流彼此平衡。

前已述及，恒速恒频交流电源系统的同步发电机是由恒速传动装置传动的，为了使系统的频率稳定，必须使恒速传动装置的输出转速恒定，因此恒速传动装置均带有转速调节器。而转速调节器和发电机特性的差异，必然会导致并联运行时各台发电机承担的有功负载分配不均衡。若要改变同步发电机输出的有功功率，进而使并联交流电源系统的有功负载均匀分配，则必须使转速调节器对转速的调节能反映并联发电机之间有功功率分配的情况，通过调整恒速传动装置的输出转速（转矩）使两发电机输出的有功功率基本相同。

4.4 直流电源的故障与保护

飞机低压直流电源系统的控制主要是指主电源、应急电源、地面电源以及起动发电机的控制。低压直流电源系统的保护项目主要有发电机反流保护、过电压与过励磁保护、发电机反极性保护、过载保护和短路保护等。本节主要介绍电源电路的控制与反流保护、过压保护。

4.4.1 直流发电机的反流保护

在电气系统中，电流的流通路径应该是由电源到配电汇流条，最后到用电设备。在连接线路中还包含电压调节器、控制装置等自动器件和人工控制开关。但是，在发动机起动或停车过程中，发电机转速很低，或者发电机或调压器发生故障，都可能使发电机电压低于汇流条电压，使电流由蓄电池流入发电机。两台或两台以上发电机并联供电时也会出现这种情况，电流会从电压高的发电机流入电压低的发电机。这种流入发电机的电流叫作反流。反流不仅白白地消耗蓄电池或发电机的电能，而且过大的反流还会烧坏蓄电池或发电机。

4.4.1.1 电磁式反流保护装置

要避免反流的危害，必须适时地接通和断开发电机输出电路。即在发电机电压高于汇流条电压时才将发电机电路接通，这时不会产生反流；当发电机电压低于汇流条电压而出现反流时，要在反流不很大的情况下就将发电机输出电路断开，切断反流。发电机输出电路的接通和断开是由自动控制装置来完成的。

由于发电机的自动控制装置和反流保护装置都是在发电机电压低于汇流条电压时将发电机输出电路断开，所以通常都把这两种装置的电路结合在一起，既可以起到自动控制发电机输出电路的作用，又可起到反流保护的作用。这种发电机自动控制和反流保护装置简称反流保护器，常用的是切断继电器和反流割断器。本节只介绍较为简单的反流切断继电器。

图 4.22 所示是一个用于直流发电系统的反流切断继电器。继电器具有两个绕在铁心上的线圈、一个弹簧控制的衔铁和触点组件。与发电机并联的绕组匝数较多，而与发电机输出电路串联的绕组匝数少。由于需要通过发电机的输出电流，因此导线较粗。反流切断继电器中的触点在静态情况下借助于弹簧的弹力保持在断开位置。

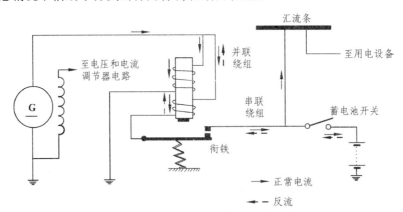

图 4.22 反流切断继电器工作原理简图

在发电机机正常发电，且发电机总电门闭合后，切断继电器的并联绕组在铁心中产生足够大的磁通而吸引衔铁，使其触点闭合，从而把发电机连接到了汇流条上。此时，发电机通过切断继电器的串联线圈、切断继电器触点向汇流条供电，此电流产生的磁场加强了铁磁装置的磁场，从而使断路器更牢固地保持在闭合位置。

当发电机输出电压低于蓄电池电压而产生反流时，反流在切断继电器的串联线圈中产生一个与并联线圈中方向相反的磁场，抵消了一部分并联线圈的磁场，从而减小了铁心的磁通。当反流达到一定值时，电磁力不足以克服弹簧力，切断继电器触点断开，使发电机处于"离线"状态，从而可以避免造成发电机损坏。

4.4.1.2　晶体管式反流保护装置

现代以低压直流电源为主电源的飞机上常采用在发电机的输出端串联二极管的方法来限制反向电流，从而减轻了系统质量，如图 4.23 所示。

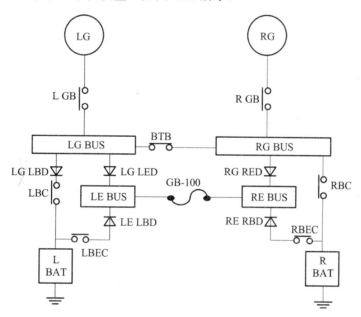

图 4.23　串联二极管限制反流供电图

图 4.23 中的两台发电机并联供电时，在左右应急汇流条（LE BUS）的电源入口处有二极管，可以防止应急汇流条以外电网的故障导致应急汇流条的故障。例如，在右发电机汇流条（RG BUS）短路时，由于二极管（RG RED）的作用，可以避免 RE BUS 短路，从而提高了应急汇流条供电的可靠性。而且在熔断器 GB-100 熔断前，任一应急汇流条都可以由三个不同的电源供电，保证了足够的供电裕度。左发电机汇流条与左蓄电池之间的二极管 LG LBD 可以防止左蓄电池向左发电机供电而产生反流，使左蓄电池只能向左应急汇流条供电。而右蓄电池电路中没有此二极管，故可以作为起动电源。

4.4.2　过电压与过励磁故障的保护

发电机励磁电路或调压器故障使电源电压超过规定的稳态电压极限值，称为过电压，简称过压。过压会对用电设备造成严重危害。

　　由发电机励磁电路或调压器故障而造成的过压，持续时间很长，称为持续过压。发电机产生持续过压时，其危险极大，不但会使许多用电设备受损坏，而且会将蓄电池充爆，同时发电机也会因过载发热而烧坏。过电压越高，破坏性就越强。为了防止过压造成的这种严重后果，在现代飞机上广泛采用发电机过压保护装置。过压保护装置的作用是，当发电机出现过压时，迅速地将过压发电机的励磁磁场消除（或者减小到安全程度），同时把该发电机的输出电路断开。另外，电源系统在调压过程中，也会出现过高的电压（即超调量）。不过，这种过高的电压与持续过压不同，它是在极短的时间（毫秒级）内出现的电压尖峰和电压波动，通常称之为瞬时过压。瞬时过压是在调压过程中不可避免的正常现象，而且对一般用电设备不会造成危害。所以，在出现瞬时过压时，过压保护装置不应动作，否则就会破坏电源系统的正常工作。因此，电源系统要求过压保护装置在出现过压时不应立即动作，而是在过压延续一段时间以后再动作，且过压值越高，延迟时间应越短，即具有反延时特性。

　　对飞机电源系统进行过压保护的方法有很多种，其中采用过压继电器是一种简单的方案。图 4.24 给出了过压继电器进行过压保护的电路图。过压继电器由敏感线圈、敏感电阻、衔铁组件和触点组成。其中敏感电阻是一个非线性电阻，它的阻值随着流过电流的增大而减小。衔铁组件采用机械闩锁式，只有在故障排除后，才能人工复位。

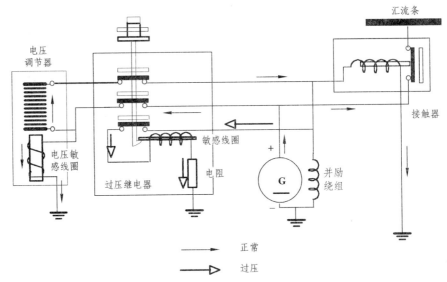

图 4.24　过压继电器过压保护电路图

　　当由电压调节器敏感电路断开或其他原因引起发电机过压时，发电机的励磁电流增大，同时由于敏感电阻具有反特性，使得敏感线圈中的电流进一步增大，线圈中建立的电磁场使闩锁机构脱扣，其触点在弹簧的作用下释放。此时，由于主接触器线圈中无电流通过，其触点跳开，把发电机从电源系统中断开。

　　在过压继电器动作后，自锁机构使它的触点保持在断开状态，必须在查明原因、排除故障后，方可按压恢复按钮使其恢复正常状态。

4.5 飞机交流电源的控制

4.5.1 概　述

控制与保护装置是飞机电源系统的重要组成部分，是实现电源正常供电的重要环节，其主要控制对象，即执行元件通常有 4 个。

（1）发电机励磁控制继电器（GCR）：控制发电机励磁电路的接通与断开，即决定发电机是否能够励磁发电。

（2）发电机断路器（GB）：控制发电机能否投入电网并向各自的发电机汇流条供电，即决定发电机是否输出电能。发电机断路器在不同的飞机上可能又被称为发电机接触器（GC）或发电机控制断路器（GCB），但三者有一定的区别：GC 主要实现对发电机输出电路的控制，GB 主要实现对输出电路的保护，而 GCB 同时具有控制和保护的功能。

（3）汇流条连接断路器（BTB）：又称并联断电器，可将各发电机汇流条与同步汇流条或连接汇流条接通与断开，即决定发电机是否并联供电或发电机汇流条之间是否交互供电。

（4）外电源接触器（EPC）：当飞机停在地面，接上外电源时，它决定外电源是否向机上电网供电。

飞机交流电源系统控制与保护装置的作用就是人工或自动地接通、断开或转换上述开关装置。所谓控制，主要是根据供电方式的需要及一定的逻辑关系，控制上述发电机和电网的开关元件，以完成发电机和电网主要汇流条的接通、断开或转换工作。所谓保护，一般是在发电机或电网局部出现故障时，有选择性地自动断开某些开关装置，使故障部分与正常供电系统隔离，防止故障范围扩大，保证系统正常供电。

除以上基本控制与保护功能外，随着现代化运输机的发展，有的飞机（如 B737-800、B757、B767 等）上还设置有自动卸载控制，在更新型的飞机上，如 B777、A340 等飞机的电源系统中，可以实现不中断电源转换（NBPT）的控制。

飞机电源系统的控制保护器主要有继电器型、磁放大器型、晶体管型及其混合型式。目前在国内外，晶体管型控制保护器已被广泛采用。其优点是：体积小、质量小、耗电少、灵敏度高、动作迅速、抗振性强、工作可靠等。但它也有受温度及过电压的影响大、线路复杂等缺点。随着电子技术的发展，集成电路在控制保护装置中得到了越来越广泛的应用。

控制装置与保护装置两者是紧密相关的，常常组合在一起成为一个整体。为了保持条理清楚，本书将控制装置与保护装置分作前后两节，本节先叙述控制装置。

4.5.2 单独供电的控制关系

4.5.2.1 简化原理图

图 4.25 是两台发电机单独供电系统的简化原理图。如 MD-80（DC-9）、B737、B757、B767、B777、A310、A320 等机型的电源系统都属于这种类型。

图中，Gen 1、Gen2 表示左右发动机驱动的发电机，APU Gen 为辅助动力装置 APU 驱动的发电机；BUS1 为发电机 1 的汇流条，BUS2 为发电机 2 的汇流条；各断路器和接触器的触点均为常开位。

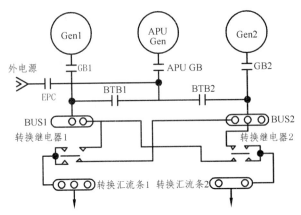

图 4.25　单独供电系统的简化原理图

4.5.2.2　工作概况

1. 地面外电源供电

当飞机在地面，所有发动机关断时，地面外接三相电源可通过 EPC 工作后的闭合触点向机上的连接汇流条供电；当两个 BTB 闭合时，外电源则向两个发电机汇流条和它们的转换汇流条供电。

2. APU 发电机供电

当辅助动力装置 APU 起动后，人工将驾驶舱的 APU 发电机控制开关放到"接通（ON）"位，使 APU 发电机的 GB 接通，同时人工控制 BTB 开关使 BTB 工作，从而使 APU 发电机电源经连接汇流条向单个或同时向两个发电机负载汇流条供电。在控制电路中，由逻辑关系保证外电源 EPC 的断开先于 APU 发电机 GB 的接通。

3. 主发电机供电

当左发动机起动完成后，由它传动的发电机励磁并建立电压。若置发电机 1 的控制开关到"接通"位，则会断开 BTB1，而同时接通 GB1，这时则由 1 号发电机向发电机汇流条 1 和转换汇流条 1 供电，而 APU 发电机仍向发电机汇流条 2 和它的转换汇流条供电。这两个电源是不能并联的。当撤去 APU 发电机电源后，则发电机汇流条 2 断电。

同理，当右发动机起动完成后，右发电机将向它自己的汇流条和相应的转换汇流条供电。这时可将 APU 发电机控制开关关断，系统这时的工作方式为正常飞行方式。在这个系统中，两个转换汇流条的供电是自动转换的。在正常状态下，转换汇流条经过其转换继电器的正常位置从它自己的发电机汇流条得到供电。

4. 故障状态

若在发电机 1 处发生故障，则 GB1 自动断开，表示发电机 1 不工作。因为两台发电机不能并联供电，所以发电机汇流条 1 不能由发电机 2 供电而无电，这时转换汇流条 1 的负载由发电机 2 承担。在 GB1 断开时，转换继电器 1 会自动转到备用位（图中向下位置）。

在这种系统中，当选定任一个电源接通工作时，其他电源自动断开，即具有所谓"使用优先"的关系。这时，所有电源断路器和接触器都是按一定逻辑关系互锁的。

4.5.3　关联供电的控制关系

4.5.3.1　简化原理图

图 4.26 为 4 台发电机并联供电系统的简化原理图，它适用于波音 B707、B747 及 DC-10 这些飞机的交流电源系统。图中除 EPC 外，所有 GCB 和 BTB 的触点都处于并联工作状态。

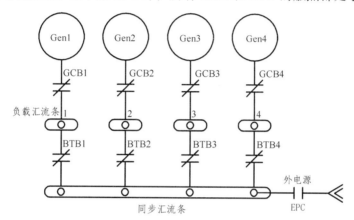

图 4.26　并联供电系统的简化原理图

4.5.3.2　工作概况

1. 并联供电

当 4 台发动机起动完毕后，4 台发电机经过它们各自的发电机控制断路器（GCB）触点分别向各自的发电机负载汇流条供电。在正常状态下，当 4 个 BTB 都闭合时，4 台发电机将通过同步汇流条并联供电。

2. 故障状态

（1）若任一台发电机由于故障不工作，则故障发电机的 GCB 自动跳开。例如，3 号发电机故障，则 GCB3 自动跳开，这时该故障发电机的负载汇流条由同步汇流条经 BTB3 保持供电。

（2）若故障发生在负载汇流条，例如，发生在负载汇流条 2 处或发生在 GCB2 与 BTB2 之间的馈电线上，则该故障发电机系统的 GCB2 和 BTB2 都自动跳开，将故障部分与系统隔离，而保持其他发电机正常并联供电。

3. 单独供电与并联供电的混合状态

当需要时，每台发电机可被隔离而单独工作，也就是说按需要由人工控制相应的 BTB，则可形成 2～4 台发电机并联供电的不同组合情况。如将 BTB1、BTB2 断开，则发电机 1、2 单独向自己的负载汇流条供电，而发电机 3 与 4 则并联供电。

4.5.4 飞机交流电源的不中断供电转换控制

在传统的飞机交流供电系统中，短暂的电源供电中断现象是不可避免的。无论是在并联还是在非并联系统中，主发动机起动前后地面电源与 APU 发电机、发动机起动后主发电机与 APU 发电机间电源的正常转换都会引起用电设备的短时间供电中断。短暂的供电中断（时间不超过 100 ms）对于过去模拟式的电气、电子设备的工作影响不大，但对现代数字式飞机电气电子设备的正常工作会产生很大的干扰，甚至会改变原有的工作状态。

随着航空技术的飞速发展，民航飞机中都装备了大量的微处理机，例如在 B767 飞机上就有 51 个系统使用了 CPU。为了安全可靠，许多系统更是配备了 2~3 套冗余系统，使得整个飞机使用的 CPU 共有 170 多个。这些设备在工作时如果突然断电，一些数据可能会丢失，从而不能正常工作。例如，FMC 如果断电 200 ms 以上，必须与另一台 FMC 重新同步才能正常工作。尽管在供电系统和电子设备中增添了辅助电路以减少电源中断对设备的干扰，但因电源中断而使电子设备不正常工作的事件仍时有发生，因此，在电源正常转换时采用不中断技术势在必行。

电子技术的飞速发展，为电源不中断供电的实现提供了条件。现在普遍采用的技术是在电源正常转换时，把各电源进行短时间的并联，然后再断开原电源，由新电源承担全部供电任务。

为了实现转换电源之间的并联供电，两电源必须同时满足电压波形、相序、频率、电压值与投入并联瞬间的相位差都在规定范围之内，这样才能保证在并联瞬间产生的冲击电流与冲击功率不超过允许范围，并保证在并联之后能够正常运行。而在电源转换时为了尽量避免引起电网的扰动，就要采用更为精密的锁相技术，而且要对 APU 发电机的输出频率进行控制，以便完成不中断转换。

A340 飞机的组合传动发电机（IDG）、APU 发电机与外电源之间由于采用了外同步技术，当需要在地面电源、APU 电源和（或）主发电系统之间进行电源转换时，不会引起用电设备的供电中断。下面就对该系统的不中断转换技术进行分析。供电系统简图如图 4.27 所示（图中为地面电源供电的情形）。

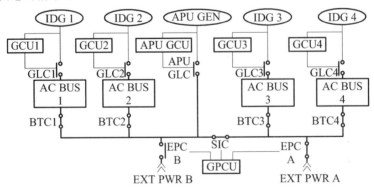

图 4.27　A340 飞机的供电系统简图（地面电源 A 供电）

A340 飞机的电源系统采用独立供电形式，它有 4 个供电通道，每通道有一台 IDG。IDG 由发电机和一套电子控制的液压机械式恒速传动装置组成，它受发电机控制装置（GCU）控制和保护，输出 115 V/400 Hz 的三相交流电。由于在 GCU 内部装有振荡频率为 400 Hz 的精确晶体振荡器作为频率参考信号，因而可以使频率误差保持在 0.3 Hz 以内。在正常情况下，4 个 IDG 分别通过发电机主接触器（GLC）向各自的交流汇流条供电。电源接触器管理组件（ECMU）对各电源接触器进行通断控制，并配合 GCU 实现不中断供电。

4.5.4.1　主发电机之间实现不中断供电

当 GCU 探测到为其提供能量的发动机即将关闭或者发动机已经起动而发电机又没有连接到相应的汇流条时，它就开始进行两台 IDG 之间的不中断供电操作。首先是系统控制单元向地面电源控制装置（GPCU）发出指令，使得 GPCU 向两台发电机提供相同的 400 Hz 参考信号；然后按照控制逻辑接通 GLC 或汇流条连接接触器（BTC），使两发电机同时向两汇流条的所有负载供电；经过短时间的并联工作以后（在 100 ms 以内），汇流条连接断路器使两台 IDG 分离，两台 IDG 分别向各自的通道供电。转换过程中电源自始至终向有效汇流条供电，不会引起由这些汇流条供电的任何负载供电中断。如果电源转换发生在非同侧通道的发电机之间，GCU 会请求 EMCU1 接通系统隔离接触器（SIC），以实现非同侧发电机之间的不中断供电。

4.5.4.2　外电源/APU 发电机与 IDG 之间实现不中断供电

除了装配在发动机上的 4 台 IDG 之外，A340 飞机上还有 APU 发电机和外电源组件 A、B 等三个交流电源可以使用。APU 发电机受 APU GCU 的控制。由于 APU 发电机没有恒速传动装置，因此 APU GCU 无法直接调节 APU 发电机的输出频率，它只能计算 APU 发电机与参考信号间的频率或电压差。但这并不会阻碍 IDG 与 APU 发电机之间的不中断供电，因为 GPCU 从 APU 发电机的 A 相输出电压中取出频率作为参考信号，通过 IDG GCU 控制其输出电压的频率就可实现与 APU 发电机的同步，于是 IDG 与 APU 发电机之间可以成功地实现不中断供电转换。

同样，GPCU 也不能调节外电源 A 和 B 的频率，但 GPCU 从外电源的 A 相取出电压作为 400 Hz 的参考信号，提供给 IDG GCU 以调节主发电机的输出频率，这样就可以实现外电源与 IDG 的同步，而不会出现供电中断。

4.5.4.3　APU 发电机与外电源之间实现不中断供电

如果要实现外电源与 APU 发电机之间的不间断供电，控制过程要相对复杂一些。发动机起动前，SIC 接通，外电源 A 向所有的 4 组汇流条供电，如图 4.27 所示，然后起动 APU 以提供辅助电力。此时由外电源与 APU 共同向用电设备供电，在传统的电源系统中，这必将引起用电设备的供电中断。

为了实现从图 4.27 到图 4.28 所示供电情形的转换，而不引起供电中断，一般采取如下措施：系统向 GPCU 发出 APU 已经起动并且需要在 APU 发电机与外电源间实现不中断供电的指令，接下来 GPCU 以外电源的 A 相输出电压为基准向 APU GCU 送出一个频率信号。

APU 的速度和 APU 发电机输出频率受控于 APU 电子控制盒。虽然 APU 电子控制盒不属于供电系统，但 APU GCU 与 APU 电子控制盒之间可以进行数据传输，因此 APU GCU 可以发出改变 APU 速度的请求，以便 APU 发电机与外电源频率相同，从而实现 APU 发电机与外电源短时间的并联供电。

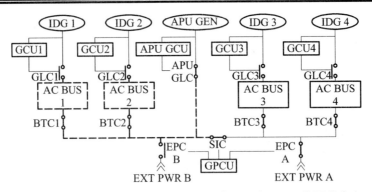

图 4.28　A340 飞机供电系统简图（外电源 A 与 APU 共同供电）

APU GCU 判断出需要并联时，向 APU 电子控制盒发送信号，在控制系统表明可以对它们做出响应时，APU 电子控制盒控制 APU 速度做出相应的改变，直至 APU 发电机与外电源的输出频率同步。为了确保系统同步运行，在实现不中断供电时，实施了从 GPCU 到 APU GCU，然后再到 APU 控制箱的控制。

在 APU 发电机与地面电源同步运行后，GPCU 和 APU GCU 向飞机控制系统发出可以进行不中断电源转换的信号，APU 发电机主接触器闭合，两电源实现并联，在不到 100 ms 的时间内，ECMU1 断开 SIC，实现了电源间的不中断转换。APU 发电机向 1 号、2 号交流汇流条供电，地面电源向 3 号、4 号交流汇流条供电。

如果 APU 发电机与地面电源之间在 15 s 之内不能实现同步，则放弃并联，电源间的转换会存在短时间的中断。

4.5.5　BPCU

对电源系统的监控管理由数字式的带有微处理机的汇流条电源控制装置（BPCU）配合 GCU 来完成。图 4.29 是不并联交流电源系统中使用的 BPCU 功能框图。

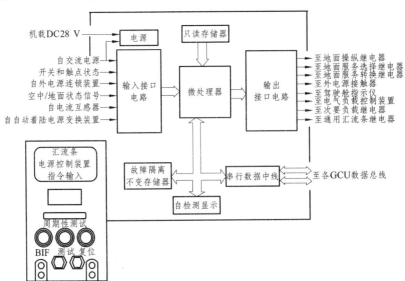

图 4.29　BPCU 功能框图

BPCU 的主要功能是实现电气系统外电源的监测和保护、电源系统卸载、汇流条短路保护、自动着陆、功率传送以及自检测 BIT。

BPCU 具有外电源的监测和保护、通用汇流条和分汇流条的卸载、同步汇流条短路保护，以及外电源接触器、接地继电器和地面服务继电器的控制等功能。微处理器所需的信息来自峰值敏感电路（该电路对外电源的电压、电流、频率和相位敏感），还接收外电源和地面服务开关的信息，外电源接触器和辅助接触器的信息，以及 GCU 的有关信息。

4.6 飞机交流电源的故障及其保护

4.6.1 飞机交流电源的故障类型

飞机交流电源系统与其他机载设备一样，在运行过程中也会出现各种各样的故障。例如，系统组成部件（发电机、调压器等）会出现故障，供电线路（馈电线、汇流条、均衡线路等）也会出现故障。如果发生故障后不能进行有效地保护，就会导致故障范围扩大，引起上一级系统故障或其他系统故障，造成飞行事故。

由于目前采用恒速恒频交流电源系统的运输飞机数量最大，因此本书以恒速恒频系统为例对交流电源系统的故障进行介绍。恒速恒频系统的故障形式主要有 7 种，分别是发电机断相故障、发电机电压故障、发电机频率故障、发电机欠速故障、旋转整流器短路故障、副励磁机短路故障和馈电线短路故障。

1. 发电机断相故障

当发电机的某一相负载电流远小于其他两相电流时，就认为发生了发电机断相故障。该故障往往是由于发电机电枢绕组的失效，或馈电线路中的某些不正常状态所造成的。

出现断相故障后，要求断开发电机励磁断路器。具体的保护指标是：当检测到负载最小相电流还不足其他两相中负载较轻相电流的 15% 时，应在 4 s 内断开 GCR。保护电路采用固定延时方式。

2. 发电机电压故障

发电机输出电压超过规定值一定时间后，就认为发生了发电机电压故障。出现这种故障的主要原因是发电机励磁电路不正常，如旋转整流器短路或开路、励磁机电枢绕组短路、调压器故障等。当发电机输出电压幅值波动时，很可能是由调压器或 CSD 中调速器的工作不稳定造成的。

发电机过压故障特别容易损坏灯光照明与电子设备，且过压越高，造成损坏所需时间越短。电源系统中断开大功率感性负载，或切除短路故障时，系统电压也会出现大幅度波动，这是允许的，保护装置不应该动作。因此过压保护指标及要求是：当发电机最高相电压超过129.5 V 时，断开 GCR，发电机不能发电。保护电路采用反延时方式。

欠压保护指标及要求是：当发电机三相电压平均值为 103 ~ 106 V 时，要求在 8 ~ 10 s 内将发电机的 GCR 断开，保护电路采用固定延时。该故障的保护装置的功能往往被欠速和欠频故障保护装置的保护功能所覆盖。

电压不稳定保护指标及要求是：当发电机输出电压的幅值波动，且波动幅值超过了额定电压的 7%，频率的波动值超过了 9 Hz 时，要求断开 GCR。保护电路采用反延时方式。

3. 发电机频率故障

发电机输出电压的频率超过规定值一定时间后，就认为发生了发电机频率故障。该故障是由恒速传动装置（包括调速器）以及飞机发动机的不正常工作引起的。在发动机起动和停转过程中，发电机的频率要随发动机转速变化而变化，这是正常工作状态，无须保护。

过频保护指标及要求是：当发电机的输出频率为 425～430 Hz 时，要求在 1 s 内断开发电机的 GCR。保护电路采用固定延时方式。

欠频保护指标及要求是：当发电机的输出频率为 370～375 Hz 时，要求在 1 s 内断开发电机的 GCR；当发电机的输出频率为 345～355 Hz 时，要求在 0.14 s 内断开发电机的 GCR，同时封锁欠压保护电路。欠频保护电路采用固定延时方式。

4. 发电机欠速故障

欠速故障一般由组合电源中的 CSD 或发动机故障引起。发动机起动和停转过程中，发电机转速出现偏低则是正常现象。欠速保护在恒速恒频电源中是指恒装输入转速低于一定值时进行保护，而不是检测发电机的转速。

发电机欠速保护指标及要求是：当 IDG 的输入转速低于额定转速的 55% 时，应在 0.1 s 内断开 GCB。保护电路采用固定延时方式。

5. 旋转整流器短路故障

当励磁机的励磁电流出现异常时，则可判定出现了旋转整流器短路故障。

一旦发现旋转整流器中的任一二极管短路，则应在 5.5～7 s 内将 GCR 断开。保护电路采用固定延时方式。

6. 副励磁机短路故障

当电源调压器的直流输入电源中出现较多的交流分量时，则可判定为副励磁机短路故障。当永磁发电机任一绕组发生短路时，应在 2 s 内将发电机的 GCR 断开。保护电路采用固定延时方式。

7. 馈电线短路故障

当发电机内部或发电机端到 GCB 之间的馈电线出现相对相或相对地之间的低阻抗短接现象时，则可判定电源系统出现了馈电线短路故障。产生短路故障的原因可能是发电机或馈电线磨损造成绝缘损坏，由于振动断线而搭地，或其他偶然事故。短路是一种危险故障，其表现形式与后果是：短路相中流过很大的电流，可能引起火灾；短路相的电压大大降低；如果调压器检测的是发电机三相电压平均值，那么在发生单相接地短路故障时，调压器将使非故障相的电压大大升高，导致这些相上的负载过压损坏；在并联供电系统中，还可能使发电机失去同步而导致系统的电压与功率产生剧烈波动。因此，对发电机短路故障保护的要求是：故障一旦发生，应迅速切断发电机励磁电路（即 GCR 动作）和发电机与外电路的联系（即 GCB 动作）。根据运行经验，故障发电机应在短路后 0.02～0.06 s 内与电网脱开并灭磁，以免故障范围进一步扩大，并保证其他发电机继续并联运行的稳定性。

主发电机定子绕组和馈电线的短路保护采用差动保护电路，即通过电流传感器（电流互感器、霍尔元件等）监测发电机两侧的电流，当电流差大于一定值时断开 GCR 和 GCB，避免故障范围扩大。

本节提及的故障保护电路、保护门限值、保护动作时间随机型的不同而有所变化。

4.6.2　发电机控制保护装置的监控

现代飞机将发电机调压器、控制保护电路组合在一起，构成发电机控制装置（Generator Control Unit，GCU），使调压、控制、故障检测与保护几项功能集成于一体。图 4.30 是 GCU 的功能方框图。

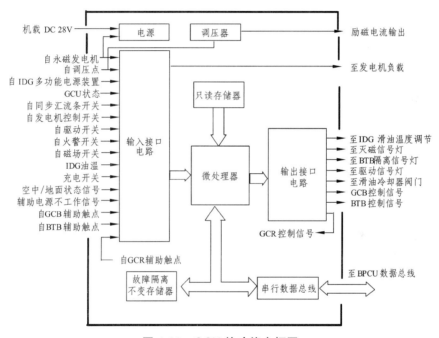

图 4.30　GCU 的功能方框图

GCU 中的电压调节器用于保持调节点三相电压平均值在一定范围内，在出现不对称故障时限制高相电压，在发电机的输出功率超过允许值时通过减小发电机的励磁电流来限制发电机的最大输出功率。为了检测故障，需监测的系统参数主要是：电流、电压和频率。

电流通常用电流互感器来检测。电压检测即测量三相交流电压的平均值，其中调压器的调节点即为电压故障保护电路的电压敏感点。频率检测通过检测副励磁机的电压来完成。恒装输出转速通过磁性转速传感器来获得。

GCU 通常要对以下故障进行监控：

（1）过频：425～430 Hz（延时 1 s）。

（2）欠频：370～375 Hz（延时 1 s）。

　　　　345～355 Hz（无延时）。

（3）过压：最高相电压大于 129.5～132 V（延时 0.5 s）。

（4）欠压：三相电压平均值低于 103～106 V（延时 8～10 s）。

（5）相开路：最低相电流小于(6 ± 5) A，而次低相大于(40 ± 5) A（延时 4 s）。

（6）差动电流保护。

（7）永磁电机短路：任一永磁电机线圈短路（延时 2 s）。

（8）欠速：IDG 的输入转速低于 55% 额定转速（延时 100 ms）。

（9）转子二极管短路：任一二极管短路（动作延时 5.5 ~ 7 s）。

注：故障监测与保护的具体数据因具体机型而异。

在使用变速恒频电源的飞机上，GCU 变为发电机/变换控制器（GCCU）。GCCU 内有微处理器，对电源内部运行参数进行监控，一旦发生故障，则将故障信息存储于非易失存储器（NVM）内。GCCU 内的计算机使系统具有仿真恒速恒频电源的特性，从而可实现用变速恒频电源直接置换飞机上原有的恒速恒频发电系统，而不必改装飞机电路，且机上原有的 GCU 仍可保留作为 GCCU 的备份。在 B737-300 型飞机中 GCCU 保护的项目有：过压$[(130 \pm 3)$ V]、欠压$[(100 \pm 3)$V]、过频$[(430 \pm 5)$Hz]、欠频$[(365 \pm 5)$Hz]、过流$[(180.5 \pm 13.5)$A]、差动$[(25 \pm 5)$A]。在发生差动、过压、欠压、过频和欠频等故障时，GCCU 断开发电机励磁电路；而发生 GCU 调压器故障和缺相故障时，GCCU 不断开发电机的励磁电路。

4.6.3　飞机交流发电机的故障保护电路

电源系统故障的种类很多，相应的检测与保护电路更多，这里仅简单介绍两种典型的故障保护电路：差动保护电路和过压保护电路。

4.6.3.1　发电机短路故障及差动保护（DP）

发电机内部最严重的故障是发电机定子绕组发生相与相、相与地之间的短路。短路故障通常还包括发电机输出端点到 GB（在并联供电系统中是 BTB）之间的馈电线相与相、相与地之间的低阻抗短接。

在系统设计时，对发电机短路故障保护的要求是，故障一旦发生，应迅速切断发电机励磁电路（即 GCR 动作）和发电机与外电路的联系（即 GB 动作）。根据运行经验，故障发电机应在短路后 0.02 ~ 0.06 s 内与电网脱开并灭磁，以免故障进一步扩大并保证其他发电机继续并联运行的稳定性。

发电机短路故障保护的范围应尽量大，除发电机绕组外，还应包括由发电机输出端点到发电机断路器 GCB（在并联供电系统中是 BTB）之间的主电路。在这个范围内发生短路故障时，短路保护装置应该动作，否则就是拒动作。在发电机内部没有短路故障或在保护范围以外出现短路时，保护装置不应该动作，否则就是误动作。到目前为止，设置差动电流保护器一直是对发电机短路故障进行保护的较好方法。一种典型的差动保护原理框图如图 4.31 所示。在三相四线制交流电路中，每相有一个电流互感器（CT），共有六个相同的电流互感器，以三个为一组分为两组，置于短路保护区的两端，构成差动保护环，监督保护区两端的电流差。这两组电流互感器之间的范围叫作短路保护区，又叫差动保护区。

当保护区内未发生短路故障时，同一相中线路中的电流相等，因此电流互感器中的感应电流相等，差动电流的差值未超过设定值，交流发电机工作正常。而如果保护区内发生短路故障，对应的电流互感器感应电路值不相等，差动电流的差值将超过设定值，发电机 GCU

将发出故障隔离信号，断开发电的励磁电路，发电机失磁；同时 GCB 跳开，断开了发电机的输出电路，对故障进行了隔离保护。

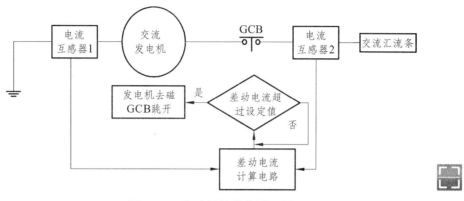

图 4.31　差动保护简化原理图

若短路故障发生在保护区以外的某点，由于对应互感器的感应电流仍一致，则差动保护电路不会输出故障信号。

4.6.3.2　过电压故障及其保护装置（OV）

飞机交流电源系统出现过电压有两种情况：一种是在发电机切除负载或排除短路故障后由于调压器的滞后作用所产生的瞬时过电压；另一种是由于励磁系统故障，如调压器敏感电路断线或发电机励磁回路故障，引起励磁电流大大增加，使发电机的输出电压远远高于发电机的额定电压，产生持续过电压。众所周知，过电压的危害是很大的，它可能使电子设备及照明设备寿命缩短，严重时甚至烧毁；它还可能使电动机过速、过载。过电压越大，破坏性就越强。因此，电源系统一般都设有过电压保护装置。这种保护装置必须具有反延时特性。这是由于瞬时过电压是发电机运行过程中的正常现象，保护装置不应动作；持续过电压则是故障状态，保护装置应动作，且过电压越高，允许的过电压持续时间应越短。

过电压保护装置的具体电路多种多样，感兴趣的可以参考相应书籍。

复习思考题

1. 简述各种输配电形式有何特点。

2. 电气负载管理中心主要由哪几部分组成？各有何功用？

3. 简要说明在负载均衡保护电路中，当 I_1 小于 I_2 时如何实现负载均衡。

4. 试说明未充足电的蓄电池如果装机使用会产生什么影响。

5. 交流发电机并联运行需要满足哪些条件？

6. 简要说明如何实现交流负载自动均衡。

7. 飞机交流电源的主要控制对象有哪些？当某台发电机出现故障时，单独供电系统与并联供电系统控制状态的转换有何异同？

8. 什么是电源的不中断供电？不中断供电有何意义？为什么直流电源实现不中断供电

比交流电源容易？

9. 不采取调压措施，飞行过程中为什么不能保持发电机输出电压恒定？影响因素有哪些？

10. 炭片调压器是如何保持发电机输出电压恒定的？

11. 在晶体管调压器中，功率晶体管是如何控制发电机励磁电流的？

12. 简述脉冲调宽式晶体管调压器各组成部分的作用及基本调压过程。

13. 反流切断器是如何在正常时保证发电机发电，而在有反流时切断反流的？

14. 一般情况下，为什么过压保护装置具有反延时特性？过压继电器是如何防止过压的？

15. 交流发电机通常有哪些故障类型？其故障表现形式是怎样的？

16. 发电机内部短路保护为什么叫差动保护？

5 飞机用电设备

在飞机中，用电设备的种类很多，在本章只讨论一些典型的设备。

5.1 电动机械

飞机中的许多部件和系统都需要电动机械提供机械能。电动机械的一些典型应用如表5.1所示。

表 5.1 电动机械在飞机上的典型应用

电动机械	功　能
作动器	燃油调节，货舱门控制，热交换器控制片操纵，起落架控制，襟翼操纵
控制阀	空调中冷热空气混合和热除冰
泵	燃油供应，螺旋桨变距，除冰液供应
飞行仪表和控制系统	陀螺仪驱动，伺服控制

电动机械在飞机上得到了广泛的应用，如在多电飞机中采用了机电作动器（见图5.1），用电动机通过传动系统直接驱动舵面或机轮刹车。它由作动器模块（AM）和电子控制单元（ECU）两个主要部分组成。作动器模块的作用是把电能转换为机械能以驱动控制舵面。电子控制单元的作用是根据所得到的控制信号来控制作动器。

电动机械的核心是电动机，按照所采用电源形式的不同分为直流电动机和交流电动机。

图 5.1 机电作动器

5.1.1 直流电动机

直流电动机的功能和工作原理与直流发电机正好相反：当加上外接电源后，电枢在电磁力的作用下转动，把电能转变为机械能。在结构上，直流发电机和直流电动机完全相同，都由电枢、励磁绕组、换向器和电刷装置组成。在飞机上常用的直流电动机按励磁形式可以分为：串励、并励和复励电动机等。

1. 串励电动机

串励电动机的励磁绕组和电枢绕组串联，并且与电源串联。由于其绕组的电阻小，在起动时流过的起动电流较大，因此可以迅速建立磁场；它的起动力矩大，加速性能好。但在机械负载变化时，其速度会产生大的变化，轻载时转速高而重载时转速低。直流串励电动机适合于短时间工作、需要频繁起动的场合。

2. 并励电动机

并励电动机的励磁绕组和电枢绕组并联。如果电枢绕组的内阻较小，电动机具有硬的机械特性，从空载到满载转速变化不大，可以认为是恒速的，因此它适用于不经常起动且需要转速恒定的场合。

3. 复励电动机

复励是指一台电动机同时具有串励绕组和并励绕组，以避免串励电动机或并励电动机的不良工作特性。当励磁系统中的并励绕组作用较小时，电动机的工作特性更像串励电动机，但在空载或轻载时不会产生飞转，而被用作发动机的起动电机。

4. 分串励电动机

在某些时候要求电动机的旋转方向可以改变，例如调整片的收放用电动机。根据电工知识可知，改变励磁绕组或电枢内电流的方向或磁场的极性可以实现电动机的反转。根据以上原理，串励电动机常采用的方法是将励磁绕组分成电气上独立的两个部分，构成分串励电动机。分串励电动机可以建立方向相反的磁场，其中一个绕组用于正转，一个绕组用于反转，一个单刀双掷开关控制旋转方向，如图 5.2 所示。

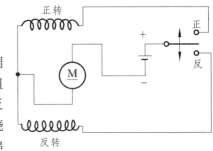

图 5.2 分串励电动机电路

5.1.2 交流电动机

交流电动机不需要整流器和电刷，结构简单，工作可靠，维护方便，在以交流电源为主电源的飞机上得到了应用。最常用的交流电动机是异步电动机，有三相、两相和单相之分。三相异步电动机效率高，转矩大，用在传动机构之中，也用作陀螺的马达。两相异步电动机用作随动电动机。单相异步电动机在需要的电动机功率较小时采用。

5.2 飞机发动机的电力起动设备

使飞机发动机由静止的不工作状态逐步转变到独立运转的工作状态，就叫作起动。电力起动设备的功用就是在起动发动机时，将起动电源的电能转变为起动机旋转的机械能，带动发动机转动部分加速旋转，并逐步达到独立工作状态。目前，我国民航飞机上使用的发动机大致可分为 3 类，即活塞式发动机、涡轮螺旋桨发动机和涡轮喷气（或涡轮风扇）发动机。不同类型的发动机采用了不同的起动方法。

5.2.1 活塞式发动机的电力起动设备

活塞式发动机的电力起动通常有 3 种方式：直接起动、惯性起动与复合（或联合）起动。

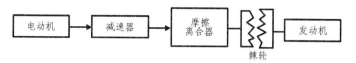

图 5.3　直接起动的起动机组成框图

直接起动指电动起动机直接带动发动机曲轴加速旋转而使其起动。这种电动起动机由串励电动机、减速器、摩擦离合器和能与发动机曲轴棘轮啮合的棘轮组成，如图 5.3 所示。图 5.4 所示是这种起动系统主要电气部件的相互连接关系（点火电路未画出）。

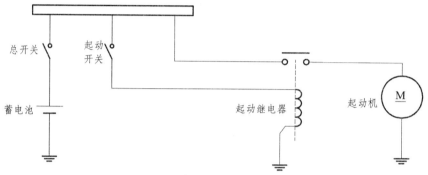

图 5.4　直接起动的起动电路

起动时，接通蓄电池（或外部电源）的供电电路，当起动机开关接通时，来自汇流条的直流电首先使起动继电器线圈通电，其接触点接通起动电动机电路，电动机即可通过减速器和摩擦离合器，带动棘轮旋转。棘轮刚一旋转即伸出并与发动机曲轴的棘轮啮合，又带动发动机曲轴旋转，从而起动了发动机。

直接起动时起动机的起动电流是很大的，这就需要大功率的起动机和起动电源。因此，直接起动方法仅适用于某些小型飞机。要起动较大型的活塞式发动机，通常采用惯性起动。

采用惯性起动时，起动电动机不是直接带动发动机曲轴旋转，而是先带动一个大惯性矩的飞轮高速旋转，待飞轮储备大量动能后，再由飞轮驱动发动机曲轴旋转，使飞轮储存的动能在很短的时间内传送出去，以增加起动功率。

图 5.5 所示为某型电动惯性起动机的基本结构，它主要包括直流串励电动机、滚棒离合器、钢制飞轮、减速器、摩擦离合器、衔接装置、手摇装置（手摇起动发动机时用）等。

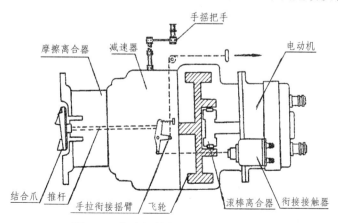

图 5.5　电动惯性起动机的基本结构

起动时，先接通电动机电路，电动机带动飞轮旋转，待积蓄足够的能量后，再断开电动机电路，电动机停止工作，而飞轮由于惯性作用继续高速旋转。同时，衔接接触器工作，将接合爪顶出，与发动机曲轴齿轮组衔接，飞轮便带动曲轴旋转。此时，点火线圈工作，将高压电送到火花塞，点燃混合气，发动机即可起动。

复合起动实际上是惯性起动与直接起动的联合作用。即在开始起动时，由电动机带动飞轮旋转储能，在飞轮与曲轴衔接时，并不断开电动机电路，而是由飞轮与电动机同时驱动发动机曲轴。

5.2.2　涡轮螺旋桨发动机的电力起动设备

起动涡轮螺旋桨发动机的起动机一般采用起动发电机。起动时，这台起动发电机以电动机状态工作，在起动自动控制装置的操纵下，可以逐步增加转速，带动发动机转子加速旋转；当发动机转子转速大于起动发电机转子转速时，起动发电机可由电动机状态自动转变为发电机状态工作，发动机又可带动起动发电机发电。

由于涡轮螺旋桨发动机能自行工作的转速较高，要使起动发电机在整个起动过程中输出比较大的力矩，起动增速应该是分阶段进行的，这种起动方式称为分级起动。分级起动的操纵一般由起动程序机构或电子计算机按一定时间顺序实行自动控制。下面以运 7 飞机上的 WJ5A 发动机的五级起动（又叫四次增速）为例，来分析分级起动的基本原理。

运 7 飞机上的起动发电机在起动过程中，实际上是一个并励直流电动机。作为起动机使用，要使其增速，可以采取 3 种措施：① 增大起动电源电压，实行电压调速；② 减小电动机磁通，即减小电动机的励磁电流，实行磁通调速；③ 在电枢电路内串联附加电阻而后短接，也可使电动机增速。

5.2.2.1　起动设备的主要组成

WJ5A 发动机的电力起动设备主要由起动发电机、自动定时器和起动箱等组成。起动发电机在起动过程中是作为电动机使用的，它能将起动电源提供的直流电能转变为驱动发动机转动的机械能。自动定时器与起动箱配合工作，在起动时，按一定的时间顺序，自动控制起动发电机的端电压和励磁电流以及起动点火与供油，以逐步增加发动机的转速，达到起动发动机的目的。

*5.2.2.2　正常起动的工作原理

做好起动前的一切准备工作以后，从按下起动按钮开始，发动机起动的整个工作过程是在自动定时器的控制下自动进行的。其工作原理可参考图 5.6 所示的用两组地面电源起动 WJ5A 发动机的简化电路，概述如下：

第一级 —— 在电枢电路中串联附加电阻的起动。

在按下起动按钮后的 1～3 s 内，接触器 K28 工作，地面 1 号和 2 号电源并联向 032 起动汇流条供电；接触器 K214 工作，起动发电机的励磁电流由 025 正常汇流条经接触器 C₄ 和 K214 的触点流向励磁线圈，给起动发电机提供磁场；接触器 C₂ 和 K215 工作，由 032 汇流

条经 C_2 的触点、附加电阻 R_1 和 K215 的触点到电枢线圈，然后接地，产生电枢电流。电枢电流与电机磁场相互作用，便产生电磁转矩，即起动转矩。由于此时在电枢电路内串联了附加电阻，使起动电流受到很大限制，因而起动力矩也受到限制。在这个较小的起动力矩作用下，减速器、离合器柔和地啮合，起动机和发动机的转速逐渐上升。随着转速的上升，电机的反电势增大，电枢电流下降，致使电机的电磁力矩减小，转速上升的速度减慢。为了加速起动过程，在起动机和发动机之间的减速器、离合器啮合好以后，就应把附加电阻切除，转换到下一级起动。

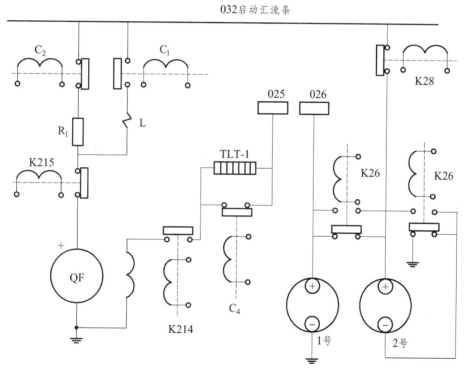

图 5.6　起动 WJ5A 发动机简化电路

第二级——切除附加电阻起动。

起动进行至 3 s 时，自动定时器使接触器 C_1 工作，短接电枢电路中的附加电阻 R_1。在 R_1 刚被短接的瞬间，由于起动机和发动机具有惯性，转速不能立即改变，因而电枢电流和电磁转矩迅速增加，起动机和发动机的转速上升速度加大。经过一定时间，随着转速的增加，起动机的反电势增大，电枢电流又将减小，从而使电磁力矩也减小，发动机转速上升的速度又减小。

第三级——减小电机磁通起动。

起动进行到 9 s 时，自动定时器使接触器 C_4 工作，将起动箱中的电流调节器 TLT-1 的炭柱接入起动机的励磁电路，使电机磁通减小，这就会立刻引起反电势的减小，从而使电枢电流增加。对于电机电磁力矩的变化来说，磁通的减小和电枢电流的增加是互相矛盾的两个因素。由于这时电机转速已经比较高，反电动势比较大，因而在磁通减小的最初瞬间，电枢电流的增加占主导地位，所以电磁力矩是增加的，这使发动机转速的上升速度又一次增大。而后，电磁力矩仍然随转速的增大而减小，又需采用别的办法使发动机增速。

第四级——升高电源电压起动。

起动进行到 15 s 时，自动定时器控制两个接触器 K26 工作，两组地面电源（1 号和 2 号）串联，使起动电源电压增加一倍，电枢电流迅速增加，电磁力矩也迅速增加，发动机进一步加速。

与此同时，C_4 断电，电机励磁电流增加，即磁通增加，有使起动机转速下降的趋势，可以避免电动机输出转矩过大而损坏起动机。由于前一因素占优势，故在两组地面电源串联瞬间，发动机加速仍很明显。

第五级——减小电机磁通起动。

起动进行到 20 s 时，自动定时器又接通 C_4 的线圈电路，其增速原理与第三级相同。

还需指出，起动进行到 9 s 时，已开始对发动机点火、供油，此后，由于发动机燃烧室内的混合气不断燃烧，涡轮产生的旋转力矩也要驱动发动机转轴加速。当发动机转速达到额定值的 39% ~ 48% 时，感受发动机空气压缩器后部空气压强的气压开关将会断开起动电路，使电力起动过程结束，起动发电机也会自动地由电动机状态转变为发电机状态。经过不大于 120 s 的时间，发动机会自动加速到慢车状态。

从以上分析可知，按照一定的时间顺序改变起动机的电枢电路电阻、供电电压和磁通，就可实现分级起动。分级起动时，在电枢电路中串联附加电阻是为了减小起动电流，保护传动附件（主要是离合器）；切除附加电阻、升高电源电压、减小磁通，则是为了增大起动机的电磁力矩，加速起动过程。

5.2.3　涡轮喷气（或涡轮风扇）发动机的起动设备

5.2.3.1　气源起动

在大中型飞机上，为了有效地起动大功率涡轮喷气（或涡轮风扇）发动机，起动系统所需的功率很大。但由于恒速传动装置性能方面的限制，如果还是采用电力起动方法，需要大功率专用的电动起动机，使系统质量大大增加。目前，对于大功率涡轮发动机的起动往往采用只需数安培电流的较简单控制电路的气源起动系统。这种起动系统可由地面气源车、飞机上的辅助动力装置（APU）或在运转中的发动机压气机提供压缩空气，利用压缩空气的冲击力驱动空气起动机，起动机再带动发动机的涡轮转子，从而起动涡轮发动机。

APU 通常由一台小功率的燃气涡轮发动机、压缩空气控制和供应系统、附件齿轮箱、起动电动机等组成。燃气涡轮发动机包括一个连接到单级涡轮上的二级离心压气机。压缩空气控制和供应系统可自动调节压气机给飞机供气系统的供气量。附件齿轮箱上安装的一台起动电动机通常是直流串励电动机，可由飞机蓄电池或地面电源供电，用来起动燃气涡轮发动机。这台发动机正常工作以后，除了驱动安装于附件齿轮箱上的滑油泵和燃油泵之外，还可驱动一台安装于附件齿轮箱上的发电机。这台发电机根据具体飞机的需要，可提供直流电或交流电。

用 APU 起动涡轮喷气发动机的原理框图如图 5.7 所示。起动时，先由飞机蓄电池或地面电源给 APU 中的电动起动机供电，电动起动机即可消耗较小的电流，起动功率较小的燃气涡轮发动机。这台小发动机正常运转以后，又可连续不断地提供压缩空气，起动涡轮喷气发动机。两个中间装置用于当燃气涡轮发动机或涡轮喷气发动机达到规定转速时，接通它们的起动装置，即燃油开关和点火系统，从而保证燃烧室内燃油的有效雾化以及燃烧的开始。

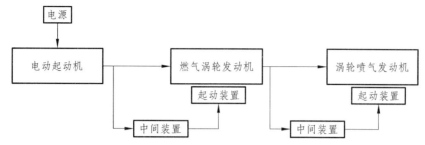

图 5.7　用 APU 起动涡轮喷气发动机的原理框图

　　总之，飞机上装有 APU 以后，如有必要，可以不依赖地面设备的支援。这种装置由飞机蓄电池直接起动之后，可为主发动机的起动和地面空调提供气源，也可为地面通电检查飞机用电设备提供电源。在某些飞机上，APU 还可用于飞行中当主发电机失效时提供后备电源，并在飞机起飞和爬高期间对座舱补充空气。例如，B737-300 型飞机的 APU 的主要技术性能如下：空载稳态转速为 41 000 r/min，输出轴转速为 6000 r/min，高度在 3.05 km 以下时可同时供电与供气，高度在 3.05～5.2 km 时只能提供一种能源，高度在 5.2～10.7 km 时只能提供电源。可见，APU 可以保证在整个飞行高度范围内使发电机全功率输出，从而使飞机增加一个电源，对提高飞机供电的可靠性起到很大的作用。

5.2.3.2　电力起动

　　在较新型的飞机上，正在逐步淘汰气源起动方式，而开始采用交流起动发电机起动 APU 或主发动机，例如 B737NG 的 APU 起动。而在 B787 飞机上，主发动机和 APU 都采用电力起动方式。本节以 B787 飞机为例对交流电力起动发电机系统进行简要介绍。

　　在 B787 飞机上，左右发动机各驱动两台变频起动发电机（Variable Frequency Starter Generator，VFSG），它们均为三相、六极、星形接法的变频无刷同步交流电机，工作电压为 235 V，频率为 360～800 Hz，输出功率为 250 kV·A。VFSG 系统中各部件的连接端子如图 5.8 所示。

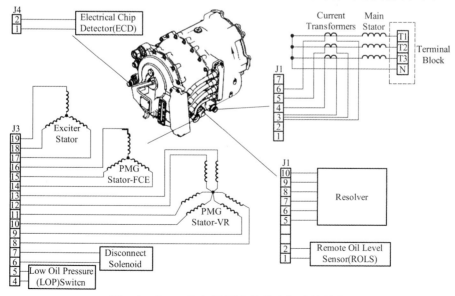

图 5.8　B787 飞机无刷交流发电机连接端子

在图 5.8 中，J1 是差动电流互感器的接口，通过它向 GCU 提供电流差动信号。J2 为 VFSG 解算器和远端滑油量传感器的输入、输出接口。J3 为励磁机定子、两台 PMG 定子（一台为飞行控制设备供电，另一台为 GCU 中的调压器供电）、脱开电磁阀和滑油压力低开关的输入、输出接口。J4 为金属屑探测器的输入、输出接口。

VFSG 有四种工作模式，它们分别是：

（1）停止工作模式。在该工作模式下 VFSG 不工作，既不发电，也不输出机械转矩。

（2）起动工作模式。在该工作模式下 VFSG 吸收电能，并且通过附件齿轮箱输出起动发动机所需的起动转矩，额定转矩为 407 N·m（300 ft.lbs）。

（3）电动机工作模式。在该工作模式下 VFSG 吸收电能，并且通过附件齿轮箱输出转矩，可用于发动机冷转。在维修电动机工作模式下，VFSG 产生 203.5 N·m（150 ft.lbs）力矩，单台电动机工作时的转速为 1800 r/min，而两台电动机同时工作时的转速为 2500 r/min。

（4）发电机工作模式。在该工作模式下，当发动机达到慢车转速时，VFSG 开始向机上供电，此时工作转速为 7400 r/min，频率为 370 Hz。

如图 5.9 所示，当 VFSG 工作于起动工作模式时，235 V 交流电源向 VFSG 励磁机定子线圈供电，产生旋转磁场。励磁机的转子线圈切割磁力线，感应出交流电，通过旋转整流器整流后，转变为直流电，使主电机的转子中产生稳恒磁场。同时，共用电动机起动控制器（CMSC）向主电机的定子线圈通入交流电，从而产生旋转磁场。转子在旋转磁场的磁力作用下转动，电机作为三相交流电动机工作。CMSC 不断增加电动机转子的转速，直至 VFSG 输出转矩达到 300 lb.ft（407 N·m）。当发动机起动完成后，VFSG 从起动工作模式转为发电机工作模式，向飞机电网供电。

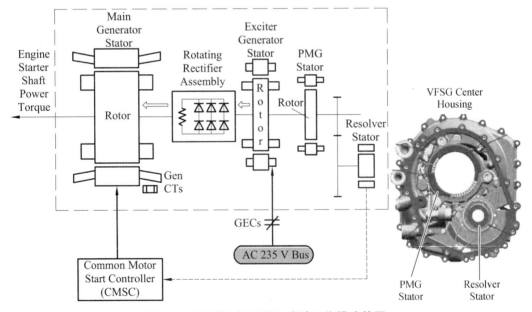

图 5.9　B787 飞机 VFSG 启动工作模式简图

图 5.9 中的解算器能将转子转角转换为与其成一定函数关系的电压信号，可用于感受 VFSG 转子的位置，并将位置信息反馈给 CMSC。CMSC 利用该位置信息调节主电机定子线圈中电流的大小。

5.3 灯光照明设备

飞机的灯光照明设备主要分为机外照明设备、机内照明设备和应急照明设备。

5.3.1 照明光源

利用电能的飞机光源有：白炽灯、荧光灯、卤素灯、LED、场致发光灯等。

1. 白炽灯

飞机上使用的白炽灯按其结构与原理来说，与地面使用的没有多大区别，也由灯泡、灯丝和灯座三个主要部分组成。灯泡由优质玻璃或耐熔玻璃制成，常用的有球形、梨形、棒形等。灯泡采取密封形式，多抽成真空或充入惰性气体。灯丝由难熔的金属丝——钨丝固定在支架上而制成。支架对金属丝起支撑作用，同时将电能输送至灯丝。选用白炽灯通常考虑四个参数：工作电压、工作电流、亮度和使用寿命。某些时候还要考虑灯泡的体积和使用环境等因素。

2. 荧光灯

荧光灯主要由灯管、镇流器和启动器组成。灯管的两端各有一根灯丝，管中充有稀薄的氩气和微量水银蒸气，管壁上涂着荧光粉。荧光灯的工作原理和白炽灯不同，两根灯丝之间的气体在导电时主要发出紫外线，荧光粉受到紫外线的照射才发出可见光。荧光粉的种类不同，发光的颜色也不一样。

镇流器分为电子式和电磁式，作用是：

（1）产生高压，起辉灯管。

（2）在灯管起辉后起镇流（限流）作用，使灯管正常稳定地工作。

荧光灯的工作特点是：灯管开始点燃时需要一个高电压；正常发光时只允许通过不大的电流，这时灯管两端的电压低于电源电压。

3. 卤钨灯和高强度气体放电灯

充有溴、碘等卤族元素或卤化物的钨灯称为卤素灯或卤钨灯。为提高白炽灯的发光效率，必须提高钨丝的温度，但高温会造成钨的蒸发，使玻壳发黑。在白炽灯中充入卤族元素或卤化物，利用卤钨循环的原理可以消除白炽灯的玻壳发黑现象。为确保卤钨循环的正常进行，必须大大缩小玻壳尺寸，以提高玻壳温度（一般要求碘钨灯的玻壳温度为 250～600 ℃，溴钨灯的玻壳温度为 200～1100 ℃），使灯内卤化钨处于气态。因此，卤素灯的玻壳必须使用耐高温和机械强度高的石英玻璃。其结构有双端直管形、单端圆柱形和反射形。

由于卤素灯中钨的蒸发受到有效的抑制，加之卤钨循环消除了玻壳发黑，卤素灯灯丝的温度就可大大提高（高达 3000 ℃），使卤素灯的发光效率远比普通白炽灯高。例如，白炽灯需要消耗 75 W 电能才能达到 960 lm 的光通量，而卤素灯仅需 50 W。卤素灯具有体积小、发光效率高（达 17～33 lm/W）、色温稳定等优点。

高压气体放电（High intensity Discharge，HID）灯，通常也被称为氙气灯。它的原理是在石英玻璃管内充填多种化学气体 [其中大部份为氙气（Xenon）与碘化物等惰性气体]，然后再通过镇流器将低压直流电压瞬间增压至 20 000 V 以上，经过高压激发使石英管内的氙气电子游离，在两电极之间产生光源，这就是所谓的气体放电。HID 灯工作时所需的电流小，功耗是卤素灯的一半；亮度是传统卤素灯的三倍；由于灯里没有灯丝，不会产生因灯丝断而报废的问题，因此使用寿命比卤素灯长得多，可达传统卤素灯泡的 10 倍。

安装卤素灯和 HID 灯组件时，要注意不要用手接触 HID 灯泡的石英玻璃管，以免手上的污渍、油脂使高温工作的 HID 灯泡留下痕迹，致使灯的亮度降低，影响灯体寿命。HID 灯泡在粘上油渍后应该擦拭干净。

4. LED

LED 是英文 Light Emitting Diode（发光二极管）的缩写。它的基本结构是一块电致发光的半导体材料，置于一个有引线的架子上，然后四周用环氧树脂密封，也即固体封装。固体封装可以起到保护内部芯线的作用，所以 LED 的抗震性能好。

发光二极管是由 Ⅲ ~ Ⅳ 族化合物，如 GaAs（砷化镓）、GaP（磷化镓）、GaAsP（磷砷化镓）等半导体制成的，其核心部分是由 P 型半导体和 N 型半导体组成的晶片。在 P 型半导体和 N 型半导体之间有一个过渡层，称为 PN 结。在某些半导体材料的 PN 结中，注入的少数载流子与多数载流子复合时会把多余的能量以光的形式释放出来，从而把电能直接转换为光能。PN 结两端加反向电压，少数载流子难以注入，故不发光。当 PN 结处于正向工作状态时（即两端加上正向电压），电流从 LED 阳极流向阴极，根据材料的不同，就发出从紫外到红外的不同颜色的光线。光的强弱与电流有关。

飞机中，LED 已经开始取代白炽灯和荧光灯，被用作机内照明和信号设备。它的特点总结起来是"八高"和"八低"，如表 5.2 所示。

表 5.2　LED 的特点

"低"	"高"
发热量低	效率高
故障率低（low failure rates）	寿命长
维护工作量小（low maintenance）	适应性强
质量轻（low weight）	控制方便
功耗低	耐用
电磁干扰小	冗余性好
容易安装，适用范围广	安全性高
响应时间短	抗震性能好

5. 场致发光

场致发光是指有些固体能在电场的激发下直接发光这样一种现象。平板式场致发光灯像一块很薄又很大的夹心饼干，夹在中间的是发光主体——一层由荧光粉和树脂或搪瓷混合成的荧光粉层，有时还多加一层保护层，以防止荧光粉层在电场下击穿。两块"饼干"，一块是透光的玻璃板，上面涂有透明的导电膜，作为灯的一个极；另一块是金属片，既当电极，又可以反射光。这种灯的发光层上要加上电场才能发光，所以，电极的形状就是发光显示的形状。如果把电极分成许多小格，在有些小格加上电场，在有些小格不加电场，则加电场的发光，不加电场的不发光，这样就可以组成各种图案、数字或文字。进一步，还可以控制电场加入的方式，产生各种变化。格子分得很细，成为一个个小点，电场变化得快，就可以显示电视图像。

实用的荧光粉主要是高纯度的硫化锌晶体，掺入一点金属杂质做激活剂。所掺杂质的成分不同，比例不同，发光的颜色也不同，可以发出蓝、绿、黄光。其中以绿光材料最好，所以一般场致发光灯都是绿色的。

场致发光灯的电源可以是直流的，也可以是交流的，以交流电源为主。飞机上有 400 Hz 的交流电，是场致发光灯最好的电源。场致发光灯的突出优点是：功耗小，约 1 mW/cm^2，如一块记分板的功率不到 1 W；寿命长，可以用几万小时，相当可靠，广泛用作指示灯、显示灯。在飞机机舱里，"No Smoking"（禁止吸烟）等信号牌常采用场致发光灯。

表 5.3 对飞机常用光源的优缺点进行了对比。

表 5.3　飞机上使用的照明/显示光源对比

光　源	优　点	缺　点
白炽灯	·技术成熟 ·光谱范围宽 ·视角范围大	·发热大 ·功耗大 ·与夜视成像不兼容
场致发光（EL）	·发光效率高 ·视角范围大 ·可以做成薄片形 ·寿命长	·亮度不太高 ·无法实现白光照明
发光二极管（LED）	·冷光照明 ·寿命长 ·频带范围窄	·色域不足 ·亮度中等（但可调）
阴极射线管（CRT）	·技术成熟 ·真色彩 ·解析度高 ·图像质量高	·体积大 ·质量大 ·使用电压高 ·功耗大
液晶显示（LCD）	·真色彩 ·暂态响应好 ·图像质量好	·需要背光 ·中等功率消耗 ·使用温度范围有限 ·可视范围中等
有机发光显示器	·亮度高 ·响应瞬间短 ·薄，质量轻 ·可视角度宽	·可靠性低 ·技术成熟度低 ·色彩种类少

5.3.2　机外照明

机外照明主要包括着陆灯、滑行灯和其他外部灯光信号。它们是飞机在夜间或复杂气象条件下飞行和准备时必不可少的条件之一。在不同的飞机上，机外照明设备的种类、数量和安装位置都是不同的。一种典型运输机的机外照明平面布置图如图 5.10 所示。

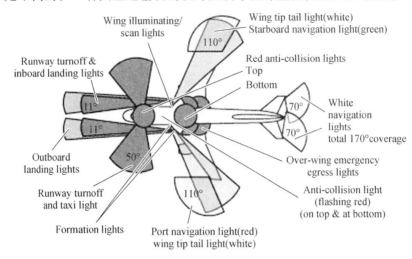

Wing illuminating/scan lights
Wing tip tail light(white)
Starboard navigation light(green)
110°
Runway turnoff & inboard landing lights
Red anti-collision lights
Top
Bottom
11°
70°
White navigation lights total 170°coverage
11°
70°
Outboard landing lights
50°
Over-wing emergency egress lights
Runway turnoff and taxi light
110°
Anti-collision light (flashing red) (on top & at bottom)
Formation lights
Port navigation light(red)
wing tip tail light(white)

图 5.10　飞机机面照明的布局

1. 着陆灯

着陆灯（landing light）主要是为飞机在夜间或能见度不良的条件下起飞或着陆时提供照明，以便飞行员观察跑道和目测高度。

按照结构形式，通常将着陆灯分成固定式和活动式两类。固定式着陆灯常安装于机翼前缘、机身前端或前起落架构件上，并按机翼前缘的形状盖上透明整流罩。活动式着陆灯又叫可收放式着陆灯，它安装于机翼、机身前部或发动机舱表面的开口处，以便于着陆灯在收起位置能收缩到机翼或机身外廓之内。着陆灯内的反光镜通常由镀铬的抛光黄铜制成，并具有抛物面的形状。白炽灯的灯丝位于反光镜的焦点处，因此着陆灯能产生较窄的光束，光束的截面形状接近于圆形。

现代大中型飞机一般都装有两只以上活动的或固定的着陆灯，以保证有足够的发光强度和可靠性。目前一般着陆灯的发光强度为数十万烛光。某些飞机还采用了光视效能高、光色好、寿命长的新型光源作为着陆灯光源，如氙灯、溴钨灯、石英碘灯等。

着陆灯的主要作用是照明，还可以起到防撞和显示飞机位置的作用。当飞机从进入跑道起飞到飞至 10 000 ft（3048 m）飞行高度和下降到 10 000 ft（3048 m）以下都应打开着陆灯。在云中飞行时，若灯光的反射引起眩光可按需关闭着陆灯。在脱离跑道后按需使用着陆灯：当地面滑行看不清滑行路线时可短时打开，但不能长时间使用，以免对其他飞机的起飞或着陆、地面车辆造成光屏而影响工作。

2. 滑行灯

滑行灯（taxi light）供飞机在地面滑行时照明滑行道。它也是密封的光束型灯，通常固定安装在机翼前缘，也可安装在机身头部或起落架构件上。其灯光水平扩散角较大，是着陆灯的数倍，但发光强度比着陆灯弱，一般仅几万烛光。这可满足飞机滑行时要有宽视野和较长时间滑行照明的要求。有的滑行灯还与着陆灯组合在一起：着陆时，接通功率较大的灯丝进行强照明；滑行时，接通功率较小的灯丝进行弱照明。在某些大型飞机上，除了滑行灯外，还装有把光束射向跑道两边的灯（见图 5.10），它们叫作转向灯或转弯灯（runway turnoff light）。其主要功能是：在飞机着陆后在跑道上滑行的过程中照亮沿跑道的某些"点"，遇到这些"点"时，飞机要转弯滑离跑道。

当飞机开始在地面滑行时，应打开滑行灯；停止滑行时，应关闭滑行灯。当飞机滑进机坪时，在看到地面指挥或标识时应关闭滑行灯。

3. 航行灯

航行灯（navigation light，position light）又叫导航灯，如图 5.11（a）所示。其主要功能是在夜航时指示飞机在空中的位置及航向；必要时可用来进行飞机与飞机之间或飞机与地面之间的紧急联络；夜间在地面进行发动机试车，飞机滑行和牵引时，也用它来标示飞机的位置和外部轮廓，以免车辆、人员与飞机相撞。

（a）航行灯和频闪灯　　　　　　　　（b）防撞灯

图 5.11　航行灯、频闪灯和防撞灯

航行灯的色度图按国际照明学会（CIE）规定的三色坐标系统表示，以便与星光和地面灯光相区别。一般左翼尖或靠近左翼尖处设红灯，右翼尖或靠近右翼尖处设绿灯，飞机尾部则设白灯。每个航行灯由光源、反射器和滤光罩组成。在大型飞机上，为提高航行灯工作的可靠性和增大航行灯的作用距离，常采用将几只功率为数十瓦的航空白炽灯泡装在同一个灯具内的航行灯。

航行灯有连续工作和闪光工作两种工作状态，后者可在防撞灯故障时代替防撞灯。自飞机停在停机位做飞行前准备，到完成飞行任务滑回，当机上有人工作时，应打开航行灯。

在飞机的所有外部灯光中，导航灯是最先打开、最后关闭的灯。

4. 防撞灯/频闪灯

在夜间或能见度较差的白天飞行时，可用防撞灯（anti-collision light）标示飞机的位置，以防止飞机相撞。在大中型飞机上，通常安装两个防撞灯，一个装在机身下部，另一个装在机身上部或垂直安定面前缘。在一些大型飞机上，为了改善位置标志功能，除了在机身上下安装红色闪光灯外，还在翼尖处（通常在航行灯的后面）安装白色闪光灯，这些灯称为频闪灯（strobe light），如图 5.11（a）所示。

防撞灯有电机旋转式、气体脉冲放电式和晶体管开关式等几种类型。目前多采用脉冲放电式。为提高可靠性，有些防撞灯内装有两支灯泡。为适应高速飞机的要求，防撞灯正向小型化、高亮度和可收放式方向发展。防撞灯在飞机推出及发动机运行时打开。

从飞行机组得到 ATC 的推出开车指令至完成飞行任务滑到停机位完全关车的全过程，都应打开防撞灯。在停机位进行发动机的冷转、试车及收放襟翼时，机组也应打开防撞灯。

飞机从得到指令进入跑道至落地滑出跑道前应打开频闪灯。如果在云中飞行时闪光对飞行造成影响，可以关闭频闪灯。

注意：在得到进跑道许可后才可以打开此灯！FL100 以上可以关闭此灯。落地脱离跑道前要关闭此灯！

5．探冰灯

探冰灯又称机翼检查灯（wing illuminating light）。它们一般装于大中型飞机上，供机组人员目视检查机翼前缘或发动机进气口等部位的结冰情况，以便采取相应措施。这些灯也是密封的光束式灯，光源一般采用功率为几十瓦至上百瓦的航空白炽灯泡。它们凹装在机身侧面，按需要的角度预先调整好光束的指向。在某些具有后部安装发动机的飞机上，这种灯还安装在机翼的后缘部位。

在夜航或夜间对机翼进行检查时应打开探冰灯。

6．识别灯

识别灯（recognition light）可以用来判断飞机翼展的宽度，在滑行时可以辅助滑行灯工作。

7．标志灯

标志灯（logo light）用于照亮飞机垂直安定面上航空公司的标志，在夜晚应该开启。

5.3.3 机内照明

机内照明是飞机在夜间或复杂气象条件下飞行和准备时，为空勤和地勤人员工作或检查维修工作提供照明，并给旅客提供舒适而明亮的环境。依照机内部位的不同，飞机内部照明可分为驾驶舱照明、客舱照明、服务设备舱和货舱照明等。某些飞机的机内照明布局如图 5.12 所示。

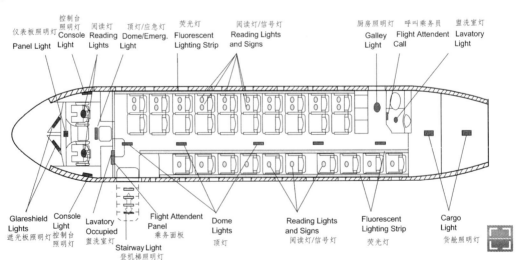

图 5.12 机内照明

　　驾驶舱照明有助于空勤人员进行舱内外交替观察，准确地判读仪表指示，辨别各种操纵控制机构和监视荧光屏，以及瞭望其他飞机和搜索地面上微弱的目标。对驾驶舱照明的基本要求是足够而又不引起目眩的亮度，良好的暗适应性，尽可能小的反射光和抗舱外强光等。

　　按照不同需要，驾驶舱照明通常分为普通照明、局部照明、仪表板和操纵台以及各仪表设备的照明。

　　普通照明设备比较简单，通常使用安装在座舱天花板或侧壁上的座舱顶灯来照亮整个座舱。座舱顶灯的发光部分一般盖以乳白色或粒状玻璃罩，使其能均匀地、全面地进行照明。

　　局部照明可在仪表板或操纵面板的上边缘遮光板下安装日光灯对某个板面进行泛光照明，也可在遮光板下安装若干白炽灯作为背景照明灯，照亮整个仪表板或操纵面板。在更多的场合则是使用图5.13所示的活动照明灯，对驾驶舱的某个区域进行局部照明。活动照明灯内装有白炽灯泡和亮度调节变阻器。转动变阻器旋钮，可均匀地调节灯光亮度。当沿顺时针方向将旋钮转到极限位置时，可将灯泡电路断开。当需要进行短时间大亮度照明或检查灯泡是否良好时，可按下灯体后部的按钮，使灯泡与电源直接连通。带聚光玻璃的灯罩可以调节光束的角度和亮度：将灯罩推入，照射范围大，亮度弱；将灯罩拉出，照射范围小，亮度强。灯体可在支架上旋转，以便选择灯光照射的方位。

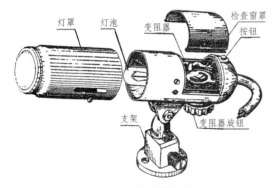

图 5.13　活动照明灯

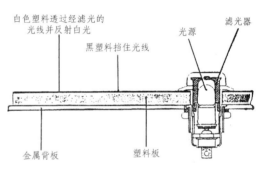

图 5.14　透射照明仪表板

　　仪表板、操纵台面板还广泛采用透射照明（又叫导光板照明），其工作原理如图5.14所示。单独配置的仪表则采用表内整体照明（又称楔形照明，见图5.15）或外部柱式照明（见图5.16）。

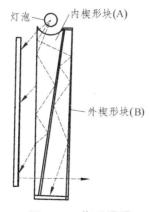

图 5.15　楔形照明

图 5.16　柱式照明

民航客机驾驶舱照明的灯光主要有红光和白光，可视各机种需要选择。随着各种仪表照明方式的出现与完善，越来越多的飞机采用了白光照明。

客舱照明设施和服务设备舱照明设施等包括机内各舱室（除驾驶舱以外）的灯光设备。这些舱室中使用照明的范围取决于舱室的大小，而且在很大程度上还取决于飞机所采用的内部装饰。因此，这种照明设备可以采用装在舱顶的少量低压白炽灯，也可采用发光效率高、光线柔和的荧光灯，以节省电能与取得良好的照明效果。在民航客机中，可通过服务台处的控制板控制客舱和各服务间的灯光设备。除了上述主要舱室照明外，还有为乘客服务板提供灯光的设备，用来照亮主要的乘客信息符号，如"系好安全带""禁止吸烟""返回座位"等。这些信号的灯光可以是白炽灯，但越来越普遍地采用场致发光照明。这些设备由驾驶舱右操纵台或头顶控制板上的开关进行控制。

5.3.4　应急照明

飞机处于应急状态（如夜间应急着陆等）时，主电源断电，为完成迫降和便于客机迫降后机上人员进行应急撤离，则需应急照明。

根据 CCAR-25《运输类飞机适航标准》和 CCAR-12 部《大型飞机公共航空运输承运人运行合格审定规则》的规定："必须设置独立于主照明系统的应急照明系统。但是，如果应急照明系统的电源与主照明系统的电源是独立分开的，则应急照明和主照明两个系统中提供座舱一般照明的光源可以公用。"

应急照明主要包括确保飞机安全迫降所需要的仪表（如磁罗盘、地平仪等）的照明，以及客机迫降后为机上人员迅速撤离飞机而配置的客舱主通道、应急出口区域、出口指示牌、出口标记的内部应急照明和照亮应急撤离路线与应急撤离设施的外部照明。应急照明设备是独立于正常照明系统的，由相对于飞机主电源独立的应急电源供电，且具有规定的亮度、照度、颜色和照明时间。每套应急照明灯组件由光源、装架、逻辑控制电路和蓄电池组成，有轻便应急灯和固定应急灯之分。轻便应急灯组件内装有蓄电池，通常安装在驾驶舱门、客舱门、食品间门和紧急出口等处，有些灯在紧急情况下可拆下当作手电筒使用。固定应急灯组件内不装蓄电池，但可由作为飞机直流应急电源的蓄电池供电，也可由专用蓄电池供电。在紧急情况下，固定应急灯可自动接通，照亮紧急滑梯、大翼上表面等应急撤离区。

应急照明灯开关通常安装在机组易于操作的位置，同时满足了适航法规的要求：驾驶舱内的控制装置必须有"接通""断开"和"待命"三种位置。当该装置置于"待命（准备）"位置，或者驾驶舱和空中服务员处的一个控制装置置于"接通"位置时，一旦飞机正常电源中断（撞损着陆时机身横向垂直分离引起的中断除外），灯发亮或保持发亮。必须有保险措施以防止处于"准备"或"接通"位置的控制装置被误动。

正常飞行时，此开关应放于"准备"位，此时可由飞机上的主直流电源给所有应急灯电池充电；在紧急情况下，当机上电源失效时，应急灯可自动点亮。检查时，应急灯开关放于"开"位，所有应急灯都应燃亮，这样可检查应急灯的灯泡是否完好。机组人员离开飞机时，应将这个开关放于"关"位，以防止蓄电池通过应急灯放电。

在新型飞机上，应急照明的控制已经采用了网络和无线方式。现以 B787 飞机为例，对无线应急灯光系统（Wireless Emergency Lighting System，WELS）进行简要介绍。

在飞机的驾驶舱、客舱和机组休息区，都安装了应急照明灯，均采用 LED 作为光源，其中区域照明和过道照明为白色，应急撤离出口指示灯为绿色。应急照明系统中安装有无线应急灯光系统控制装置，它向应急灯发出控制信号，并向它们提供电源。

WELS 除了分布于飞机各部分的照明组件外，接受来自驾驶舱控制板上的应急灯开关或主乘务员控制板上的应急灯开关控制，系统与远程数据集中器（Remote Data Concentrator，RDC）和远程配电装置（RPDU，Remote Power Distribution Unit，RPDU）交联。

无线应急灯光系统控制单元（WELS Control Unit，WCU）接收控制信号，控制应急灯和指示牌的工作状况。它可用于：控制电池的充电电流，控制应急灯的亮灭，上传应急灯系统的状态数据，选择应急灯的供电电源。应急灯由 WCU 中的锂电池供电。远程配电装置（RPDU）为电池充电。充满电的电池可以保证应急灯至少点亮 15 min。

WCU 有两种类型，一种是主控制装置，位于客舱门的上方，可接收来自远程装置的自检信号。其中左侧一号客舱门上方的主控制器为总控制器，它接收其他控制器的健康状态信号，并将相关信息发送到公共数据网（CDN）。当总控制器失效后，网络地址最高的主控制器将自动作为总控制器。另一种是遥控装置，它控制相连接的信号牌和应急灯，同时通过无线网络向主控制器发送自身的健康状态信息。主 WCU 向其他 WCU 发送指令，同时接收它们发送的信号。当所有 WCU 都接收到控制指令并执行后，主 WCU 向驾驶舱发送指令执行完毕的信号。

每个 WCU 都由以下组件组成：充电器及充电控制装置、电池、外壳、电连接器、外部天线。其中主 WCU 通过远程数据集中器系统与 CDN 相连，它有如下功能：逻辑控制，向其他 WCU 发送指令和飞机状态，与中央维护计算功能系统（CMFC）通信，进行 BITE 测试，报告 BITE 状态，电池充电，点亮应急灯和指示牌。

应急灯在以下情况下会点亮：

——驾驶舱控制的应急灯开关处于"ON"位；

——乘务员开关面板上的应急灯开关处于"ON"位；

——驾驶舱控制的应急灯开关处于"ARMED"位，且 115 V 交流主汇流条无电；

——按压主乘务员面板上的应急灯测试开关。

与应急照明系统开关的三个位置相连接的是 WCU 中的 ON/ARM/OFF 控制线，它们对应的逻辑关系如下：

OFF：11 V 直流电。

ARMED：28 V 直流电。

ON：接地（正常状态）。

ON：断开（非正常状态）。

B787 飞机应急照明系统的工作逻辑关系如表 5.4 所示。

表 5.4　应急照明工作逻辑关系

交流电源	驾驶舱控制面板开关位置	主乘务员面板开关位置	座舱应急照明	机组休息区应急照明
接通	OFF	NORMAL	灭	灭
接通	ARM	NORMAL	灭	灭
接通	ON	NORMAL	亮	亮

续表

交流电源	驾驶舱控制面板开关位置	主乘务员面板开关位置	座舱应急照明	机组休息区应急照明
接通	X	ON	亮	亮
断电	OFF	NORMAL	灭	亮
断电	ARM	NORMAL	亮	亮
断电	ON	NORMAL	亮	亮
断电	X	ON	亮	亮

当开关处于"OFF"位时，所有 WCU 对充电电源进行监控，并相互通信。此时如果 115 V 交流电断电，应急灯不会点亮。

当开关处于"ARMED"位时，所有 WCU 对 115 V 交流电进行监控，如果交流电断电，WCU 点亮应急灯。如果 WCU 与主 WCU 之间的通信中断，它独立监控 115 V 交流电。当交流电断电时，将点亮其所控制的应急灯。

当开关处于"ON"位时，主 WCU 控制所有 WCU 点亮应急灯。正常的接通指令是对应的导线接地，而此导线开路时也会点亮应急灯，目的是防止控制线断电。

在 CCAR-121 部第 310 条"附加应急设备"中对应急照明做出了明确的规定：

（c）机内应急出口标志的照明。每架载运旅客飞机应当具有独立于主照明系统的应急照明系统。但是，如果应急照明系统的供电电源独立于主照明系统的供电电源，则客舱一般照明的光源可以为应急照明系统和主照明系统二者所共用。应急照明系统应当：

（1）照亮每一旅客出口标志和位置标志；

（2）在客舱内提供足够的一般照明，沿着旅客主通道中心线在座椅扶手高度以 100 cm（40 in）的间隔进行测量时，平均照度至少为 0.538 lx（0.05 英尺烛光）；

（3）具有贴近地板的应急逃生通道标志，该标志符合适航法规要求或者经局方批准的其他等效要求。

（d）应急灯的工作。除按照 CCAR-25 部第 25.812 条的相应适航要求设置的仅限于一个辅助装置使用、独立于飞机主应急照明系统、在该辅助装置放下时能自动接通的那些灯外，本条（c）和（h）款所要求的每个灯均应当遵守下列要求：

（1）每个灯应当：

（i）能从飞行机组工作位置和客舱中客舱乘务员正常座位易于接近处的两个地方进行人工控制；

（ii）有防止人工控制装置误操作的装置；

（iii）当在任一机组成员工作位置上使其处于接通或者待命状态时，一旦飞机正常的供电电源中断时它将保持燃亮或者开始燃亮。

（2）在滑行、起飞和着陆期间，每个灯均应当处于待命或者接通状态。在证明与本款相符时，无须考虑机身的横向垂直分隔；

（3）每个灯应当在应急着陆后的临界环境条件下，提供所要求照度水平的照明至少达 10 min。

拓展阅读

5.4　测量仪表与告警指示设备

为了监控各种电源和用电设备的工作情况，系统内必须安装由指示器和灯组成的测量仪表与告警装置。它们随着飞机类型及电气设备的不同而异。

在 CAAR-121 部第 313 条"其他设备"中规定：

飞机只有安装下列设备，方可以实施本规则的运行：（d）为保证飞行所需仪表的供电，飞机上需要安装供电品质和充裕程度的指示装置。

5.4.1　测量仪表

1. 电压表

电压表在直流和交流系统中都会采用，属于飞机上的基本仪表，多为动圈式。图 5.17（a）、（b）所示是常见的电压表的外形图。

在某些电压表上按电压大小的不同画有不同的彩色区域，正常时为绿色，需要引起注意时为黄色，发生故障时为红色，如图 5.17（c）所示。

（a）　　　　　　　　　　（b）　　　　　　　　　　（c）

图 5.17　常见电压表刻度盘

2. 电流表

电流表在直流和交流系统中也都会采用，属于飞机上的基本仪表，多为动圈式。图 5.18（a）所示是常见的电流表的外形图。在直流系统中电流表与分流器［见图 5.18（b）］一起使用，在某些情况下也可用于交流系统。测量交流电流多用电流互感器。在发电机电压正常时，电流表可以反映出发动机带负载的情况。

3. 频率表

频率表是交流电源系统的检测仪表，用来指示电源系统的频率是否正常。典型的频率表的刻度盘外形如图 5.19 所示。

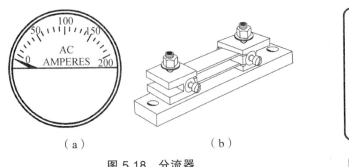

（a）　　　　　　　　　（b）

图 5.18　分流器

图 5.19　频率表刻度盘

飞机电源系统内的各种信息还可以在 EICAS 上显示，如图 5.20 所示。

由于 EICAS 采用彩色符号显示，各电源设备和汇流条的连接、工作情况直观、清楚，因此更利于飞行人员了解飞机电源系统的工作状态，便于对电源系统的管理。

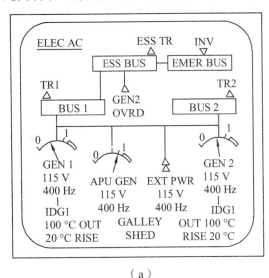

（a）

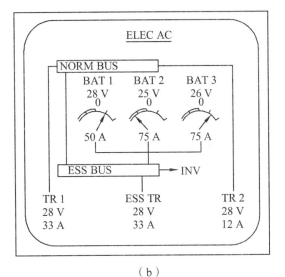

（b）

图 5.20　EICAS 显示的电源系统信息

5.4.2　警告和指示灯

警告和指示灯用来警告空勤人员发生了飞机形态改变或影响飞机系统工作的情况。通常将它们分为 3 大类：指示或咨询灯、提醒灯或警戒灯、警告灯。

指示灯用来指示系统运行正常或处于安全状态，有时也用来指示某个飞机部件的位置。其灯光颜色可以是绿色、蓝色或白色。例如，起落架放下并已锁好用绿灯亮来表示，调整片处于中立位置用蓝色或白色灯亮来表示。

提醒灯用来指示系统工作不正常而需注意，但不一定是危险的情况。其灯光颜色通常是琥珀色或黄色。例如发电机过热，烟雾探测器未接通，液压系统工作压力偏低等情况，通常用琥珀色灯亮来表示。

警告灯用来向飞行人员发出不安全情况的紧急信号，需立即采取纠正措施。其灯光颜色是红色。例如，着陆时起落架在收起位置，发动机失火，发电机故障等情况，通常用红灯亮来表示。红灯亮时，有的警告系统还伴有音响报警信号。例如，发动机失火时，相应的发动机失火红灯会亮，同时火警喇叭也会响。

有时为了引起飞行人员的注意，有的警告灯或提醒灯点亮时是闪亮的，这种闪亮的信号灯又叫"引起注意灯"。

按照工作方式，指示灯又可分为直接显示指示灯、按压检查显示指示灯和按压接通自锁显示指示灯。

在大型客机上，飞机设备日益增多，显示这些设备工作状态的信号灯也越来越多，甚至遍及整个飞机座舱，用起来很不方便，因而必须采取新的措施，于是便出现了主警告和主提醒系统，有时又称之为中央警告系统。例如，某型飞机的主警告和主提醒系统的组成如图 5.21 所示。主警告和主提醒灯位于驾驶舱遮光板上，一套在正驾驶员前方，另一套在副驾驶员前方。警告设备位于正驾驶员前方。该系统主要由两套主警告和主提醒灯、信号牌等组成。

系统或设备故障，相应的信号灯便点亮，发出系统警告。同时，主警告或主提醒灯也相应点亮，以提醒飞行人员注意。由于主警告和主提醒灯处于驾驶员视线的正前方，所以，一旦发出与主警告或主提醒有关的系统警告，飞行人员便能首先从主警告或主提醒灯的点亮得到信息。然后，再通过查看信号板上点亮的信号灯，就可检查是哪一个系统或设备发生了故障。主警告灯和主提醒灯可通过按压灯罩而使其熄灭，但信号板上的信号灯仍保持点亮，直到该系统的故障排除后才能灭。

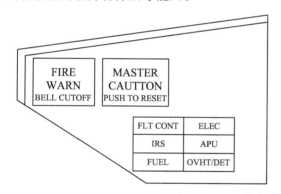 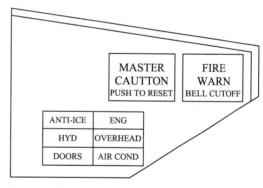

图 5.21　主警告和主提醒系统的组成

现代大型民用客机，采用了先进的电子显示技术，以屏幕文字显示或简要图形显示取代了以往通用的机电式指示器、信号灯和复杂的目视与音响报警方式。这是一套全新的显示和报警系统，在 B757 和 B767 飞机上被称为发动机指示和机组警戒系统（EICAS）。

EICAS 由两个全色阴极射线管显示器、计算机、显示转换组件和主警戒灯以及显示选择板等组成。它监视着来自发动机和飞机各系统传感器的 400 多个模拟输入信号，并产生相应的警戒、状态和维护等信息。显示组件会显示文字信息：发动机主要参数和机组警告信息在上显示组件上显示；发动机次要参数、飞机各系统参数和状态信息或者维护数据和信息在下显示器上显示。警戒信息使用红色和黄色文字显示，状态和维护信息使用白色文字显示。EICAS 的信息级别分为 A 级（warning）、B 级（caution）、C 级（advisory）、S 级（status）、M 级（maintenance）和 E 级（发动机电子控制维护）。图 5.22 所示是 EICAS 上可能显示的信息。

任何时候产生了 A 级警告，EICAS 上部显示器顶部便出现红色警告信息，同时，主警告灯亮，火警铃或报警器发出音响警告。A 级警告需要机组人员立即采取纠正措施。按压任一主警告灯，可使主警告灯灭，警告音响停止。任何时候产生了 B 级提醒信号，EICAS 上部显示器在警告信息之下便出现黄色的文字信息，同时，两个主提醒灯亮，警告系统发出嘟嘟的音响。B 级提醒信号需要机组人员立即知道，允许随后采取纠正措施。按压任一主提醒灯，可使两个主提醒灯灭。任何时候产生了 C 级咨询信号，EICAS 上部显示器在提醒信息之下并向右

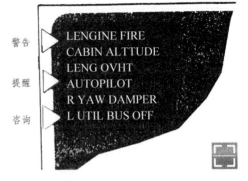

注：实际的显示字符有不同的颜色加以区别。

图 5.22　EICAS 显示信息

退一个字格处便出现黄色咨询信息。咨询信息没有音响和主警告信号。此信息需要机组知道并待以后再采取纠正措施。

复习思考题

1. 简述几种直流电动机的特点。
2. 活塞发动机电力起动通常分为哪 3 种方式？它们各有何特点？
3. 直流电动机增速可以采用哪些方法？
4. 试说明涡轮螺旋桨发动机（WJ5A）分级起动的工作过程。
5. 为什么大中型飞机的发动机不直接采用电力起动，而采用辅助动力装置？
6. 分别说明着陆灯、滑行灯、航行灯和防撞灯的功用和安装特点。
7. 飞机上有哪些内部照明设备？对驾驶舱照明有哪些要求？
8. 飞机应急照明有何特点？怎样正确使用应急照明灯的控制开关？
9. 飞机上常用的三种信号灯各有什么功用？
10. 主警告和主提醒系统的使用特点是什么？

6 电磁干扰及其防护

微信扫一扫
彩图更生动

6.1 电磁干扰及其危害

6.1.1 电磁干扰与电磁兼容的定义

随着科学技术的进步、生产力的发展和人民生活水平的提高，"电"的应用几乎渗透到人类活动的各个方面，人为的电磁干扰随之不断增加，几乎达到无所不在的地步。人为干扰已成为电磁环境干扰的主要来源。

电磁干扰是一个有着 300 多年历史的研究课题。在当今电子技术蓬勃发展的电子时代，系统结构复杂而拥挤，功率频谱更加宽大，电磁污染严重，电磁干扰成为更加困扰人们的难题。

在一个系统中，如果各种用电设备能和谐地正常工作，而不致因相互间的电磁干扰而出现性能改变或遭受损坏，人们就满意地称这个系统中的用电设备是相互兼容的。但是随着用电设备功能的多样化、结构的复杂化、功率的加大和频率的提高，以及灵敏度的越来越高，这种相互包容、各显其能的状态很难获得。电磁干扰会引起电子设备性能降级或短时间失效，因此又称为电磁场的不兼容性。为了使系统达到电磁兼容，必须以系统整体电磁环境为依据，要求每个用电设备不产生超过一定限度的电磁发射，同时又要求它具有一定的抗干扰能力。只有对每一个设备做出这两方面的约束，才能保证系统达到完全兼容。因此，人们对电磁兼容的含义做出了科学的概括，认为电磁兼容是"设备（分系统、系统）在共同的电磁环境中能一起执行各自功能的共存状态。即该设备不会由于受到处于同一电磁环境中的其他设备的电磁发射导致或遭受不允许的降级，它也不会使同一电磁环境中其他设备（分系统、系统）因受其电磁发射而导致或遭受不允许的降级"。这是国军标 GJB72—85《电磁干扰和电磁兼容性名词术语》中规定的。

电磁干扰和电磁兼容就是存在干扰源的两种结果。干扰和兼容两者可以相互转化。为了达到系统电磁兼容的目的，需要尽量削弱干扰源，抑制干扰传播途径，降低每个设备的敏感度。

6.1.2 电磁干扰的传播

理论和实验的研究表明，不管是复杂系统还是简单装置，任何一个电磁干扰的发生必须具备三个基本条件：首先应该具有干扰源，其次有传播干扰能量的途径（或通道），最后还必须有被干扰对象的响应。在电磁兼容性理论中把被干扰对象统称为敏感设备（或敏感器）。

干扰源、干扰传播途径（或耦合途径）和敏感设备被称为电磁干扰的三要素。图 6.1 为电磁干扰三要素的示意图。

　　电磁干扰源是发生电磁干扰的首要因素。存在干扰源不一定就会发生电磁干扰，它潜藏着发生干扰和兼容的两种可能性。大部分人为干扰源都是无意发射的，它们通常伴随着用电设备实现某种电能转换功能而产生，因此企图完全消除干扰源的存在，往往是极其困难的，甚至是不可能办到的。人们容忍它存在，但必须把它限制在不影响其他设备正常工作的范围内。

　　任何电磁干扰的发生都必然存在干扰能量的传输和传输途径（或传输通道）。通常认为电磁干扰传输有两种方式：一种是传导传输方式，另一种是辐射传输方式。因此，从被干扰的敏感器角度来看，干扰的耦合可分为传导耦合和辐射耦合两类。

　　传导传输的干扰源和敏感器之间必有完整的连接电路，使干扰信号沿着这个连接电路传递到敏感器，发生干扰现象。这个传输电路可包括导线、设备的导电构件、供电电源、公共阻抗、接地平面、电阻、电感、电容和互感元件等。

　　辐射传输是通过介质以电磁波的形式传播，干扰能量按电磁场的规律向周围空间发射。常见的辐射耦合有 3 种：① A 天线发射的电磁波被 B 天线意外接收，称为天线对天线耦合；② 空间电磁场经导线感应而耦合，称为场对线的耦合；③ 两根平行导线之间的高频信号感应，称为线对线感应耦合。

　　在实际工程中，两个设备之间发生干扰通常包含着许多种途径的耦合。如图 6.2 所示为家用电吹风机对电视机发生干扰的传输途径。电吹风机是干扰源，它一方面产生射频噪声，向空间发射，以辐射传输的方式通过电视机天线耦合引起干扰。同时，射频噪声还在电视机的电源线中感应产生，再以传导方式进入电视机。另一方面，它还在电源中产生高频谐波和尖脉冲波，通过连接导线以传导耦合方式使电视机受到干扰。这样，可以看到电视机受到三个途径的干扰。正因为实际中发生的电磁干扰是多途径的反复交叉耦合，电磁干扰才变得难以控制。

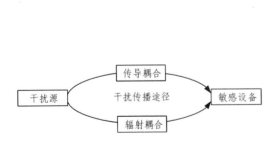

图 6.1　电磁干扰三要素的示意图

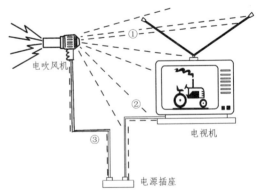

图 6.2　电吹风机对电视机的干扰

6.1.3　电磁干扰的危害

　　电磁辐射能量对人类活动有三大危害：① 电磁干扰会破坏或降低电子设备的工作性能；② 电磁干扰能量可能引起易燃易爆物的起火和爆炸；③ 电磁干扰能量可对人体组织器官造成伤害，危及人类的身体健康。

1. 对电子设备的危害

一般硅晶体管的发射极和基极之间的反向击穿电压为 2～5 V。电磁干扰中的尖峰电压可使晶体管发射结和集电结击穿和烧穿短路。此外，晶体管在射频电磁波的照射下，能够吸收足够的能量，使结温升高，造成二次击穿而损坏。

由此可见，电磁干扰作用会使电子元器件降级或失效，造成电子仪器设备的性能改变和失效。

2. 对军用器械的危害

在现代飞机、导弹、坦克和军舰上有许多电引爆装置，它已成为军械系统必不可少的设备。然而电磁波通过电爆装置的控制线路感应出的干扰电流可能引起爆炸。电磁波对电引爆器构成严重威胁的例子举不胜举。

早在 1932 年英国就有射频能量造成意外爆炸事故的记载。1949 年，美国杜邦公司记载了在一艘石油勘探船上，由于一台 50 W 发射机的水平天线（长为 7.6 m，工作频率为 1602 kHz）在一枚 2.268 kg（5 lb）烈性炸药的引爆电路上感应出 0.42 A 的电流而引起意外爆炸。另外，飞机机翼悬挂的副油箱在无线电辐射干扰下产生误投放、军舰的鱼雷在调频广播电台电磁波作用下出现意外发射等事故屡见不鲜。

大量试验表明，雷达使火箭发射、调幅广播电台使雷管爆炸、双通电台使电引爆器引燃都是由于电磁干扰能量所致。在军用飞机上，电引爆器的应用多达几十枚，必须高度重视电磁干扰可能造成的危害。

3. 对民用航空运输的危害

日益增多的电磁干扰，对民航交通运输构成了极大的威胁，危及了飞行安全。例如，1998 年 2 月 12 日晚，CCTV-1 "焦点访谈" 节目专门报道了电磁干扰妨碍民航春运事件：该年 1 月 20 日，由于大功率寻呼发射机干扰广州机场与飞行在航线上的飞机间的无线电通信联络指挥调度，危及飞行安全，不得不关闭一个繁忙扇面，使 90 多个航班不能正常运行，大批旅客滞留机场，给繁忙的春运造成损失。又如，我国某海滨疗养地新建了一个电视转播台，由于该台对附近飞机场有严重干扰，尚未正式启用，就被责令拆毁。以上两例说明电磁干扰是无线电通信的大敌。

4. 对燃油的危害

各种燃油在强电磁场作用下有发生燃烧和爆炸的危险。一般常见的事故有三种情况：

1）直接照射

实验表明，燃油蒸气在发射天线辐射的频率为 2～13 MHz 的电磁波照射下，如果发射功率为 100 W，天线与燃油距离为 11.5～75 m，就会发生自燃而引起爆炸。

2）电火花点燃

在大功率发射天线周围给飞机加油时，在特定条件下，在油枪嘴从飞机油箱中抽出来的瞬间会产生爆炸。这是因为油枪、接地电缆和飞机构架组成了一个射频接收回路，接收到的电磁场能量使油枪和飞机油箱之间产生高达 150 V 的电位差，形成约 0.12 A 的电流；油枪嘴离开油箱时引起电弧放电，电火花使燃油燃烧起爆。

实验研究指出，引起电弧和电火花放电所需要的伏安极限是 50 V·A。一辆中型加油车为飞机加油时，如在飞机油箱附近存在电磁波辐射，且这个电磁波频率在 24～32 MHz，则场强只需 37 V/m 即可获得引起火花放电的电磁能量，达到 50 V·A 的极限值。

3）静电放电

当易挥发的燃油装在密封的油罐车中运输时，燃油在车罐内晃动摩擦会造成电荷积累，产生静电放电。当挥发的油蒸气和空气的混合物比例合适时就会起火爆炸。

5. 电磁能量对人体的危害

电磁波作用到人体和动植物上，可以被反射、吸收或穿透。这种非电离射频辐射生物效应，一直被人类关注。因为在一定条件下，电磁辐射可导致中枢神经系统机能障碍和自主神经功能紊乱、损伤眼睛、诱发癌症或免疫缺陷性疾病。

电磁辐射对人体的危害表现为热效应和非热效应两方面。电磁辐射通过对细胞的加热增强血液的流通和发热，并使外部感觉神经末梢受到加热刺激作用产生病理、生理和神经反应称为热效应。

人体细胞吸收射频能量，在 1～3 GHz 范围内热效应最为严重，主要加热人体深处细胞；而在 3 GHz 以上，只加热表面皮肤。图 6.3 所示为射频能量被细胞吸收和加热的一般情况。人的整个身体的温度超过正常体温时，每升高 1 ℃，基础代谢增加 5%～14%，在组织中的氧气需要增加 50%～100%。因此热效应对人体的伤害是很明显的。人体的不同部位由于散热效

图 6.3　射频能量造成的组织吸收和加热

率不同，受伤害的程度也不一样。如皮肤具有较为丰富的微血管，它能带走较多的热量，散热效率较高，因此表皮组织的温升往往要小于深部组织的温升。

在射频辐射场中人体最容易受损害的部位和器官有眼睛、睾丸、大脑、神经、皮肤、血液等。

国际上对射频辐射暴露界限值的规定存在较大差别。以美国为首的英、德、加拿大等国家制定的界限值为 10 mW/cm²，暴露时间为 6 min；原苏联曾规定界限值为 10 μW/cm²，暴露时间为 8 h。

综上所述可以发现：电磁辐射会危害人身健康，危及飞行安全；强场比弱场的危害严重，高频比低频的危害严重，时间长比时间短的危害严重；人类应远离大功率设备，但也不应忽视小功率设备可能存在的危险。

6.2　电磁干扰的控制

6.2.1　电磁干扰控制策略

电磁兼容学科是在早期单纯的抗干扰方法基础上发展形成的，两者的目标都是使设备和系统在共存的环境中互不发生干扰，最大限度地发挥其工作效能。但是早期的抗干扰方法和现代的电磁兼容技术在控制电磁干扰的策略上有着本质的差别。

　　单纯的抗干扰方法的主要思路集中在设法抑制干扰的传播，因此哪里有干扰就在哪里就事论事地给予解决。这仅仅是根据经验局部的应用，解决问题的方法也是单纯的对抗式的措施。

　　电磁兼容技术在控制干扰的策略上采用了主动预防、整体规划和"对抗"与"疏导"相结合的方针。人类在应对大自然各种灾难性危害的过程中，总结出的预防和救治、对抗和疏导等一系列策略，在控制电磁危害中同样是极其有效的思维方法。

　　在控制方法设计上，除了采用众所周知的抑制干扰传播的技术，如屏蔽、接地、搭接、合理布线等方法以外，还可以采取回避和疏导的技术处理，如空间方位分离、时间闭锁分隔、频率划分与回避滤波、吸收和旁路等。有时这些回避和疏导技术简单而巧妙，可以代替成本高昂而质量、体积较大的硬件措施，收到事半功倍的效果。

　　表 6.1 列出了电磁兼容控制策略与控制技术方案的分类情况。在本章将进一步论述空间分离、时间分隔、频域划分和管制、电气隔离等问题。

表 6.1　电磁兼容控制策略

传输通道抑制	空间分离	时间分隔	频域管理	电气隔离
滤　波			频谱管制	变压器隔离
屏　蔽	地点位置控制	时间共用准则	滤　波	光电隔离
搭　接	自然地形隔离	雷达脉冲同步	频率调制	继电器隔离
接　地	方位角控制	主动时间分隔	数字传输	DC/DC 变换
布　线	电磁场矢量方向控制	被动时间分隔	光电转换	电动机-发电机组

6.2.1.1　空间分离

　　空间分离是对空间辐射干扰和感应耦合干扰的有效控制方法。其思路是通过加大干扰源和接收设备之间的空间距离，使干扰电磁场在到达接收设备时的强度已衰减到最小限度，从而达到抑制干扰的目的。根据电磁场的特性，在近区感应场中，场强分布递减，远区辐射场的场强分布按 $1/r$ 减小，因此加大干扰源与接收电路的距离实质上是利用电磁场特性达到抑制电磁干扰的最有效的基本方法。

　　空间分离的典型应用是在系统布局时尽量把容易相互干扰的设备安排得距离远一些。在导线布线中，限制平行线间的最小间距；在印制板布线规则中，规定了线间的最小间隔等。空间分离的应用还包含在空间有限的情况下，对辐射方向进行控制。如在飞机和导弹上有许多通信天线，它们只能安装在机身和机翼的有限空间范围内，为避免天线相互干扰，常通过控制天线方向图的方位角来实现空间分离。在电子设备盒中，为了使电源变压器铁心泄漏的低频磁场不在印制板的回路中产生感应电势，应该通过空间位置调整使印刷板平面与变压器泄漏磁场方向平行。

　　适航法规 CAAR-25.1707 对燃油、液压、氧气和供水等系统提出了系统隔离要求，除了必需的电气连接之外，各系统要采取必要的物理隔离，使得 EWIS 部件失效不会产生危险状态，且任何子系统的液体、气体泄漏不导致相应部件处于危险状态。

6.2.1.2　时间分隔

　　当干扰非常强而不易加以抑制时，通常采用时间分隔的方法，使有用信号传输在干扰信号停止发射的时间内进行；或者当强干扰信号发射时，使易受干扰的敏感设备短时关闭，以避免遭受损害。人们把这种方法称为时间分隔控制或时间回避控制。采用时间分隔控制有两种形式，一种是主动时间分隔，另一种是被动时间分隔。

主动时间分隔法是按照干扰时间特性与有用信号时间特性的内在规律设计的控制干扰方法。

在有用信号出现时间与干扰信号出现时间有确定的先后关系的情况下，采用主动时间分隔方式。如干扰信号出现在 $t_1 \sim t_2$ 时间内，而有用信号出现在 t_1 时刻之前，此时应提前发送有用信号，或者加快有用信号的传输速度，使有用信号赶在干扰信号出现之前传输完毕。如果有用信号出现在干扰信号之后，可采用延迟发射电路，即让干扰信号通过之后再发射有用信号。这样就可以使接收信号的设备在时间上将干扰信号与有用信号区分开来，达到剔除干扰信号的目的。

被动时间分隔法是利用干扰信号或有用信号出现的特征使其中某一信号迅速关闭，从而达到时间上不重合、不覆盖的控制要求。如果干扰信号是阵发性的，而有用信号的出现时间又是不能预先确定的，这样就不能确定两个信号的出现时间，只能由其中一个来控制另一个，使之分隔。例如，飞机上的雷达工作时，发射功率很强的电磁波，对于机上其他无线电设备的工作是一个很强的干扰源。为了不使无线电报警装置接收干扰信号而发出警报，可采用被动时间分隔法，即由雷达首先发送一个封锁脉冲，报警器接收到封锁脉冲之后立即将电源关闭，这样雷达工作时，报警器就不会发出虚假警报，实现了时间分隔。当雷达关闭后，报警器又重新接通电源恢复工作。时间分隔还可以应用于系统的不同任务剖面。

时间分隔方法在许多高精度、高可靠性的系统和设备中经常被采用，例如卫星、宇航空间站、航空母舰、武器装备系统等。它是简单、经济而行之有效的干扰控制方法。

6.2.1.3 频率划分和管制

任何信号（包括有用信号和干扰信号）都是由一定的频率分量组成的。利用系统的频谱特性将需要的频率分量全部接收，将干扰的频率分量加以剔除，这就是利用频率特性来控制电磁干扰的指导思想。在这个原则下形成了很多具体的方法，如频谱管制、滤波、频率调制、数字传输、光电传输等方法。

1. 频谱管制

为了防止电磁信号相互干扰，人们把频谱资源进行了分配和管理，这就可以减少有意发射电磁波的相互干扰。例如，将频谱分成许多频段，不同用途的电磁波只能在自己的频段内工作和传播。

在世界范围内，由国际无线电组织规定了频率分配和使用的规则，制定了频率分配表。它是全世界频谱利用和协调的基础，具有国际法性质。这个规则划分了从 9 kHz ~ 27.5 GHz 的频谱范围，规定了广播、航空、航海、固定通信、宇宙通信、探测、天文、科研等 39 种无线业务的频率范围。规则中制定的频率分配表把全球按地理位置分成三个区域，区域一包括非洲、欧洲和整个原苏联地区，区域二为美洲，区域三为亚洲和澳洲。每个区域又分成若干较小的地区。地区性频率分配主要针对从 0.1 ~ 4 MHz 的中距离通信无线电波。对于更高频的远距离通信无线电波，可以在不同地区通用。对于 90 MHz 以下的频率范围，除了卫星通信外，从 4 ~ 7.5 MHz 频率范围在全球内分配，作为各种专用业务频率，以免电离层反射到全球引起干扰。

每个国家根据国际电信公约和国际无线电规则设立国家级的频谱管理机构，为本国分配和管理无线电频谱。在我国，由全国无线电管理委员会负责分配、协调和管理无线电频谱。

2. 电气隔离

电气隔离是避免电路中干扰传导的可靠方法，同时它还能使有用信号正常耦合传递。常见的电气隔离耦合原理有机械耦合、电磁耦合、光电耦合。

机械耦合是采用电气-机械的方法，如继电器将线圈回路和触头控制回路隔离开来，成为两个电路参数不相关联的回路，实现了电气隔离。然而控制指令却能通过继电器动作从一个回路传递到另一个回路中去。

电磁耦合采用的是电磁感应原理。如变压器由初级电流产生磁通，磁通再产生次级电压，使初级回路与次级回路在电气上隔离，而电信号或电能却能由初级传递到次级去，这就使初级回路中的干扰不能由电路直接进入次级回路。

变压器是电源中抑制传导干扰的最基本的方法。常用的电源隔离变压器有屏蔽隔离变压器、铁磁谐振隔离变压器等。变压器还在信号传递回路中作耦合和隔离用。

为了保证用电系统或设备与交流电网完全隔离，防止电网的各种干扰侵入设备和系统，可以将交流发电机和交流异步电动机装在同一轴上，或用联轴节连在一起，交流电动机接在交流电网上，当它转动时便带动发电机同步旋转，发出交流电来。发电机输出电路和交流电网回路是通过机械方式传递电能的，在电气上是完全隔离的，因此电网中的电磁干扰就不会污染发电机的供电回路。由于这种变换方式的效率很低、成本高、体积大，因此很少采用。

适航法规 CCAR-25.1707 提出，冗余系统必须具有足够的物理分离或隔离保护。例如，对于自动飞行控制系统，必须保证供电和控制系统相互独立，相互隔离，避免由于共因引起双通道失效，造成灾难性后果。要求：① 冗余飞机系统的 EWIS 应置于独立的线束中，并通过独立的连接器；② 独立电源的馈电线应布置在相互独立并与其他子系统线路分离的线束中；③ 涉爆子系统（如灭火瓶释放爆炸电路）的线路使用双绞电缆并采用屏蔽层，且屏蔽不能间断。

6.2.2　电磁兼容的控制技术

敏感设备指受干扰影响的系统、设备或电路，其受干扰的程度用敏感度来表示。所谓敏感度是敏感设备对干扰所呈现的不希望有的响应程度。敏感度门限指敏感设备最小可辨别的不希望有的响应信号电平，也就是敏感电平的最小值。敏感度越高，则其敏感电平越低，抗干扰能力就越差。

电磁兼容技术的关键在于有效地抑制电磁干扰。只有掌握了电磁干扰的抑制技术，并在系统或设备的设计、生产、使用以及维修过程中合理地应用，才能实现电磁兼容。因此，干扰的抑制技术是电磁兼容领域的重要课题。抑制干扰的方法很多，屏蔽、接地、滤波、频率调制、数字传输是常用的方法。

6.2.2.1　屏　蔽

抑制以场的形式造成干扰的有效方法是电磁屏蔽。所谓电磁屏蔽就是以某种材料（导电的或导磁的材料）制成的屏蔽壳体（实体的或非实体的），将需要屏蔽的区域封闭起来，形成电磁隔离，即其内的电磁场不能越出这一区域，而外来的辐射电磁场不能进入这一区域（或者进出该区域的电磁能量将受到很大的衰减）。

电磁屏蔽的作用原理是利用屏蔽体对电磁能流的反射、吸收和引导作用，而这些作用与屏蔽结构表面上和屏蔽体内感生的电荷、电流与极化现象密切相关。按屏蔽原理，屏蔽技术可分为电场屏蔽、磁场屏蔽和电磁场屏蔽，下面阐述各种屏蔽技术的工作原理。

1. 电场屏蔽

电场屏蔽简称电屏蔽，实质是减少设备（或电路、组件、元件）间的电场感应。它包括静电屏蔽和交变电场（例如高阻抗电场源的近场）的屏蔽。

1）静电屏蔽

根据电磁场理论可知，置于静电场中的导体在静电平衡的条件下，有下列性质：

（1）导体内部任何一点的电场为零。

（2）导体表面上任何一点的电场方向与该点的导体表面垂直。

（3）整个导体是一个等位体。

（4）导体内部没有静电荷存在，电荷只能分布在导体的表面上。

即使其内部存在空腔的导体，在静电场中也有上述性质。因此，如果把有空腔的导体引入电场，由于导体的内表面无净电荷，空腔空间中也无电场，所以该导体起了隔绝外电场的作用，使外电场对空腔空间并无影响。反之，如果把导体接地，即使空腔内有带电体产生电场，在腔体外面也无电场。这就是静电屏蔽的理论根据。例如，当屏蔽体内空腔存在正电荷时，如图 6.4（b）所示，屏蔽体内侧感应出等量的负电荷，外侧感应出等量的正电荷，电力线继续达到导体 B。可以看出，仅用屏蔽体将静电场源包围起来，实际上起不到屏蔽作用。只有将屏蔽体接地时，如图 6.4（c）所示，才能将静电场源所产生的电力线封闭在屏蔽体内部，屏蔽体才能真正起到屏蔽的作用，使导体 B 不会再受到感应的干扰。

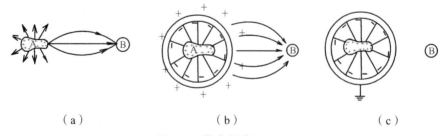

（a）　　　　　　　　　　（b）　　　　　　　　　　（c）

图 6.4　静电屏蔽原理图

2）交变电场的屏蔽

对于交变电场的屏蔽，屏蔽体必须选用导电性能好的材料，而且必须良好地接地，只有这样才能有效地减少干扰。一般情况下，要求接地电阻小于 2 mΩ，比较严格的场合要求小于 0.5 mΩ。若屏蔽体不接地或接地不良，将导致加屏蔽体后干扰变得更严重，对于这一点应特别注意。

从上面的分析可以看出，电场屏蔽的实质是在保证良好接地的条件下，将干扰源发出的电力线终止于由良导体制成的屏蔽体，从而切断了干扰源与受感器之间的电力线交连。

2. 磁场屏蔽

磁场屏蔽简称磁屏蔽，是通过抑制磁场耦合实现磁隔离的技术措施。它包括低频磁屏蔽和高频磁屏蔽（例如对低阻抗磁场源近区感应磁场的屏蔽）。

1）低频磁场屏蔽

低频（100 kHz 以下）磁场屏蔽常用的屏蔽材料是高磁导率材料（如铁、硅钢片、坡莫合金等）。其屏蔽原理是利用铁磁材料的高磁导率对干扰磁场进行分路，使磁场主要沿屏蔽罩通过，即磁场被限制在屏蔽层内。同样，外界磁场也将通过屏蔽罩壁而很少进入罩内，从而使外部磁场不致影响到屏蔽罩内的物体。铁磁材料的磁导率 μ 越高，屏蔽罩越厚，则磁阻越小，磁屏蔽效果越好，但会使成本增高，质量增加。

在使用铁磁材料做的屏蔽罩时，垂直于磁力线方向上不应有开口或缝隙，这样的开口或缝隙会切断磁路，使磁阻增大，屏蔽效果变差。铁磁材料的屏蔽只适用于低频。

2）高频磁场屏蔽

高频磁场屏蔽采用的是低电阻率的良导体材料，如铜、铝等。其屏蔽原理是利用电磁感应现象在屏蔽壳体表面所产生的涡流的反磁场来达到屏蔽的目的，也就是利用了涡流的反磁场对原干扰磁场的排斥作用，来抵消屏蔽体外的磁场。例如，将线圈置于用良导体做成的屏蔽盒中，则线圈所产生的磁场将被限制在屏蔽盒内。同样，外界磁场也将被屏蔽盒的涡流的反磁场排斥而不能进入屏蔽盒内，从而达到屏蔽高频磁场的目的。

根据上述高频磁场屏蔽的原理可知，屏蔽盒上所产生的涡流的大小将直接影响屏蔽效果。涡流的大小与频率成正比。在低频时，产生的涡流小。可见，利用感应涡流进行磁屏蔽的效果在低频时是很差的。因此，这种屏蔽方法主要用于高频。

3. 电磁屏蔽

通常所说的屏蔽，一般指的是电磁屏蔽，即对电场和磁场同时加以屏蔽。电磁屏蔽一般也是用来防止高频电磁场的影响的。

在交变场中，电场分量和磁场分量总是同时存在的，只是在频率较低的范围内，干扰一般发生在近场。而近场中随着干扰源的特性不同，电场分量和磁场分量有很大差别。高压大电流干扰源以电场为主，磁场分量可以忽略，这时就可以只考虑电场的屏蔽。而低压大电流干扰源则以磁场为主，电场分量可以忽略，这时就可以只考虑磁场屏蔽。

随着频率增高，电磁辐射能力增加，产生辐射电磁场，并趋向于远场干扰。高频时即使在设备内部也可能出现远场干扰，因此需要电磁屏蔽。

如前所述，采用良导电材料，就能同时具有对电场和磁场（高频）屏蔽的作用。对于良导体而言，其集肤深度很小，因此电磁屏蔽体无须做得很厚，其厚度仅由工艺结构及机械性能决定。

6.2.2.2　接　地

接地技术是任何电子、电气系统都必须采用的重要技术，它不仅是保护设施和人身安全的必要手段，也是控制电磁干扰、保证设备电磁兼容性、提高可靠性的重要技术措施。

接地原指与真正的大地连接以提供雷击放电的通路,例如将避雷针的一端埋入大地。后来,接地成为电气设备和电力设施提供漏电保护的放电通路的技术措施。现在,接地的含义早已延伸,它一般指连接到一个作为参考电位点(或面)的良导体的技术行为。其中的"地"不一定为实际的大地,而是泛指电路和系统的某部分金属导电板线,它可以作为系统中各电路任何电信号的公共电位参考点。理想的接地导体是一个零电阻的实体,任何电流在接地导体中流过都不应该产生电压降,各接地点之间不应该存在电位差。但是,如果接地不当就会引入电磁干扰。

通常电路和用电设备的接地按其功能分成安全接地和信号接地两大类。

安全接地就是采用低阻抗的导体将用电设备的外壳连接到大地上,使操作使用人员不致因设备外壳漏电或故障放电而发生触电危险。安全接地还包括建筑物、输电线铁架、高大电力设备的接地,其目的是防止雷击放电造成设施破坏和人身伤亡。

由于大地具有非常大的电容量,因此是理想的零电位。不论往大地注入多大的电流或电荷,在稳态时其电位保持为零,因此良好的安全接地能够保证用电设备、各种设施和人身安全。

信号接地就是在系统和设备中,采用低阻抗的导线(或地平面)为各种电路提供具有共同参考电位的信号返回通路,使流经该地线的各电路信号电流互不影响。

常用的接地类型如图6.5所示。

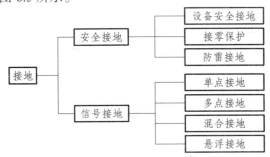

图 6.5　接地的种类

适航法规 CAAR-25.1707(d)款规定:① 飞机独立电源之间不得共用同一接地端;② 飞机系统的静电接地不得与任何飞机独立电源共用同一接地端。这样可以保证各个电源的独立性,在发生单个接地故障时不会引起多重电源故障,也可以防止其他飞机子系统对电源产生有害干扰。

6.2.2.3　滤　波

实践表明,即使一个经过很好设计并且具有正确的屏蔽和接地措施的系统,也仍然会有不需要的能量传导进入此系统,致使系统的性能降低或引起系统的失灵。滤波器可以把这些不需要传输的能量减小到使系统能较好地工作的电平上。这是因为在滤波器的通带内,滤波器对能量传输的衰减很小,使能量很容易通过;而在通带之外,传输能量则受到很大的衰减,从而抑制了能量的传输。滤波的实质是将信号频谱划分成有用频率分量和干扰频率分量两段,剔除干扰部分。正因为滤波器具有这样的作用,所以滤波器是一种抑制干扰的有效手段。

当有用信号中含有干扰信号并且能够确定有用信号和干扰信号所占据的频谱分量时,可采用滤波方法使干扰信号频率分量得以剔除和抑制,从而保留有用信号的频率分量。滤波技术不仅常见于控制电源中的传导干扰的传输,而且也应用于辐射信号传播中控制天线的接收信号分量。滤波器根据频率特性可以分为几类：① 低通滤波器，只通过低频有用成分，抑制或削弱高于截止频率的成分；② 高通滤波器，只通过高频有用成分，剔除截止频率以下的干扰成分；③ 带通滤波器，只通过某一频带宽度范围内的频率成分，阻止带宽以外的频率成分通过；④ 带阻滤波器，抑制某一频率宽度范围内的频率成分，允许带宽以外的频率分量通过。

6.2.2.4 频率调制

通常在长距离信号传输过程中容易引入干扰，而且这种干扰的频谱较宽，频域范围难以确定，为提高信号传输质量，可以采用频率调制方法。

信号调制分为幅度调制和频率调制两种制式。幅度调制后产生的载波信号具有较高的频率，既便于发送，又能防止引入干扰。无线电广播发射的调幅波信号就是采用这种幅度调制方式。

频率调制后的信号在传输过程中如遇电磁干扰，只影响其幅度，极难影响其频率，因此接收信号的质量较高。广播电台的立体声调频信号就是经过频率调制后传送的，所以收听质量很好，特别是低频分量丰富，悦耳动听。

6.2.2.5 数字传输

另一种防止信号在传输过程中被干扰的方法为采用数字传输技术，将待传送的信号经过高速采样、模/数转换，使之变成数字信号，成为一系列对应于原信号幅度的调制脉冲。

数字传输技术的采样频率应大于所传送信号的最高频率成分的两倍，否则信号的信息就不能全部被包含在数字信号中。经过采样后，将连续变化的信号波形变成为阶梯状波形，通常称为量化。当信号电平较小时，可提高采样频率来缩小量化误差。在数字传输技术中，还可采用非线性量化的压缩和扩展技术，使量化噪声均匀。

信号的数字传输技术实质上也是一种频率变换的方法，在通信工程中应用较多，目前已应用在电视图像信号的传播工程中，以提高图像的清晰度。

6.3 静电及其防护

6.3.1 静电现象

两种不同材料的相互摩擦是产生静电荷的主要原因。例如，当人穿塑料底或皮底鞋在铺有绝缘橡胶、地毯的地板上行走时，就会因摩擦引起带电。有人做过测试，在室温为 20 ℃、相对湿度为 40% 时人体的带电电压如表 6.2 所示。

表 6.2 人体的带电电压 (kV)

类　　别	木　棉	毛	丙　烯	聚　酯	尼　龙	维尼龙/棉
棉衣（100%）	1.2	0.9	11.7	14.7	1.5	1.8
维尼龙/棉（55/45）	0.6	4.5	12.3	12.3	4.8	0.3
聚酯/人造丝（65/5）	4.2	8.4	19.2	17.1	4.8	1.2
聚酯/棉（65/35）	14.1	15.3	13.3	7.5	14.7	13.8

　　表 6.2 中所列的数据，说明人体带电电压的高低与所穿衣料有关，不同的衣料所带电压是不同的。当然这是在人体与地绝缘的情况下测得的。如果人体与地相连接，则人体中的静电荷都会泄漏到地而不可能累积静电荷，也就不会有静电压产生。

　　用人造革、泡沫塑料、橡胶、塑料贴面板等容易产生静电的材料制成的工作台、家具、工作室墙壁及各种塑料包装盒，在使用过程中不可避免地要发生摩擦，从而产生静电；高速流动的气体或液体，因为与设备的腔壁和管壁发生了摩擦也会引起静电。

　　静电的产生与空气的湿度有很大关系。湿度高时，空气中所含有的水分子就多，物体表面吸附的水分子也多，表面的电阻率降低，使静电荷容易由高电位传到低电位而积聚不起来，产生的静电电压必然较低。相反，空气的湿度较低时，同样的活动就会产生较高的静电电压。表 6.3 所列的是在不同湿度时进行活动的人体所带的静电电压值。

表 6.3　各种活动在不同深度时使人体所带的静电压（kV）

活动类型	相对湿度为 10%~20%	相对湿度为 65%~90%
在地毯上走动	8.5	1.5
从聚苯乙烯袋中取零件	15	1
在工作台上工作	0.6	0.1
在泡沫垫椅上坐	1.8	1.5

　　雷电从本质上说也属于静电的范畴，它是大自然中的一种静电放电现象。但是雷电不同于一般的静电放电，这是因为雷电的电压相当高，冲击电压可达数十万甚至数百万伏。雷电的放电电流也相当大，可达数千甚至数百万安培。因此雷电的破坏力要比一般的静电放电大得多，以至于一般的静电放电及其他形式的放电是无法与之比拟的。

　　人们已经能够利用静电为人类服务，例如静电喷漆、除尘、植绒、复印、打印等。然而，静电也会给人们带来危害，主要有以下 3 个方面：一是引起火灾和爆炸事故，这类事故最为常见；二是引起静电电击，一般不能直接致死；三是影响生产，影响产品质量。

　　静电对航空事业造成了很大的影响。飞机在跑道上滑行，轮胎与地摩擦起电会立即传遍机身。飞机在高空中飞行时，遇到带电云也会感应带电。整个机体（包括螺旋桨、机翼、机身等）会因与高空气流中的水滴、冰屑、灰尘等冲击和摩擦而带电。燃烧废气高速冲出等也能使飞机带电。在地面上，燃料油注入油箱时会把泵或过滤器中产生的电荷带入油箱。飞机飞行时的晃动会使油箱内的油产生静电，而带电后的油会使油箱带电。因此，在整个飞行过程中飞机会带上大量静电。带电飞机的机翼、螺旋桨及天线的尖端，都可能产生电晕放电。这些静电放电（Electro Static Discharge，ESD）会产生很强的无线电干扰，使飞机和地面的无线电通信中断，使无线电导航系统不能工作。另外，静电放电的噪声有可能淹没全部高、中、低频无线电信号。此外，飞机带电大大增加了遭受雷击的可能性。据统计，南非航空公司在 1948—1974 年的 26 年间，其飞机共受雷击 254 次，有可见损坏的雷击 103 次（占 40%），损坏情况如表 6.4 所示。

表 6.4　103 次雷击中飞机损坏情况

损坏项目	次　数	占 103 次中的百分比
无线屏蔽罩和测试设备	16	18%
无线和无线电	21	20%
放电锥和机身	76	75%

6.3.2　静电敏感设备工作环境

随着电子技术的迅速发展，在日常生活和飞机中都使用了大量电子设备。这些设备的处理器运行速度越来越快、存储器存储容量越来越大、集成电路集成度越来越高，使得电子器件更容易遭受静电的破坏。因此，静电敏感设备或器件都在本体或包装上贴有警告标签，如图 6.6 所示。为了醒目，警告标签一般采用黄底黑字。

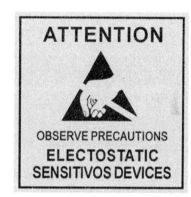

图 6.6　防静电警示标签

在拿取及拆卸静电敏感电子器件或设备时，要采取一定的预防措施，这些预防措施包括：

（1）使用手腕带或脚腕带（腕带内置 1 MΩ 电阻），穿防静电服。

（2）使用静电耗散地板和工作台垫。

（3）插座接地。

（4）接地良好性测试。

（5）仪器、工具、电烙铁接地。

（6）静电敏感元器件、电路板、设备均应放置在防静电包中，只有在需要时才打开。

6.3.3　飞机结构的静电现象及其防护技术

1. 飞机结构中静电荷的产生

飞机在飞行期间，在其结构中会累积起静电荷。这些静电荷的产生有两方面的原因：

1）沉积起电

飞行过程中，机身与空气中的雨滴、雪花、冰晶、沙尘、烟雾及其他大气污染物等粒子流发生撞击和摩擦时会引起一种所谓的沉积起电，粒子流中的静电荷就建立在飞机的外表面。

2）静电感应

当飞机飞入某些类型的云所形成的静电场时，在飞机中产生感应电荷。静电感应可以产生上千万伏电压和可能的数千安培的电流通过飞机。

2. 飞机结构中静电荷的危害

不管飞机是以何种方式获得静电荷，它与大气间的电位差都会产生放电。由于飞机各分离零件以及飞机工作所需要的所有系统间有电位差，则飞机结构的各部分之间潜藏着放电的危险。这种放电现象一旦发生就会干扰无线电通信和导航信号，甚至引发火灾。另外，人员在接触飞机的设备和零件时有触电的危险。飞机静电主要有两个方面的危险：静电燃爆、静电干扰和屏蔽。

1）飞机静电燃爆事故

航空燃油是良好的绝缘体。在给飞机加油的过程中，以及飞机起飞、着陆的过程中，燃油与油箱壁摩擦等原因致使油箱内积聚较多的静电荷，如果不采取适当的措施就会发生事故。例如，1977 年，美国空军的 F-105、A-10 飞机和 UH-1 直升机在加油过程中都相继发生过静电失火事故。

2）飞机的静电干扰与静电屏蔽

飞机在飞行过程中会产生静电，在凸出部位的电位可高达 200～500 kV。当飞机表面的电场强度达到 3300 V/mm 时，机体的凸出部位就会产生电晕放电。一般来说，只要飞机上的静电放电电流超过 5 μA，无线电通信就要受到干扰，特别是在天线附近要产生放电现象。

静电屏蔽的危险也是很大的。例如，我国歼 6 飞机上使用的无线电罗盘受静电屏蔽影响比较严重。原来的垂直天线设在座舱盖有机玻璃内侧，飞行过程中有机玻璃与大气摩擦产生静电（在夜间飞行时，飞行员常能看到座舱盖有机玻璃外表面出现"流星样的火花"）。由于静电屏蔽，垂直天线的有效高度严重下降，它接收的导航信号严重衰减，特别是遇到复杂天气时，飞机在穿云过程中，无线电罗盘往往不能正常工作，航向指示异常，严重影响飞行安全。后来改变了无线的形状和位置，才解决了此问题。

3. 飞机结构中静电现象的防护

为了防止飞机结构中静电荷积聚所带来的严重危害，可采取以下两种技术措施：

1）电气搭接

电气搭接（bonding）即使飞机结构中各个分离部件之间形成低电阻连接，以消除各部分之间存在的电位差。电气搭接可以是固定于金属零件（例如非金属连接件每一侧的管子）间的金属条导体，也可以是连接活动部件（如操纵连杆）、飞机操纵面以及安装在结构安装件（如仪表板、电子设备安装架上的元件）之间的短长度柔性编织导体。典型的电气搭接如图 6.7 所示。

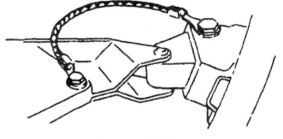

图 6.7　电气搭接

飞机结构和设备进行电气搭接为飞机设计、制造的强制要求。搭接可以实现以下目的：

（1）使飞机形成等电位体，有利于各用电设备就近接地，减轻系统质量。

（2）为接地回路提供低阻值回路。

（3）将高强辐射场（HIRF）和雷击的能量耗散掉。

（4）将飞机结构中的静电放掉。

一般来说，搭接有主和辅之分。这是根据所存在的静电荷引起的电流大小来确定的。主搭接导体用于主要的部件、发动机、外部表面（如飞机操纵面）与机体结构（飞机的接地）之间。辅搭接导体用在零部件与地之间以及按规定不需要主搭接的地方，例如通有易燃流体的管路、接线盒、门板等。

某些静电荷常常会留在飞机上，在着陆之后，会造成飞机与地之间的电位差，可能使进入飞机或离开飞机的人员有遭电击的危险，还可引起飞机同正在与其相连接的外部地面设备之间的放电现象。为此要给停留到地面后的飞机提供漏电到地的路径。这有两种解决方法，一是飞机前后起落架的轮胎采用具有良好导电性的橡胶制造，另一种是固定于起落架轮轴上的柔性钢丝与地面做实体接触。这两种方法可以单独使用其中的一种，也可以是两者组合使用。

（2）静电放电器。

飞机在空中飞行期间，为了均衡大气与飞机结构中静电荷的电位，需要不断地产生静电放电。然而，通常放电的速率要比飞机累积电荷的速率低，结果仍然会使飞机的电位升高到产生电晕放电的数值。在能见度很低时或在夜间就可看到电晕放电时的辉光。电晕放电往往发生在飞机结构的弯曲部位和最小半径部位并引起干扰，譬如翼梢、尾缘、螺旋桨尖、水平和垂直安定面、无线电天线、空速管等处。特别是对无线电频率信号的严重干扰，使飞机的通信、导航系统无法正常工作。

为了使电晕放电发生在干扰最小的地方，所采用的措施是使用静电放电器（或称为静电放电索）。静电放电器的结构如图 6.8 所示。静电放电器为飞机结构中累积的静电荷提供较容易逸出的出口，使电晕放电在人为预定点发生。通常把静电放电器安装在飞机的副翼、升降舵和方向舵的后缘。典型的静电放电器用镍线制成刷状或索状，以使提供更多的放电点。在某些场合，静电放电器也可制成小金属杆的形式（用于后缘安装）和短平金属片形式（安装于翼梢、水平安定面和垂直安定面）。

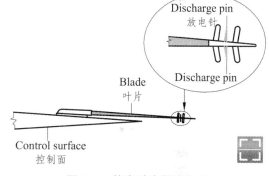

飞行前应对放电刷进行仔细检查，目视检查放电刷安装牢固，无损伤、变形现象，无丢失，无被闪电击伤的烧伤痕迹。

图 6.8　静电放电器结构图

6.4　高强辐射场及闪电

高强辐射场（High Intensity Radiated Field，HIRF）是由飞机外部的人类活动造成的射频辐射源产生，如由雷达、无线电台、电视发射台、卫星上行数据等高功率发射机设备产生。它们对飞机上越来越多的通信、导航、飞行控制等系统的正常运行构成了严重的威胁。当飞机飞过 HIRF 时，如果未能有效防护，导线中的感应电流（或电动势）就会超过一定的门限值，使系统的功能发生混乱。

闪电是自然界中大气运动的产物。在地球的大气层中，平均每天发生约 800 万次闪电，它具有高电压、大电流的特点。闪电对航空器的直接影响是物理损坏，例如雷电造成雷达罩、机身、机翼等的损伤或烧坏；间接影响表现为航空器电子电气设备内部元器件损坏或系统功能混乱。飞机遭受雷击的事件时有发生，平均每年每架固定航线飞机要遭受一次雷击。根据气象资料可知，海洋上空和南北两极雷电最不活跃，而温暖的内陆为雷电活跃区。当飞机在雷电活跃区域飞行时遭受雷击的可能性明显增大，特别是在飞机穿越云层的爬升或下降阶段更易发生。雷电的常发高度为 5000～15 000 ft（124～4572 m），因此支线客机遭受雷击的概率明显高于干线飞机。

由于闪电和 HIRF 对航空器的安全飞行会造成不利影响，美国联邦航空局（FAA）在 1967年对运输类飞机颁布了燃油系统的闪电防护要求，在 1970 年颁布了机身结构的闪电防护要求，在 1994 年颁布了对电子/电气系统的闪电防护要求，在 2007 年颁布了对电子/电气系统的 HIRF 防护要求。我国现行的 CCAR-25R4《运输类飞机适航标准》涵盖了这些防护要求，而小型飞机和旋翼类飞机的适航标准 CCAR-23、CCAR-27 和 CCAR29 则尚未对 HIRF 提出要求。

6.4.1 高强辐射场

HIRF 电磁环境是由大功率射频能量发射引起的，所覆盖的频率范围很广，从 10 kHz 到40 GHz，对飞机的航电设备都构成了威胁。但它的影响往往又是隐性的，非典型的，如有报道中提及的空中反推起动、发动机空中停车等。HIRF 受到越来越多的重视，主要有以下几个方面的原因：

（1）航电系统对保证飞行安全的作用至关重要。

（2）复合材料在飞机上的使用量越来越大，降低了金属结构机身具有的法拉第屏蔽效应。

（3）数字控制技术普及，分布式控制系统广泛使用，微处理器、数据总线在飞机中分布广，电子设备的灵敏度越来越高。

（4）各种频段的无线电信号使用数量和功率不断增加。

FAA 的 FAR-25 和我国的 CCAR-25 部法规都要求大型运输类飞机对于 HIRF 防护要满足以下要求：

（1）对于其功能失效会影响或妨碍飞机继续安全飞行和着陆的每种电气、电子系统的设计和安装，必须保证：飞机在遭遇高强度辐射场环境Ⅰ以及之后的一段时间里，执行这些功能的系统不受不利影响，并且系统应能够及时自动恢复正常功能（当系统恢复与其他系统操作需求或功能需求冲突时除外）；飞机在遭遇高强度辐射场环境Ⅱ以及之后的一段时间里，系统不受不利影响。（注：辐射场环境Ⅰ和Ⅱ的具体规定请参照相关法规，本书不再列出。）

（2）对于其功能失效会影响或造成降低飞机能力或飞行机组处理不利运行条件能力的各种电气和电子系统的设计与安装，必须保证飞机在遭遇高强度辐射场设备测试水平 1 或 2 时，系统不受不利影响。

（3）在 2012 年 12 月 1 日前，对于其功能失效会影响或妨碍飞机继续安全飞行和着陆的每种电气、电子系统的设计和安装若没能达到规定（1）的要求，则需证明：系统符合 HIFR的特许条件（见 FAR21-16 和 CCAR21-16）；系统符合 HIRF 的特许条件后系统的HIFR 防护设计没有进行更改；需提供证明系统符合特许条件的数据。

拓展阅读

6.4.2　闪　电

6.4.2.1　闪电和雷击的特点

闪电是由大气中大量静电荷聚集后放电引起的。这种放电可以发生在带电云团之间、带电云团与地面（或地上物体）之间。如果发生在云团与飞机之间，飞机就遭受了雷击。

飞机被电击的事件并不鲜见，根据美国有关部门统计，B707 型飞机被雷电击中的概率为 1/4400，而 B747 型飞机被雷电击中的概率为 1/2600。

从飞机雷击事故的统计和分析来看，飞机雷击事故具有以下特点：

（1）飞机遭受雷击的气象条件：云中飞行最易遭受雷击；轻度的大气紊流也是雷击的有利条件。对于各种降水情况来说，雨中飞行遭雷击的概率最高。从大气温度来看，飞机在 0 °C 左右的飞行环境里遭受雷击的可能性最大，70%左右的雷击事故发生在 − 5 ~ +5 °C 的条件下。

（2）飞机遭受雷击的飞行高度：主要在 6000 m 以下，在此高度范围内的雷击事故占全部雷击事故的 80%以上。其中高度在 3000 ~ 4579 m 时，雷击的概率最大。

（3）飞机遭受雷击的飞行状态：起飞爬升和着陆下降阶段遭受雷击的概率最大，两者共计占 70%以上。

（4）在我国，飞机雷击事故主要发生在 3 ~ 9 月份。一年中，飞机遭雷击的月份分布与地理因素有关。我国雷雨的地域分布为南方比北方多，山地比平原多，最多的地方在华南南岭地区。全国雷雨的季节分布是夏季最为旺盛频繁，冬季最少（秦岭—淮河以北地区冬季几乎无雷雨），春季和秋季只有局部地区多雷雨。

（5）飞机遭受雷击的表面区域，通常都在曲率较大的部位，如发动机进气口、机头等。

（6）飞机表面遭受雷击时，至少有一进一出两个雷击点。

*6.4.2.2　飞机遭雷击现象

雷击放电的过程十分复杂，而整个过程又是瞬间完成的。这里仅以云对地放电为例，说明飞机直接遭受雷击的情况，如图 6.9 所示。飞机遭受雷击可分为三个阶段：

1. 预先雷击阶段

当云中电荷中心积聚的电荷达到一定数量时，其周围的电场可以强到使空气电离，在电场最强的方向产生一个明亮的火花形式的导电通道。云中的电荷就流入这一通道，从而加强了火花通道前端的电场，于是再次引起电离，进一步延伸火花通道。这一过程反复进行，就形成了一条逐级推进的火花通道，称之为"阶梯先导"。如果飞机在有雷电活动的环境中飞行，飞机处在发展着的先导附近，由于飞机是良导体，在它上面要引起静电感应，飞机周围的电场在几毫秒时间内就会完成强化过程。

（a）先导逼近飞机　　　（b）先导通过飞机　　　（c）主放电　　　（d）重复放电

图 6.9　雷击放电图

根据飞机雷击事故的调查分析，飞机表面遭受雷击的概率是不同的，可分为三个区域，如图 6.10 所示。

Ⅰ区：直接遭受雷击概率最高的飞机表面。雷电的最初击中点是在该区域内。雷电有可能击中这一区域并在雷击的整个持续时间内保持与之连接。该区域包括：头锥、翼尖、发动机短舱、外部油箱、螺旋桨桨帽、水平安定面与垂直安定面对翼尖、水平安定面的后缘，以及尾锥等突出部位，有时也在小的凸出部件上发生，如天线或传感器上。

Ⅱ区：从Ⅰ区的直接雷击点往后掠过的雷击概率高的飞机表面。该区域包括雷电直接击中的前部各突出点的前后连线的两侧 0.5 m 以内的表面，以及未划定在直接击中区域内的机身和发动机短舱表面。

Ⅲ区：Ⅰ区和Ⅱ区以外的飞机表面。闪电直接击中的可能性小。

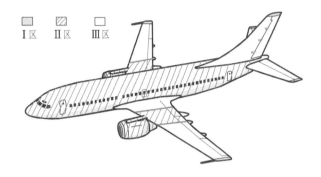

图 6.10　飞机的雷击区域

当飞机端部的电场增大到空气的击穿强度时，空气会被击穿，在迎着先导方向来端部上形成电晕放电，并发展成流光，如图 6.8（a）所示。这些流光中的一束遇到最靠近的一支先导时，就形成了从云中电荷中心到飞机的通道，飞机成为阶梯先导的一部分，云里的电荷就顺着通道流到飞机上；大量的电荷又强化了飞机周围的电场，致使导电通道从飞机的其他端部继续向前发展，直到其中的一支到达地面时为止，如图 6.8（b）所示。这称为预先雷击阶段。这时飞机已成为云对地放电通道的一部分，雷击放电的电流将通过飞机。

2. 主放电阶段

在阶梯先导到达地面后，立即从地面经过已经高度电离了的空气通道，向云中流去大量的极性相反的电荷，这股电流很强，以至于空气通道被烧得白炽耀眼，出现一条细长而弯曲的光柱。这一过程叫作"回击"，也叫"主放电"，如图 6.8（c）所示。

在主放电过程中，峰值电流的平均值为 10～20 kA，最大值达 200 kA。这种高峰值电流上升速率很快，平均为 10 kA/μs，最高达 100 kA/μs。峰值电流持续时间一般是 40 μs，最长可达 80 μs。

一旦回击到达云块，主放电就结束。如果云中还存在其他电荷中心，它们还可能通过上述通道对地放电，再次形成雷击。这称为"重复放电"，如图 6.8（d）所示。一次雷击平均有 3～4 次重复放电，最多的可达十几次。重复放电的电流比第一次主放电的电流小。各次放电的时间间隔为几十毫秒。

3. 大量放电阶段

一般在第一个回击之后，留在云块里的电荷仍然可以通过通道泄放到地面，形成一个低的持续电流，通常为 100 ~ 200 A，最大可达 400 ~ 500 A。电流持续时间平均为几百毫秒，最长可达 1 s。传递的电荷量平均为几十库仑，最大值为 200 C。因此，雷击放电将传递的能量主要集中在这个阶段。

飞机遭受雷击的另一种情况是扫掠雷击。在连续和多重雷击过程中，闪电通道会短时停留在空间。当飞机进入时，由于飞行有一定的速度，飞机相对于闪电通道移动，如果雷电起初附着在飞机的某一点，当电弧的附着点在飞机飞过稳定闪电通道时，会向后扫掠过飞机表面，这称为"扫掠雷击"。在扫掠雷击中，通过飞机的往往是持续电流和重复放电电流。扫掠雷击的能量比较分散，但也有足够的破坏能量。

6.4.2.3 雷击对飞机的危害

雷击对飞机造成的损伤与雷电电流的传导状态有关，就其破坏因素来说，有以下几个方面的破坏作用。

1. 热破坏

在主放电阶段，雷击的高峰值电流能在极短的时间内传递大量的电荷，这种电荷传递会使材料很快高温汽化。如果这一过程发生在有限的空间内，就能产生很高的蒸气压，压力总会达到造成大面积的结构损伤的程度。如未加防护的雷达罩受到雷击时，常常发生这种损伤，使飞机遭雷击后某机件在隔舱内发生爆炸。

在雷击大量放电阶段，雷电流通过导体时能在极短时间内转换成大量热能，会造成结构的严重烧伤和烧蚀。特别是在整个雷电传导期内，当闪电通道停留或附着在飞机的一点上时，会发生最严重的损伤，能使飞机蒙皮上生成直径达数厘米的洞。如果烧伤或烧蚀发生在油箱或近处有油蒸气的蒙皮上。蒙皮烧穿或蒙皮下表面的局部过热点能点燃油蒸气而引起爆炸。

2. 电破坏

雷击时会有数十万乃至数百万伏的冲击电压放电，这将造成绝缘材料的击穿。如机头雷达罩就可被这种极高电压击穿。在雷击大电流流过飞机的急转弯弯头时，产生强的磁场作用，其磁力能使结构件从铆钉、螺钉或其他紧固件处扭开、撕开、弯折或剪开。在预先雷击阶段，在飞机端部产生枝状流光。位于这一部位的某些类型的燃油通气口对枝状流光反应敏感，流光能点燃易燃爆的燃油蒸气而发生爆炸。雷击电流流过电气附件或线路，也会给飞机电压或电子设备造成破坏。大电流通过导线、触点时，可使导线、触点烧熔并汽化。

3. 间接破坏

闪电是一种脉冲放电现象，具有频谱非常宽（从几赫兹到有记录的 600 MHz）的电磁辐射，它与飞机内的电子、电气设备相互作用，会产生危及安全的间接影响。

在飞机受到雷击时，雷电流流过飞机，强烈的磁场便包围了导电的飞机，并且随迅速变化的雷电冲击电流而迅速变化。这种磁通量的某些部分通过观察窗、座舱盖、接缝等的间隙时漏进飞机里。流过飞机内表面的雷击电流也会产生磁场。这些内部的电磁场，通过飞机的电路在线路中产生感应电压和感应电流；另外，上升速率极快的高峰值电流流过机体时，对邻近的电气系统和电子部件产生电磁耦合作用，也在线路中产生感应电压和感应电流。这会带来下来危害：

（1）通过导线的传导，对飞行员产生电击。

（2）通过继电器的假触发，损坏电气系统或使飞机的一些机构产生错误动作，如外挂物的无意投放、飞行员座椅的误弹射等。

（3）通过天线、固态电路装置的作用，使电子设备和控制系统发生故障，常使飞机无线电通信中断，电子设备受到干扰、失灵或烧毁。

4. 冲击波作用

在主放电过程中，闪电通道内的空气突然急剧加温和迅速冷却，在千分之几秒的短暂时间内发生急剧的膨胀和收缩，从而产生冲击波。飞机遭雷击后，强大的冲击波会破坏发动机进气气流的温度、压力和速度的均匀度。由于进入发动机的空气流速瞬间发生变化，发动机的工作状态骤然移向不稳定区而发生喘振。如果在低空飞行，这会造成发电机严重过热，甚至会使涡轮叶片熔化；若在高空飞行，这种喘振会造成发动机自动停车。此外，雷击时的冲击波在一定条件下会造成发动机尾喷口前气流收敛，这是燃烧室熄火的直接原因。

国外资料表明，飞机不同部位和仪表遭电击的概率如下：天线为27%；机翼为22%；尾翼为21%；机身为15%；螺旋桨叶为7%；检验孔为6%；罗盘为2%。

另外，飞机遭受雷击时，空勤人员也会受到影响。一是在电气线路中产生的感应电压和感应电流，会使飞行员受到电击；二是在主放电阶段，空勤人员会发生暂时的闪光失明；三是雷击时燃油箱发生爆炸，使飞机进入危险的大过载状态，导致飞行员失去知觉。

6.4.2.4 防雷检查

（1）飞机航前、过站和航后，如遇到雷雨天气，机械员须及时关好飞机各登机门、各勤务门及驾驶舱的活动风挡玻璃，以防止出现机舱进水和前电子舱发生渗水现象。

（2）过站及航后维护时注意检查飞机是否遭受雷击，如是，则严格按照雷击后检查工作单执行维护。

（3）维修人员在雷雨天气时，不戴耳机进行通话联络，也不触摸与飞机的连接线路，以避免雷电对维修人员的伤害。

（4）做好飞机气象雷达、风挡雨刷、放电刷等雷雨探测、防范机载设备的检查，确保这些设备状态完好。

（5）对检查中发现有放电刷缺失现象，务必对缺失处进行全面检查，确认缺失原因；对因雷击而缺失的放电刷，要扩大检查区域，并及时处理雷击造成的损伤。

6.4.2.5 雷击点的识别

（1）在认为飞机遭受雷击时和飞行人员充分沟通，了解飞机是否飞经雷雨区，这是维护人员判明飞机是否遭受雷击的重要辅助手段。

（2）对于飞机的金属结构，通常在雷击点会出现凹坑或小的圆孔。这些损伤可能集中在一个较小的区域，也可能分散在一个较大的区域内。燃烧过的、烧焦的或变色的蒙皮也是雷击点。

（3）对于飞机的复合材料（非金属）结构，雷击通常造成分层，或蜂窝结构的漆层变色，也可能导致蒙皮穿孔、烧蚀。复合材料的损伤不易发现，并且可能范围很大。在飞机的支撑结构的连接处也可能由于雷击而出现电弧及燃烧过的痕迹。

（4）在飞机被雷电击中时，飞机部件的磁性会变得很强；在放电过程中，可能会有很强的电流流过飞机的金属结构，从而形成磁场使铁磁性材料带有磁性并对相关部件造成损坏。

（5）雷击在飞机表面从前往后扫掠的路径上，通常都会产生一系列链式的雷击点。因此，只要找到了飞机遭雷击的进入点和脱离点，就需要在其路径上认真检查其他可能存在的雷击飞机表面漆层变色点。

（6）有时也会出现螺钉、铆钉松动或丢失，飞机元部件受损或丢失，或飞机结构受损。

在雷击发生后，机组应根据损伤的严重程度决定是继续执行航班还是选择备降机场降落检查，并应在飞行日志中详细记录工作异常系统及其指示，以便为维护人员检查、测试提供依据。

6.5 典型飞机系统的电磁干扰源

对电磁干扰源的以上分析仅仅是一般性的讨论，在电磁兼容工程的实际应用中，往住需要针对一个具体的系统进行分析，以便得到电磁兼容性设计和采取防护措施的依据。例如，对一辆轿车、一枚运载火箭、一颗人造卫星或者一艘舰船进行系统内外干扰源的分析，可以有针对性地进行防护设计。现在我们来分析飞机系统可能存在的主要干扰源。

图 6.10 是一架飞机的主要干扰源示意图。一般将这些干扰源分为系统内干扰源和系统外（或系统间）干扰源两大类。

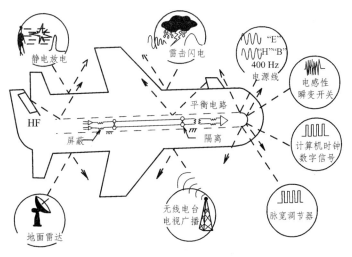

图 6.11 飞机主要干扰源示意图

6.5.1　飞机系统内的干扰源

飞机系统内的干扰大部分是由机载设备所产生的，因此又可按机载设备的种类把它们归纳如下。

1. 无线电发射设备干扰

飞机上的通信、导航、雷达等无线电设备都有大功率的发射机，其中高频单边带无线电台是最难控制的干扰源，它的发射功率达数百瓦，频率范围为 2～30 MHz，使用非定向天线。超短波调幅通信电台的使用频率在 100～150 MHz，发射功率也达数十瓦。它们除了通过天线发射电磁波以外，还通过机壳、电源线、控制线向周围辐射电磁干扰；在发射信号中除了调谐频率的有用电波外，还产生谐波和各种调制交调干扰电磁波。在它们进行收发工作时，整个飞机系统内将产生较大的复杂的干扰场。

2. 脉冲数字电路和开关电路干扰

随着电子设备和计算机等机载设备增多，大量设备采用数字电路工作于开关状态。由于数字脉冲电流和电压波形的上升前沿很陡，其中包含着丰富的高次谐波分量，它们不仅传导进入电源线中，而且向周围空间辐射。这是一种频谱较宽的干扰源。机载计算机中的时钟振荡器、数据总线以及各种门电路、触发器等都会产生辐射干扰。

电子设备中还有一种工作于"通-断"状态的开关电路，如电源调压器、逆变器等。开关变换使电流急剧变化，产生频谱较宽的干扰，其幅度和频谱随开关电流和电压的变化频率升高而增大。

3. 带有控制开关的电感性电气设备干扰

在飞机上存在着许多电感性的电气元件，如风扇电机、液压电泵、舵面、副翼操纵的电动舵机、起落架收放驱动电机等。它们都是含有铁心线圈的电感性负载，当采用按钮开关或继电器触头来控制通-断转换时，就会在电路中产生前沿很陡的瞬变电压干扰，一般上升时间在皮秒（ps）至纳秒（ns）之间，电压峰值可达到 600 V，持续时间长达 1 ms，振荡频率范围为 1～10 MHz。

发动机点火系统也是一个阻尼振荡瞬变电压干扰源，火花放电器的电流峰值高达几千安培，振荡频率为 20 kHz～1 MHz，连同其谐波分量，干扰频谱可延伸到几百兆赫兹。

4. 旋转设备和荧光灯干扰

飞机上使用的发电机和电动机在旋转过程中，由于电刷与整流子（或滑环）之间滑动接触而产生的火花放电能形成频谱很宽的辐射噪声干扰。民航客机的照明大多数采用 400 Hz 交流供电的荧光灯，而荧光灯管是充汞、氩混合气体的放电管，在放电的同时产生高频振荡，从而形成噪声干扰，其频谱在 0.1～5 MHz，场强谱密度为 20～300 μV/kHz。

5. 400 Hz 电源输电线干扰

在 400 Hz 电源输电线的周围存在低频电场和磁场的干扰。实验数据表明，一根流过 100 A 电流的导线，在其表面附近磁感应强度高达（$5 \sim 10) \times 10^{-4}$ Wb/m^2，在离导线 30 cm 处磁感应强度为 0.65×10^{-4} Wb/m^2。电源输电线干扰油量指示器的事例为许多资料所记载。由于机舱内空间狭窄，电缆布置密集，电源线电场和磁场造成的干扰占飞机各种干扰总数的 30%。

6.5.2 飞机系统外的干扰源

1. 静电放电干扰

飞机上的静电来源有几个方面，最主要的是蒙皮和空气中的粒子（包括雨、雪、尘埃和发动机排出的废气）间的摩擦生电，使大量电荷积累而产生静电。静电可在飞机的尖端部位形成很高的场强而产生电晕放电，放电噪声会干扰无线电接收机。

飞机上的静电还来源于：液压系统中的液体高速流动时与管道内壁摩擦而产生的静电，同轴电缆由于弯曲和振动而使聚乙烯等绝缘材料带电引起的静电，驾驶人员身体和衣物摩擦产生的静电，以及民航客机内乘客衣物携带的静电。

飞机上 V 的静电放电干扰会造成电子设备的失灵甚至损坏，严重的还会引起燃料和弹药的燃烧和爆炸。1971 年，美国发射欧罗巴-Ⅱ火箭，由于静电放电引起计算机故障，进而引起姿态失控而炸毁。

2. 雷电干扰

飞机在穿过云层的飞行中常发生雷击闪电。雷电放电是一组脉冲群，产生特别大的电流，最大峰值电流可达 200 kA，具有很大的破坏性。

一般雷电都击在飞机的机翼和机身上部。飞机必须事先安排好电流通道，使之在某一部位的机构上逸出，绝对不能将它引导到电气系统和电路上去。因此，飞机活动部位及机内设备都应有良好的搭接防护。

3. 太阳和宇宙噪声干扰

太阳和宇宙空间辐射的干扰噪声对飞机通信导航系统具有明显的影响，特别是在接收机天线方向图主瓣正对准太阳的情况下干扰更为严重。

4. 地面无线电设施的射频干扰

当飞机在机场停留或起飞降落的时候，航空地面设备和机场设施可能对飞机辐射电磁波构成干扰。此外，地面广播电视的高频、甚高频发射以及地面高压输电线的电场和瞬态短路引起的电磁发射都是飞机系统外的主要干扰源。图 6.12 给出了飞机主要干扰源的分类和名称。

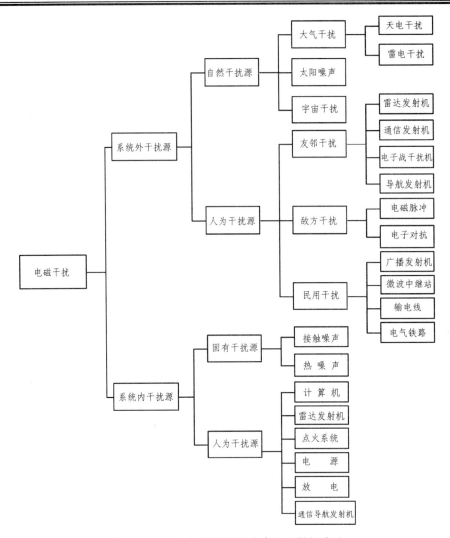

图 6.12　飞机主要干扰源分类和干扰源名称

6.5.3　便携式电子设备

根据民航法规 CCAR-91R2《一般运行和飞行规则》第 23 条规定，在中华人民共和国国籍登记的下列民用航空器上，除了以下电子设备外，所有乘员不得开启和使用便携式电子设备（PED），该航空器的运营人或机长也不得允许其开启和使用便携式电子设备。

在民用航空器上可以使用下列便携式电子设备：

（1）便携式录音机、助听器、心脏起搏器、电动剃须刀。

（2）由该航空器的运营人确定，认为不会干扰航空器的航行或通信系统的其他便携式电子设备。

注：第（2）项所要求的决定必须由航空器的运营人做出；对于其他航空器，该决定也可以由航空器的机长做出。

现以在日常生活中广泛使用的移动电话为例进行说明。移动电话不仅在拨打或接听过程中会发射电磁波信号，在待机状态下也在不停地和地面基站联系，虽然每次发射信号的时间很短，但具有很强的连续性。飞机在平稳飞行时，距地面 6000 m 至 12 000 m，此时手机根本接收不到信号，无法使用；在起飞和降落过程中，手机才有可能与地面基站取得联系，但此时干扰导航系统产生的后果最为严重。在《中华人民共和国民用航空法》第 88 条中，对旅客在机上使用便携式电子装置做出了限制，并在第 200 条中做出了对违反者予以治安管理处罚，乃至刑事处罚的规定。各航空公司在机上广播词中亦加入了要求旅客在飞机上关断随身携带的便携式电子装置电源的内容。飞机上禁止使用的电子装置有移动电话、寻呼机、游戏机遥控器、业余无线电接收机、笔记本式计算机、CD 唱机等。

但目前，FAA 已决定航空公司可以在安全许可的范围内扩大旅客对便携式电子设备的使用至飞机飞行全程，欧盟也做出了同样的规定，但具体操作由航空公司自行制定。例如，2014年，根据韩国国土交通部发布的《放宽对机上使用便携式电子设备的限制》指导方针，韩亚航空规定，乘坐该公司飞机的乘客从乘机到下飞机的整个飞行全程中，可以在飞行模式下使用 PDA、平板电脑、智能手机、MP3 播放器、电子游戏机、微型便携笔记本电脑（laptop computer）等便携式电子设备。除了智能手机以外，其他手机只有在舱门处于打开状态时或者飞机安全着陆，并由乘务员进行安全提示后，才可以使用。

虽然世界上各民航大国都调整了关于便携式电子设备的使用规定，但在新规定下机组成员和旅客都应该清楚：

（1）保证飞行安全是首要原则，任何规定和行为不能与之相抵触。

（2）放宽便携式电子设备使用规定具体落实情况因各个航空公司而异。旅客应查实航空公司是否允许使用便携式电子设备以及何时可以使用等情况。

（3）在航空公司完成安全性评估、获得各国民航行政部门许可并修订其便携式电子设备相关规定之前，便携式电子设备的现行规定仍然有效。

（4）在飞行过程中禁止使用手机进行语音通话。

（5）电子设备必须处于飞行模式或禁用移动电话服务。在飞机配置了 WiFi 系统且航空公司允许使用的情况下，旅客可以使用 WiFi 连接。另外，旅客也可以使用无线键盘等短程蓝牙配件。

（6）当机组人员做安全简报时，旅客应放下电子设备、书籍和报刊等手中事物仔细听取机组人员的指示。

（7）在飞机起降过程中，执行机组人员的指示只需要花费旅客几分钟的时间。

（8）在低能见度等特殊情况下，一些着陆系统并不具备抗干扰能力，因此可能要求旅客关闭使用的电子设备，机组成员应提出明确要求，旅客应始终遵照机组人员的指示，只要有要求就应立即关闭电子设备。

复习思考题

1. 电磁干扰的三要素是什么？电磁干扰的途径有哪些？
2. 简述电磁干扰的危害。

3. 常见的电磁干扰控制策略有哪些？如何实现？

4. 电磁兼容的控制技术有哪些？

5. 电场屏蔽和磁场屏蔽的要求是否相同？飞机结构中的静电有哪些？如何防护？

6. 飞机中的常见干扰源有哪些？

7. 了解民航对旅客在飞机上使用便携式电子设备的规定。

中 篇
飞机通信系统

7　通信的基本知识

通信的目的是传递信息。从广义上来讲，通信是指信息从发送者传递到接收者的过程。实现通信的方式有很多，目前使用最广泛的通信方式是电通信。所谓电通信，是指用电信号携带所要传递的信息，然后经过各种信道进行传输，以达到通信的目的。电通信能使信息在几乎任意的距离上实现迅速而又准确的传递。如今，在自然科学领域内提及"通信"这一术语时，一般指的就是电通信。从广泛的意义上来说，光通信也属于电通信，因为光也是一种电磁波。

电通信（以后简称通信）所传递的信息，有各种不同的形式，如语言、文字、图像、数据等。根据所传递信息的不同，可将当今的通信业务分为电报、电话、传真、数据传输、可视电话等。其实，从广义的角度讲，广播、电视、雷达、无线电导航、遥控遥测等均属于通信的范畴。

7.1　基本概念

7.1.1　通信系统的一般模型

实际上，无论何种通信，为了实现信息的传递和交换，都需要一定的设备和传输媒质。所谓通信系统是指实现通信任务所需要的一切设备和传输媒质的总体。图 7.1 所示为通信系统的一般模型。

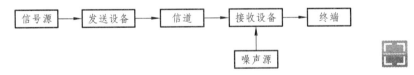

图 7.1　通信系统的一般组成

图中，信号源是将原始信号，如语言、文字、图像、数据转换为电信号的设备。这种电信号通常称为基带信号。常用的信号源有话筒、摄像机、传真机等。

发送设备负责对基带信号进行处理和变换，以使它适合于在信道中传输。这些处理和变换通常包括调制、放大和滤波等。

信道是指传输媒质，它可以是导线、电缆、空间、电离层等。

接收设备的功能与发送设备的相反，即将接收到的电信号进行必要的处理和变换，以产生包含原始信息的低频电信号。

终端负责将恢复的低频电信号转换成相应的原始信息，提供给最终的信息接收者。常见的终端有显示器、扬声器等。

噪声源是噪声的集中表现,它散布在系统的各个部分,仅仅是为了研究方便,才集中表示成一个方框形式。噪声源将对信号产生干扰。

7.1.2 通信系统的分类

根据不同的目的和不同的角度,可将通信系统分成多种类型,下面仅介绍最常用的两种分类体系。

1. 有线通信和无线通信

电信号在传播的过程中需要一定的媒质。按照传输媒质的不同,通信方式可分为两大类:有线通信和无线通信。

有线通信是指用导线作为传输媒质的通信方式。这里的导线可以是架空明线、电缆、波导以及光纤等。有线通信的优点是信号稳定可靠,保密性好。其缺点是传输距离有限,线路铺设费用高,如程控固定电话。

无线通信则不需要架设导线,而是利用电磁波在空间的传播来传递信息。由于空间中存在丰富的噪声,因此无线信号在传输过程受到的干扰要比有线信号大得多,而且其保密性也相对较差。但是无线通信适用于移动通信,因此它在航空、航天、航海等领域内得到广泛的应用。无线通信的方式主要有短波通信、微波通信、卫星通信等。我们现在使用的移动电话、对讲机等都属于无线通信设备。

2. 模拟通信和数字通信

通信所传递的信息是多种多样的,但总可以把它们划分为离散信息和连续信息两大类。离散信息是一些有次序的符号序列,如状态、文字、符号等。离散信息也称为数字信息。连续信息则是非离散的,信息的状态变化是连续的,如强弱连续变化的语音、高低连续变化的温度。连续信息也称为模拟信息。

为了实现信息的传输与交换,首先需要把信息转换为相应的电信号(以后简称为信号),该信号与信息之间必须是一一对应的。通常,信息是以信号的某个参量来描述的。如果信号的参量携带的是离散信息,则该参量也必须是离散取值的,这样的信号就叫离散信号,也叫数字信号。如果信号的参量对应于模拟信息而连续取值,则称这样的信号为模拟信号或连续信号。

按照通信系统中传输的是模拟信号还是数字信号,就可把通信系统分为模拟通信系统和数字通信系统两类,而把相对应的通信称为模拟通信和数字通信。当然,以上分类方法是以信道传输信号的差异为标准的,而不是以信号源输出的信号来划分的。

就目前来说,不论是模拟通信还是数字通信,在通信业务中都得到了广泛应用。但是,近年来,数字通信发展十分迅速,在整个通信领域中所占比重日益增加,在大多数通信系统中已替代了模拟通信,成为当今通信系统的主流。这是因为和模拟通信相比,数字通信更能适应对通信技术越来越高的要求。其主要体现在:

(1)抗干扰能力强。当传输的信号被噪声恶化到一定程度后可以利用再生的方法,使信号完全恢复。即使由于噪声干扰而出现误码,也可用差错控制编码的方法加以消除。

（2）保密性强，可以加密。

（3）设备易于实现集成化、微型化。

（4）便于处理、存储、交换，便于和计算机连接，也便于计算机管理。

但是，数字通信也不是没有缺点的。一般来说，数字通信的最大缺点就是它占用的带宽远远大于模拟通信系统的带宽。以电话为例，一路模拟电话通常只占据 4 kHz 带宽，而即使是一路传输质量很差的数字电话，也需要大约 20 kHz 的带宽。如果传输质量要求高一点的话，其带宽要达到 60 kHz 左右。随着社会生产力的发展，有待传输的数据量急剧增加，传输可靠性和保密性要求越来越高，所以实际工程中有时宁可牺牲带宽也要采用数字通信。至于频带充足的场合，如光纤通信，当然都唯一地选择了数字通信。

7.1.3　通信方式的分类

1. 单工通信、半双工通信和双工通信

对于点对点之间的通信，按消息传送的方向与时间关系，通信方式可分为单工通信、双工通信及半双工通信三种。

单工通信是指在一条电信通路的两个方向上交替进行传输的一种工作方式，根据其频率的使用情况，又可分为单频单工和双频单工。单频单工是指基地台和移动台使用相同的工作频率，它的操作采用按下发话（PTT，Push To Talk）方式，通常情况下双方的接收机都处于守听状态。如果 A 需要发话，可按下 PTT 开关，即可关闭接收机而使发射机工作，因 B 处于守听状态，则可实现 A 到 B 的发话。同理，也可实现 B 到 A 的发话。双频双工和单频双工类似，不同的是其通信双方使用两个不同的频率。

双工通信是指一条电信通路的两个方向能同时进行传输的工作方式。在这种方式中，允许基地台和移动台同时工作，任意一方发话的同时也能收听到对方的信息。

半双工通信是指电路的一端用单工操作，另一端用双工操作的工作方式。在这种工作方式中，信号的双向传输仍使用两个频率。基地台的收发机可同时工作，移动台工作在双频单工方式。通常它处于守听状态，仅在发话时按下 PTT 开关，即可断开接收机而接通发射机。

2. 并行通信和串行通信

在数据通信中，按每次传送的数据位数，通信方式可分为并行通信和串行通信。

并行通信方式是将 8 位、16 位或更多位的数据按数位宽度同时进行传输，每一个数位都要有自己的数据传输线和发送、接收设备。如按 8 位传输，从发送端到接收端的信道就需要有 8 根线。并行通信的传输速率高，但传输设备多。从技术和经济的角度考虑，并行通信方式一般用在距离近、传输速率要求高的通信中。

串行通信方式是在一根数据传输线上，每次传送一位二进制数据，即数据一位接一位地传送。在传输距离远，传输数字数据的场合，都采用串行传输方式。很显然，在同样的时钟频率下，与同时传输多位数据的并行传输相比，串行传输的速度要慢得多。但由于串行传输节省了大量通信设备和通信线路，在技术上更适合远距离通信。

计算机网络普遍采用串行传输方式，而计算机内部处理的都是并行数据。因此，在进行

串行传输之前，必须将并行数据转换成串行数据，而在接收端则要将网络传输的串行数据转换成并行数据。

3. 话音通信和数据通信

话音通信是一种通信的业务，主要用于传输话音信息。传送的话音可以是模拟信号，也可以是数字信号。话音通信是直接面向最终用户的，即完成人与人之间的通信。

数据是具有某种特定含义的数字信号的组合，它实际上是文字、话音或图像等信息，用一定的编码方法形成的各种代码的组合。数据通信就是依照一定的通信协议，利用数据传输技术在两个终端之间传递数据信息的一种通信方式和通信业务。它是用于承载其他业务（比如文字、话音或者图像）的，其本身并不直接面向最终用户。

7.2　电波传播的基本知识

本书主要阐述的是无线电通信，而无线电通信与电波的传播过程紧密相关。因此，本章的重点内容就是详细阐明无线电波的传播规律，各波段电波的传播方式和特点，以及电波传播过程中所受到的各种干扰因素。

7.2.1　无线电波的传播

无线电波通常指频率在 3000 GHz 以下，不用人造波导而在空间传播的电磁波，简称电波。

拓展阅读

1. 电磁波的形成与传播

天线是一种能量转换设备，当把射频信号输入至天线输入端后，天线将射频信号所包含的能量辐射到空中，在空中形成电磁波。也就是说，天线把射频能量转化成空间电磁能。由于电磁波的交变特性，它可以按照一定的规律向远处扩散。如图 7.2 所示，天线在 A 点形成的交变电场 E，形成了 B 点的交变磁场，而 A 点的交变磁场 H 又形成了 B 点的交变电场，于是 A 点的交变电磁场便传递到了 B 点。而 B 点的电磁场又会在 C 点形成交变电磁场，依照这样的规律，天线产生的电磁波就不断地向远处传播。

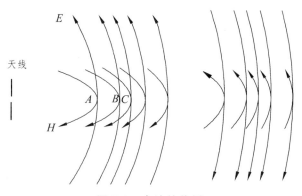

图 7.2　电波的传播

2. 电波的分布

由于空间电波是由天线中的射频信号形成的，所以其变化规律取决于射频信号的变化规律。需注意的是，电磁波在空间任意一点处，其电场向量（实线箭头）与磁场向量（虚线箭头）始终是垂直的，并且二者又都与传播方向垂直，如图 7.3（a）所示。

3. 电波的相位

在电波的传播途径中，一个波长范围内电场强度是不同的。电波在一个波长范围内某点场强的大小、方向和变化趋势的瞬时状态，叫作电波的相位。习惯上我们用角度来表示电波的相位，叫作电波的相位角，通常用 φ 表示，如图 7.3（b）所示。两点之间的相位之差，叫相位差，用 $\Delta\varphi$ 表示。$\Delta\varphi$ 遵循：

$$\Delta\varphi = d/\lambda \times 360°$$

式中，d 为传播途径中两点的距离，λ 为波长，条件限制在一个波长内。

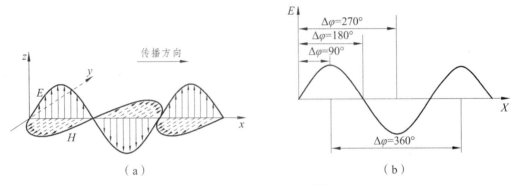

（a）　　　　　　　　　　（b）

图 7.3　电波的分布与电波的相位

4. 电波的传播方向

空间电磁波的电场向量 E 和磁场向量 H 以及电波的传播方向是相互垂直的，这种电磁波称为横电磁波，其传播方向用右手螺旋法则进行判断，如图 7.4 所示。右手四指与电场向量方向一致，再使四指弯曲朝向磁场向量方向，则拇指方向就是电波传播方向。

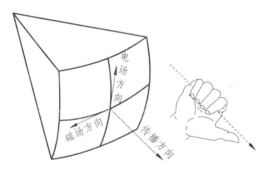

图 7.4　电波的传播方向

5. 电波的传播速度

电波在真空中的传播速度等于光速 $c(c = 3\times10^8\,\text{m/s})$，在空气或其他媒质中的传播速度

$$v = \frac{c}{\sqrt{\varepsilon_r \mu_r}}$$

式中，ε_r 为媒质的相对介电常数，μ_r 为媒质的相对磁导率。在均匀媒质中，电波的传播方向和速度都是恒定的。空气可以认为是近似均匀的媒质。

6. 电波的极化

电磁场的电场向量在垂直于传播方向的平面内随时间变化的方式称为电波的极化。电波的电场向量方向称为极化方向。

1）线极化波和圆极化波

如果电波在空间某点的电场向量终端随时间变化的轨迹是一条直线，则这种电波称为线极化波。如果电场向量终端随时间变化的轨迹是一个圆，则称为圆极化波。

2）水平极化波和垂直极化波

在线极化波中，如果电场向量是与地面垂直的，则称为垂直极化波；如果电场向量是与地面平行的，则称为水平极化波。要有效地接收垂直（水平）极化波，天线必须垂直（水平）安装。对于机载高频通信系统和甚高频通信系统，由于它们发射的电波为垂直极化波，所以接收天线要垂直安装。但电波在实际传播过程中，由于各种干扰的存在，其极化方向有一些变化，因而接收天线也应该适当做些调整。

7.2.2 电波在不均匀媒质中的传播

当电波在不均匀媒质中传播时，即媒质的 ε_r 和 μ_r 发生变化时，不仅电波的传播速度会发生变化，而且传播方向也会改变，产生反射、折射、绕射和散射现象。

1. 反　射

电波在经过不同媒质的分界面时会产生反射现象，尤其是遇到 ε_r 很大的金属或其他导体时，电波的能量几乎全部被分界面所反射。电波频率越高，反射越强。如反射面远大于波长时，反射线与入射线及法线处于同一平面，如图 7.5 所示。

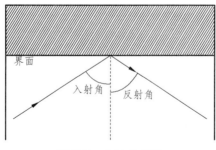

图 7.5　电波的反射

2. 折　射

电波由一种媒质进入另一种媒质时，除了在分界面上产生反射外，还会发生折射现象，如图 7.6 所示。

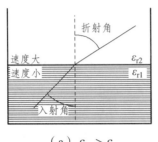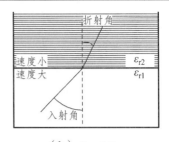

（a）$\varepsilon_{r1} > \varepsilon_{r2}$　　　　　　　　（b）$\varepsilon_{r1} < \varepsilon_{r2}$

图 7.6　电波的折射

电波在不同媒质中的传播速度不同，经过交界面时波阵面发生偏转，从而改变了方向。当电波由传播速度小的媒质进入传播速度大的媒质时，折射角大于入射角，如图 7.6（a）所示；反之，当电波由传播速度大的媒质进入传播速度小的媒质时，折射角小于入射角，如图7.6（b）所示。折射的程度，也就是折射角与入射角之差，主要取决于电波在两种媒质中的传播速度之差，速度差越大，折射程度越大。另外，折射程度还与电波的频率和入射角有关：电波的频率越低，入射角越大，折射程度就越大。

3. 绕　射

电波遇到障碍物时，有时能绕过障碍物继续前进，这种现象称为绕射。由于电波具有绕射能力，所以它能够沿起伏不平的地面传播，如图 7.7 所示。电波的绕射能力与波长有关，波长越长，绕射能力越强，传播距离越远。

4. 散　射

在大气对流层和电离层中有时会有一些尺寸很小且不均匀的带电微粒，当电波照射到这些微粒时，会在其上形成感应电流，使其成为二次辐射体，从而向各个方向发出该频率的二次辐射波，这就是散射现象，如图 7.8 所示。目前，对流层散射通信和电离层散射通信中，就是利用散射的特点来增加传输距离的。

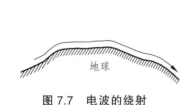

图 7.7　电波的绕射　　　　　　　　　图 7.8　散射现象

7.2.3　电波的传播方式

电波在大气层中传播时，由于本身的频率不同以及不同媒质对它的不同影响，形成了不同的传播方式。

1. 天　波

电波由发射天线向空中辐射，被电离层反射后到达接收点，这种靠电离层的反射传播的电波称为天波，如图 7.9（a）所示。当被调制的无线电波信号在电离层内传播时，组成信号的不同频率成分有着不同的传播速度，所以波形会产生失真。同时，由于电离层中的自由电子受电波电场作用而发生运动，所以当电波经过电离层时，其能量会被吸收一部分。天波传播主要用于中、短波远距离通信、广播，船岸间的航海移动通信，飞机与地面间的航空移动通信等业务。其传播特点是：传输损耗小，能以较小功率进行远距离传输；受电离层影响大。

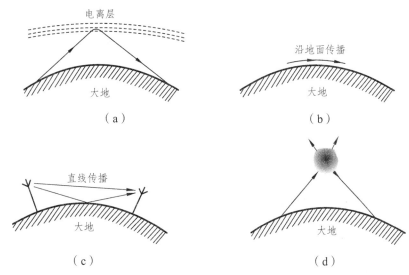

图 7.9　电波的传播方式

2. 地　波

　　沿地球表面传播的电波称为地波或表面波，如图 7.9（b）表示。当天线低架于地面，且天线的最大辐射方向沿地面时，电波主要是地波传播。由于电波是紧靠地面传播的，地面的性质、地貌、地物等的情况都会影响电波的传播。它主要用于中、长波的无线电通信、导航、标准时间的广播以及对潜通信等业务。其主要传播特点是：传输损耗小，作用距离远；受电离层影响小，传播信号稳定；有较强的穿透海水及土壤的能力；受大气噪声影响大，工作频带窄。随着电波频率的增加，地波传播的损耗会迅速增加。因此，这种传播方式特别适合中、长波无线电通信。需要注意的是，当电波为水平极化波时，电场平行于地面，电波在传播过程中会在地面上引起较大的感应电流，导致电波产生很大的衰减，因此以地波为主传播的电波一般只采用垂直极化方式。

3. 空间波

　　空间波也叫视距传播，它包括直达波和地面反射波。沿视线直接传播至接收点的电波，称为直达波；经地面反射后到达接收点的电波，称为地面反射波，如图 7.9（c）所示。空间波在大气层的底层传播，传播的距离受到地球曲率的影响。收、发天线之间的最大距离基本上被限制在视线范围内，要扩大通信距离，就必须增加天线高度。在地球表面，其传播距离一般在 50 km 左右。

　　在对流层、电离层以外的外层空间，无线电波传播也利用直达波，以宇宙飞船、人造地球卫星或天体为对象，在地-空或空-空之间传播。这种传播方式主要用于宇宙无线电通信或空间飞行器的搜索、定位和跟踪等。

4. 散射波

电波利用电离层或对流层的散射作用进行传播的方式称为散射波，如图 7.9（d）所示。散射波传播的容量大、可靠性高、保密性好、单跳通信距离可达 300～800 km，适用于无法建立微波中继站的地区，例如用于海岛之间和跨越湖泊、沙漠、雪山等地区。但是，由于散射波信号相当微弱，所以散射传播接收点的接收信号也相当微弱，即传播损耗很大，这样，散射通信必须采用大功率发射机、高灵敏度接收机和高增益天线。

以上介绍了几种主要的电波传播方式，在实际工作中往往选取其中一种作为主要的电波传播方式，在某些条件下也可能几种传播方式共存。通常可根据不同波段电波的传播特点，利用天线的特性来确定一种主要的传播方式。

7.2.4　地面对电波传播的影响

地面对电波传播的影响主要取决于两方面：地面的不平坦性和地质的情况。前者，当地面起伏不平的程度相对于电波波长来说很小时，地面可近似看成平坦的。对中、长波传播，除高山外的地面均可视为平坦的。后者，主要是地面的介电常数、电导率和磁导率影响着电波的传播。根据实测，绝大多数地质的磁导率接近真空磁导率，而介电系数、电导率根据地质的不同呈现一定的变化规律。

由于大地的电特性和地物、地貌不随时间迅速变化，并且基本不受气象条件影响，加之当电波沿地球表面以地波方式传播时没有多径传输效应，因而电波的地波传播非常稳定。

电波沿地球表面传播时，地面将吸收电波的部分能量，造成电波能量的衰减。衰减的大小与地面的导电系数和电波的频率有关。地球表面的导电系数越大，电波的衰减就越小。由于海水的导电系数比陆地大，所以电波在海面可以传播更远的距离。另一方面，电波的频率越高，衰减就越大，在地球表面的传播距离就越近。因此，沿地面远距传播的电波，其频率一般不会超过 3 MHz。

7.2.5　电离层对电波传播的影响

按大气成分、温度、密度等物理性质在垂直方向上的变化，世界气象组织将大气分为五层，至下而上依次为对流层、平流层、中间层、电离层和散逸层。其中电离层对电波传播的影响最为明显。并且，电离层这种传输媒质抗毁性好，只有在高空核爆炸时才会在一定时间内遭受一定程度的破坏。下面我们将阐述电离层的变化规律及其对电波传播的影响。

拓展阅读

1. 电离层的形成

由于太阳紫外线的强烈辐射，大气层中的气体分子被电离成自由电子和正离子，从而形成了电离层。由于自由电子的存在，电离层具有一定的导电性，因而对电波的传播产生明显的影响。使高空大气电离的电离源还有太阳辐射的 X 射线、为数众多的微流量以及其他星体辐射的电磁波和宇宙射线等，但它们的电离作用较小。电离不仅受太阳紫外线的影响，而且与大气层的密度、湿度及成分有关。高空气体稀薄，电离后的自由电子很少。而低空由于太阳紫外线很弱，电离后的自由电子也很少。因此，电离层主要分布在距地面 60 ~ 500 km 的高空。通常用电子密度来表示电离层的电离情况。由于大气成分不同、高度不同以及受到阳光辐射程度不同，电离层的电子密度也不均匀，且随季节、一天中的时间而变化。实际测量表明，在夏季的白天，电离层有四个电子密度最大的区域，从下向上分别称为 D、E、F₁、F₂ 层，如图 7.10 所示。

2. 电离层的变化规律

D 层：D 层在电离层中处于最低位置，离地高度为 60 ~ 90 km，其电子密度最大值在约 80 km 处。D 层在日出后出现并在中午时达到最强，日落后由于强烈的中和而逐渐消失。

E 层：E 层在电离层中的高度大约为 110 km。E 层较为稳定，它的电子密度和高度变化都比较有规律，白天的电子密度较大，夜间电子密度减小并几乎保持不变。

F 层：F 层是天波传播最重要的部分。在夏季的白天，F 层又可分为 F₁ 层和 F₂ 层。F₁ 层的离地高度约为 160 km，其变化规

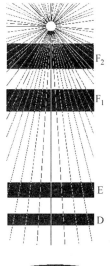

图 7.10　电离层的分层图

律和 D 层类似。F₂ 层在白天和夜间都出现，其离地高度约为 300 km。F₂ 层有着明显的"冬季特性"和"夏季特性"。其"冬季特性"是指电子密度在黎明时最小，下午最大；"夏季特性"是指在夏季中午电子密度反而比冬季中午小。

电离层电子密度变化的总体规律是夏季比冬季大（F2 层例外），白天比夜晚大。赤道附近电子密度最大，越靠近两极电子密度越小。此外，不同年份的电子密度也有所不同，这与太阳的活动有关。图 7.11 给出了电离层昼夜变化的一般规律。

3. 电离层对电波的折射作用

电离层的电子密度是不均匀的：从下向上各层的电子密度依次增大，而每一层中是中间大两边小。当电波进入电离层后，就会因为产生连续的折射而返回地面，或者穿透电离层而进入外层空间，如图 7.12 所示。

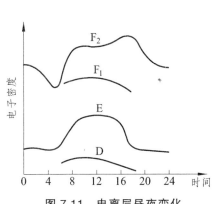

图 7.11　电离层昼夜变化

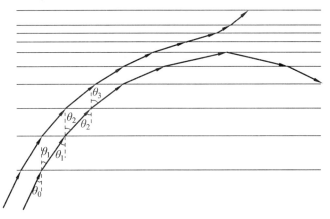

图 7.12　电离层对电波的连续折射

理论和实践证明，电离层的相对介电常数可由下式表示：

$$\varepsilon' = 1 - 80.8N / f^2$$

式中，N 为电离层电子密度（个/米^3），f 为电波频率（kHz）。

由于各层的电子密度是自下而上依次增大，而且一层当中是中间大两边小，因而电离层各层的相对介电常数依次减小，而在某一层中其相对介电常数却是中间小、上下大。当电波以入射角 θ_0 入射时，将会产生 $\theta_0 < \theta_1 < \theta_2 < \theta_3 \cdots\cdots$ 的结果。如果电波的入射角自下而上依次增大到超过临界入射角时，电波就产生了全反射，以后电波就自上而下折回地面。如果电波到达电子密度最大的高度时，入射角仍然不能大于临界入射角，那么电波将穿透电离层而不再返回地面。电波能否返回地面，取决于电波的入射角、频率以及电离层的电子密度。

（1）电波的入射角越大越容易折射。当电波的频率一定时，电波的入射角越大，则经过较少的连续折射即可达到临界入射角，因而较容易返回地面，如图 7.13 中射线 1、2 所示。

从图中还可以看出，入射角越大，电波传播的距离越远；反之，电波传播的距离越近。当入射角减小到某一值时，电波传播的距离最近，如图中射线 3 所示，这一距离称为越距。入射角再减小，电波将会穿透电离层，如图 7.13 中射线 4、5 所示。因此，在以发射天线为中心的一定半径的区域内，不会有天波到达，该区域称为天波静区。

（2）电波的频率越低越容易折射。当入射角一定时，电波的频率越低，电离层的相对介电常数也就越小，电波进入电离层的折射角就越大，这相当于电波进入下一层的入射角越大，就越容易折回地面。当频率超过 30 MHz 以后，电波一般不会返回地面，而是穿透电离层，进入外层空间，如图 7.14 所示。电离层能够反射的电波的最高频率，称为最高可用频率。在利用天波通信时，应注意电波的频率不能超过最高可用频率。

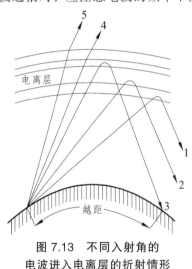

图 7.13　不同入射角的
电波进入电离层的折射情形

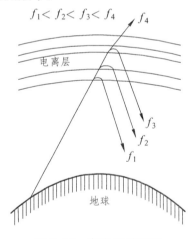

图 7.14　电离层对不同
频率电波的折射作用

（3）电离层的电子密度越大越容易折射。电子密度越大，电离层的 ε' 则越小，故电波进入电离层后的折射角就越大，这相当于电波进入下一层的入射角越大，就越容易返回地面。电子密度最大的 F 层，对电波的折射能力最强。短波不能被 D、E 层折射，却能被 F 层折射；中波不能被 D 层折射，却能被 E 层折射；长波和超长波将被 D 层直接折射回地面。

4. 电离层对电波的吸收作用

电离层对电波的影响除了折射作用外，还表现在它对电波能量的吸收上。当电波进入电离层后，会引起其中的自由电子发生振动，电子在振动时与其周围的正离子和气体分子碰撞，产生热量，使电波的部分电磁能转变成热能而损耗。电波能量损耗的大小主要与电波的频率和电离层的电子密度有关。此外，如果电波的频率在电离层自由电子的固有振荡频率1400 kHz 附近时，被电离层吸收的能量最多。

（1）电波的频率越高，损耗越小。电波的频率越高，则周期越短，自由电子所受的单向电场力作用时间也越短，运动速度越小，振幅也越小，由于碰撞而损耗的能量也越小。

（2）电离层电子密度越大，电波能量损耗越大。电子密度越大，单位空间内的自由电子数目就越多，自由电子之间以及自由电子与其他分子碰撞的机会也就越多，因而电波的损耗也就越大。当电离层底部电子密度增大时，电子会把照射到它的电波能量更多地转移给大气，导致对电波吸收的增大。因此，电离层底部的电子密度决定了一个频率，称为最低可用频率，在这个频率以下，信号被吸收得很严重，不能传播。

7.3 无线电波频段的划分及各波段电波的传播特点

7.3.1 无线电波频段的划分

频谱是无线通信能够使用的唯一资源，这种资源是由无线电管理机构统筹管理的。目前采用基于固定频带的分配原则和方案，一般通过政府授权使用，即由专门的频谱管理机构分配特定的授权频段供特定的通信业务使用。《中华人民共和国无线电频率划分规定》确定的电波频段和波段如表 7.1 所示。

拓展阅读

表 7.1 无线电波频段和波段划分表

频带名称	频率范围	波段名称	波长范围
至低频（TLF）	0.03～0.3 Hz	至长波或千兆米波	10 000～1 000 兆米（Mm）
至低频（TLF）	0.3～3 Hz	至长波或百兆米波	1 000～100 兆米（Mm）
极低频（ELF）	3～30 Hz	极长波	100～10 兆米（Mm）
超低频（SLF）	30～300 Hz	超长波	10～1 兆米（Mm）
特低频（ULF）	300～3 000 Hz	特长波	1 000～100 千米（km）
甚低频（VLF）	3～30 kHz	甚长波	100～10 千米（km）
低频（LF）	30～300 kHz	长波	10～1 千米（km）
中频（MF）	300～3 000 kHz	中波	1 000～100 米（m）
高频（HF）	3～30 MHz	短波	100～10 米（m）
甚高频（VHF）	30～300 MHz	米波	10～1 米（m）
特高频（UHF）	300～3 000 MHz	分米波	10～1 分米（dm）
超高频（SHF）	3～30 GHz	厘米波	10～1 厘米（cm）
极高频（EHF）	30～300 GHz	毫米波	10～1 毫米（mm）
至高频（THF）	300～3000 GHz	丝米波或亚毫米波	10～1 丝米（dmm）

对于短波以上的波段，有超短波和微波的叫法。对于微波波段，有时用字母来表示一定的频率、波长范围，如表 7.2 所示。

表 7.2　微波常用波段代号

波段代号	标称波长/cm	频率范围/GHz	波长范围/cm
L	22	1～2	30～15
S	10	2～4	15～7.5
C	5	4～8	7.5～3.75
X	3	8～12	3.75～2.5
Ku	2	12～18	2.5～1.67
K	1.25	18～27	1.67～1.11
Ka	0.8	27～40	1.11～0.75
U	0.6	40～60	0.75～0.5
V	0.4	60～80	0.5～0.375
W	0.3	80～100	0.375～0.3

7.3.2　各波段电波的传播特点

由于各个波段的电波都有各自的传播特点，因此各个波段都有各自的应用范围。

1. 甚长波和长波

从频段的角度来命名，甚长波和长波分别称为甚低频和低频。由于波长较长，频率较低，甚长波和长波的绕射能力很强，而且被地面吸收的能量也很小，所以甚长波和长波以地波的方式可以传播很远的距离。除地波方式外，甚长波和长波还能够通过电离层的折射，以天波方式传播，这是因为：在白天，电波只需在 D 层就被折射，穿入电离层的深度较浅，被电离层吸收的能量也较少；在夜间，由于电离层的 D 层消失，电波被 E 层折射。经过电离层和地面之间的多次反射，电波可传播很远的距离，信号也较稳定。

对于甚长波信号来讲，地球表面相当于一个良好的导电面，而电离层相当于一个良好的导体。电波在地球表面和电离层之间往复反射，如同微波在金属波导管中传播的情形，因此甚长波是以波导模式向远处传播的。由于这种“波导”对甚长波信号的衰减极小，所以甚长波信号可以传播极远的距离。民航飞机上曾经使用过的奥米伽导航系统就是工作于甚长波波段。由于甚长波信号的传播距离远，奥米伽导航系统成为远程大圆圈飞行的主要导航设备。（注：奥米伽导航系统于 1997 年停止为民用用户服务。）

甚长波除具有传播距离远、传播稳定的特点外，它还可以深入水下，为潜艇提供导航。美国在地球上建立了 8 个甚长波台为其海军提供超远程的导航服务，并可以覆盖全球。

甚长波信号的传播稳定并不是绝对的，而可能受到日变效应的影响。由于电离层的高度随一天中的时间、季节和年份以及太阳黑子的活动而变化，甚长波的波导传播方式不可能像金属波导那样稳定。在日出日落的昼夜变化期间，电离层的高度急速变化，引起电波的传播速度发生改变，并进一步导致电波的相位有规则地变化，这就是日变效应。但科学工作者通过大量的研究和实践证明了日变效应引起的误差是可以预测和推算的，只要采取相应的校正和补偿，就可以消除由于日变效应引起的误差。此外，地面电导率的不均匀也会影响到甚长波电波的稳定。

甚长波信号具有传播距离远、信号较稳定的优点，但也有其不足之处，主要表现在对发射信号方面的要求很高，例如发射功率很大，发射设备庞杂。尤其是其天线系统高度往往要求达数百米，建造十分困难，通常采用的办法是在邻近的山峰上架设天线，或者采用伞状天线。

2. 中 波

由于中波的波长较长波短，因此其地波的传播距离比长波近。除了以地波的方式传播外，中波也可以以天波的方式传播。在白天，中波穿透 D 层，并深入 E 层才能被电离层反射，因此其能量被电离层吸收较大（中波的频率在电离层自由电子的固有振荡频率 1400 kHz 附近），所以在白天中波通常不能以天波方式传播；在夜间，D 层消失，E 层电子密度减小，电离层对中波能量的吸收也大为减少，因此在夜间中波的天波可以比地波传播得更远，这也是我们的收音机在夜间比白天收到的电台多的原因。

概括地说，中波的传播方式是以地波为主，天波为辅。与长波和超长波一样，它也具有稳定可靠的特点，而且所需的天线比长波要小，发射设备也较为简单，因此在民用广播和中程无线电导航中得到广泛应用。中波波段是无线电通信发展初期使用的波段之一。根据国际电信联盟（ITU）《国际无线电规则》的频率划分，526.5～1606.5 kHz 频段的中波用作广播。广播频段以下的中波常用于中近程无线电导航，飞机、舰船的无线电通信及军事地下通信等。广播频段以上的中波除用作飞机、舰船通信等外，还用于无线电定位，在军事上还常用于近距离的战术通信。无方向性信标台（NDB），又称中波导航台，是民航系统中工作于中波波段的重要导航设备。其机载接收设备自动定向机（ADF），也叫无线电罗盘，是各种大中型飞机、小型通用飞机、直升机等普遍采用的导航设备，它能较为方便地测量飞机与地面导航台的相对方位。

3. 短 波

短波的地波传播通常采用辐射垂直极化波的垂直天线。从图 7.15 中可以清楚地看出，频率越高，地波的衰减越大，即使用 1000 W 的功率发射，陆地上的传播距离也仅为 100 km 左右。因此，这种传播方式不宜用作无线电广播远距离通信。

对短波来讲，天波传播较地波传播具有更重要的意义。短波天波传播广泛应用于各种距离的定点通信。

因为电离层对短波的吸收比对中、长波的吸收小得多，因此短波可以利用天波传播很远

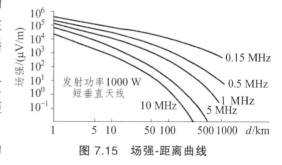

图 7.15 场强-距离曲线

的距离。而且，短波通信系统的发射天线尺寸和发射机功率都较小，成本较低，因而短波通信在无线电通信领域中得到广泛应用。但是利用短波进行通信也有一些缺点，主要表面在：

1）多径传播

在远距离的短波通信中，为获得较小的传输衰减，需要精心选择传输模式。由图 7.16 我

们可以看到短波传播路径上可能出现的传输模式。电波通过若干路径或者不同的传输模式到达接收端，称为多径传播。由于短波具有多径传播的特点，因此到达接收端的时间也不同，如图 7.16 所示。电波在同一方向沿不同路径传播时，到达接收端的同一信号的各射线间允许的最大时延差值，称为多径时延。多径时延将严重影响短波通信的质量。

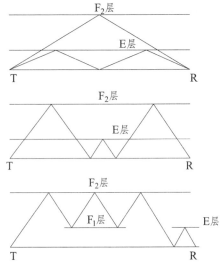

2）衰落

在短波通信中，即使在电离层的平静时期，也不可能获得稳定的信号。这种在接收端信号振幅呈现忽大忽小的随机变化的现象称为"衰落"，如图 7.17 所示。

根据衰落持续的时间，衰落可分为快衰落和慢衰落。持续时间仅为几分之一秒的衰落称为快衰落。持续时间较长的衰落称为慢衰落。慢衰落的持续时间有时达一小时甚至更长。

图 7.16　短波可能出现的传输模式

根据衰落产生的原因，衰落又可以归纳为三种：

a）干涉衰落

由于短波的多径传播，到达接收点的射线不是一根而是多根，这些射线通过不同的路径，到达接收点的时间不同，遭受的衰减也不同，因此幅度不等。加之电离层的电子密度不稳定，即便同时到达接收点的同一信号之间也不能保持固定的相位差，使合成的信号振幅随机起伏。这种衰落是由到达接收点的若干信号相互干扰所造成的，故称为干涉衰落，有时也称为选择性衰落。目前广泛采用分集接收以及差错控制技术等来对抗干涉衰落。

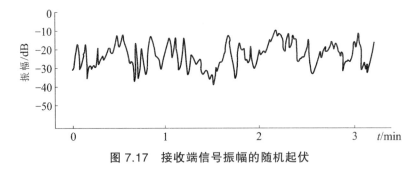

图 7.17　接收端信号振幅的随机起伏

干涉衰落具有明显的频率选择性，也就是说它只对某一个频率或一个几百赫兹的窄频带产生影响。对一个已调制的高频信号，由于它包含多种频率成分，具有多条传播路径，所以在调制频带内，即使在一个窄频带内也可能会发生信号的严重衰落。

b）吸收衰落

吸收衰落主要由电离层吸收的变化引起的，因此它有年、月、季节和昼夜的变化。电离层中的 D 层又被称为"吸收层"。在白天，由于紫外线较强，D 层的电子密度较大，不仅把中波的能量全部吸收，而且吸收了短波的大部分能量，以至于通信中断。除正常的电离层变化规律外，太阳黑子的活动往往也会引起吸收衰落，主要是由于极强的 X 射线和紫外线的辐射引起了电子密度的增大。要克服吸收衰落，除正确地选择频率外，还要靠留功率余量来补偿电离层吸收的增大。

c）极化衰落

被电离层反射后的短波，其极化方向已不再和发射天线辐射时的相同。发射到电离层的线极化波，经电离层反射后，由于地磁场的作用，分为两条椭圆极化波。接收天线所接收的信号强度将随椭圆极化波的极化方向变化而变化。这就是产生极化衰落的原因。

总之，衰落的产生原因多种多样，表现为接收的短波信号幅度极不稳定，直接影响到通信质量。衰落现象是短波通信的重要特点。

3）静区

在短波波段，如果使用较高的频率进行通信，会产生静区，如图 7.18 所示。发射点 A 发射的地波，只能传播到 B 点；A 点发出的天波，只有入射角较大的电波才能够反射回地面，所以只能到达 C 点或更远的区域。因此在天波传播越过了而地波传播又未到达的这段区域内，接收机接收不到短波信号。如果发射天线是无方向性的，则这个区域就是围绕发射机的某一环形区域。如图 7.18 中 B 与 C 间的环形区域，在这个区域内几乎收不到信号，这样的区域称为静区。

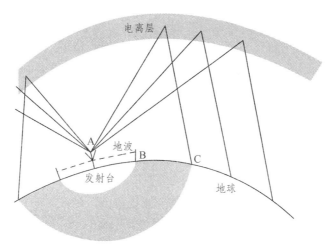

图 7.18 静区的形成

每一频率都有其对应的静区范围。频率越低，地波传输距离越远，而天波则允许以较小的入射角入射，因而静区范围可以缩小。此外，由于天波传播随电离层的变化存在昼夜变化，因而静区的大小随时间也有变化。如果飞机处于静区，则地空双方将无法通信，这时可降低发射机的工作频率，避免接收方处于静区。

短波天波传输的频率选择非常重要。频率太高，电波会穿透电离层；频率太低，电离层吸收又太大。因此，短波天波通信的频率必须选择在最佳频率附近。这个频率的确定，不仅与年、月、日、时有关，还与通信距离有关。同样的电离层状况，通信距离近的，最高可用频率低，通信距离远的，最高可用频率高。显然，为了通信可靠，必须在不同时刻使用不同的频率。但为了避免换频的次数太多，通常一日之内使用两个（日频和夜频）或三个频率。

综上所述，短波传播的主要特点是：地波衰减快，天波不稳定。但因为其能以较小功率获得较远的传播距离，所以在航空通信和民用无线电中获得了广泛的应用。民航飞机上的高频通信系统便是工作于短波波段。

4. 超短波（米波）

超短波频率较高，沿地面传播时衰减很大，碰到障碍物时绕射能力又很弱，因此它几乎不能利用地波传播。而电离层又不能将其反射回地面，所以它也不能利用天波传播。

超短波可以利用电离层和对流层的带电微粒实现散射传播。这种传播可以获得较远的通信距离，如利用对流层的散射通信，其单跳距离一般可达 300 km，而利用电离层的散射通信，其单跳距离可达 1000～2000 km。并且，利用对流层和电离层的散射通信基本上不受核爆炸和太阳耀斑的影响，传输可靠度较高。但散射传播对收发机和天线的要求很高，而且与短波设备相比体积庞大，费用昂贵。因此，超短波的电离层散射通信在民用领域的应用受到了极大的限制。

所以，民用领域的超短波主要以空间波进行传播，其有效传播距离一般限于视距范围，也就是采用视距传播方式。

视距传播是指在发射天线和接收天线能相互"看到"的距离内（由于大气折射，实际传播距离会比视距略远），电波从发射端直接或通过地面反射达到接收端的一种传播方式。按收、发天线所处的位置不同，视距传播大体上可分为三类：第一类是地面上的视距传播，如电视、广播及地面的移动通信等；第二类是地面与空中目标，如飞机、通信卫星等之间的视距传播；第三类是空间飞行体之间，如飞机间、宇宙飞行体间的视距传播。

超短波传播的特点是：受天电干扰小，其信号较稳定；频带很宽，可以容纳大量的电台，视距以外的不同电台可以使用相同频率工作；容易获得高增益的方向性天线，有利于提高系统的抗干扰能力；受昼夜和季节变化的影响小，通信较稳定。因此，超短波通信广泛应用于民航的通信和导航业务中。机载 VHF 通信系统和 VHF 导航系统就是工作于超短波波段。就目前的发展趋势来看，超短波在民航的机载设备和空中交通管制方面的应用呈上升趋势。

5. 微　波

微波是指波长介于红外线和分米波之间的射频电磁波。微波的波长范围为 1 m～1 mm，所对应的频率范围是 300 MHz～300 GHz。

微波波段具有很宽的频带，是现有的长波、中波和短波波段总和的约 1000 倍。频带宽意味着信息容量大，这样宽的频带可以建立大容量的语言、文字、数据和图像等信息的传输线路。由于微波频率很高，它不受天电干扰、工业干扰以太阳黑子变化的影响，因此，微波信道传输质量较高，通信稳定可靠。此外，因为微波频率高，所以其天线尺寸较小，往往做成面天线，其天线增益较高、方向性很强。

由于微波的频率极高、波长很短，因此它在大气中的传播特性与光波相似，遇到阻挡会被反射或被阻断。同时，它的穿透性较强而不能被电离层反射，且容易被地面吸收。因此，微波主要以视距内的空间波方式传播，超过视距则需要中继转发。一般来说，由于地球曲面的影响以及空间传输的损耗，每隔 50 km 左右，就需要设置中继站，将电波放大转发而延伸。在进行长距离通信时，就必须采用接力的传播方式，即发端信号经若干中间站多次转发，才能到达接收端。此外，由于微波直线传播的特性，在电波波束方向上，不能有大的障碍物阻挡。

在民航的现行地空通信和导航业务中，卫星通信系统、雷达系统、下滑信标系统等都工作在微波波段。

复习思考题

1. 什么叫通信？通信系统的一般模型是怎样的？
2. 数字通信和模拟通信相比有何特点？无线通信和有线通信相比有什么特点？
3. 常见的通信方式有哪些？各有什么特点？
4. 无线电波是如何定义的？简述无线电波在均匀媒质和非均匀媒质中的传播规律。
5. 地面和电离层对电波传播的影响表现在哪些方面？
6. 电波的传播主要有哪几种方式？
7. 简述各波段电波的传播特点。
8. 什么是衰落？衰落有哪些种类？

8　无线电收发原理

机载地空通信系统属于移动通信的范畴，为保证机组人员和地面人员之间的信息畅通无阻，就目前的技术而言只能采用无线通信来完成任务。在前面的章节中我们已经详细阐述了无线电波的传播规律以及不同信道对电波传播的影响。本章我们将以模拟通信为例，对无线通信的基本原理做简单的介绍，以期读者对无线电波从发射到接收的整个过程有个全面的了解，建立一个整体概念。

8.1　无线电收发原理概述

8.1.1　无线通信系统的组成

一个完整的无线通信系统应包括发射装置、接收装置、传输信道以及信号传输过程中的各种噪声，如图 8.1 所示。

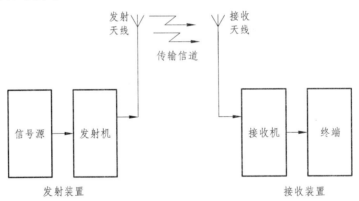

图 8.1　无线通信系统组成方框图

发射装置包括信号源、发射机和发射天线。其中，信号源用于将发送者提供的信息转换为电信号。发射机用于将该电信号变换为足够强度的高频电振荡。发射天线用于将高频电振荡变换为电磁波，向传输信道辐射。

传输信道是自由空间。波长或频率不同的电磁波在自由空间的传输方式也不同，在不同传输媒质中的损耗也不一样。

接收是发射的逆过程。接收装置由接收天线、接收机和终端组成。接收天线用于将由空间传播到其上的电磁波变换为高频电振荡。接收机用于将高频电振荡还原为包含传送信息的电信号。终端用于将电信号还原为所传送的信息。

8.1.2 调制和解调

发射天线辐射的电磁波能量通过长距离传输到达接收天线的仅是其中很小的一部分，因此，尽管发射天线辐射的能量很强，但接收天线收到的电磁波能量已非常微弱。此外，许多其他电台的发射天线和各种工用、民用、军用设施也向空间辐射电磁波，再加上自由空间中存在着固有的电磁干扰，因此要求接收装置必须能从众多的电磁波中选择出有用信号。

为了适应电磁波的上述传播特点，并保证有效、可靠地传递信息，通信系统中的发射机和接收机都必须对携有信息的电信号进行各种变换和处理。在这些变换和处理中，除放大以外，最主要的就是调制和解调。

调制是指用携有信息的电信号去控制高频振荡信号的某个参数，使该参数按照电信号的规律而变化的一种处理方式。我们通常把携有信息的电信号称为调制信号，调制前的高频振荡信号称为载波信号，调制后的高频振荡信号称为已调波信号。如果受控的参数是载波的振幅，则称这种调制为幅度调制，简称调幅（AM），则已调波就是调幅波。如果受控的参数是载波的频率或相位，则称这种调制为频率调制或相位调制，简称调频（FM）或调相（PM），并统称为调角，而已调波就是调频波或调相波，并统称为调角波。调幅波、调相波和调频波的简单波形如图 8.2 所示。由图中可见，调幅波的幅度、调频波的频率及调相波的相位和调制信号之间存在一定的关系。将频率更高的已调波信号发射出去，实际上也把携带的信息发射出去了。

解调是调制的逆过程，是从已调波信号中恢复出携有信息的电信号的一种处理方式。对应不同的调制方法，解调方法也不一样。

调制在无线通信系统中的作用至关重要。首先，调制信号一般具有从零开始的较宽的频谱，而且在频谱的低端分布较大的能量。而要让天线有效地辐射和接收电磁波，馈送到天线上的信号的波长必须与天线尺寸是相当的。如果调制信号的频率为 3000 Hz，即使采用 1/10 波长天线，天线的长度也要达到 10 km 才能将它有效地变换为电磁波向自由空间辐射，事实上这很难做到。现在通过调制构成频率足够高的已调波信号，再将已调波信号加到天线上去，发射天线的尺寸就将大大减小。其次，接收机必须具有选择所需电台发射的信号而抑制其他

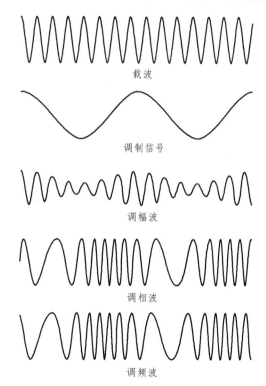

载波

调制信号

调幅波

调相波

调频波

图 8.2 调幅波、调相波和调频波

电台发射的信号以及各种干扰信号的能力，而调制可使各电台发送的信息加载到不同频率的载波上，这样，接收机就能根据载波的频率选择所需电台发送的信号而抑制其他电台发射的信号以及各种干扰信号。

8.1.3　收发机的基本组成

幅度调制在民航机载通信、导航设备中得到非常广泛的应用，所以本节以调幅收发机为例来介绍无线收发机的基本组成。

1. 调幅发射机的组成

图 8.3 所示为采用调幅方式的无线通信发射机的组成框图。

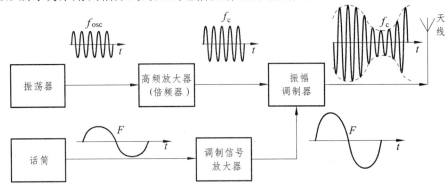

图 8.3　调幅发射机组成框图

高频振荡器用来产生频率为 f_{osc} 的高频振荡信号，其频率一般在几十千赫兹以上。高频放大器由多级谐振放大器（包括倍频器）串接组成，用来放大振荡器产生的振荡信号，并使其频率倍增到载波频率 f_c 上，最后提供足够大的载波功率。

话筒用来将语音转换为电信号，其频率一般在 300 Hz ~ 3000 Hz 内。

调制信号放大器由多级非谐振放大器串接组成。其中，前几级为小信号放大器，用来放大由话筒变换来的电信号；后几级为功率放大器，用来提供足够功率的调制信号。

振幅调制器用来实现调幅功能，它将输入的载波信号与调制信号变换为所需的调幅波信号，然后加到发射天线上去。

2. 调幅接收机的组成

调幅接收机的作用和发射机正好相反，它通过接收天线接收发射机发送的电磁波，并将其变换为发送端发送的信息。

目前接收机普遍采用超外差方式进行接收。图 8.4 所示为超外差式调幅接收机的组成框图。

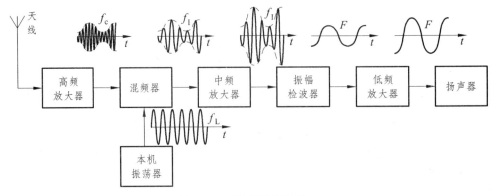

图 8.4　超外差调幅接收机

接收天线用来将空间电磁波转换为微弱的高频振荡信号。

高频放大器通常由多级小信号谐振放大器组成，用来放大天线上感生的有用信号，同时利用放大器中的谐振系统抑制天线上感生的其他频率的干扰信号。由于谐振放大器的中心频率随所需接收信号频率 f_c 的不同而不同，因此高频放大器必须是可调谐的。

混频器有两个输入信号，一个是由高频放大器送来的频率为 f_c 的调幅波信号，一个是由本机振荡器产生的频率为 f_L 的等幅振荡信号。它的作用是将载波频率为 f_c 的调幅波信号不失真地变换为载波频率为 f_I 的已调波信号。其中 $f_I = f_L \pm f_c$（或 $f_I = f_c \pm f_L$），它是一个固定数值，简称中频。

本机振荡器简称本振，其主要任务是产生频率为 f_L 的等幅振荡信号。由于 f_I 是固定值，而 f_c 随所需接收信号的不同而不同，所以，本振的振荡频率也应该是可调的，而且必须能够正确跟踪 f_c。

中频放大器由多级固定调谐的谐振放大器组成，用来放大中频调幅信号。

振幅检波器用来实现解调功能，即将中频调幅信号变换为反映所传送信息的低频信号。

低频放大器用来放大携有信息的低频信号，向扬声器提供足够的功率。

除了采用调幅方式的通信系统外，目前还有大量采用了调频、调相等方式的通信系统。但是，无论采用何种调制方式，发射机和接收机都必须包括上述各组成部分，它们的区别主要在调制器和解调器上。例如，采用调频方式的无线通信系统，实现调制的部分称为频率调制器，实现解调的部分称为频率检波器（鉴频器）；采用调相方式的无线通信系统，实现调制的部分称为相位调制器，实现解调的部分称为相位检波器（鉴相器）。

8.1.4　收发机的主要性能指标

下面我们从收发机的用途出发，提出的收发机一些技术指标，并以此为依据，对组成收发机的各个部分提出具体的要求。

1. 发射机的主要性能指标

1）输出功率

发射机的输出功率是指从发射机末级到天线输入端的射频信号功率，有时为测量方便，规定在指定负载电阻上的功率为输出功率。它是决定系统作用距离和可靠性的主要因素之一。对于机载高频通信系统，其所允许的发射峰值功率一般不得超过 400 W。

2）频率稳定度

频率稳定度是指在一定的时间间隔内频率变化的最大值。通常它有两种表示方法：绝对频率稳定度和相对频率稳定度。

$$绝对频率稳定度\ \delta = \frac{|f_{\max} - f_0|}{t}$$

$$相对频率稳定度\ \delta = \frac{|f_{\max} - f_0|}{f_0 t} \times 100\%$$

式中，$f_{\max}$ 为实际工作频率的最大值；f_0 为标准频率；t 为时间间隔。

频率稳定度是发射机一项极为重要的指标，对于保证系统工作的可靠性，提高系统的抗干扰能力和压缩系统的频带等方面具有重要意义。不同的通信系统对于频率稳定度的要求也不同，频率稳定度越高，发射机的结构也就越复杂，成本也越高。例如，机载甚高频通信发射机，在使用 25 kHz 频率间隔的条件下，要求的频率稳定度不得小于±0.003%。而对于机载高频通信系统，必须使实际发射的载波和载波基准之间的频率差值不超过 10 Hz。目前，通常采用晶体振荡器和频率合成技术来提高频率稳定度。

3）频率范围和波道间隔

目前许多通信系统的工作频率不再是单一的固定频率，而是具有一定宽度的频带，这就是频率范围。大的频率范围又被分成许多小的频带，称为波道。

4）谐波和副波输出

发射机除了在工作频率输出功率外，由于各种原因，在某些频率，例如工作频率的谐波和个别频率上也有不需要的功率输出。这种谐波和副波输出会造成干扰，应加以限制。通常要求谐波或副波输出功率比主波低 40 dB 以上。

5）末级负载阻抗

为了便于使用者选配合适的天线和馈线，对于末级负载阻抗应有所规定。

此外，在电源供给、使用环境条件和质量尺寸等方面都应对发射机有一定的要求。

2. 接收机的主要性能指标

1）灵敏度

灵敏度表示接收机接收弱信号的能力。它直接影响系统的作用距离。灵敏度的完整定义是：在接收机输出端满足一定的输出功率和信噪比（输出信号功率与输出噪声功率之比，通常用 S/N 表示）的条件下，天线上所需的最小感应电动势（或接收点场强）。对于机载甚高频通信系统，其接收机的灵敏度应保证在绝大多数时间内，在信噪比为 15 dB、场强为 72 μV/m、调幅度为 0.5 的无线电信号条件下，提供有效音频输出。

2）选择性

选择性表示接收机选择所需信号、抑制其他信号及干扰信号的能力。选择性越好，接收机对载波频率附近的其他信号和干扰信号的抑制能力也就越强。对于机载甚高频通信系统，当采用 25 kHz 频率间隔时，其接收机必须保证对指配频率±25 kHz 处的抑制能力不小于 50 dB，对指配频率±17 kHz 处的抑制能力不小于 40 dB。

3）失真度

失真度表示接收机输出端的低频信号波形与接收机输入端已调波所寄载的调制信号波形的相似程度。

4）频率稳定度

接收机频率稳定度的含义与发射机的相同，它主要取决于本振的频率稳定度。对于高频通信系统，在满足发送设备频率稳定度的情况下，地面设备与机载设备之间在实际工作中的频率偏差，包括多普勒频移在内，最大不得超过 45 Hz。

5）频率范围

对频率范围的具体要求是：在给定的范围内，接收机可以在任一频率上调谐，而且其主要性能指标都达到要求。

8.2　幅度调制

幅度调制通常包括普通调幅（AM）、双边带（DSB）调制、单边带（SSB）调制和残留边带（VSB）调制。其中普通调幅是最基本的，其他幅度调制都是由它变化而来的。由于机载甚高频通信系统采用普通调幅方式，而高频通信系统采用普通调幅和单边带调制兼容的方式，因此本节我们仅介绍普通调幅和单边带调制。

8.2.1　普通调幅

普通调幅简称调幅。它是利用调制信号去控制载波的振幅，从而使载波的振幅随着调制信号的变化而变化。调制信号包含了许多频率成分，其波形比较复杂。为了分析方便，我们将它看作正弦波形，如图 8.5（a）所示。图 8.5（b）所示波形为载波，在未调制之前，它的振幅是维持不变的。从图 8.5（c）中我们可以看出，调幅波是载波振幅随调制信号的大小呈线性变化的高频振荡，它的中心频率并没有改变，仍然等于载波的频率。下面我们通过调幅波的数学表达式来对调幅过程进行分析。

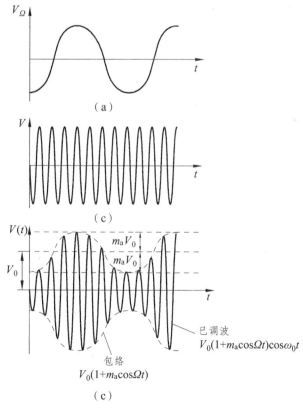

图 8.5　调幅波的形成

1. 调幅波的数学表达式

为简化起见，我们假定调制信号是一个低频正弦波，其表达式为

$$v_\Omega = V_\Omega \cos \Omega t$$

载波为一高频振荡信号，其表达式为

$$v = V_0 \cos \omega_0 t \quad (\omega_0 \gg \Omega)$$

如果用调制信号对载波进行调幅，那么在理想情况下，已调波的振幅为

$$V(t) = V_0 + k_a V_\Omega \cos \Omega t$$

式中，k_a 为比例常数。因此调幅波可以用下面的数学表达式表示：

$$
\begin{aligned}
v(t) &= V(t) \cos \omega_0 t \\
&= (V_0 + k_a V_\Omega \cos \Omega t) \cos \omega_0 t \\
&= V_0 (1 + m_a \cos \Omega t) \cos \omega_0 t
\end{aligned}
$$

式中，$m_a = k_a V_\Omega / V_0$，称为调幅度或调幅指数，它是指调幅波幅度受调制信号控制的变化程度。

从图 8.5（c）中我们可得

$$m_a = \frac{V_{\max} - V_0}{V_0} = \frac{V_0 - V_{\min}}{V_0}$$

m_a 的数值可以自 0（未调幅）至 1 变化，它的绝对值不允许超过 1。如果 $m_a > 1$，将得到图 8.6（a）所示的已调波形，从图中可以看出，其中有一段时间振幅等于零，使已调波的包络产生严重失真，这种情形叫作过调幅。过调幅必须避免。如果 m_a 的值很小，在已调波的包络上不能充分反映调制信号的变化规律，而且容易被寄生调幅所掩盖，这种情形称为浅调幅，如图 8.6（b）所示。浅调幅将直接影响通信距离，也不是我们所希望的。像机载其高频通信系统就要求其调幅系数至少应达到 0.85，同时希望在保证调幅系数最大的情况下不产生过调幅现象。

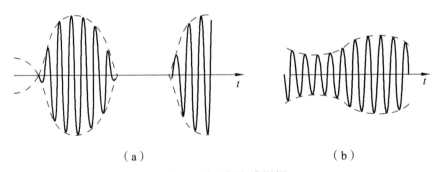

（a）　　　　　　　　　　　　　　　　（b）

图 8.6　过调幅和浅调幅

2. 调幅波的频谱

在前面的章节中，我们分析信号波形的变化通常都是采用时域的分析方法。时域分析的明显标志就是横轴以时间 t 为基准。现在我们引入一个新的分析方法，那就是频谱分析法。所谓频谱就是把信号分解出的所有正弦分量，按照频率由低到高的次序依次排列在频率轴上。这样一来，对一些不规则的信号就容易进行分析了。

要得到已调波的频谱，我们必须首先将已调波进行分解：

$$v(t) = V_0 \cos \omega_0 t + m_a V_0 \cos \Omega t \cos \omega_0 t$$
$$= V_0 \cos \omega_0 t + 0.5 m_a V_0 \cos(\omega_0 + \Omega) + 0.5 m_a V_0 \cos(\omega_0 - \Omega)$$

上式说明，由正弦波调制的调幅波是由三个不同的频率分量组成：式中第一项为载波；第二项的频率等于载波频率与调制频率之和，称为上边频；第三项的频率等于载波频率与调制频率之差，称为下边频。后两个频率显然是由于调制产生的新频率。图 8.7（a）为正弦波调制的调幅波的频谱图，由图中可以看出上边频和下边频分别位于载波两侧，幅度完全相等。实际上，调幅的过程也就是频谱搬移的过程，经过调幅，调制信号的频谱被搬到载波的两侧，成为上、下两个边频。以上讨论的是单音频信号对载波进行调幅的简单情形，这时只产生两个边频。实际上，调制信号本身就会有许多频率成分，因此产生的调幅波中并不只有一个上、下边频，而是有许多个，组成了上边带（USB）和下边带（LSB）。如图 8.7（b）所示，非正弦调幅波的上、下边带由许多上、下边频组成，两个边带的频谱是对称于载波分布的，调幅波所占的频带宽度等于调制信号最高频率的两倍。从频谱图中我们可以看到，上、下两个边带所包含的信息完全一样，也就是说要传递信息，只要有一个包含信号的边带就够了。

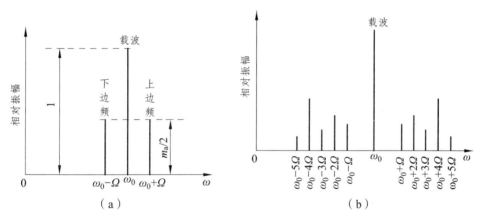

图 8.7 正弦波与非正弦波调制的调幅波频谱图

3. 调幅波的功率

如果将单音正弦调制的调幅波信号输送至电阻 R 上，则负载上消耗的功率如下：

（1）载波功率： $P_{0T} = V_0^2 / 2R$。

（2）下边频功率： $P_{(\omega_0 - \Omega)} = (m_a V_0 / 2)^2 / 2R = m_a^2 P_{0T} / 4$。

（3）上边频功率： $P_{(\omega_0 + \Omega)} = (m_a V_0 / 2)^2 / 2R = m_a^2 P_{0T} / 4$。

（4）调幅波的总功率： $P_0 = P_{0T} + P_{(\omega_0 - \Omega)} + P_{(\omega_0 + \Omega)} = P_{0T}(1 + m_a^2 / 2)$。

讨论：当 $m_a = 0$ 时，$P_0 = P_{0T}$。这种情况表明没有进行调幅。当 $m_a = 1$ 时，也即是满调幅时，$P_0 = 1.5 P_{0T}$。

由此可知，调幅波的输出功率随 m_a 的增大而增加。它所增加的部分功率就是两个边频所产生的功率 $= m_a^2 P_{0T}/2$。由于信号包含在边频内，而载波并不包含传送的信息，因此在调幅过

程中应尽可能提高 m_a 的值，从而提高有用信号（边带）功率在总输出功率中所占的比例。但即使是在 $m_a = 1$ 时，两个边带的功率也仅占总功率的 1/3。

从调幅波的功率关系中不难看出，有用信号功率在总输出功率中所占的比例非常小，大部分输出功率浪费在载波和无用边带上。

8.2.2 单边带调制

调幅从实质上讲是将调制信号的频谱搬移至载波的两侧。调幅波所传送的信息包含在两个边带内，且两个边带所包含的信息内容完全一样，而载波分量本身并不包含任何信息。但从调幅波的功率分配上看，载波分量的功率却在已调波的总功率中占有很大的比重，这样就降低了调幅波的功率有效率。从理论上讲，只要发送一个边带就可以不失真地传送信息，而另一个边带和载波分量都可以加以抑制，这就是单边带调制，简称 SSB。由于单边带通信系统是建立在调幅制理论基础上的，所以也称其为调幅单边带制系统。如图 8.8 所示，（a）为调制信号频谱，（b）为普通调幅波的频谱，（c）为上边带信号的频谱，（d）为下边带信号的频谱。

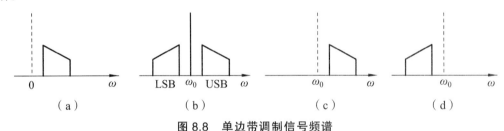

图 8.8 单边带调制信号频谱

目前，机载甚高频通信系统采用的调制方式为普通调幅，高频通信系统采用普通调幅与单边带调制兼容的调制方式。单边带调制与普通调幅相比具有以下优点：

1）节约频谱

普通调幅波所占频谱宽度等于调制信号最高频率的两倍。而采用单边带调制以后，频带可节约一半，这对于日益拥挤的短波波段来说，具有十分重要的意义。因为这样就能在相同带宽内，使所容纳的频道数量增加一倍，大大提高了短波波段的利用率。

2）节省功率

在普通调幅波中，载波功率占整个调幅波功率的绝大部分，但它并不包含所要传送的信息。单边带调制则只传送携带信息的一个边带，因而在接收端的信噪比相同时，单边带调制能大大节省发送功率。换句话说，在同样的发射功率或同样的信噪比条件下，单边带通信的距离比普通调幅通信的距离更远。

3）抗干扰能力强

短波的传播方式主要以天波为主，对于普通调幅波来说，载波分量很大，因而接收端的合成波形由于选择性衰落而产生的失真也很严重，降低了信噪比。单边带通信不会有载波成分，因而不会受到上述影响，也就是说单边带调制的衰落现象要轻得多。另外，单边带通信的频带较窄，因此电台之间的相互干扰也很小。所以，单边带通信的质量比普通调幅通信的质量高。

但是单边带通信对收发机的频率稳定度要求很高，而且需要增加复杂的自动频率控制系统，这必然造成收发设备技术上的复杂和成本的提高。

8.3 莫尔斯电码

8.3.1 概 述

莫尔斯电码（Morse Code）是一种时通时断的信号代码，它通过不同的排列顺序来表示不同的英文字母、数字和标点符号。莫尔斯电码是由美国人萨缪尔·莫尔斯（Samuel F. B. Morse）在 1836 年发明的。

拓展阅读

一般来说，任何一种能把书面字符用可变长度的信号表示的编码方式都可以称为莫尔斯码。这个信号可以是无线电波，也可以是灯光、声音甚至手势。但现在莫尔斯码这一术语只用来特指两种表示英语字母和符号的莫尔斯电码：美式莫尔斯电码和国际莫尔斯电码。

美式莫尔斯电码作为一种实际上已经绝迹的电码，使用点、画和独特的间隔来表示数字、字符和特殊符号。这种莫尔斯电码的设计主要是针对地面报务员通过电报电线传输的，而非通过无线电波传输。世界上的第一条电报就是由美式莫尔斯电码来完成的。

德国人 Friedrich Clemens Gerke 在 1848 年对美式莫尔斯电码做了一定的修改，主要是去掉了美式莫尔斯电码中的停顿。1865 年的国际电报大会对 Gerke 版莫尔斯电码做了少量修改，并在法国巴黎将其标准化，后来由国际电信联盟（ITU）统一定名为国际莫尔斯电码。我们现在所说的莫尔斯电码实际上指的就是国际莫尔斯电码。

8.3.2 莫尔斯电码的结构

莫尔斯电码由点"."、划"−"两种符号按以下原则组成。其中点"."也叫"滴"（Dit），划"−"也叫"答"（Dah）。

莫尔斯电码应满足以下规则：

（1）点的长度决定了发报的速度，并且被当作发报的时间基准。

（2）划是三个点的长度。

（3）构成同一字符的符号间的间隔是一个点的长度。

（4）字元之间的间隔是三个点的长度。

（5）单词之间的间隔是七个点的长度。

可使用的书写字符及对应的莫尔斯电码符号如图 8.9 所示。

按照上面的规则，我们可知国际标准救援信号"SOS"的莫尔斯电码为"...−−− ..."，而"MORSE CODE"的莫尔斯电码为"−− −−− . −. ... ./ −.−. −−− −.."。

因为莫尔斯电码只依靠一个平稳的固定频率的无线电信号，所以它的无线电通信设备比起其他方式的更简单，并且它能在高噪声、低信号的环境中使用。它只需要很窄的带宽，并且可以帮助两个母语不同，在话务通信时会遇到巨大困难的操作者之间进行沟通。在当今主流无线电通信为语音通信、数据通信的情况下，莫尔斯电码在移动和固定业务中的使用正在萎缩，它几乎成了业余无线电爱好者的专利，但在业余和卫星业余等无线电通信业务中仍在继续使用莫尔斯电码。

字母

a	.—	i	..	r	.—.
b	—...	j	.———	s	...
c	—.—.	k	—.—	t	—
d	—..	l	.—..	u	..—
e	.	m	——	v	...—

标音字母　e　..—..　　n　—.　　w　.——

f	..—.	o	———	x	—..—
g	——.	p	.——.	y	—.——
h	....	q	——.—	z	——..

数字

1	.————	6	—....
2	..———	7	——...
3	...——	8	———..
4	....—	9	————.
5	.....	0	—————

图 8.9　莫尔斯电码符号

8.3.3　莫尔斯电码在民航中的应用

民航早期的平面电报通信是通过莫尔斯电码进行信息传递的，但随着民航业的不断发展，电报业务量急剧增加，完全依赖人工作业的莫尔斯电报已经不适应民航通信业的发展了。

CCAR-63FS《民用航空器领航员、飞行机械员、飞行通信员合格审定规则》就规定了飞行通信员需具有莫尔斯电码通信能力，如无此能力，将在其飞行通信员执照上签注相应的限制；要求领航员具有国际莫尔斯电码以每分钟 8 个字的速度抄收字码与数码组的能力；要求飞行通信员具有国际莫尔斯电码至少达到每分钟抄收字码和数码 70 个字和拍发 60 个字的能力。

目前莫尔斯电码在民航中的应用主要是在导航台的识别上。民用航空常见的地面导航台，如无方向信标（NDB）、甚高频全向信标（VOR）和仪表着陆系统（ILS）等，它们除了发射用于导航定位的无线电信号，还会发射不同的莫尔斯电码识别信号。机组根据收听到的莫尔斯电码，就可以判断所接收的 NDB 台、VOR 台的识别码，从而使飞行员能够监控导航台的工作并证实接收到的信号是不是所要求的导航台的发射信号。

在我国，航路 NDB 台的识别码由 2 个英文字母组成，用莫尔斯电码以每分钟 20～30 个字母的速度拍发，一般用等幅报的方式拍发，调制频率为 1020 Hz，每隔 45 s 连续拍发 2 遍，跟着拍发一个约 30 s 的长划。也可以用调幅报的方式以相等的时间间隔发射识别信号，每 30 s 至少拍发 3 遍。在航图上一般会公布 NDB 台的识别码、频率和地理坐标。

双归航台远台识别码由两个英文字母组成，而近台识别码用远台识别码的头一个字母，它们均采用莫尔斯电码，以每分钟 20～30 个字母的速度拍发，以相同的间隔每分钟拍发 6

遍。双归航台的远台和近台都以调幅报的方式发射识别码，调制频率为 1020 Hz。若为双向双归航台，跑道两端的双归航台一般使用相同的频率，但识别信号不同，且只能根据飞机的着陆方向开放进近端的导航台，不能两端同时开放。

VOR 系统于 1949 年被国际民航组织批准为国际标准的无线电导航设备，是目前广泛使用的陆基近程测角系统之一。在航图上，一般需要公布 VOR 台的使用频率、识别码、莫尔斯电码和地理坐标。VOR 台的识别码为 3 个英文字母。

DME 的识别码为 3 个英文字母的莫尔斯电码。由于 DME 一般和 VOR 合装在一起作为航路或终端导航设备，因此在航图上一般以数据框的形式给出 VOR 的频率、识别码、DME 波道号以及导航台安装位置的地理坐标。

航向信标的识别码为远台或归航台识别码之前加上字母"I"，为 3 个英文字母。下滑信标的识别码与航向信标相同。如图 8.10 所示为仪表进近图中某 ILS 台的标识，其中"IBD"表示该导航台的识别码，而符号下部的".. -... -.."表示"IBD"的莫尔斯电码。

图 8.10　航图中 ILS 台的标识

远距航路指点信标的识别码为每秒钟两画，近距航路指点信标为拍发连续交替的点和画，调制信号频率均为 3000 Hz。外指点信标为连续拍发每秒钟两个划，调制频率为 400 Hz。中指点信标为连续拍发交替的点和划，调制频率为 1300 Hz。内指点信标为连续拍发每秒 6 个点，调制频率为 3000 Hz。

拓展阅读

8.4　卫星通信

8.4.1　卫星通信的基本概念

卫星通信是指利用人造地球卫星作为中继站转发或反射无线电波，在两个或多个地球站之间进行的通信，它是宇宙通信形式之一。

通常，以宇宙飞行体或通信转发体为对象的无线电通信称为宇宙通信。它主要包括三种形式：① 地球站与宇宙站之间的通信；② 宇宙站之间的通信；③ 通过宇宙站的转发或反射进行地球站之间的通信。一般我们将第三种形式称为卫星通信。上面所说的宇宙站是指设在地球大气层以外的宇宙飞行体（如人造卫星和宇宙飞船等）或其他天体（如月球、行星等）上的通信站，地球站是指设在地球表面（包括地面、海洋、大气层）的通信站。用于实现通信目的的人造卫星称为通信卫星。卫星通信实际上就是利用通信卫星作为中继站的一种特殊的微波中继通信方式，如图 8.11 所示。

拓展阅读

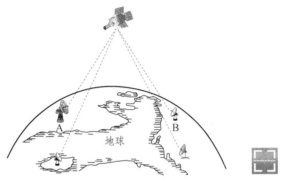

图 8.11　卫星通信示意图

由图中可知，地球站 A 通过定向天线向通信卫星发射的无线电信号，首先被卫星的转发器接收，经过卫星转发器放大和变换以后，再由卫星天线转发到地球站 B，当地球站 B 接收到信号后，就完成了从 A 站到 B 站的信息传递过程。如果地球站 A 和地球站 B 不在同一颗卫星的覆盖区域内，那么从 A 站发出的信号是不能通过卫星立即转发给 B 站的，此时就必须采用延迟转发方式。当卫星飞经 A 站上空时，卫星上的转发器接收 A 站发送的信号并储存起来，等到卫星运行到 B 站上空时，由 B 站发出指令，启动卫星上的发射机，把储存的信号再发送给 B 站。从地球站发射信号到通信卫星所经过的通信路径称为上行线路，与此相对，从通信卫星到地球站所经过的通信路径称为下行线路。为了避免通信过程中的相互干扰，上行线路和下行线路的信号工作频率的选择是不同的。

卫星通信系统一般由空间卫星系统、地面控制服务主站、移动交换系统以及用户终端等部分组成。用户终端发出的信息通过无线信号传递给在轨卫星，之后转接到地面主站，再由地面主站解码后，由移动交换系统根据呼叫信息地址将信息传送至网络被叫用户，实现卫星通信。卫星通信网络还可通过移动交换系统与地面有线网络实现互联互通，保证各级、各类通信平台之间的通信。卫星通信可提供语音、数据和视频图像等实时业务服务。

8.4.2　卫星通信系统的分类

卫星通信系统的分类方法很多，可以按照卫星的轨道、卫星的运动状态、卫星的转发能力、卫星的通信范围、基带信号的体制、多址方式、通信业务种类以及卫星通信所使用的频段来划分。通常采用的分类方法有：

按通信卫星的轨道分为：低轨道卫星通信系统（最大高度小于 5000 km），中轨道卫星通信系统（最大高度为 5000 ~ 20 000 km）和高轨道卫星通信系统（最大高度不小于 20 000 km）。

按通信卫星相对于地球的运动状态分为：同步卫星通信系统和运动卫星通信系统。

按照通信卫星转发无线电信号的能力分为：有源卫星通信系统和无源卫星通信系统。

按卫星通信范围分为：全球卫星通信系统、区域卫星通信系统、国内卫星通信系统。

按基带信号体制分为：模拟卫星通信系统和数字卫星通信系统。

按多址方式分为：频分多址卫星通信系统、时分多址卫星通信系统、空分多址卫星通信系统、码分多址卫星通信系统和混合多址卫星通信系统等。

按卫星通信所用的频段分为：特高频卫星通信系统、超高频卫星通信系统、极高频卫星通信系统和激光卫星通信系统等。

按通信业务种类分为：固定业务卫星通信系统，移动业务卫星通信系统，广播电视卫星通信系统，科学实验卫星通信系统，气象、导航、军事、教学等卫星通信系统等。

目前，绝大多数通信卫星是地球同步卫星。所谓的同步卫星，是指运行在地球赤道轨道面上一定高度（约 35 860 km），运行方向与地球自转方向相同，并按圆轨道运动的卫星。同步卫星围绕地球一周的公转周期与地球自转的周期相等，因此它能保持做与地球相对静止的同步运动，故称同步卫星，也叫作静止卫星。利用同步卫星作中继站组成的通信系统称为同步卫星通信系统，或静止卫星通信系统。

凡是不能与地球保持同步运动的卫星，均称为运动卫星。由若干个运动卫星可以构成运动卫星通信系统。运动卫星通信系统可以弥补同步卫星通信系统的不足，因为使用同步卫星通信系统，在地球的高纬度地区通信效果不好，并且两极地区为通信盲区。所以近年来一些国家开始研究利用多颗低轨道运动卫星组网，如铱星系统，以实现真正意义上的全球通信。

8.4.3　卫星通信的特点

卫星通信与其他通信方式相比，具有以下一些优点：

（1）通信距离远，覆盖区域大，费用与通信距离无关。利用地球同步卫星，最大通信距离可达 18 000 km 左右。又因为卫星距离地面很远，一颗卫星便可以覆盖地球表面积的三分之一，因而利用三颗地球同步卫星基本上就可以实现全球通信。同时地面站的建站费用和运行费用不因地面站之间的距离远近及各站间自然条件的恶劣程度而变化。所以，目前它是远距离越洋通信和环境恶劣的陆地通信的主要手段。

（2）卫星通信具有多址通信能力。只要是在卫星天线覆盖区域内，都可设置地球站，共用同一颗卫星在这些地球站之间进行双边或多边通信，也可说是多址通信。

（3）通信频带宽，传输容量大。卫星通信通常使用 300 MHz 以上的微波频段，而且一颗卫星上可设置多个转发器，因而通信容量很大。例如，1 颗四代海事卫星可支持 1 个全球波束、19 个区域宽点波束、193 个窄点波束。每个窄点波束可容纳 6～8 个信道，最多 25 个信道。每个信道频宽为 200 kHz，可支持 492 kb/s 传输速率。

（4）卫星通信机动灵活。卫星通信不仅适用于大型固定地球站之间的远距离通信，而且可以在车载、舰载、机载等移动的地球站间进行通信，甚至还可以为个人终端提供通信服务。

（5）卫星通信的通信线路稳定可靠，传输质量高。由于卫星通信的无线电波主要是在大气层以外的宇宙空间传播，传播特性比较稳定，而且通常只经过卫星一次转接，故传输质量高。就可靠性而言，其正常运转率可达到 99.8%以上。

但是，同步卫星通信系统也存在某些不足：

（1）两极地区为通信盲区，高纬度地区通信质量不好。

（2）卫星发射和控制技术比较复杂。

（3）在每年春分和秋分前后数日，太阳、卫星和地球处在一条直线上。当卫星处于太阳和地球之间时，地球站天线在对准卫星的同时可能也会对准太阳，由于太阳的强烈干扰导致通信无法进行，这种现象称为日凌中断；而当卫星进入地球阴影区，会造成卫星的日蚀即星蚀。

（4）有较大的信号传输延迟。

8.4.4　卫星通信使用的频段

卫星通信选用什么频段是个很重要的问题，它将影响系统的传输容量、地面站及转发器的发射功率、天线尺寸、设备的复杂程度以及通信中的干扰等。在选用卫星通信的频段时，主要从以下几方面来考虑：电波传播过程中的衰减要小，天线系统接收的外部噪声要小，有较宽的频带以满足信息传输的要求，能充分利用现有的通信技术，与其他通信及雷达设备间的干扰要小。根据以上要求，其频率选在特高频或微波波段较好。目前大多数卫星通信系统选择以下频段工作：

（1）UHF 波段：400/200 MHz。

（2）L 波段：1.6/1.5 GHz。

（3）S 波段：2.5/2.0 GHz。

（4）C 波段：6.0/4.0 GHz。

（5）X 波段：8.0/7.0 GHz。

（6）Ku 波段：14/12 GHz。

（7）Ka 波段：30/20 GHz。

当然，上面介绍的卫星通信的工作频段不是绝对的。随着通信业务量的增加，这一频段已经不够用了，人们已经开始探索应用更高频段甚至光波段的可能性了。在 1971 年的国际有关大会上，已确定把宇宙通信的频段扩大到 275 GHz。目前，有些卫星的工作频率已经超过 300 GHz，达到光波波段。

8.4.5　卫星通信系统的组成

一个卫星通信系统是由通信卫星、地球站群以及卫星通信控制中心 3 个部分组成，如图 8.12 所示。

通信卫星是卫星通信系统的空间分系统。通信卫星主要由天线系统、通信系统、遥测指令系统、控制系统及电源系统 5 大部分组成。

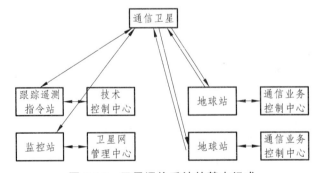

图 8.12　卫星通信系统的基本组成

地球站群一般包括中央站（或中心站）和若干个普通地球站。中央站除具有普通地球站的通信功能外，还负责通信系统中的业务调度和管理，对普通地球站进行监测控制以及业务转接等。

为保证通信卫星的正常运行和工作，必须通过遥测和遥控系统对卫星的轨道、姿态和有关部分的工作进行监视和校正，这就要求设置通信卫星监控站。另外，为了对通信业务进行协调和技术管理，还需要设置卫星通信管理站。这两部分统称为卫星通信控制中心。

8.4.6 航空移动卫星业务（AMSS）

卫星移动通信是指利用卫星实现移动用户间或移动用户与固定用户间的通信。卫星移动通信系统是卫星通信系统的一种，它是卫星固定通信系统发展的结果。卫星通信的发展可以划分为三代。第一代卫星通信系统提供固定业务，称为卫星固定通信系统。第二代卫星通信系统提供移动业务，即卫星移动通信系统。目前卫星通信正在向第三代发展，即卫星个人通信，它仍然属于卫星移动通信的范畴。

按照卫星移动通信系统的业务分类，卫星移动通信系统可分为海事卫星移动通信系统（NMSS）、航空卫星移动通信系统（AMSS）和陆地卫星移动通信系统（LMSS）。此外，按照卫星移动通信系统的特点、性质、用途和技术手段等，卫星移动通信系统还有其他的分类方法，其具体分类方法和前面介绍的卫星通信系统的分类方法大致相同。

国际民航组织根据民航的航空移动业务的特点，利用卫星资源开展了航空移动卫星业务，其标准及规程由 AMSS 通信专家组参考了国际海事卫星组织的航空系统规范手册和美国航空无线电公司 ARINC741 规范后制定。下面我们对 AMSS 的组成和功能做简单介绍。

1. AMSS 的组成

AMSS 的主要组成部分包括空间段、机载地球站（AES）、地面地球站（GES）和网络协调站（NCS）。AMSS 的空间段主要以以下三种方式运行：GEOS ——静止轨道卫星、MEOS ——中轨道卫星，LEOS ——低轨道卫星。目前所使用的空间段是高轨道的国际海事卫星通信系统（Inmarsat）和低轨道的铱星卫星通信系统（Iridium）。AES 是机载的卫星通信设备，它与其他机载电子设备有接口。GES 提供空间段和地面固定话音及数据网络之间的接口。GES 可与地面航管中心设在同一地点。NCS 与各 GES 均有接口，其作用是管理卫星资源，协调网络中各 GES 的工作。

为了节约成本和资源，AMSS 与海事卫星移动通信系统和陆地卫星移动通信系统共用频率资源。GES 与海事卫星的通信工作于 C 波段或 Ku 波段，而 AES 与海事卫星的通信工作于 L 波段的 AMSS 专用频带：下行线路（S—E）为 1545 ~ 1555 MHz，上行线路（E—S）为 1646.5 ~ 1656.5 MHz。

2. AMSS 的功能

1) 提供数据通信服务

AMSS 与传统的 HF、VHF 通信系统明显的区别就是它可以提供数据通信，利用数据链进行空地数据的传送。比如机组人员可以询问地面数据库（气象和航路自动情报服务等），还可以利用下行链路向地面发送飞机上的数据库信息，以支持与飞行安全有关的空中交通服务（ATS）和航务管理通信（AOC）。

除 ATS 和 AOC 外，AMSS 还支持在航路中开展非安全通信业务，包括航务行政管理通信（AAC）和航空旅客通信（APC）。当 ATS 和 AOC 业务不繁忙时，可以允许 AAC 和 APC 利用同一频谱进行通信，但是一旦需要，可以不加警告地随时中断 AAC 和 APC，将信道让给 ATS 和 AOC 使用。

2）支持自动相关监视（ADS）

ADS 基于飞机自身获取的四维位置信息，通过 ATN 数据链，按照 ATS 单位与飞机双方的约定来进行通信，从而经过地面计算机系统的处理，在显示系统上显示飞机航迹。ADS 可以应用到地面和飞行的全过程，无须驾驶员操纵。ADS 一般用于无法实施雷达监视的海洋和内陆边远地区，或者作为一个大范围的雷达监视系统的低成本的备用方式。目前，ADS 等新技术在欧美发达国家和地区得到广泛应用。

除位置信息外，ADS 还可以传送地速矢量、空速矢量、计划航迹和气象数据。传送何种数据，可由地面 ATS 中心控制。

3）提供话音通信服务

数据通信固然先进，但应急通信和驾驶员与管制员间的非常规通信仍需用话音通信。AMSS 话音通信可以提供这一服务。

AMSS 虽然提供了比以往的各种通信方式更强大的功能，并且与 ATN 完全兼容，但在纬度 75°以上的南北极附近，同步卫星无法覆盖，并且相对于中低轨道卫星，同步卫星的通信延迟时间较长。目前可利用铱星系统等中低轨道卫星，进一步降低 AES 的设备费和使用费，减小延迟时间，消除南北极附近的通信盲区，真正实现全球、全天候的航空卫星通信。

3. AMSS 的应用

1）高交通密度海洋地区的工作

AMSS 将首先应用于洋区。在采用 AMSS 后，现行人工方式将完全自动化，并能在地空之间提供包括 ADS 在内的迅速接通的数据和话音通信。

2）低交通密度海洋、陆地上空的工作

在低交通密度的航路上 AMSS 也能提供迅速接通的数据和语音通信，但在南北极附近，由于同步卫星波束不能覆盖，早期只能使用 HF 通信。随着卫星通信技术的发展，目前可以利用铱星系统实现 AMSS。

3）高交通密度陆地上空航路及终端区的工作

在这些区域，AMSS 话音与数据通信将与 VHF、HF 话音和数据通信以及 SSR/S 数据链共存，AMSS 的 ADS 业务将与 A、C、S 模式 SSR 飞行监视共存。

8.4.7　民航卫星通信与其他技术的结合

卫星通信作为民航通信方式之一，是地空话音和数据链通信的传输媒介。卫星通信与其他技术和系统结合，可以为航空公司提供丰富的航空信息服务。

1. 飞机通信寻址和报告系统

飞机通信寻址和报告系统（ACARS），使用机载第 3 部 VHF 或 HF 通信系统或机载卫星通信系统，在飞机和航空公司 AOC 之间建立双向数据链通信，加强航空公司对飞机的监控能力和指挥能力。

利用 ACARS 上行和下行链路，可实现飞行计划初始化（飞行计划与性能数据），发送起飞数据、风数据、飞行报告、预报数据等。

由于 VHF 通信覆盖范围有限、HF 通信存在通信盲区等缺点，在边远地区和越洋飞行阶段，基于卫星通信的 ACARS 数据链通信能够提供有效的通信覆盖。

2. 广播式自动相关监视

广播式自动相关监视（ADS-B）系统利用地空、空空数据链通信，完成对航空器交通监视和信息的传递。监视信息来自不同的机载信息源（例如，GPS 水平位置、气压高度、ATC 应答机控制面板）。机载 ADS-B 的功能分为发送（OUT）和接收（IN）两类。

中国民航计划推广使用 ADS-B（1090ES 模式），实现对航空器的运行监视，同时利用 ADS-B 数据链传输天气、地形、空域限制等飞行信息。由于在边远地区及海洋区域布设 ADS-B 地面站困难或无法布设，因此 ADS-B 监视信息及飞行信息可以利用卫星通信链路进行传输和转发，以扩大 ADS-B 的监视及通信覆盖范围。

ADS-B 信息落地进入地面通信网络后，可以分发至相关空中交通管理部门和航空公司运行控制中心。

3. 电子飞行包

电子飞行包（EFB）包含用于支持一定功能的软硬件，相关信息在驾驶舱或客舱的电子显示器上显示。EFB 能够显示多种航空信息数据或进行基本的计算（如性能数据、燃油计算等），功能范围可包括各种数据库和应用程序。从使用角度来划分，EFB 可以分为一级、二级和三级 3 个等级。

AOC 与 EFB 之间的通信有多种途径。卫星通信可以为边远地区及海洋地区飞行的航空器，实时上载相关图表、危险天气图、火山灰信息等重要信息，便于机组及时、准确、直观地掌握周边天气及飞行动态。

4. 内话系统

内话系统主要应用于航空公司内部通话，以及民航相关部门之间的内部通话。利用覆盖全球的卫星通信，可以保障 AOC 在任何时候与任何国家或地区、任何地方的航空器之间，建立便捷、快速的话音通信联系。

5. 地空宽带通信

地空宽带通信，利用沿飞行航路建设的地空通信基站，为航空器与地面建立地空宽带通信能力。地空宽带通信所提供的通信带宽可达数十兆甚至数百兆比特每秒，因此可以为航空公司与航空器之间提供话音及大流量数据通信业务，可以为飞机客舱旅客提供互联网、电报电话、实时电视等服务。

正是因为卫星技术具有满足目前及未来通信、导航和监视诸多需求的独特潜力，国际民航组织在近年来通过修订各类卫星航空移动（航路）业务方面的标准和建议措施及指导材料等行动，不断推进卫星通信。为全面提升航空公司运行中心与飞行机组之间的地空语音通信能力，确保运行控制的有效实施，中国民用航空局于 2012 年发布了《航空公司运行控制卫星通信实施方案》，该方案要求按照 CCAR-121 部实施国内、国

拓展阅读

际定期载客和使用飞行签派系统的补充运行航空承运人在 2017 年底前,其拥有的飞机应完全具备卫星通信能力。

8.5 数据链

8.5.1 数据链的基本概念

在电信术语中,数据链是异地间用于收发数据的工具和媒介。它也可以是一个由通信终端和连接电路组成的系统,具体的通信由专门设计的协议来控制。

在民用航空中,数据链是地空数据通信系统的通称,该系统用于飞机机载设备和地空数据通信网络之间建立飞机与地面计算机系统之间的连接,实现地面系统与飞机之间的双向数据通信。

地空数据链通信与传统语音通信相比有突出的优越性。飞行员可以利用数据链交换飞机位置、发动机状态、航路信息、气象情报、飞行情报等多种信息;航空公司可以获得实时的、不间断的飞行动态,及时掌握飞机动态,实现对飞机的实时动态监控。由于是以数据方式传输,信息传递的速度十分迅速,对于繁忙机场或管制中心,应用数据链通信可以大大提高工作效率。此外,数据链通信的准确性可以提高飞行安全。并且,由于绝大多数数据链信息是自动发送的,数据链传送的信息是以文字的形式显示在多功能显示器上,飞行员可以准确掌握管制部门的具体要求。尤其是对于飞国际航线的飞行员,这样就减少了由于语言问题产生的安全隐患。

地空数据链系统的应用还可以使航空公司和空管部门实时掌握飞机的飞行状态。通过机载数据链系统发送的飞机位置信息可以准确地告知航空公司和空管部门飞机的方位及高度,在雷达覆盖不到的地区,数据链可以替代雷达完成监视工作。

通常情况下,地空数据链采用甚高频数据链、卫星数据链、高频数据链和二次雷达 S 模式数据链作为媒质,飞机根据所处位置自主选择最有效、最经济的数据链通道。VHF 数据链相对于 HF 数据链而言,具有通信可靠性高、信息传输速率快、延迟小的特点;相对于卫星数据链和 S 模式数据链而言,则具有投资少、使用简单方便、易于扩展等优势。因此,VHF 数据链已经成为地空数据链通信的主要手段。目前,地空数据链系统主要是基于 ACARS 来实现,每架装备 ACARS 的飞机均有唯一的 ACARS 地址。

中国民航的甚高频地空数据链网络工程开始于 1995 年,至 2015 年,共在国内 110 个机场建设了 134 套 ACARS 地面站,安装了 22 个 VDL Mode2 电台,在 64 个机场安装了多频电台,实现了多模式、多频率的通信方式。

8.5.2 地空数据通信系统的组成

地空数据通信系统包括以下部分:

1. 机载设备系统

地空数据通信系统的机载设备主要有:(通信)管理组件、显示组件、多功能控制与显示组件或相关设备、甚高频/高频电台、卫星数据单元、打印机等及适用的软件。

2. 地面应用系统

地空数据通信系统的地面部分主要包括：

（1）航空运营人飞行监控与服务系统，如飞机动态监控与服务、双向地空数据通信、飞机发动机状态监控、飞机远程在线诊断、地面服务与支持等。

（2）空中交通服务系统，如飞机起飞前放行（PDC）、数字式自动化终端区信息服务（D-ATIS）、管制员飞行员数据链通信（CPDLC）、合同式自动相关监视（ADS-C）等。

（3）机场运行保障系统，如航班运行监视、飞机到港和预计到港情况等信息发布。

（4）其他应用系统，如航路气象服务（D-VOLMET）、航空器气象数据下传（AMDAR）。

3. 地空数据通信服务商（DSP）

地空数据通信服务商是建设、维护地空数据通信网络，提供一定区域（空域）或全球的地空数据通信的服务机构或组织。表 8.1 所示为国际主要地空数据通信服务商的相关信息。

表 8.1　国际地空数据通信服务商

数据通信服务商	数据通信类别	覆盖范围	基频频率
美国 ARINC 公司	VHF、HF、SATCOM	全球；南纬、北纬 70°以外地区提供 HF 数据链	131.550 MHz
欧洲 SITA 公司	VHF、SATCOM	全球地空数据通信覆盖	131.825 MHz
日本 Avicom 公司	提供 VHF 数据通信	日本地区	131.550 MHz
泰国 AREOTHAI	ACARS（VHF）	东南亚地区以及韩国、蒙古等	131.450 MHz
中国民航 ADCC	支持 VHF 下的 ACARS 地空双向数据通信	中国空域	131.450 MHz
铱星系统公司	基于铱星系统的地空数据通信服务		
GLOBALINK	中国民航 ADCC、美国 ARINC 与泰国 AEROTHAI 共同组建的全球数据链服务体系	覆盖全球的一体化地空数据通信服务	

8.5.3　地空数据通信系统的应用

1. 航空运营人

1）飞行动态监视

（1）监视界面：在电子地图上叠加气象与情报数据，如云图、颠簸区域与颠簸程度、地形数据、机场、导航点/航路点、航线、情报区、限制区、管制区、特殊情况区域（如颠簸区，发生重要气象现象的区域）等辅助信息。

（2）监视内容：飞机注册号、航班号、当前经纬度信息、高度、当前机载油量、计划航线、实际飞行航线、目的机场气象实况、备降机场气象实况、飞行剖面、当前速度（校正空速）、报文接收/发送时间等。

（3）自由报文：上传自由报文或其他指令与服务报文，向飞机提供运行控制信息，技术支援与气象、情报支持等信息。

（4）运行状态评估：结合各类情报数据，如重要天气报告、高空风数据、计算机飞行计划以及空中交通管制限制与要求等，对飞机运行状态进行监控和飞行安全的评估。

（5）设置特定监视内容：对特定的飞机设置重点监视，包括飞行航迹、计划航线、相关机场情况等。

2）双向地空数据通信

（1）航班信息初始化。机组发出航班信息初始化请求，地面系统上传对应的航班信息（含航班号、起降机场、计划起飞时间以及机组名单等）。

（2）飞行计划上传。飞行机组发出飞行计划请求，地面接收飞行计划请求后，按指定格式上传计算机飞行计划信息，由飞行机组确认打印输出；地面也可直接上传计算机飞行计划数据。

（3）配载平衡数据上传。地面可将配载平衡数据上传至飞机，供机组使用；机组人工确认后下传确认报文。

（4）根据二次放行程序，有效监控飞机飞行位置、高度、速度、剩余油量等，制作并上传二次放行计划。

（5）气象服务。机组提出关注站点（或区域）的气象信息，地面系统自动应答相应站点的气象实况或/和气象预报资料；根据需要可进行重要气象资料和特定区域的气象资料上传。

（6）飞机间数据通信服务。下传既定格式信息，如各类申请信息、发动机状态信息、飞机故障信息、飞机飞行动态信息等，实现空-地-空形式的数据通信。

（7）上传机组执行的衔接航班数据。

（8）机场起飞数据与着陆数据的计算与上传。

3）数据统计与分析

（1）飞机飞行小时数与循环数统计（兼顾机组、乘务、发动机、辅助动力装置等小时数统计）。

（2）飞机燃油消耗统计。

（3）航班正点率考核，飞机各机场滑行时间、等待时间分析。

（4）飞机性能分析。

（5）机组成员飞行小时监控。

4）发动机状态监控

（1）将飞机下传的起飞和巡航报告经格式转换，提供给发动机厂商提供的性能分析软件，对发动机的状态和性能趋势进行实时监控与分析。

（2）发动机数据出现异常时，地面人员可通过飞机自动下传的超限报告对发动机存在的故障隐患进行分析与评估，必要时通知飞行或机务人员采取相应的处理措施。

5）辅助动力装置性能监控

利用飞机下传的APU性能报告对辅助动力装置（APU）的性能进行监控。

6）故障诊断

利用飞机下传的故障报告，结合专家系统、故障隔离手册（FIM）、飞机维修手册（AMM）以及飞机排故记录等，分析故障原因，向排故工程师提供排故建议。

7）超限事件报告

利用飞机自动下传的超限事件报告，对飞机运行过程中出现的重着陆、超重着陆、颠簸等超限事件等进行分析和处理。

8）旅客服务

（1）提供旅客中转信息、行李提取信息、目的地机场信息、机坪服务等信息。

（2）上传旅客名单数据及其他服务信息。

2. 空中交通服务

空中交通服务主要包括：起飞前放行（PDC）服务、自动化终端区信息服务（D-ATIS）、航路气象信息服务（D-VOLMET）、管制员飞行员数据链通信（CPDLC）与合同式自动相关监视（ADS-C）服务等。

1）起飞前放行（PDC）

起飞前放行系统使用地空数据链建立飞行员与塔台管制员间的数据通信。管制员向飞行员提供飞机起飞前放行许可服务。飞行员将包含航班号（使用航空公司 ICAO 三字代码）、机尾号、终端区通播信息（ATIS）代码、机型、起飞机场和目的机场代码等信息的放行许可请求报文通过数据链发至机场起飞前放行系统。

地面起飞前放行（PDC）系统接到请求后，判断是否满足管制放行条件；塔台管制员将包含飞行标志、机型、应答机编码、使用跑道、离场航线、飞行高度层等飞机放行许可信息的报文上传至飞行员；飞行员接收到管制员的放行许可报文后，回复确认。

2）自动化终端区信息服务（D-ATIS）

自动化终端区信息服务为飞行员提供起飞和降落时需要的有关机场的信息。

飞行员通过机载数据链设备下发 ATIS 请求；地面服务系统接到请求后，验证报文的有效性，根据服务请求类型将最新的 ATIS 报文通过数据链上传给飞机；飞行员进行确认。

3）航路气象服务（D-VOLMET）

航路气象服务为飞行员提供特定情报区的气象信息服务。

飞行员使用机载数据链设备拍发航路气象服务（D-VOLMET）请求电报（D-ATIS 中的 E 类型）；地面服务系统接到请求后，验证报文的有效性，根据服务请求类型将最新的情报区气象信息报文通过数据链上传给飞机。

4）管制员飞行员数据链通信与合同式自动相关监视（CPDLC & ADS-C）

飞行过程中管制员采用数据链通信与合同式自动相关监视向飞行员提供数字化的空中交通管制服务，并监控飞机的实时位置。其基本内容包括：

（1）管制员对飞行员做出的有关高度层分配、穿越限制、侧向偏移、航路变更、飞行速度限制、无线电通信频率等管制指令。

（2）飞行员可以通过报文方式向管制员请求改变飞行高度层、偏离原定计划，并根据管制员的指令做出响应。

（3）管制员-飞行员数据链通信同时为管制员和飞行员提供编写自由格式报文的功能。

合同式自动相关监视（ADS-C）系统由卫星导航、地空数据链、地面处理和显示系统组成，向管制员提供飞机飞行的精确位置。

管制员向飞机发送位置报告指令（以下称为合同）。飞机飞行管理系统根据建立的合同要求向地面发送相应的自动相关监视报告。管制员向飞机发送取消自动相关监视合同申请。

机载自动相关监视系统支持三种自动相关监视合同：

周期合同（periodic contract）：特定的信息按照要求以特定的频率发送（包括正常和紧急

两种模式）。

事件合同（event contract）：特定的信息按照要求在某种特定的事件或系列事件发生的时候发送。

请求合同（demand contract）：向飞机询问一次特定的信息。

3. 航空器气象资料下传

航空器气象资料下传（Aircraft Meteorological Data Relay，AMDAR），是利用民航飞机探测高空气象资料，并传输至地面，将此资料作为全球天气网监测资料的一部分，加入世界气象组织的全球电信系统进行共享，从而把飞机、卫星及其他观测资料结合起来，形成一个综合观测系统，提高航空天气资料精度。

国际民航组织在《国际民用航空公约》附件三《国际航空气象服务-国际标准和建议措施》的第 7 号修改篇中，提出了使用地空数据链传递航空器空中报告的要求。AMDAR 报文中包含的气象相关数据内容为：经度、纬度、数据采集时间、飞行高度层、静温、风向、风速、横滚角、湿度。

表 8.2 和表 8.3 分别为飞机起降状态报告和飞机自动报告。航空运营人应满足本规定的"基本"要求，根据运行需求满足"建议"要求。

表 8.2　飞机起降状态报告

报文名称	要求	必备参数	自选参数
推出报（OUT）	基本	报文标志字符 OUT 推出时间（UTC） 起飞机场四字代码（ICAO） 目的机场四字代码（ICAO） 当前剩余油量（FOB）	预计到达时间（ETA） 其他
起飞报（OFF）	基本	报文标志字符 OFF 起飞时间（UTC） 起飞机场四字代码（ICAO） 目的机场四字代码（ICAO） 当前剩余油量（FOB）	预计到达时间（ETA） 其他
着陆报（ON）	基本	报文标志字符 ON 着陆时间（UTC） 起飞机场四字代码（ICAO） 目的机场四字代码（ICAO） 当前剩余油量（FOB）	其他
滑入报（IN）	基本	报文标志字符 IN 开舱门时间（UTC） 起飞机场四字代码（ICAO） 目的机场四字代码（ICAO） 当前剩余油量（FOB）	其他
二次开舱门报（RTN）	建议	报文标志字符 RTN 开舱门时间（UTC） 起飞机场四字代码（ICAO） 当前剩余油量（FOB）	其他

表 8.3 飞机自动报告

报文名称	要求	必备参数	自选参数
位置报	基本	报文标志字符 POS 当前时间（UTC） 当前剩余油量（FOB） 当前经度 当前纬度 当前飞行高度（ALT）	预达时间（ETA） 风向（WD） 风速（WS） 总温（TAT） 静温（SAT） 马赫数（MACH）或校正空速（CAS） 其他
航路位置报	建议	当前飞越的导航台代码 飞越时间（UTC） 下一目标航路点代码 预计飞越下一目标航路点时间	当前位置经纬度 其他
预计时间报	建议	报文标志字符 ETA 当前时间（UTC） 预达时间（ETA）	当前剩余油量（FOB） 其他

8.5.4 机载设备硬件配置标准

按照中国民航 AC-121-FS-2008-16R1《航空运营人使用地空数据通信系统的标准与指南》的要求，航空运营人应配置如下机载设备硬件：

（1）飞机通信寻址与报告系统（ACARS）管理组件或等同设备，如管理组件、通信管理组件、空中交通服务组件、飞机信息管理系统等。

（2）甚高频数据通信系统，另外航空运营人还可根据运行情况选装高频数据通信系统或卫星数据通信系统等。

（3）显示组件，如集成显示组件，多功能集成显示组件，多功能控制与显示组件等。

（4）机载外围设备，如机载打印机等。

8.5.5 机载设备的设置与使用

（1）航空运营人应按使用需求合理设置机载数据库软件的甚高频、高频、卫星通信优先顺序。

（2）按飞行区域设置机载数据库软件的基频，如中国地区使用的基频频率为 131.450 MHz。

（3）第三部甚高频通信系统保持数据通信（DATA）状态。

（4）如选用高频数据通信、卫星数据通信，则应根据服务商提供的初始频率等信息对机载数据库软件进行设置。

（5）飞机具备按照特定逻辑下传链路测试（Q0）报文的能力，即飞机处于通电状态下，一段时间内（一般为 10 min）未与地面进行任何数据通信时，自动向地面发送链路测试报告。链路测试（Q0）报文仅用于维护飞机与地面数据通信网络之间的通信连接，航空运营人及地面数据链用户不会接收到该类报文。

（6）建议机载数据库软件设置相应的自由报文页面，便于机组选择与不同的地面单位，如运行控制、机务维修、地面服务、客舱服务等进行直接通信。

（7）如要使用 PDC、D-ATIS、CPDLC 与 ADS-C 等，机载数据库软件应按照相应标准对 PDC 的报文格式、内容要求正确设定报文格式。

（8）起飞关闭舱门前，飞行员必须对地空数据通信系统进行航班信息初始化的输入或内容检查，确保按照实际航班代码输入正确航班号（仅为数字部分，不含航空公司 IATA 二字代码或 ICAO 三字代码）、起飞和目的地机场四字代码。飞机着陆打开舱门后方可对以上的信息进行更改。

8.6　自动相关监视（ADS）

自动相关监视（Automatic Dependent Surveillance, ADS）技术是新航向系统发展最重要的成果，是国际上解决空中交通管制最有效的办法。该技术是一种基于卫星定位系统和空-空、地对空数据链通信的航空器运行监视技术，是相关的、协作式的监视。

ADS 包含了以下几层含义：自动，数据传送无需人工干预；相关，航空器的设备决定了数据的可用性，数据发送依赖于机载设备；监视，提供的状态数据适用于监视的任务。ADS 是由被监视目标测定自身位置、速度和航向等信息后，主动报告给监视者，使监视者掌握其当前位置和运行意图的监视方式。这是一种将监视服务扩展到海洋区域、边远陆地区域等雷达覆盖不到的区域的监视手段；而在雷达覆盖区域，ADS 能以较低的代价增强空域监视能力，提高航路乃至终端区的飞行容量。

ADS 是航空数据链的一种应用，目前分为 ADS-A、ADS-C、ADS-B。ADS-A（寻址式自动相关监视）是 Automatic Dependent Surveillance-Addressed 的简称，ADS-C（合同式自动相关监视）是 Automatic Dependent Surveillance-Contract 的简称，ADS-B（广播式自动相关监视）是 Automatic Dependent Surveillance-Broadcast 的简称，其中 ADS-A 和 ADS-C 是等同的概念，通常用 ADS-C 来表示 ADS-A 或 ADS-C。

ADS-C 在工作方式与 ADS-B 有本质上的不同。ADS-C 基于点对点模式的航空电信网数据链信道，ADS-C 需要数据收发双方约定通信协议，如使用 ACARS。ADS-B 采用广播式方案，收发双方不需要另行约定通信协议。

正常情况下，ADS-C 监控一般由地面站发起。空中交通服务部门通过航空电信网通信网络，通常是卫星通信网络或甚高频通信网络，向航空器发送监控报文。机载 ADS-C 设备接收报文后，通过航空电信网数据链按照空中交通服务部门和航空器约定的通信协议将航空器的位置信息发送给空中交通服务部门。空中交通服务部门接收到航空器回复的信息后，将其显示在监视设备上，从而达到对空中交通进行监控的目的。

ADS-CD 的应用虽然减小了飞行间隔，增加了空域容量，但其间隔仍然大于雷达管制所需的标准。而且 ADS-C 系统本身还存在一定的局限性。由于机上信息处理需要时间，生成的报文从飞机传送到用户需要较长的时间，这导致系统的延时较大；另外，ADS-C 的监视精度完全取决于机载导航信号源。所以，ADS-C 在进近和终端区以及一些交通流量较大的航路上仍然不能取代雷达管制，只能是雷达管制的辅助手段。目前，ADS-C 一般应用在海洋和边远陆地等没有雷达监视的区域，或者应用在航空交通流量较小的空域。一般情况下，ADS-C 采取卫星通信或者甚高频通信，通信周期为 5 min，紧急情况下通信周期为 1 min。

国际民航组织已于第十一届航行大会确定 ADS-B 技术为全球新航行技术的主要发展方向，本书仅对 ADS-B 做一简单介绍。

8.6.1　ADS-B 的基本原理

ADS-B 是航空器或者在飞行区运行的车辆定期发送其状态向量和其他信息的一种功能。ADS-B 包含了以下几层含义：

自动(Automatic)：数据传送无需人工干预；

相关(Dependent)：航空器的设备决定了数据的可用性，数据发送依赖于机载系统；

监视(Surveillance)：提供的状态数据适用于监视的任务；

广播(Broadcast)：采用广播方式发送数据，所有用户都可以接收这些数据。

根据航空器的信息传递方向，机载 ADS-B 的应用功能可分为发送（ADS-B OUT）和接收（ADS-B IN）两类。

1. ADS–B OUT

ADS-B OUT 是指航空器发送其位置信息和其他信息。机载发射机以一定的周期发送航空器的各种信息，包括航空器识别信息、位置、高度、速度、航向和爬升率等。OUT 功能是机载 ADS-B 设备的基本功能。

地面系统通过接收机载设备发送的 ADS-B OUT 信息，监视空中交通情况，起到类似于雷达的功能。ADS-B 发送的航空器水平位置一般源于全球导航卫星系统（Global Navigation Satellite System，GNSS），高度源于气压高度表。GNSS 的定位决定着 ADS-B 的定位。由于 GNSS 使用 WGS-84 坐标系，所以 ADS-B 系统中水平位置的表达是以 WGS-84 坐标系为基准的，这与我国 2008 年 7 月 1 日启用的中国 2000 坐标系是一致的。目前 GNSS 系统的定位精度已经达到了 10 m 级，自此 ADS-B 的定位分辨率也可达到 10 m 量级。

2. ADS–B IN

ADS-B IN 是指航空器接收其他航空器发送的 ADS-B OUT 信息或地面服务设备发送的信息，为机组提供运行支持。ADS-B IN 可使机组在驾驶舱交通信息显示器（CDTI）上"看到"其他航空器的运行状况，从而提高机组的空中交通情景意识。

ADS-B 地面站也可以向航空器发送信息，信息分为两类：空中交通情报服务广播（TIS-B）和飞行信息服务广播（FIS-B）。

１）TIS-B

ADS-B 地面站接收航空器发送的 ADS-B OUT 信息，将这些数据传递给监视数据处理系统（SDPS），SDPS 同时也接收雷达和其他监视设备的数据，它将这些数据融合为统一的目标位置信息，并发送至 TIS-B 服务器。TIS-B 服务器将信息集成和过滤后，生成空中交通监视全景信息，再通过 ADS-B 地面站发送给航空器。这样机组就可以获得全面而清晰的空中交通信息。TIS-B 的应用可以使 ADS-B IN 用户获得周边的空域运行信息，从而做到间接互相可见。

2）FIS-B

ADS-B 地面站向航空器传送气象、航行情报等信息。这些信息可以是文本数据，也可以是图像数据。文本格式的信息包括日常报、特选报和机场天气预报等；图像格式的信息包括雷达混合图像、临时禁飞区以及其他航行信息。FIS-B 可使机组获得更多的运行相关信息，及时了解航路气象状态和空域限制条件，为更加灵活而安全的飞行提供保障。

8.6.2　ADS-B 的应用领域

1. ADS-B OUT 的应用

ADS-B OUT 通过广播航空器自身信息的方法向 ATC 或其他航空器提供监视信息。目前 ADS-B OUT 监视主要用于以下三个方面：

1）无雷达地区的 ADS-B 监视

ADS-B 信息作为唯一的机载监视数据源用于地面对空中交通的监视，以减小航空器的间隔标准，优化航路设置，提高空域容量。

2）雷达区 ADS-B 监视

地面监视同时使用雷达和 ADS-B OUT 作为监视信息源，目的是缩小雷达覆盖区域内航空器的最小间隔标准，并且减少所需要的雷达数量。

3）机场场面监视

只使用 ADS-B OUT 或者综合使用 ADS-B 和其他监视数据源（如场面监视雷达、多点定位系统等），为机场的地面交通监控和防止跑道入侵等提供监视信息。

2. ADS-B IN 的应用

ADS-B IN 的具体应用还在发展之中，目前主要用在以下几个方面：

1）提高机组情景意识

ADS-B IN 可以帮组机组全面了解空中或者机场场面的交通情况，为安全有效地管理飞机做出正确的决策。

2）保持间隔

保持航空器的间隔目前仍然是 ATC 的责任，适用的最小间隔标准可能不会改变，但在具有 ADS-B IN 功能时，机组可以：指定间隔，ATC 要求机组与指定航空器保持间隔，保证空中最小间隔的责任有 ATC 转移至机组；自主间隔，机组按照规定的最小空中间隔标准与适用的飞行规则与其他航空器保持间隔。

3）获取飞行信息

ADS-B IN 为机组获取飞行运行支持信息提供了新的渠道。

8.6.3　ADS-B 的机载设备

与 ADS-B 功能有关的主要机载设备包括：数据链系统、GNSS 接收机和 IN 功能所需要的 CDTI 等。虽然一些二次监视雷达应答机可以用于发送 ADS-B OUT 信号，但不包含二次雷达应答机功能、独立的 ADS-B 机载电子系统也可以满足 ADS-B 的功能要求。

1. 数据链系统

ADS-B 的 OUT 和 IN 的功能都是基于数据链通信技术,共有三种数据链技术可供 ADS-B 用户选择:S 模式 1 090 MHz 扩展电文(1090ES)数据链、通用访问收发机(UAT)和模式 4 甚高频数据链(VDL-4)。

1090ES 直接适用二次监视雷达应答机的 1 090 MHz,UAT 使用 L 波段的 978 MHz,VDL-4 使用频率为 117.975 MHz ~ 137 MHz 的甚高频频段。

1090ES、UAT 和 VDL-4 这三种数据链互不兼容,中国民航运输航空和通用航空均采用 国际民航组织标准的 1090ES 数据链,它传送的位置信息每 0.5 s 更新一次。

2. GNSS 接收机

ADS-B 系统采用的航空器位置信息理论上可以来自于飞行管理系统、惯性导航系统和卫 星导航系统,但目前成熟的产品和技术规范都将 GNSS 作为 ADS-B 的唯一位置信息来源, 因此,GNSS 接收机是 ADS-B 机载设备的另一个重要组成部分。GNSS 直接关系到 ADS-B 的定位准确性和可信性,如果 GNSS 失效,ADS-B 将无法提供航空器位置。目前 GNSS 基本 是使用美国的 GPS 系统,未来我国将全面引入北斗卫星导航系统,提高 GNSS 安全性与定 位能力,

为 ADS-B 应用提供更加安全、可靠、准确、连续的定位信息。

ADS-B 对 GNSS 的完好性提出了明确要求:所有 GNSS 接收机都要求具有接收机自主完 好性监视(RAIM)功能。

3. 驾驶舱交通信息显示器(CDTI)

具有 IN 功能的 ADS-B 设备还需要安装与之交联的 CDTI。CDTI 直观地为飞行员提供各 种信息,帮助飞行员了解周围的交通情况。CDTI 可以是手持式显示器,也可以借用现有的 机载显示设备,它通常以移动地图作为显示背景。

ADS-B 信息可以与地形数据、地面气象雷达数据、ACAS 数据以及其他数据整合到一起, 显示在 CDTI 上,从而使 ADS-B 能支持一些更高级的运行功能。

复习思考题

1. 什么是调制?常用的调制方式有哪些?
2. 说明调幅发信机的组成,各部分的波形及作用。
3. 说明超外差式调幅收信机的组成及各部分的波形和作用。
4. 收发机的主要性能指标有哪些?
5. 单边带调制与调幅相比有何优点?
6. 什么叫莫尔斯电码?它的基本结构是怎样的?它在民航中主要应用在哪些领域?
7. 卫星通信有哪些特点?卫星通信有哪些分类?
8. 什么是静止通信卫星?它有哪些优缺点?
9. 卫星通信系统由哪些部分组成?各部分的作用是什么?

10. 什么是 AMSS？它能提供哪些功能？

11. 什么叫数据链？民航的地空数据链主要有哪些形式？

12. 说明地空数据链的组成和典型应用。

13. ADS 包含了什么含义？它有哪几种应用类型？各有什么特点？

9　机载通信设备

微信扫一扫
彩图更生动

9.1　民用航空通信系统概述

9.1.1　民用航空通信网络

各民用航空局、空中交通管制部门之间的航空业务电报和航空公司之间的运输业务电报都要靠航空通信来传递，空中交通管制部门对飞行的管制、航空公司对飞行的指示也要靠航空通信来完成。因此，凡直接保证民用航空飞行安全的单位和部门，以及每一架航空器上，都根据飞行的需要设立了各种电台，构成民用航空通信网络。

随着航空器速度的提高，飞行量的日益增大，人们对航空通信速度的要求越来越高。因此，在航空通信中使用了先进的通信设备，以保证民用航空发展的需要。从通信的组织与实施角度来分，民用航空通信可分为航空固定业务（平面业务）和航空移动业务（空地业务）。

1. 航空固定业务

航空固定业务是为了保证航空飞行的安全、正常、高效和经济，在规定的地面固定电台之间进行的通信业务。航空电台有固定电台和因任务需要而设置的临时电台。在某种情况下，航空电台可设在船上或地球卫星上。航空电台的工作方式有有线和无线两种。有线工作方式包括有线电话、有线电传；无线工作方式包括无线电话、无线电报、无线电传。各航空电台之间按照规定的波道、电路和约定的时间进行联络，构成了民用航空的固定通信网络。

2. 航空移动业务

航空移动业务是航空器电台与地面对空台之间或者航空器电台之间的无线电通信业务，又称为航空地空通信业务。航空器从开车、滑行、起飞、航线飞行，直至着陆、滑行、关车止，都必须与有关的空中交通管制部门保持不间断的无线电通信联络。机长应及时向有关的管制部门报告航空器位置和飞行情况。管制部门应不失时机地向航空器提供管制和飞行情报服务。同时，在航空器飞行过程中，机长还应与航空公司飞行签派部门保持联系，飞行员遇到异常情况和问题时应及时请示报告，并接受航空公司有关飞行的指示。

保证正常的陆空通信非常重要，根据 MH/T 2001—2015《民用航空器事故征候》的规定，当"双向陆空通信联系中断，造成调整其他航空器避让等后果，或者区域范围内双向陆空通信联系中断 10 min（含）以上，进近或塔台范围内双向陆空通信联系中断 3 min（含）以上"属于运输航空一般事故征候；当"双向陆空通信联系中断大于 30 min，并造成其他航空器调整、避让（特殊要求除外）"属于通用航空事故征候。

拓展阅读

9.1.2　民航地空通信的分类

1. 按服务类型分

根据国际电信联盟《国际无线电规则》和国际民航公约附件十《航空电信》的规定，民用航空地空通信分为四类：

1）空中交通服务（ATS）

这是空中交通管制部门与飞机之间的通信，内容包括：放飞许可、放飞证实、管制移交、管制移交证实、飞行动态、自动相关监视、航行通告、天气报告、航路最低安全高度告警、飞行计划申请与修订、地面管制、塔台管制、离场管制、进近管制、航路管制、飞行员位置报告、终端自动情报服务等。

空中交通服务地空通信目前主要使用甚高频或高频话音通信，在世界上一些特定航线和管制区域，也采用了甚高频数据链、航空移动卫星数据链等通信形式。

2）航空运行控制（AOC）

航空运行控制通信通常使用甚高频、高频、卫星话音和数据通信，主要用于航空公司与本公司在国内外飞行的航空器之间进行飞行信息的交换，内容包括：气象情况、飞行计划数据、飞行员/调度员通信、飞行情报、维修情况、公司场面管理与放行、登机门指派、飞机配重、除冰、飞行中紧急情况、机体及电子设备监测数据、医药申请、改航情报、滑行、起飞与着陆情报、发动机监测数据、位置情况、起飞、延误情报等。有些资料上也将航空运行控制通信称为航务管理通信。

3）航空行政管理通信（AAC）

这是飞机运营部门与飞机之间的通信，内容包括：设备与货物清单、旅客旅游安排、座位分配、行李包裹查询等。

4）航空旅客通信（APC）

这是空中旅客与地面之间的通信，包括机组人员的私人通信，有话音、数据、传真等。

以上四类通信中，前两类（ATS 和 AOC）与飞行安全、飞行正常及飞行效率有关，称为安全通信，具有高优先等级；后两类（AAC 和 APC）与飞行安全、飞行正常无直接联系，称为非安全通信，优先等级较低。

2. 按信息形式分

民航地空通信按信息形式分为地空话音通信和地空数据通信。

民航地空话音通信的任务是以话音的形式来实现航空器、空中交通服务部门、机场和航空公司运营部门等民用航空飞行活动主体之间的有效联系和信息交换，保障民用航空飞行活动安全有序地进行。目前民航使用的地空话音通信主要有甚高频地空话音通信、高频地空话音通信、航空移动卫星话音通信等几种形式。

与传统的地空话音通信的任务类似，民航地空数据通信的任务是以数据的形式来实现航空器、空中交通服务部门、机场和航空公司运营部门等民用航空飞行活动主体之间的有效信息交换，保障民用航空飞行活动安全有序地进行。目前民航地空数据链的类型主要有甚高频地空数据链、高频地空数据链、卫星数据链、二次雷达 S 模式数据链等几种形式。

9.1.3 民航飞机通信系统

民航飞机的机载通信系统大体上分为两类：一类是机外通信系统，负责飞机与地面之间、飞机与飞机之间的相互通信，主要包括甚高频通信系统（VHF COMM）、高频通信系统（HF COMM）、选择通信系统（SELCAL）、紧急定位发射机（ELT）、卫星通信系统（SAT COMM）、飞机通信寻址报告系统（ACARS）等；另一类是机内通信系统，主要用于机内通话、旅客广播、记录话音信号以及向旅客提供娱乐信号，如内话系统（INT）、呼叫系统（CALL）、旅客广播系统（PA）、驾驶舱话音记录器（CVR）等，这些系统通常统称为音频综合系统（AIS）。

这些通信系统的安装和使用可实现机组人员和旅客、地面工作人员以及机组人员之间的通信联络，保证了飞行安全，同时也满足了旅客服务和娱乐的要求。当然，如果飞机的类型不一样，所安装的通信系统也会有较大的差异。例如，大型运输机通常会安装 3 套甚高频通信系统、2 套高频通信系统和 1 套卫星通信系统，而一般的轻型飞机只会安装 2 套甚高频通信系统。

拓展阅读

中国民用航空法规第 91.411 条 "无线电通信设备" 规定：

（a）除本条（b）规定的情况外，航空器应当装有适当的无线电通信设备，以便能够：

（1）出于机场管制目的而进行的双向通信；

（2）在飞行中随时接收气象资料；

（3）在飞行中的任何时间，至少和一个地面通信站以及局方规定的其他航空电台和频率进行双向通信。

（b）对于实施航空作业运行的固定翼飞机，应当按下述规定安装无线电通信设备：

（1）按仪表飞行规则或在夜间运行的固定翼飞机应当装有能在局方规定的频率上同地面通信站进行双向通信的无线电设备；

（2）除经特别批准外，按目视飞行规则运行、但受管制飞行的固定翼飞机应当装有能在飞行中的任何时间、在局方规定的频率上同规定的地面通信站进行双向通信的无线电通信设备；

（3）除经特别批准外，在水面上空和局方规定的特定空域飞行的固定翼飞机必须装有能在飞行中的任何时间、在局方规定的频率上同规定的地面通信站进行双向通信的无线电通信设备。

（c）为确保在飞行中任何时间至少可与一个地面站建立双向通信联系，航空器应当至少装有：

（1）两台发射机；

（2）两个麦克风；

（3）两副耳机或一副耳机和一个扬声器；

（4）两台独立的接收机（如果其任何部分的功能都不依赖于另一台接收机，则认为其是独立的）。

（d）本条（c）（2）要求安装的麦克风应当为吊杆式或喉式，并且在过渡高度层或者过渡高度下飞行时，在驾驶舱值勤的所有飞行组成员都必须通过麦克风通话。

（e）本条（c）中要求的双套无线电通信不超过一套设备发生故障或不能工作时，航空器仍可从不能修理或更换零部件的地点飞到能够修理或更换零部件的地点，但不可载运旅客。

（f）当在航路上需要甚高频和高频两种通信设备，并且航空器上有两台甚高频发射机和两台甚高频接收机时，则只要求一台高频发射机和一台高频接收机。

（g）上述所要求的无线电通信设备必须能在 121.5 MHz 航空应急频率上进行通信。

9.2　音频控制系统（ACS）

9.2.1　概　述

音频控制系统，在有些飞机上也被称为音频选择系统（ASS）。它不是一个独立的系统，在机载设备中主要起通信交换机的作用。它允许机组成员处理个人的通信需要。音频控制统允许机组使用甚高频通信系统、高频通信系统、旅客广播系统、内话系统等飞机通信系统，同时它还可以对机载导航系统的语音和识别码进行监控。图 9.1 所示为某型飞机的音频控制系统示意图。图中，无线电管理板实现对通信系统和导航系统的频率控制；音频控制板用来选择实现音频输入、输出的通信导航设备；音频输入输出设备包括手持话筒、吊杆话筒、氧气面罩话筒、耳机、扬声器等音频设备；音频管理组件作为一个接口设备，实现对所有音频信号的管理。

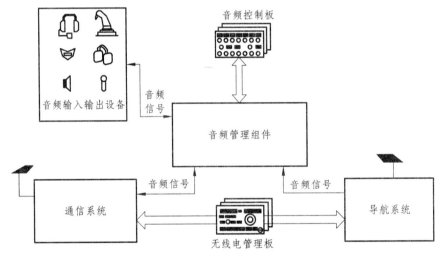

图 9.1　音频控制系统

不同机型的音频控制系统略有差异，但其功能基本相似，这里以 B737NG 为例，对其音频控制系统作一简单介绍。

9.2.2　音频控制系统的组成

B737NG 上的三套音频控制系统独立工作并为机长、副驾驶和观察员提供所需的音频功能。它主要由音频控制板（ACP）、遥控电子组件（REU）和音频组件组成。

1. 音频控制板（ACP）

机长、副驾驶和观察员的工作位置上各安装有一个相同的音频控制板，如图 9-2 所示。每个音频控制板都独立地行使职责并使机组成员能够选择所需的无线电通信设备、导航设备、内话和广播系统进行监控和发话。每个机组位置上的喇叭和耳机音频来自位于电子设备舱内的遥控电子组件。该遥控电子组件由音频控制板控制，并且对于每个机组位置都有单独的电路。

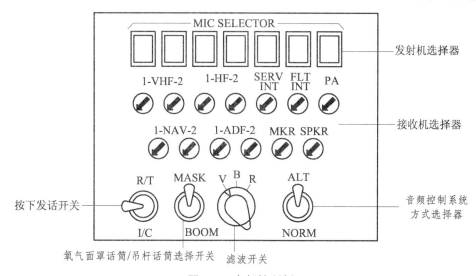

图 9.2 音频控制板

发射机选择器：每个音频控制板上的发射机选择器供机组选择一部无线电通信设备或内话进行发话。一次只能按下一个开关，当按下第二个开关时，即取消第一个开关。在机组工作位置上的任何话筒都可以通过所选择的系统进行发话。

接收机选择器：当按下接收机选择器开关时，即可选择相应的通信或导航系统的接收机。转动所选开关，则可调节相应接收机的音量。和发射机的选择不一样，我们可以同时选择多个接收机，但即使在接收机选择器上没有选择任何接收机，只要选定了发射机，相应的接收机都将接通。

按下发话（PTT）开关：当选定发射机选择器时，将按下发话开关扳至 R/T 位就可通过氧气面罩话筒或吊杆话筒发话；如果将按下发话开关扳至 I/C 位，无论发射机选择器上 FLT INT 按钮是否按下，均可以通过机组内话直接发话。

滤波开关：滤波开关控制来自 VHF NAV 和 ADF 的音频接收形式。当将开关放至 V 位，只接收语音信号；放至 R 位，只接收电台的识别呼号；放至 B 位，则可以同时接收语音信号和电台的识别呼号。

音频控制系统方式选择器：音频控制系统方式选择器用来选择音频控制系统的工作方式。正常情况下，该开关放在 NORM 位；如果放在 ALT 位，则音频控制系统工作于减弱的工作方式。

音频控制板上的放大器负责将来自所选系统的音频进行音量调节和放大，然后将此音频送到机组位置上的耳机插孔或喇叭。

2. 遥控电子组件

遥控电子组件是一个接口设备，它用于管理机长、副驾驶和观察员的飞行内话、勤务内话、客舱广播及所有相关的通信、导航音频信号。它接收来自音频控制板的控制信号、机组的话筒输入信号、通信接收机的音频输出、导航接收机的莫尔斯识别码以及警告系统的音频信号，并将这些信号输出至机组的耳机、驾驶舱喇叭、飞机飞行内话和勤务内话插孔、旅客广播、话音记录器和飞行记录器等。

3. 喇叭和耳机

每个机组位置上都有耳机和耳机插孔。机长和副驾驶座位上方的驾驶舱顶有喇叭。观察员位置上没有喇叭。喇叭和耳机的音频信号由相应音频控制板控制的遥控电子组件提供。喇叭和耳机的音量由接收机选择器控制。高度警告、近地警告和风切变警告也可以通过喇叭或耳机以预调的音量收听到，机组不能控制或关断。

4. 话　筒

手提话筒和吊杆话筒可以插入驾驶舱机组工作位置上的相应插孔内。每个氧气面罩也有一个组合式话筒。

每个手提话筒都有按下发话开关，用以接通选定的音频控制系统。驾驶盘或音频控制板上的按下发话开关，当由氧气面罩话筒/吊杆话筒开关选择时，用来接通氧气面罩或吊杆话筒。氧气面罩/吊杆话筒开关不会影响手提话筒的工作。

9.2.3　音频控制系统的工作方式

1. 音频控制系统的正常方式

机长、副驾驶和观察员的音频控制系统位于电子设备舱内共同的遥控电子组件上。它们独立工作且有单独的断路器。音频控制系统通常经过计算机控制电路由相应的音频控制板来控制。

2. 音频控制系统的减弱方式

如果遥控电子组件或音频控制板出现故障，音频控制板不能控制遥控电子组件。通常把NORM/ALT 开关放到 ALT 位，把音频控制系统接通到减弱的方式。在此方式中，该音频控制板失效，机组人员只能在规定的通信电台上通话。

在音频控制系统的减弱方式上，音频控制板上的发射机选择器不起作用，并且来自该音频控制板的任意一个发射信号都在同一个无线电台上，如表 9.1 所示。当电台在音频控制板的减弱方式时，可用电台的发射机选择器将点亮。接收机选择器不起作用，并且通过耳机只能以预调音量收听可用电台。喇叭和喇叭开关在该台上不起作用。

表 9.1　音频控制系统的减弱方式

机组位置	可用的通信电台
机长	VHF1
副驾驶	VHF2
观察员	VHF1

MASK/BOOM 开关在减弱方式能够正常工作，氧气面罩话筒和吊杆话筒可以接通到驾驶盘上 PTT 按钮的 MIC 位或音频控制板上 PTT 按钮的 R/T 位，通过可用的通信电台发话。手提话筒在减弱方式下不工作。

在音频控制系统的减弱方式中，飞行内话无法使用，因而驾驶盘上 PTT 按钮的 INT 位和音频控制板上 PTT 按钮的 I/C 位也不起作用。

在减弱的方式中，音频控制系统上听不到高度警告、近地警告和风切变警告的音频警告。

在减弱的方式中，旅客广播系统和勤务内话系统不能通过音频控制板实现。但是如果在飞行员操纵台上安装有勤务内话听/话筒和旅客广播手提话筒，机组仍然可以使用旅客广播系统和勤务内话系统。

9.3 甚高频通信系统

9.3.1 概　述

甚高频通信系统（VHF COMM）是目前最重要也是应用最广泛的飞机无线电通信设备。几乎所有的飞机都装有甚高频通信系统，而且有 2 套或者 3 套。它是一种近距离的飞机与飞机之间、飞机与地面电台之间的通信系统，主要用于飞机起飞、着陆期间以及通过管制区域时与地面交通管制人员之间的双向语音通信。

国际民航组织规定甚高频通信系统的工作频率为 117.975 ~ 137 MHz（136 ~ 137 MHz 目前保留），频率间隔为 25 kHz。近年来为节约频带，频率间隔也选择 8.33 kHz。

民航甚高频通信系统的频率具体分配如下：

118.000 ~ 121.400 MHz、123.675 ~ 128.800 MHz 和 132.025 ~ 135.975 MHz 三个频段主要用于空中交通管制人员与飞机驾驶员间的通话，主要集中在 118.000 ~ 121.400 MHz；

121.100 MHz、121.200 MHz 用于空中飞行情报服务；

121.500 MHz 定为遇难呼救的全世界统一的频道；

121.600 ~ 121.925 MHz 主要用于地面管制。

由于甚高频电波的频率高，地面衰减大，以地波的方式传播距离近，而以天波的方式传播又会穿透电离层而不能有效反射，故甚高频通信系统的电波主要以空间波方式传播，其有效传播距离一般限于视距内，通信距离较近。但由于对流层对甚高频电波的折射作用，实际的传播距离略大于视线距离。此外，通信距离还受飞行高度的影响。当发射功率为 25 W 时，若飞行高度为 10 000 ft（3048 m），通信距离约为 120 n mile（222.24 km）；若飞行高度为 1000 ft（304.8 m），则通信距离约为 40 n mile（70.08 km）。若飞行高度增加，其通信距离还会增加。

目前，甚高频地空语音通信的调制方式为普通调幅（AM），工作方式是单信道单工，即交替用同一频率发射和接收。机载电台和地面电台都有按下发话（PTT）按钮，按下时处于发射状态，松开时则为接收状态。每个地面电台都有一个指配的工作频率并覆盖一定区域，在此区域内，飞机均用此频率与之通信。

9.3.2 甚高频通信系统的组成

机载甚高频通信系统都由控制盒、收发机和天线三个基本组件组成，如图 9.3 所示。

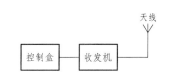

图 9.3　甚高频通信系统组成框图

1. 控制盒

控制盒用于通信频率的选择、转换及收发机的测试等。图 9.4 所示为某飞机甚高频通信系统控制盒。

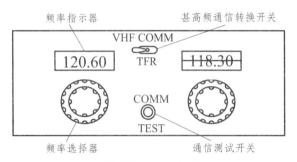

图 9.4　甚高频通信系统控制盒 1

频率指示器指示由相应频率选择器选择的频率。甚高频通信转换开关用来选择收发机的使用频率，而备用频率将被一横线盖住。

通信测试开关可对相应通信系统进行可靠性试验。按下该开关能够去掉接收机的自动噪声抑制特性，允许接收背景噪声以验证接收机的工作，同时可使接收机的接收范围增大，以增强对弱小信号的接收能力。

频率选择器用来控制甚高频收发机的使用频率和备用频率。图中显示该甚高频通信系统的使用频率为 120.60 MHz，备用频率为 118.30 MHz。

不同公司所生产的甚高频通信系统的控制盒略有差异。图 9.5 所示为某甚高频通信系统的控制盒。

图 9.5　甚高频通信系统控制盒 2

在现代民航大型运输机上，通常不会设置单独的甚高频通信系统或者高频通信系统的控制盒，而是把机载甚高频通信系统和高频通信系统的控制功能组合成一个控制板。波音飞机上通常称其为无线电通信板（RCP），空客飞机上通常称其为无线电管理板（RMP），如图 9.6 所示。

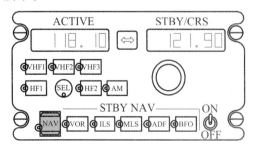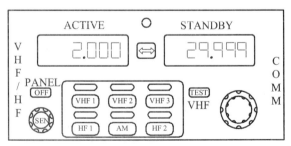

图 9.6　RCP 和 RMP

2. 收发机

甚高频通信收发机是甚高频通信系统的核心。在接收时，它接收由控制盒设定频率的射频信号，并通过变频、解调等电路，输出音频信号。在发射时，它将从话筒输入的音频信号调制、放大，产生足够大功率的射频信号，由天线发射。

3. 天线

天线用于辐射和接收射频信号，其工作方式为垂直极化。大型运输机通常采用刀形天线，而轻型飞机一般使用鞭状天线，收发共用一副天线。天线通过同轴电缆与甚高频收发机相连，并与收发机阻抗匹配，如图 9.7 所示。

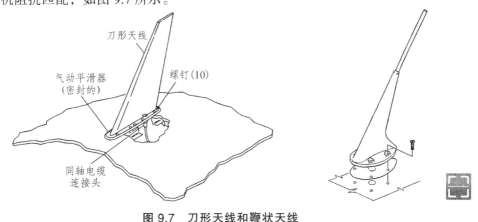

图 9.7　刀形天线和鞭状天线

9.4　高频通信系统

9.4.1　概　述

拓展阅读

高频通信系统（HF COMM）是一种比甚高频通信系统传播距离更远的机载远程通信系统，通信距离可达数千千米。它可以为空中交通管制部门、航空公司航务管理部门与飞行员之间提供话音通信服务，但通常这样的话音通信服务需要通过专门的短波电台运营公司和相关的地面通信电路来提供转接服务。高频地空通信目前主要用于大洋、荒漠、高山等甚高频通信难以覆盖的航路和区域。例如，在纬度大于 80°的极地区域，高频地空通信仍然是目前主要的通信手段；在我国成都至拉萨等高原航路，高频地空通信目前还是主用的地空通信手段。而在实现了甚高频通信覆盖的区域，高频地空通信则主要作为甚高频失效的备用通信手段。

民航高频通信系统使用的频段为 2.8～22 MHz，频率间隔为 1 kHz。高频通信系统的地波传播通信距离为几十千米。而高度在 250～400 km 的电离层 F_2 层的反射波单跳最远距离可达 4000 km，因此，它主要利用天波进行传播，信号传播距离远，并且传播的距离随时间、电波频率和飞行高度的不同而有所改变。图 9.8 所示为高频通信示意图。

高频电波由于进入电离层的深度较深、传播距离较远，由电离层扰动、雷电、静电、电气设备和其他辐射引起的各种干扰都可以从很远的距离接收到，这就产生了典型的无线电背景噪声，而在甚高频频带内是没有这种噪声的。高频通信的另一个特征是衰落，也就是由电离层的长期和瞬时变化导致的接收端信号的突然的无规则的变化。

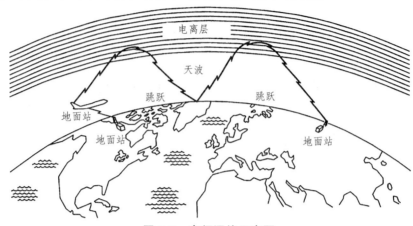

图 9.8　高频通信示意图

垂直透射波的最高可反射频率称为临界频率。斜射波的最高可反射频率称为最高可用频率（MUF），它与反射点的临界频率成正比，且随射波仰角的减小而提高。射波的仰角相同时，可以到达接收点的最低频率称为最低可用频率（LUF）。一般选频的原则是保证小于最高可用频率且尽量靠近。由白天和夜间的最高可用频率和最低可用频率可确定短波通信的日间频率和夜间频率，而日间频率总是高于夜间频率。

现代民航大型运输机通常安装 1 套或 2 套高频通信系统，轻型飞机一般不安装高频通信系统。现代机载高频通信系统都是调幅和单边带兼容的系统。单边带通信可以大大压缩所用的频带宽度，增加电台容量，节省发射功率。高频通信系统的工作方式通常采用单信道单工，机载电台和地面电台与甚高频通信系统一样也使用按下发话（PTT）按钮。

9.4.2　高频通信系统的组成

典型的高频通信系统由控制盒、收发机、天线调谐耦合器和天线组成，如图 9.9 所示。

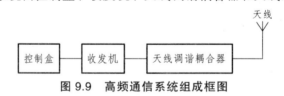

图 9.9　高频通信系统组成框图

1. 控制盒

控制盒主要用来调节高频通信的频率、工作方式、接收机灵敏度等。一种高频通信系统的控制盒如图 9.10 所示。其中左边部分控制第一套高频通信系统，右边部分控制第二套高频通信系统。

频率指示器：用来显示调谐的频率。

频率选择钮：每个高频通信系统的控制盒上有 4 个频率选择钮，分别控制 MHz、100 kHz、10 kHz 和 1 kHz 的频率数字，其可调频率范围为 2.000 ~ 29.999 MHz，频率间隔为 1000 Hz。所选择的频率显示在频率显示窗中。图 9.10 中显示 HF1 所选频率为 2.000 MHz。

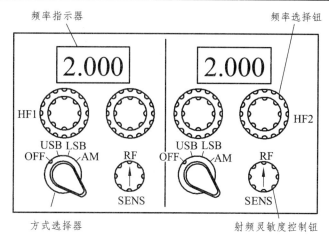

图 9.10　一种高频通信系统的控制盒

方式选择器：方式选择器用来选择系统的工作方式，它有四个位置：

OFF——关断收/发机电源；

USB——系统采用上边带调制；

LSB——系统采用下边带调制；

AM——系统采用调幅方式。

射频灵敏度控制钮：用来调节接收机的灵敏度，以期获得最佳的接收效果。顺时针转动该旋钮将增强接收机灵敏度以接收微弱或远距离信号，但同时也将增强干扰信号；逆时针转动该旋钮将降低接收机灵敏度以减弱噪声或天电干扰，但如果灵敏度降低得太多，会妨碍接收和选择呼叫系统对高频通信系统的监控。

不同公司所生产的高频通信系统的控制盒略有差异，如图 9.11 所示为另一种高频通信系统的控制盒。

在现代民航大型运输机上，通常不会设置单独的甚高频通信系统或者高频通信系统的控制盒，而是把机载甚高频通信系统和高频通信系统的控制功能组合成一个控制板。波音飞机上通常称其为无线电通信板（RCP），空客飞机上通常称其为无线电管理板（RMP），如图 9.6 所示。

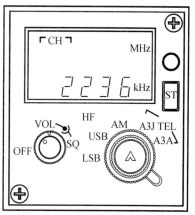

图 9.11　高频通信系统控制盒

2. 收发机

收发机是整个通信系统的核心，在发射时，进行信号的调制、放大、变频和功放等处理；在接收时，对信号进行预选、变频、解调和放大等处理。

高频发射机的功率较大，如 HFS900 高频通信系统中，在单边带调制方式，发射机输出峰值包络功率为 283～504 W；在普通调幅方式，发射机输出平均功率为 88～157 W。而甚高频通信系统发射机的功率一般保证不小于 25 W。因此，高频发射机需要风扇来保证散热良好。其风扇可以设置为一直工作或仅在发射时工作。

3. 天线调谐耦合器

高频通信系统的工作频率变化范围很大，其天线输入阻抗随频率变化会产生很大变化，而发射机的输出阻抗是一定的，如果发射机与天线直接连接，当发射机工作频率变化时，发射机与天线之间阻抗不匹配，就会降低辐射功率。天线调谐耦合器能在整个高频通信的工作频带内，自动地实现发射机和天线之间的阻抗匹配，这个匹配过程通常要求在 2 ~ 15 s 内完成。在接通电源、改变频率或工作方式后的首次发话，为使高频发射机与天线实现阻抗匹配，飞行员必须短时按压发射开关调谐天线耦合器。在此过程中，通过喇叭或耳机能听到一个音响信号。当调谐完成后，再次按压发射按钮就可对外发话了。

甚高频通信系统是没有天线调谐耦合器的。这是因为而甚高频通信系统的工作频率变化范围较小，其天线阻抗可认为基本不变。

4. 天　线

天线用于辐射和接收射频信号，其工作方式为垂直极化。和甚高频通信系统一样，高频通信系统也是发射/接收共用一副天线。早期高频通信系统的天线使用了从飞机尾部向前的钢索天线，如图 9.12 所示。现代民航运输机通常使用与机身蒙皮平齐安装的高频天线，这类天线多安装在飞机尾部或垂直安定面前缘，如图 9.13 所示。来自天线调谐耦合器的馈线连接在高频天线金属部分的端头上，使得天线与发射机的末级阻抗匹配。

图 9.12　飞机高频通信系统天线 1

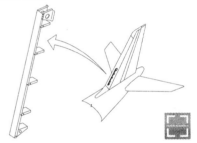

图 9.13　飞机高频通信系统天线 2

9.4.3　使用注意事项

在地面上，高频通信系统的发射机将会被抑制，驾驶舱中通常有一个按钮用来超控这一抑制。当高频通信系统发射时，要确保人员离天线一定距离，避免天线发射的射频能量伤害人体。另外，在加油过程中不得使用高频通信系统。

9.5　选择呼叫系统（SEL CAL）

9.5.1　概　述

选择呼叫指地面（航空公司或空管部门）通过高频或甚高频通信系统与指定飞机或一组飞机进行联系。当被呼叫飞机的选择呼叫系统收到地面台的呼叫后，将以声、光信号提醒飞行员地面在呼叫本飞机，从而进行联络，避免了飞行员长时间收听的疲劳或是由于疏忽而漏掉地面的呼叫。

选择呼叫代码是一个特定的 4 位字母代码，每位字母是 "A" 到 "S"（字母 I、N、O 除外）中的一个（不允许重复），一共有 10 920 个代码。选择呼叫系统的工作原理如图 9.14 所示，当地面电台想要和某架飞机进行通信联络，它将该飞机的选择呼叫代码叠加到话音信号中，并通过指定的高频或甚高频频率发射出去。飞机接收到这个呼叫信号后将其输入选择呼叫系统的译码器，如果呼叫的代码与飞机的代码一致，则选择呼叫系统将驱动相应的选择呼叫信号灯和音响工作，通知飞行员与地面通信联络。

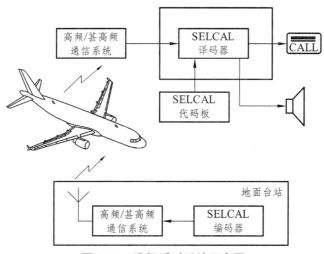

图 9.14　选择呼叫系统示意图

9.5.2　选择呼叫系统的组成

机载选择呼叫系统主要由选择呼叫译码器、选择呼叫程序开关、选择呼叫控制板等组成。选择呼叫译码器和选择呼叫程序开关通常安装在电子设备舱，而选择呼叫控制板安装在驾驶舱。

1. 选择呼叫译码器

甚高频和高频接收机将接收到的音频信号送到选择呼叫译码器。译码器试着将从接收机来的单音频信号与程序开关组件上的选择呼叫代码相匹配。如果匹配成功，译码器就会送出一个离散的呼叫位置信号到选择呼叫控制板，使对应通信系统的信号灯亮以及提供一个信号到音响警告组件，发出提示音。

2. 选择呼叫程序选择开关

选择呼叫程序开关组件是用来设定飞机的选择呼叫代码的，每组的 4 个浸入式开关设定 1 个选择呼叫字母，4 个字母确定飞机的选择呼叫代码，如图 9.15 所示。

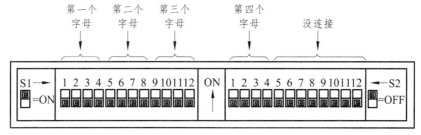

图 9.15　选择呼叫程序选择开关 1

有的程序选择开关和选择呼叫译码器组合在一起，飞机的选择呼叫代码由其前面板的 4

个拇指轮开关设定，如图 9.16 所示。

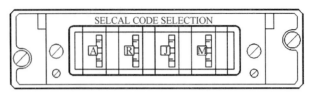

图 9.16　选择呼叫程序选择开关 2

选择呼叫译码器和程序选择开关通常安装在电子设备舱中。

3. 选择呼叫控制板

选择呼叫控制面板提供选择呼叫系统的目视指示和复位操作。图 9.17 所示为 B737NG 飞机的选择呼叫控制板。当译码器收到正确编码的音频呼叫时，控制板上这一有效的收发机所对应的提醒灯点亮并伴随有音响，按压控制板上的灯/开关则对译码器通道进行复位。

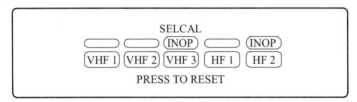

图 9.17　B737NG 飞机的选择呼叫控制板

A320 飞机则没有单独的选择呼叫控制板，其相应的功能是集成在音频控制板（ACP）上的，如图 9.18 所示。当地面通过某套通信系统呼叫飞机时，音频控制板上对应通信系统的琥珀色"CALL"灯闪亮并伴随有音响，可按下控制板上"RESET"按钮复位。

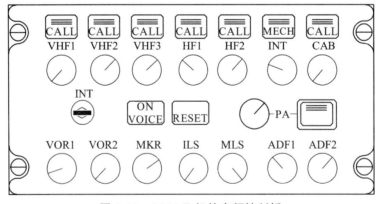

图 9.18　A320 飞机的音频控制板

9.6　卫星通信系统

9.6.1　概　述

卫星通信（SATCOM）系统使得在飞机和一个地面地球站（GES）之间可通过地球同步卫星系统或铱星系统进行信息交换，它可提供多达 6 个独立的频道：1 个频道用于信息发送

（ATSU 或 ACARS），2 个或 5 个频道用于语音发送（驾驶舱或客舱语音）。为使卫星通信可用，驾驶舱语音功能必须被启用。为了能使用客舱语音功能，必须安装客舱电话系统。

ACARS 或 ATSU 通信通常通过第三部甚高频通信系统发送，当第三部甚高频通信系统不可用时它们将自动转换到卫星通信。

驾驶舱语音接口的控制是通过各音频控制面板来发起呼叫和终止呼叫，以及通过 MCDU 选择呼叫号码，以允许机组执行下列操作：

（1）开始空对地呼叫以及接收地对空的呼叫。

（2）如是空对地呼叫时选择呼叫的优先权。

（3）使用人工拨号或预先已录制好的电话号。

如果驾驶舱中安装了 SATCOM 电话听筒，机组可不经过 MCDU 而直接进行呼叫。

卫星通信的各个功能是通过用户要求，按照航空公司的需要编程的。由于编程是高度客户化的，卫星通信系统的功能对不同航空公司是不同的。这里仅对 A320 飞机上选装的某型卫星通信系统做一简单介绍。

9.6.2　控制和指示

1. 卫星通信主界面

机组人员选择 MCDU MAIN 页面上的 SAT 即可进入卫星通信主菜单页面，如图 9.19 所示。

2L（4L）：此区域显示 SATCOM 通道 1（2）的状态。具体包括：

——READY TO CONNECT：通道已准备就绪，支持一个呼叫。

——NOT AVAILABLE：通道不可用（失效或未登录）。

——DIALING：正在进行驾驶舱呼叫。

——INCOMING CALL：通知地面呼叫空中。

——CONNECTED：电路已连上。

——CALL FAILED：发送被中断。

图 9.19　卫星通信主菜单

2L（4L）：

——当空对地呼叫时，显示选择的电话号码的名称。

——如果使用 MANUAL DIAL，显示号码。

——当地对空呼叫时，显示 GRND-AIR CALL。

5R：按此键可进入人工拨号页。此页面可拨打电话号码。

6L：按此键可进入包含 LOG ON（登陆）以及通道状态信息的 SATCOM STATUS 页。

6R：从此页可进入 SATCOM DIRECTORY PAGE（卫星通信目录页面）。

2. SATCOM 菜单页面

此页可进入 4 个电话号码排列的清单，电话号码根据优先权记忆。

1L：EMERGENCY，使用优先级 1，仅用于应急和求助电话号码。

2L：SAFETY，用于优先级 2，仅用于规章和飞行安全电话号码。

3L：NON-SAFETY，用于优先级 3，用于除飞行安全以外的电话号码。

4L：PUBLIC，用于优先级 4，用于个人电话号码。

6L：使用此键返回 SATCOM MAIN MENU 页面。

3. SATCOM 类别号码页面

从 CATEGORY NUMBERS（类别号码）页面可进入预先记录的电话号码。图 9.20 显示了 SAFETY CATEGORY NUMBER（安全类别号）页面。

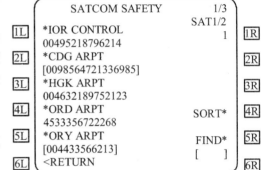

1L、2L、3L、4L、5L：此区域显示电话号码和标题，按下拨打对应的电话号码。有两种类型的号码，以绿色显示受保护的，以蓝框显示未受保护的。

1R：此区域显示选择的卫星通信通道。

4R：此功能在类别范围内通过标题识别，以字母对电话号码分类。

5R：此功能可在草稿行输入标题的前三个字母并按压 5R 键进行搜索，搜索自动由此类别电话号码的起始处开始。

图 9.20　安全类别号页面

6R：使用此键返回 SATCOM MAIN MENU（卫星通信主用菜单）页面。

4. SATCOM 人工拨号页面

MANUAL DIAL 页面可使机组人员通过人工输入电话号码进行空对地的呼叫，如图 9.21 所示。

2L：在草稿行输入后，在此区域显示蓝色带框的电话号码。

4L：此区域显示所选择的卫星通信通道。

5L：此区域显示人工输入电话号码的优先次序。在 MCDU 键盘上按压上移或下移键可更改优先次序。

6L：使用此键返回 SATCOM MAIN MENU 页面。

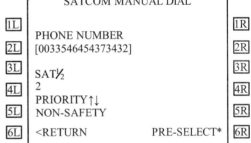

图 9.21　SATCOM 人工拨号页面

9.7　飞机通信寻址报告系统（ACARS）

9.7.1　概　述

飞机通信寻址报告系统（ACARS）是基于甚高频通信系统、高频通信系统或

拓展阅读

者卫星通信系统的数据通信系统，它由美国航空无线电公司（ARINC）研发，并于 1978 年投入使用（现行 ACARS 主要是基于甚高频通信系统）。目前全球有几千架飞机装有此设备。该系统目前主要是提供各航空公司与所属飞机之间的航务管理通信（AOC），其频率间隔为 25 kHz，最高速率为 2400 b/s，工作方式为单信道单工。

ACARS 的功能既可人工获得也能自动获得。通过 MCDU 上相关功能键可获得 ACARS 的人工功能。数据自动发送功能可通过 ACARS 管理组件或飞机系统编程来实现，该功能也会在地面上传信息时触发，这既不需要驾驶舱指示，也不需要机组的操作动作，它是地面和飞机计算机之间的对话。ACARS 可提供的功能包括：

飞机—地面信息传输（下传）：包括操作方面的、机务、监控、性能和客舱数据。

地面—飞机信息传输（上传）：包括机组信息（如风）或由机组动作请求发送或自动发送的数据。

自动下传报告通过 ACARS 管理组件完成。管理组件已按航空公司需要编程序（买方提供设备）。由于编程高度客户化，ACARS 的功能对不同航空公司是不一样的，因此不做详细说明。本书以 A320 飞机的 ACARS 为例简单介绍。

9.7.2 ACARS 的组成

A320 飞机的 ACARS 一般情况下是通过 VHF 3 来实现飞机和航空公司地面计算机之间直接交换数据。ACARS 系统有一个管理组件（MU），它与其他系统的连接如图 9.22 所示。

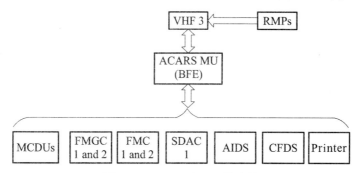

图 9.22 ACARS MU 的连接

ACARS 操作通过现有的驾驶舱设备完成：ECAM（用于操作指示），MCDU（有关 ACARS 功能的控制），打印机（硬拷贝）。便携式数据装载器的接口在电子舱中。

9.7.3 ACARS 的功能

特种系统的数据和报告情况可通过空客公司定义的界面（卖方提供设备）取得。

1. FMS

如图 9.23 所示，在 MCDU 上按①键选择控制相关系统，然后按②键获得起飞数据（仅上传）；按③键获得风的数据（F-PLN 页）；按④键获得 F-PLN 起始和风数据（仅上传）；按⑤键获得飞行前、飞行后报告和 ACARS 打印/程序（仅下传）。

2. CFDS（集中故障显示系统）

通过中央维护系统的接口，可下传下列数据：

（1）飞行后报告（在地面）或实际飞行报告（空中），报告机内测试设备（BITE）检测到的全部故障信息和机组看到的最后航段或当前航段中的警告显示。这些报告根据机组或 ACARS MU 的请求下传。

（2）有关单系统 BITE 数据的航空电子数据（仅人工下传）。

（3）失效信息和警告（发布的数据实时发送给管理组件）。

（4）3 级报告（地面），包括最后飞行航段期间检测到的全部 3 级故障。这种报告根据机组或 ACARS MU 的请求下传。

3. AIDS（飞机综合数据系统）

ACMS ACARS 接口能够将飞机性能监控、发动机状态监控和 APU 良好状态监控所需的数据发送给 ACARS MU。

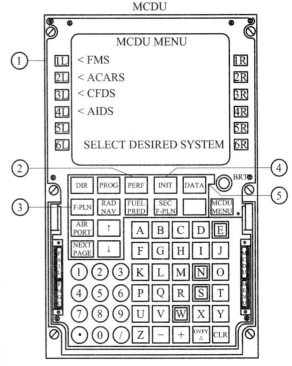

图 9.23 MCDU 上的 ACARS 页面

任意 ACMS DMU 报告可用下列方法下传（向 MU 发送）：

（1）在地面或空中根据机组请求人工下传；

（2）实时自动下传，

（3）根据 ACARS MU（地面或自动）请求进行下传。

4. 自动下传报告

报告的自动下传工作可通过 ACARS 完成。外围系统产生的每种报告可依靠每家航空公司的 ACARS MU 程序编制下传。

5. 上传信息

上传信息有下列两种：

（1）机组看不到的信息：地面和飞机计算机之间的对话信息。

（2）通过下列方法向机组提示的信息：

——ECAM Memo 上的"ACARS MSG"提示（闪烁绿色）。

注：飞机和地面之间失去 ACARS 通信时会出现稳定的绿色"ACARS STBY"提示。

——若 MCDU 不显示上传信息所应选择的正确方式（FMS、ACARS、ACMS、CMS），MCDU 上信息（如 ACARS MSG WAITING）或 MCDU MENU 灯亮。

——根据 ACARS MU 编序要求驾驶舱打印机的硬拷贝。

6. VHF 3 的语音/ACARS 转换

VHF 3 在 VHF 1 或 VHF 2 失效的情况下和地面发出 ACARS 呼叫的情况下可用于"语音"

方式。如果在 ECAM 的上显示器上出现绿色闪烁"ACARS CALL"提示，表明已收到地面发出的请求语音交谈的信息；出现绿色"VHF 3：VOICE"提示，表明 VHF 3 收发在语音方式工作，从而中断 ACARS 通信。

根据 MU 程序要求，ACARS 频率既可通过 ACARS MU 自动调谐，又可通过 RMP 人工调谐。这时，ACARS/语音转换工作可直接通过任意 RMP 完成而无须通过 MCDU，如图 9.24 所示。在 RMP 上选择 VHF3 的频率后，可以通过转换按钮直接将 VHF3 从数据方式转换到语音方式。

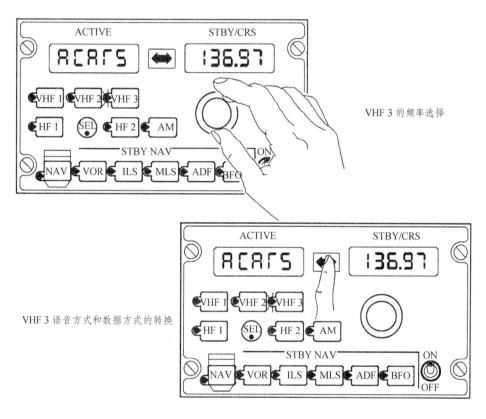

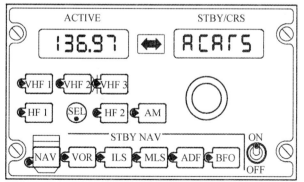

图 9.24 ACARS 与语音的转换

9.8 应急定位发射机（ELT）

9.8.1 概　述

ELT 作为航空救生系统中重要的终端设备，主要用于飞机遇险后发射无线电信号，帮助搜救组织确定遇险飞机的位置并快速展开遇险人员的救援工作。ELT 仅能在紧急情况下使用。

国外的 ELT 设备使用始于 20 世纪六七十年代，最初使用 121.5 MHz 和 243 MHz 频率进行无线电信标呼救，通过搜索营救飞机进行定位和救援。80 年代初，国际卫星搜救系统（COSPAS-SARSAT 系统）的逐步建立和使用，缩短了营救时间，提高了搜救的效率，是目前航海、航空及陆地上最主要的搜救系统。

拓展阅读

国际民航组织已将 ELT 作为取得适航资质认证的必备设备之一。根据国际民航组织的要求，各类民用飞行器已按照各自实际需要安装了相应的 ELT，国外部分军用飞行器中也根据需求安装有 ELT 类设备。CCAR-91 第 91.435 条规定：2008 年 7 月 1 日后，任何批准载客 19 人以上的所有飞机必须至少装备一台自动应急定位发射机或两台任何类型的应急定位发射机；批准载客 19 人或以下的所有飞机必须至少装备一台任何类型的应急定位发射机。

9.8.2 ELT 的分类

根据目前国际上 ELT 的使用情况及相关标准，将 ELT 分为 AF 型（固定型）、AP 型（可拆卸型）、AD 型（自动展开型）和 S 型（救生型）。AF 型 ELT 在飞机失事前后都附设在飞机上，主要用于失事地点的定位；AP 型 ELT 在飞机失事前紧固在飞机上，遇险后可轻松拆卸，一般具有辅助天线；AD 型 ELT 在飞机失事前安装在飞机上，在失事时或失事后自动分离后工作；S 型 ELT 是失事后从飞机上拆下随身携带，一般可漂浮在水面。CCAR-91 第 91.435 条规定：

（1）2008 年 7 月 1 日后，任何批准载客 19 人以上的所有飞机必须至少装备一台自动应急定位发射机或两台任何类型的应急定位发射机；批准载客 19 人或以下的所有飞机必须至少装备一台任何类型的应急定位发射机。

（2）2007 年 1 月 1 日后首次颁发适航证、批准载客 19 人以上的所有飞机必须至少装备两台应急定位发射机，其中一台须为自动的；批准载客 19 人或以下的所有飞机必须至少装备一台自动应急定位发射机。

（3）2008 年 7 月 1 日后，任何旋翼机必须装备至少一台自动应急定位发射机；在水面上空飞行时，还必须至少为一个救生筏装备一台救生型应急定位发射机。

（4）2007 年 1 月 1 日后首次颁发适航证的任何旋翼机必须装备至少一台自动应急定位发射机；在水面上空飞行时，还必须至少为一个救生筏装备一台救生型应急定位发射机。

每个应急定位发射机应当符合下述要求：应当以一旦坠机撞地时使发射机受损的概率减小到最小的方式安装在飞机上，固定式和可展式自动发射机必须安装在飞机尽可能靠后的部位。

ELT 的工作频率为 121.5 MHz、243 MHz 和 406～406.1 MHz。其中 121.5 MHz 频率供使用 117.975～137 MHz 频带内的甚高频通信系统进行遇险和安全无线电话的通信；243 MHz

频率供营救器电台使用的频率，可用于有人驾驶空间飞行器的搜索和救援工作；406～406.1 MHz 频带，是卫星应急定位无线电信标地对空方向的专用频带。第一代和第二代 ELT 仅在 121.5 MHz 频率上发射无线电信号，部分产品可同时发射 243 MHz 信标，可通过机载平台定向寻找，也可通过卫星定位（定位半径约 20 km）。第三代 ELT 以 406 MHz 卫星频率为主要工作方式，通过数字调制实现较为精准的定位（定位半径 2 km），同时保留 121.5 MHz 频率的信标发射，部分设备也发射 243 MHz 信标。只有带有 406 MHz 发射频率的 ELT 会在出厂时编入定位信标登记的发射机编码，编码协议包括：发射机序号、航空器国籍和注册号、24 位航空器地址、航空器营运人标识符和一个序列号（数值范围在 0001～4096）。CCAR 第 91.435 条规定：2010 年 1 月 1 日后，所有航空器上安装的应急定位发射机必须能够同时工作在 121.5 MHz 和 406 MHz 频率上。

禁止任何单位和个人在上述频率上发射对遇险和安全通信产生有害干扰的信号。

9.8.3 ELT 系统的组成

ELT 系统通常由发射机、控制板和天线组成，如图 9.25 所示。

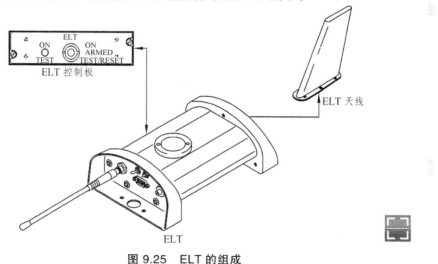

图 9.25　ELT 的组成

1. 发射机

发射机应当以坠机撞地时受损的概率最小的方式安装在飞机上。固定式和可展式自动发射机必须安装在飞机尽可能靠后的部位。发射机的外表通常为鲜橙色或亮黄色。

ELT 的电源是一个自备的干电池，至少能供电 48 h。电池的更换日期必须标在发射机的外部。

ELT 的表面通常含有 ELT 的控制开关

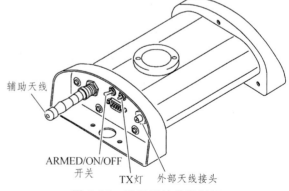

图 9.26　ELT 系统的发射机

（主要供随身携带时使用）、辅助天线、信号灯及与控制板和外部天线的连接装置。发射机的外形如图 9.26 所示。

2. 控制板

控制板通过专用电缆和 ELT 连接，它允许机组人工接通 ELT。其上的信号灯表明 ELT 的工作状态。它通常安装在驾驶舱的顶板上。图 9.27 为一种 ELT 的控制板。

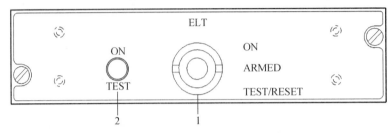

图 9.27　一种 ELT 的控制板

（1）ELT 开关：这是一个红色开关。置于"ON"位时，ELT 发射一个紧急信号。通常会有一个保护装置避免误将 ELT 放在"ON"位。"ARMED"位是飞行中正常工作位，在受撞击的情况下，ELT 会自动发射紧急信号。"TEST/RESET"位是用来启动 ELT 的自测试或当在"ARMED"模式下受撞击而触发了 ELT，用来复位 ELT 并停止发射信号的。

（2）ON/ TEST 灯：发射紧急信号或 ELT 自动测试时，此琥珀色灯将燃亮。

3. 天　线

ELT 的天线有两种类型。一种是固定在飞机机身上的 ELT 天线，通过专用的电缆与 ELT 连接；另一种天线是直接安装在 ELT 上的，当飞机发生撞击后，可拆卸下 ELT，利用该天线辐射信号。

9.8.4　ELT 的使用

（1）对机载 ELT 进行实效测试发射，实施测试的单位须预先以书面形式向测试地点所在地的民航地区管理局（飞行学院）无线电管理机构报告。测试发射前，须先进行收听，在确认没有正在发送遇险告警信号的情况下再进行测试发射。每次发射只能在每小时开始的第一个 5 min 内进行，且不超过 10 s。

拓展阅读

（2）在下列情况下，应当对 ELT 中所用的电池予以更换或充电：

① 当发射机的累计使用时间已超过 1 h；

② 当发射机电池已达到制造商规定的使用寿命的 50%时（或对于可充电电池，则为其充满电后的有效使用时间的 50%时）。

电池新的更换（或充电）到期日期，应当清晰可见地标记在发射机的外表并记载在该航空器维修记录中。

（3）ELT 应当在上一次检查后的 12 个日历月内对下述内容进行再次检查：

① 安装情况；

② 电池的腐蚀情况；

③ 控制和碰撞传感器的操作；

④ 天线是否有足够发射信号的能力。

9.9　音频综合系统（AIS）

音频综合系统泛指机内所有通话、广播、呼叫等音频系统，如机组人员之间的通话系统、对旅客的广播和电视等娱乐设施或者飞机停场时地勤对机组的呼叫等。它主要分为：内话系统、旅客广播系统、旅客娱乐系统。

9.9.1　内话系统

内话系统包括飞行内话系统、客舱内话系统、勤务内话系统以及相对应的空勤呼叫系统和地勤呼叫系统。

1. 飞行内话系统

飞行内话系统是一个独立的通信分网络。它的主要作用提供驾驶舱机组成员间的专用通话而不受勤务内话系统的干扰。地勤人员也可以通过前起落架附近的外电源板上的飞行内话插孔与机组通话。飞行内话系统的工作情况如图 9-28 所示。

飞行员可用驾驶盘的按下发话电门通过飞行内话系统直接发话。另外，任何有音频控制板的机组成员都可用相应音频控制板和正常的按下发话电门发射/接收飞行内话。任何标准话筒均可用于飞行内话系统。

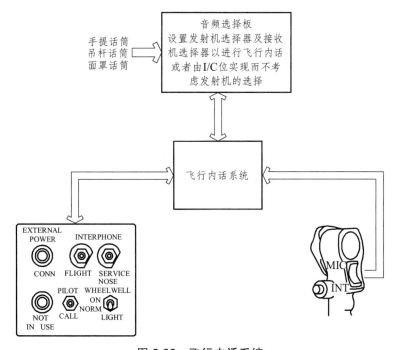

图 9.28　飞行内话系统

2. 勤务内话系统

勤务内话系统提供驾驶舱、乘务员和地勤人员彼此间的通话联络。驾驶员可以通过 ACP 选择勤务内话并由 ACP 上 PTT 开关的 R/T 位或驾驶盘上 PTT 开关的 MIC 位通过任何标准话筒发话；或者通过安装在驾驶员操纵台上的勤务内话话筒直接发话，此时不需要在 ACP 上做任何操作。

各乘务员的相互通话或与驾驶舱的通话，可通过乘务员话筒中的任何一个实现。只要乘务员拿起话筒就能自动接入系统。

如果驾驶舱后顶板上的勤务内话开关在 ON 位，则可将外部插孔加入勤务内话系统，地勤人员可以通过勤务内话插孔与机上人员通话联络。通常情况下该开关在 OFF 位，此时地勤人员无法进入勤务内话系统，但驾驶舱与乘务员的通话仍可进行。

图 9.29 为勤务内话系统的工作示意图。

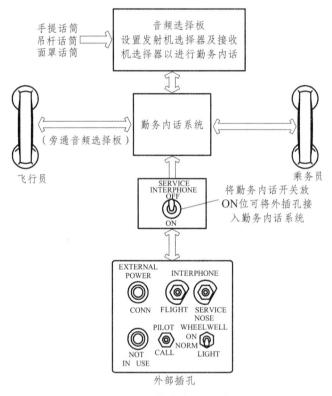

图 9.29　勤务内话系统

3. 客舱内话系统

客舱内话系统可实现飞行员和乘务员、乘务员和乘务员之间的通话。

4. 呼叫系统

机组人员用呼叫系统的呼叫灯和声响（谐音或喇叭声）引起其他机组成员注意，表明需要内话通信。通过此系统可通过驾驶舱、任一乘务员位置或外接电源插座进行工作。旅客也可使用其座椅上方的呼叫按钮呼唤乘务员。

乘务员位置或地面人员均可呼叫驾驶舱。只有驾驶舱可呼叫地面人员。驾驶舱、其他乘务员工作位或任一旅客座位或盥洗室都可呼叫乘务员。客舱内的主呼叫灯可指示呼叫源。

通过旅客广播系统的客舱扬声器可听到呼叫系统的谐音信号。每当禁止吸烟或系好安全带信号灯亮或灭时，旅客广播系统扬声器也同时提供提示谐音。

9.9.2 旅客广播系统

旅客广播系统允许机组和乘务员对旅客进行广播。广播通过安装在客舱内和盥洗间的喇叭播出。旅客广播系统的工作情况如图 9.30 所示。

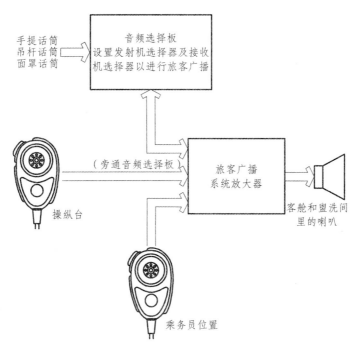

图 9.30 旅客广播系统

飞行员可以使用 PA 手提话筒直接对旅客进行广播。另外，也可以在 ACP 的发射机选择器上选择 PA 并由吊杆话筒或氧气面罩话筒实现。

乘务员用安装在乘务员工作台上的手提话筒对旅客进行广播，同时他们也可以通过 PA 系统播放录好的音乐供旅客娱乐。

PA 系统的使用是有优先级的：驾驶舱通知有最高优先权，它超控所有其他广播；乘务员通知超控音乐系统；前舱乘务员通知优先于后舱乘务员通知。

9.9.3 旅客娱乐系统

旅客娱乐系统包含视频和音频两部分。视频部分向旅客提供视频娱乐项目，音频部分发送音频娱乐项目和旅客广播。每位旅客座位上都可以在众多可用的视频和音频频道中选择一个欣赏。

视频娱乐项目也包括视频和音频，视频内容传送给客舱里面的显示器，音频内容通过旅客娱乐系统的音频部分传播。旅客可以通过旅客服务组件上的耳机接收到音频内容，旅客也可以通过旅客服务组件的扬声器收听经旅客广播系统传送的音频内容。

复习思考题

1. 民用航空通信的固定业务和移动业务各有什么特点？
2. 简述民航地空通信系统的服务类型。
3. 民航飞机上一般都有哪些通信设备？对这些通信系统有什么样的要求？
4. 高频和甚高频通信系统各有何功用？它们的使用有何特点？
5. 选择呼叫系统的功用是什么？
6. 简述卫星通信系统和 ACARS 的基本组成和使用方法。
7. ELT 的功用是什么？对于 ELT 的使用有什么样的要求？

下 篇
航空仪表

10 航空仪表基础

10.1 概 述

微信扫一扫
彩图更生动

航空仪表是航空器（本书特指飞机）上所有仪表的统称，其作用是测量、计算和调节航空器的运动状态以及动力装置的工作状态。

航空仪表与各种控制器一起形成的人机接口，使飞行员能按飞行计划操纵飞机。航空仪表提供的信息既是飞行员操纵飞行器的依据，同时又反映出飞机被操纵的结果。可以毫不夸张地说，如果没有现代航空仪表和其他电子设备，飞行员就不可能安全、有效地完成各种复杂的飞行任务，更不可能有高度发达的现代航空事业。

10.1.1 航空仪表的发展

早期飞机上没有专门设计的航空仪表，所装的仅仅是一些地面用的简陋仪表，如指示高度用的真空膜盒式气压计、指示航向用的磁罗盘、指示姿态用的气泡式水平仪。1903 年，Wright Flyer I 首次飞行时，飞机上只有一块秒表、一个风速计和一个转速表。1909 年，法国飞行员 L. 布莱里奥第一次驾机飞越英吉利海峡时，机上仍没有任何专门的航空仪表，那时人们主要靠肉眼观察，在能见度许可的情况下飞行。第一次世界大战期间航空仪表有了较大的发展。1916 年，英国皇家空军的 S.E.5 型飞机的仪表板上已装有高度表、空速表、磁罗盘、燃油压力表和转速表等飞行仪表和发动机仪表。1927 年，美国飞行员 C. A. 林白驾机飞越大西洋，除上述主要仪表外，他的飞机还装备了罗盘、倾侧和俯仰角指示器、转弯倾斜仪和时钟。1929 年 9 月，美国飞机驾驶员 J. H. 杜立特凭借仪表和无线电导航设备安全完成首次仪表飞行，开创了仪表发展的新阶段。从 20 世纪 30 年代开始，一些国家相继规定飞机上必须配备一定数量的基本仪表，如空速表、高度表、陀螺地平仪、航向陀螺仪、升降速度表和转弯倾斜仪等，才能够完成仪表飞行。随着大型、多发动机、高速飞机的机载系统逐渐增多，仪表需求量也日益增长。总之，随着科学技术的发展，航空仪表的发展是紧跟飞机发展而同步前进的。

从航空仪表在各个历史时期出现的不同结构来看，它的发展大体经历了机械仪表、电气仪表、综合自动化仪表和电子显示仪表四个阶段。

1. 机械仪表阶段

这个阶段是仪表的初创阶段，大多数仪表为传感器和指示器组装在一起的单一参数测量仪表，即直读式仪表。仪表内的敏感元件、信号传送和指示部分均为机械结构。机械仪表的最大优点是结构简单、工作可靠、成本低廉。它的缺点是驱动指针移动的能量来源于敏感元件的机械位移，表的灵敏度较低，指示误差较大。

这个阶段的典型仪表有：高度表、空速表、磁罗盘、方位仪和地平仪。由于远距飞行的需要，半自动化的航迹自录仪和气动液压式自动驾驶仪也应运而生。

随着飞机性能的不断提高和使用范围的日益扩大，需要测量的参数也越来越多，要求的精度也越来越高，机械式仪表已不能满足航空仪表发展的要求。但是由于它的结构简单、工作可靠、成本低廉，机械仪表目前仍大量应用在一些轻型飞机上，在大型运输机上通常会选择它们作为备用仪表。

2. 电气仪表阶段

20世纪30年代以后，电气技术、电子技术的发展，圆满地解决了非电量转换为电量和电信号远距离传送这两个主要问题，使得航空仪表进入了电气仪表阶段。电气仪表的传感器和指示器通常不会组装在一个表壳内，它们的工作关系是通过电信号的传递实现的，因其相距较远，故称为远读仪表。

电气仪表用电气传输代替机械传动，提高了仪表的反应速度、正确程度和传输距离。仪表指示器和其他部分分开，使仪表板上的仪表体积大大缩小，改变了因仪表数量增加而导致的仪表板拥挤状况。另外，一些电气仪表的传感器因远离驾驶舱而安装在恰当的位置，减小了干扰，提高了测量精度。当然，电气仪表也存在一些缺点，如整套仪表结构复杂、部件增多、质量增加、可靠性降低等。

这个时期研制并投入使用的代表性仪表有：远读磁罗盘、远读地平仪、一批发动机仪表、惯性导航装置、无线电高度表、无线电罗盘和电动、电液式自动驾驶仪等。特别值得提出的是自动驾驶仪的电气化，不仅提高了控制飞机角运动的质量，而且为自动控制飞机的飞行轨迹奠定了基础。

3. 综合自动化仪表阶段

由于飞机性能迅速提高，各种系统设备日益增多，所需的指示和监控仪表数量大量增加，有的飞机多达上百种，不仅仪表板无法安排，也使飞行员的负担过重。于是，人们对仪表的准确性、可靠性和自动化程度提出了更高的要求。20世纪50年代以后，航空仪表进入了"综合自动化仪表"阶段。

综合自动化仪表在三个方面对航空仪表进行了改进：第一，将功用相同或原理相近的仪表综合起来；第二，将多种分散的信号自动综合起来，并经过处理，直接产生操纵信号（指令）；第三，将自动驾驶仪和多种测量装置交联起来，扩大了飞机操纵自动化的范围。

这个时期的代表性仪表有：罗盘系统、飞行指引仪表、大气数据计算机系统、惯性导航系统，自动飞行系统等。随着电子技术的发展，从20世纪60年代起，利用荧光屏显示的平视显示器等仪表也开始得到应用。

图10.1所示的水平状态指示器（HSI）就是一个典型的综合自动化仪表，它综合了航向系统和导航系统的相关信息。

4. 电子显示仪表阶段

20世纪70年代，航空仪表进入了"电子显示"仪表阶段。电子显示仪表采用彩色阴极射线管（CRT）或液晶显示器（LCD），并且广泛使用微处理器进行信息处理，从而使航空仪表发生了革命性的变化。以此为契机，一个航空电子设备高速发展的新时期已经到来。

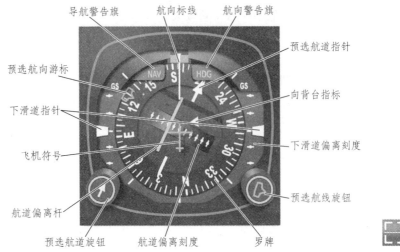

图 10.1　水平状态指示器

　　电子显示仪表采用多种颜色的图形、符号和文字向飞行员提供信息，具有很强的直观性和很大的信息量。电子显示器可以在不同飞行阶段显示不同信息，也可以由飞行员人工选择需要的显示内容，这就大大减少了仪表数量（可减少 50% 以上），改善了人机工效。电子显示器具有集中的状态显示、故障告警及维修指示，提高了自动化程度，减轻了飞行员的工作负荷。电子显示器还可以互为余度，具有很高的可靠性。

　　20 世纪 80 年代初期，在一些先进机型的驾驶舱中（以 B757/B767、A310 为代表），主要仪表的显示部分已广泛采用衍射平视仪和彩色多功能显示器，出现了 EFIS（电子飞行仪表系统）和 EICAS（发动机指示和机组警告系统），但是综合程度有限，仍配置有较多的机电仪表和备用仪表。这是电子飞行仪表的第一代产品。图 10.2 所示的 B737-300 主仪表板就是这样的。

图 10.2　B737-300 驾驶舱主仪表板仪表布局

　　20 世纪 80 年代中后期，以 B747-400、A320 为代表的电子飞行仪表为第二代产品。彩色电子显示系统有了进一步的发展，出现了高度综合的电子飞行仪表系统，其特点是驾驶舱用大屏幕 CRT 显示器显示数据，仅配置很少的备用仪表。图 10.3 所示为 A320 飞机的主仪表板。

图 10.3　A320 驾驶舱主仪表板仪表布局

20 世纪 90 年代出现了第三代电子飞行仪表，即平板显示系统。仪表数据显示用液晶显示器（LCD）取代了彩色阴极射线管（CRT），它的显示亮度大并且分辨率高，特别是具有体积小、质量轻、耗电量小等优点。例如，目前的 B737NG 飞机驾驶舱的主要仪表显示采用的就是彩色液晶显示器，如图 10.4 所示。

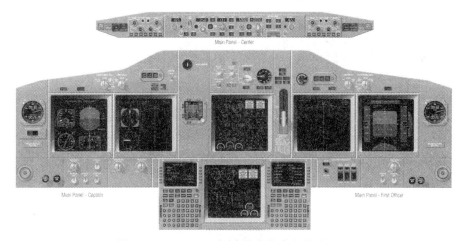

图 10.4　B737NG 驾驶舱主仪表板仪表布局

对于现代大型商业飞机的驾驶舱仪表显示来说，无论采用 CRT，还是采用 LCD，其驾驶舱的仪表布局是基本相同的。与图 10.3 和图 10.4 所示的仪表板相对应，正、副驾驶的左、右仪表板上有主飞行显示器（PFD）和导航显示器（ND），中央仪表板上有上、下两个显示器。以 PFD、ND 和发动机及警告为显示数据基本类别的组合方式，沿用至今。在 2000 年以后的新机型上，仪表显示的综合化程度和灵活性进一步提高，将越来越多的数据呈现给机组人员，数据组合方式也更为灵活。

在现代电子显示仪表中，通常还保留了陀螺地平仪、气压式高度表、空速表和磁罗盘这四块指针式备用仪表，如图 10.5 所示。备用仪表独立于主测量仪表，采用单独的传感器数据源，同样要求独立于飞机主电网。因备用仪表的工作不会受到主测量仪表、主电网的影响，所以备用仪表为飞机在应急状态下提供了可靠的飞行参数。

随着电子技术的发展，在现在的飞机上，已经将备用姿态仪、备用高度表、备用空速表集成在一起，并提供航向、仪表着陆偏离的备份指示，称为综合备用飞行显示器（ISFD），如图 10.6 所示。ISFD 用液晶显示器 LCD 作为仪表屏幕，它看上去就像小型的主飞行显示器，在其前面板上有气压基准选择开关、指示窗、高度带、空速带。姿态盘、航向刻度盘和仪表着陆的偏离指示仪表自带测试功能、自备电瓶和充电器,在紧急情况下可以连续供电 150 min。故障时，相应指示部分的故障旗出现。

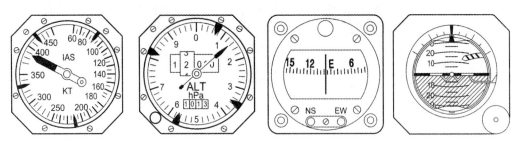

图 10.5　典型的备用仪表

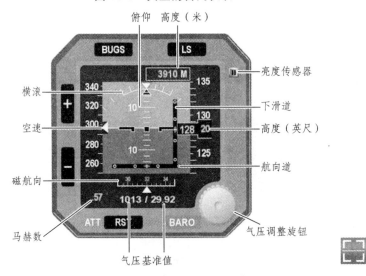

图 10.6　综合备用飞行显示器

除了电子显示器以外，由于微处理器和现代科学技术的迅速发展，其他航空仪表也有了长足的进步。惯性/卫星组合导航实现了全天候、高精度导航；数字式自动飞行系统可以进行 $Ⅲ_B$ 类自动着陆；四维飞行管理系统能够使飞机以最经济的成本在预定的时间、高度自动化地完成飞行任务；余度技术、自检测技术的广泛应用，大大提高了设备的安全可靠性。现代飞机驾驶员已经逐步开始从紧张、繁重的驾驶劳动中解放出来，成为座舱资源的管理者。

总之，航空仪表的发展过程是从机械指示发展到电子显示，而仪表的数量经历了从少到多，又从多到少的发展过程。

10.1.2　航空仪表的分类

航空仪表种类繁多，分类的标准也有多种，一般情况下可按照发展阶段、工作原理和功用来分类。

1. 按照发展阶段分类

航空仪表按照发展阶段可以分为机械仪表、电气仪表、综合自动化仪表和电子显示仪表四类。

2. 按照工作原理分类

航空仪表按照工作原理可分为测量仪表、计算仪表和调节仪表三类。

测量仪表是在感受被测物理量的基础上，经过转换（一种物理量转换成另一种物理量）、传送（改变空间位置），然后指示其参数。它的工作过程包括感受、转换、传送、指示等几个环节，如图 10.7 所示。

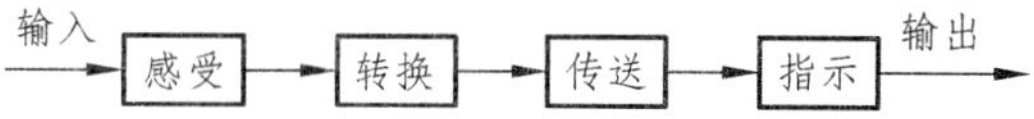

图 10.7　测量仪表基本环节

目前飞机上使用的仪表大多属于测量仪表。从结构特点上来看，测量仪表可分为直读式仪表和远读式仪表。直读式仪表的传感器和指示器是组装在一起的，传感器感受被测量的物理量后通过中间环节或直接驱动指示器指示。远读式仪表的传感器和指示器是分开的，两者之间通过信号传输线路构成工作系统。我们通常称呼的"表"对远读式仪表来说就指的是它的指示器。直读式仪表和远读式仪表的基本结构如图 10.8 所示。

图 10.8　直读式仪表和远读式仪表的基本结构

飞机上使用计算仪表是因为一些数据（如导航数据、性能数据）不是测量出来的，而是根据某些参数（飞行参数、状态参数）计算出来的。计算仪表必须按照一定的数学关系式，经过自动计算才能指示。它的工作过程除上述几个环节外，还包括计算环节，如图 10.9 所示。例如，大气数据计算机、惯性导航系统都属于计算仪表。

图 10.9　计算仪表的基本环节

调节仪表是在测量和计算某一对象（如飞机的运动或工作状态）的基础上，对它进行自动调节（即自动控制），使它按预定的规律工作，其基本环节如图 10.10 所示。现在通常将调节仪表称为控制器或控制系统，自动驾驶仪就是一个典型的调节仪表。

3. 按照功用分类

航空仪表按功用可以分为三类：飞行仪表、发动机仪表和其他系统仪表。在早期飞机上，这些仪表都是分离式

图 10.10　调节仪表的基本环节

的；在现代民航运输机上，除了备用仪表基本没有分立的仪表，通常都采用综合显示。

用来反映或调节飞机运动状态的仪表，叫作飞行仪表，也称为驾驶领航仪表。飞行仪表提供的数据，用于帮助飞行员驾驶飞机完成安全、经济的飞行。飞行仪表主要包括：高度表、空速表、地平仪、磁罗盘、陀螺半罗盘、陀螺磁罗盘、罗盘系统、惯性导航系统、自动飞行系统等。这些仪表又可划分为大气数据仪表、姿态仪表、航向仪表等几类。本书重点介绍的是飞行仪表。

用来检查或调节飞机动力装置的仪表，叫作发动机仪表。它主要包括如转速表（螺旋桨

转速表、低压涡轮和高压涡轮转速表）、进气压力表和气缸头温度表（用于活塞式发动机）、扭矩表和排气温度表（用于涡轮螺旋桨发动机）、压力比表（或推力表）和排气温度表（两表用于涡轮喷气或涡轮风扇发动机）、燃油压力表、滑油压力表、滑油温度表、燃油油量表、燃油流量表、滑油油量表、发动机振动指示器、油门指位表和散热器风门指位表等。

用来检查液压、冷气、氧气、座舱增压系统等其他设备工作状态的仪表，叫作其他系统仪表或称为辅助仪表。例如，飞机的增压系统有座舱高度表、压差表、空气流量表、升降速度表和温度表等，飞机液压系统有各种压力表和液压油油量表等，灭火系统有各种压力表。此外，还有起落架收放位置表、襟翼位置表和飞机电气设备用的电流表、电压表、频率表等。

10.1.3 航空仪表的配置和布局

拓展阅读

CCAR-23《正常类、实用类、特技类和通勤类飞机适航规定》和CCAR-25《运输类飞机适航标准》中对飞机航空仪表的配置和布局做了相应规定，这里仅引用CCAR-25《运输类飞机适航标准》中部分条款。

第 25.1303 条 飞行和导航仪表（部分）

（a）下列飞行和导航仪表的安装必须使每一驾驶员从其工作位置都能看到该仪表：

（1）大气静温表，或可将其指示换算为大气静温的大气温度表；

（2）带秒针的或数字式的显示时、分、秒的时钟；

（3）航向指示器（无陀螺稳定的磁罗盘）。

（b）每一驾驶员工作位置处必须安装下列飞行和导航仪表：

（1）空速表。如果空速限制随高度变化，则该表必须指示随高度变化的最大允许空速VMO；

（2）高度表（灵敏型）；

（3）升降速度表（垂直速度）；

（4）带有侧滑指示器（转弯倾斜仪）的陀螺转弯仪，但按有关营运条例装有在 360 度俯仰和滚转姿态中均可工作的第三套姿态仪表系统的大型飞机，只需有侧滑指示器；

（5）倾斜俯仰指示器（陀螺稳定的）；

（6）航向指示器（陀螺稳定的磁罗盘或非磁罗盘）。

第 25.1305 条 动力装置仪表（部分）

所需的动力装置仪表规定如下：

（a）各种飞机

（1）每台发动机一个燃油压力警告装置，或所有发动机一个总警告装置，并有分离各单独警告的措施；

（2）每个燃油箱一个燃油油量表；

（3）每个滑油箱一个滑油油量指示器；

（4）每台发动机的每个独立的滑油压力系统一个滑油压力表；

（5）每台发动机一个滑油压力警告装置，或所有发动机一个总警告装置，并有分离各单独警告的措施；

（6）每台发动机一个滑油温度表；

（7）提供可视和音响警告的火警设备；

（8）每个加力液箱一个液量指示器（和飞机运行中液体的使用方式相适应）。

CCAR-91《一般运行和飞行规则》从运行的角度提出了对仪表的要求，部分条款如下：

拓展阅读

第91.403条 按目视飞行规则运行的仪表和设备

（a）航空器按目视飞行规则飞行时，应当至少安装下列仪表和设备：

（1）一个磁罗盘；

（2）一个指示时、分、秒的准确的计时表；

（3）一个灵敏的气压高度表；

（4）一个空速表。

（b）除固定翼飞机的航空作业运行外，作为管制飞行而实施的目视飞行规则飞行，应当按照本规则第91.405条的仪表飞行规则进行装备。

（c）对于涡轮动力的固定翼飞机，还应当装有防撞灯光系统，但该系统失效后，可继续飞行到能够进行修理或更换的地点。

第91.405条 按仪表飞行规则运行的仪表和设备

（a）航空器按仪表飞行规则飞行时，应当至少安装下列仪表和设备：

（1）一个磁罗盘；

（2）一个指示时、分、秒的准确的计时表；

（3）两个带转鼓计数器或者同等指示方法的灵敏气压高度表（对于固定翼飞机实施的航空作业运行，可仅安装一个）；

（4）一个可以防止因凝结或结冰而发生故障的空速指示系统；

（5）一个转弯侧滑仪；

（6）一个姿态指示器（人工地平仪），但对于旋翼机应当安装三个姿态指示器（其中一个可用转弯仪代替）；

（7）一个航向指示器（方向陀螺）；

（8）一个指示陀螺仪表的供电是否充足的设备；

（9）一个在驾驶舱内指示大气温度的设备；

（10）一个爬升和下降速度指示器。

（b）按仪表飞行规则运行的旋翼机或者不参照一个或几个飞行仪表便不能保持其所需姿态的旋翼机，除应当安装本条（a）规定的设备外，还应当安装一个稳定系统（对于经型号审定确认，由于设计特点，没有稳定系统也具有足够稳定性的旋翼机除外）。

（c）对于涡轮动力固定翼飞机，还应当装有防撞灯光系统，但该系统失效后，可继续飞行到能够进行修理或更换的地点。

第91.407条 在夜间和云上运行的仪表和设备

（a）在夜间（日落到日出期间）和云上运行的所有航空器除安装仪表飞行规则飞行规定的仪表和设备外，还应当装备：

（1）防撞灯和航行灯；

（2）两个着陆灯（仅装有一个着陆灯但有两个单独供电的灯丝，可认为符合规定），但对于固定翼飞机实施的航空作业运行，可仅安装一个着陆灯；

（3）供飞行组使用的、安全运行所必需的仪表和设备的照明；

（4）客舱灯光；

（5）在每一个机组成员座位处配置一个电筒。

（b）航空器在夜间、云上运行或者局方另外规定的其他期间，应当按规定开启或者显示灯光。

航空仪表指示器主要安装在驾驶舱仪表板上，其他一些需要安装仪表的地方也有少量仪表，如燃油加油口处可能有油量表，客舱可能有客舱高度表等。探头和传感器安装在便于准确测量被测参数的地方，如全压管安装在机头附近，磁传感器安装在翼尖等。其他装置，如处理器、放大器等电子设备，大多安装在电子设备舱。

航空仪表在仪表板上的分布，主要是便于飞行人员迅速而全面地观察仪表，一般具有三个特点：第一，重要仪表装在便于观察的地方；第二，测量同一参数或性质相近参数的仪表，排列在一起，以便互相比较；第三，所测参数性质不同，但有密切联系的仪表，排列在一起。此外，还要考虑到便于维护以及不影响仪表的性能，例如直读磁罗盘不应靠近电动仪表，以免产生较大的罗差。

CCAR23《正常类、实用类、特技类和通勤类飞机适航规定》和 CCAR25《运输类飞机适航标准》对仪表的安装做了相应规定，这里仅引用 CCAR25《运输类飞机适航标准》中部分条款：

第 25.1321 条　布局和可见度

（a）必须使任一驾驶员在其工作位置沿飞行航迹向前观察时，尽可能少偏移正常姿势和视线，即可看清供他使用的每个飞行、导航和动力装置仪表。

（b）第 25.1303 条所要求的飞行仪表必须在仪表板上构成组列，并尽可能集中在驾驶员向前视线所在的垂直平面附近。此外，必须符合下列规定：

（1）最有效地指示姿态的仪表必须装在仪表板上部中心位置；

（2）最有效地指示空速的仪表必须直接装在本条（b）（1）所述仪表的左边；

（3）最有效地指示高度的仪表必须直接装在本条（b）（1）所述仪表的右边；

（4）最有效地指示航向的仪表必须直接装在本条（b）（1）所述仪表的下边。

（c）所要求的动力装置仪表，必须在仪表板上紧凑地构成组列。此外，必须符合下列规定：

（1）各发动机使用同样的动力装置仪表时，其位置的安排必须避免混淆每个仪表所对应的发动机；

（2）对飞机安全运行极端重要的动力装置仪表，必须能被有关机组成员看清。

（d）仪表板的振动不得破坏或降低任何仪表的精度。

（e）如果装有指出仪表失灵的目视指示器，则该指示器必须在驾驶舱所有可能的照明条件下都有效。

对于运输类飞机，飞行仪表有两套，分别安装在左、右仪表板上（即正、副驾驶员正前方的仪表板）；发动机仪表安装在中央仪表板上，以便正、副驾驶员观看；其他系统仪表通常安装在顶部仪表板和操纵台上。图 10.11 所示的 B707 的驾驶舱充分体现了上述特点。

如果飞机配有随机工程师和领航员，则在随机工程师仪表板上装有发动机仪表和飞机的一些操纵系统的动力设备仪表，在领航员仪表板上装有领航员用的领航仪表。

图 10.11　B707 的驾驶舱布局

　　第 25.1303 条所要求的飞行仪表的排列称为基本"T"形格式，对应的这些参数称为主飞行参数。综合观察基本"T"形格式的水平线上的姿态、速度和高度信息可以了解飞机的纵向运动情况，综合观察基本"T"形格式的垂直线上的姿态和航向信息可以了解飞机的横向运动情况。无论是安装分离式仪表的飞机还是安装电子显示仪表的飞机，主飞行参数在驾驶舱中的排列都必须满足基本"T"形格式。

　　图 10.12 所示为轻型飞机的典型飞行仪表布局。

图 10.12　分离式仪表的基本"T"形格式

图 10.13 为 B737-300 飞机正驾驶员的飞行仪表板，从仪表板仪表排列可以看出，左边的马赫数-空速表，中间的电子姿态指引仪（EADI），右边的气压式高度表和下边的电子水平状态指示器（EHSI）构成了"T"形格式。

图 10.13　电子仪表的基本"T"形格式

现代民航运输机的主飞行参数显示在主飞行显示器（PFD）上。从图 10.14 所示的 PFD 中同样可以看出，左边的空速带，中间的姿态指示球，右边的气压高度带，下边的航向带也构成"T"形格式。

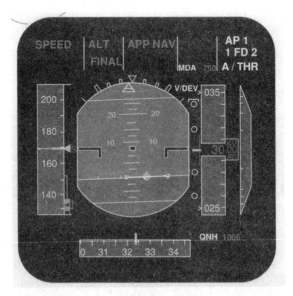

图 10.14　主飞行显示器的基本"T"形格式

在发动机仪表中，较重要的推力表和转速表排在上面，其他表排在下面。在多发动机飞机上，反映同一发动机不同参数的仪表装在一条垂直线上，并和发动机排列位置相对应；测量不同发动机同一参数的仪表装在一条水平线上，便于比较。图 10.15 分别为一种分离式的发动机仪表和一种电子式的发动机仪表。

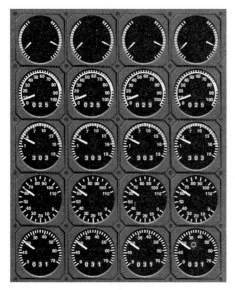 

图 10.15　发动机仪表的布局

10.2　陀螺基础

10.2.1　陀螺基本概念

绕一个支点高速转动的刚体称为陀螺。通常所说的陀螺是特指对称陀螺，它是一个质量均匀分布的，具有轴对称形状的刚体，其几何对称轴就是它的自转轴。而现在一般将能够测量相对惯性空间的角速度和角位移的装置称为陀螺。

1850 年，法国的物理学家莱昂·傅科（J. Foucault）在研究地球自转时首先发现，高速转动中的转子（rotor），由于惯性作用它的旋转轴永远指向一固定方向，他用希腊字 gyro（旋转）和 scope（看）两字合为 gyroscope 一字来命名这种仪表。这种利用陀螺的力学性质所制成的各种功能的陀螺装置称为陀螺仪。

陀螺仪最早是用于航海导航，但随着科学技术的发展，它在航空和航天事业中也得到广泛的应用。陀螺仪不仅可以作为指示仪表，而且更重要的是它可以作为自动控制系统中的一个敏感元件，即可作为信号传感器。根据需要，陀螺仪能提供准确的方位、位置、速度和加速度等信号，以便驾驶员或自动导航仪来控制飞机、舰船等航行体按一定的航线飞行。目前，陀螺仪还广泛用于手机定位、导航、摄像机及各类游戏传感器等。由此可见，陀螺仪的应用范围是相当广泛的，它在现代化的国防建设和国民经济建设中均占有重要的地位。

陀螺的种类很多，包括：普通刚体转子陀螺、挠性陀螺、粒子陀螺、低温超导陀螺等。随着光电技术、微米/纳米技术的发展，新型陀螺仪如激光陀螺、光纤陀螺和微机械陀螺应运而生。它们都是广义上的陀螺仪表，是根据近代物理学原理制成的具有陀螺效应的传感器，因其无活动部件——高速转子，所以统称为固态陀螺。目前飞机上应用最多的是刚体转子陀螺和激光陀螺。本节主要介绍这两种陀螺。

10.2.2 刚体转子陀螺

刚体转子陀螺一般由转子、内框、外框和基座组成，如图 10.16 所示。

转子是一个对称的飞轮，由陀螺电机或压缩空气驱动绕转子轴高速转动（8000 ~ 24 000 r/min）。转子轴称为自转轴。内框可以绕内框轴相对外框自由转动，外框又可以绕外框轴相对基座自由转动。自转轴、内框轴和外框轴的轴线相交于一点，称为陀螺的支点。内框和外框组成的框架统称为万向框。万向框的安装要求是当陀螺处于正常的工作位置时，所有的轴要相互垂直，并相交于转子的中心。理想陀螺的重心和支点重合，轴承没有摩擦。实际的陀螺总是存在摩擦和不平衡力矩，这将引起陀螺仪表的误差。

陀螺根据自传轴所具有的自由度可以分为两自由度陀螺和单自由度陀螺。两自由度陀螺如图 10.16 所示，它具有内框和外框，它们为自转轴提供了两个转动自由度。单自由度陀螺只有一个内框而没有外框，它为自转轴提供了一个转动自由度，如图 10.17 所示。有的资料根据转子具有的自由度分类，则把本书中的两自由度陀螺和单自由度陀螺分别称为三自由度和两自由度陀螺。

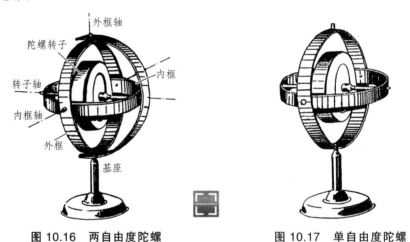

图 10.16 两自由度陀螺   图 10.17 单自由度陀螺

10.2.2.1 两自由度陀螺的特性

两自由度陀螺具有两个基本特性：进动性（precession）和稳定性（rigidity）。

1. 进动性

当两自由度陀螺受外力矩作用时，转动方向（指角速度矢量方向）与外力矩作用方向相互垂直的特性，称为两自由度陀螺的进动性（precession）。若外力矩作用在内框上，陀螺绕外框轴转动[见图 10.18（a）]；若外力矩作用在外框上，陀螺绕内框轴转动[见图 10.18（b）]。陀螺进动的方向取决于角动量 H 方向（即动量矩，它与陀螺自转角速度矢量 Ω 方向一致）和外力矩方向，其规律是：角动量矢量（或自转角速度矢量）沿最短途径转向外力矩矢量的方向。

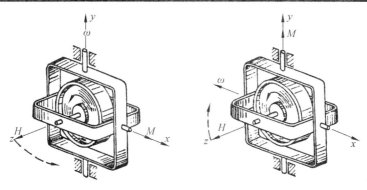

（a）外力矩绕内框轴作用　　　　　　（b）外力矩绕外框轴作用

图 10.18　外力矩作用下陀螺仪的进动

也可以用右手螺旋法则来判定进动角速度矢量的方向，即将右手大拇指伸直，其余四指以最短路线从角动量矢量 **H** 的方向握向外力矩矢量 **M** 的方向，则大拇指的方向就是进动角速度矢量 **ω** 的方向，如图 10.19 所示。

陀螺进动角速度的大小，取决于角动量的大小和外力矩的大小，即

$$\omega = \frac{M}{H\cos\theta} = \frac{M}{J\Omega\cos\theta} \qquad (10.1)$$

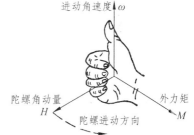

图 10.19　陀螺进动的方向

式中，J 为转子对自转轴的转动惯量，θ 为自转轴偏离外框轴垂直平面的夹角。

式（10.1）表明，当自转轴与外框轴垂直时，进动角速度 ω 与外力矩 **M** 成正比，与角动量 **H** 成反比。也就是说，陀螺进动角速度的大小与下列三个因素有关：第一，转子自转角速度越大，进动角速度越小；第二，转子对自转轴的转动惯量越大，进动角速度越小；第三，外力矩越大，进动角速度越大。外力矩一定时，进动角速度也一定（等角速度进动）；外力矩消失后，陀螺立即停止进动。在这个意义上，可以说陀螺的进动是"无惯性"的。

式（10.1）还说明，自转轴与外框轴垂直时（$\theta = 0$），进动角速度最小，否则进动角速度增大，如图 10.20 所示。如果自转轴绕内框轴的进动角度达到 90°，或基座带动外框绕内框轴方向转动角度达到 90°，即 $\theta = 90°$，则自转轴与外框轴重合，陀螺将失去一个转动自由度。这时，绕外框轴作用的力矩将使外框连同内框绕外框轴一起转动，陀螺变得和一般刚体没有区别，这种现象叫作"框架自锁"。当 θ 较大，或"框架自锁"时，陀螺在外力矩的作用下可能会绕内、外框轴高速转动，称为"飞转"。陀螺飞转时，轴承摩擦加剧，甚至引起碰撞，对陀螺仪表危害很大，应尽量避免。

飞机在飞行过程中，有时也会出现陀螺现象。例如，飞机转弯时会出现上仰或下俯的现象，如图 10.21 所示。这是因为飞机的螺旋桨（或涡轮）可以看作一个陀螺转子，整个飞机相当于一个两自由度陀螺。飞机转弯时，螺旋桨一方面自转，另一方面又随飞机绕立轴旋转，从而出现进动现象，使飞机上仰或下俯。要消除这种现象，使飞机保持水平转弯，必须推杆或拉杆，让升降舵产生操纵力矩，与陀螺力矩（即产生进动的力矩）平衡。

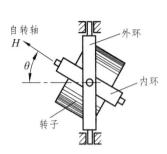 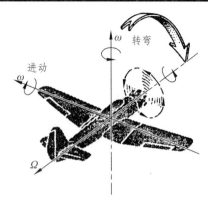

图 10.20　自转轴与外框轴不垂直的情况　　　　图 10.21　飞机转弯时的进动现象

2. 稳定性

众所周知，玩具"地转子"不转动时，不能直立在地上，但当它快速转动时，就能够直立在地上，而且转动越快，立得越稳，即使受到冲击，也只是产生晃动而不易被冲倒。再如射击时，由于枪管中膛线（螺旋线）作用，子弹射出后高速旋转着前进，在一定距离内重力对它的影响不大，可以准确射中目标。这些现象都是陀螺具有稳定性的很好例证。

两自由度陀螺能够抵抗干扰力矩，力图保持其自转轴相对惯性空间方向稳定的特性，称为陀螺的稳定性（rigidity）。当我们任意转动高速旋转的陀螺仪的基座，由于稳定性，陀螺自转轴的指向在惯性空间基本保持不变，不会随基座转动而转动。

陀螺的稳定性有两种表现形式。

实际的陀螺，总是不可避免地存在干扰力矩，在干扰力矩作用下，陀螺将产生进动，使自转轴偏离原来的惯性空间方向。由干扰力矩所引起的陀螺进动，通常称为漂移或真实漂移（real wander）。比如，齿轮的摩擦就总是在自转轴上存在，如果该摩擦对称，它只是使转子的转速慢下来；如果该摩擦不对称，它将引起陀螺进动。与此类似，任何万向齿轮上的摩擦也会引起陀螺的进动。陀螺的磨损也会引起陀螺重心的移动，这也会引起进动力矩。这些误差不是恒定的，也是不可预计的，而且也不能校正，所以，也没法采取修正措施来使其减小到零。

但是，只要陀螺的角动量比较大，陀螺的漂移就很缓慢，在一定时间内自转轴相对惯性空间的方位改变也很微小。实际上，目前常用的航向陀螺的漂移率只有 12 ~ 1 (°)/h，而惯性导航用的陀螺的漂移率仅为 0.01 ~ 0.001 (°)/h，稳定性是很高的。

在常值干扰力矩作用下陀螺以进动的形式做缓慢的漂移，其自转轴相对惯性空间方向改变很小，这是陀螺稳定性的一种表现。

当陀螺受到冲击力矩作用时，例如陀螺的内框（或外框）受到冲击，自转轴将在原来的空间方向附近作高频微幅的圆锥形振荡运动，如图 10.22 所示。这种振荡运动称为章动。

由于章动的频率很高（大于几百赫兹）、振幅很小（小于角分量级），因此自转轴相对于惯性空间方向改变很小，仿佛冲击力矩冲不动陀螺。而且由于轴承摩擦和空气阻尼等，章动会很快衰减下来，所以可认为陀螺受冲击力矩作用时也是稳定的。这是陀螺稳定性的又一表现。

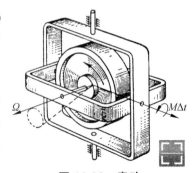

图 10.22　章动

陀螺的稳定性与进动性密切相关。稳定性越高，在干扰力矩作用下，陀螺的进动角速度越小；反之，进动角速度越大。因此，陀螺的稳定性也与下列三个因素有关：第一，转子自转角速度越大，稳定性越高；第二，转子对自转轴的转动惯量越大，稳定性越高；第三，干扰力矩越小，稳定性越高。

由于两自由度陀螺具有稳定性，因此常被用作测量飞机、舰船等角位移的仪表，或做成稳定器，稳定雷达天线等。

3. 两自由度陀螺相对于地球的运动

两自由度陀螺的稳定性，是指陀螺自转轴相对于惯性空间保持稳定，而不是相对于地球保持稳定。这样，由于陀螺自转轴相对于惯性空间保持稳定，地球相对于惯性空间转动，便形成了陀螺自转轴相对于地球的运动，这种运动称为表观运动或视在运动（apparent motion or apparent wander）。表观运动是陀螺稳定性的表现。

例如，把两自由度陀螺放在地球北极（或南极），并使其自转轴与地球自转轴垂直，如图10.23所示，则可以看到自转轴在水平面内相对于地球子午面顺时针转动，每24 h转动一周。

若把陀螺放在地球赤道上，并使其自转轴与地平面垂直，如图10.24（a）所示，则可以

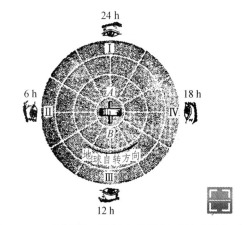

图10.23　在两极，陀螺自转轴相对地球的运动

看到自转轴在垂直平面内相对地平面转动，每24 h转动一周。

若把陀螺放在地球赤道上，使其自转轴对准南/北方向，如图10.24（b）所示，在地球自转的过程中，陀螺的自转轴将一直和当地的子午线对准。这是因为在赤道上，所有的子午线都相互平行，陀螺对准了一条子午线就相当于对准了所有的子午线。在这种方式下，陀螺相对地球没有运动。

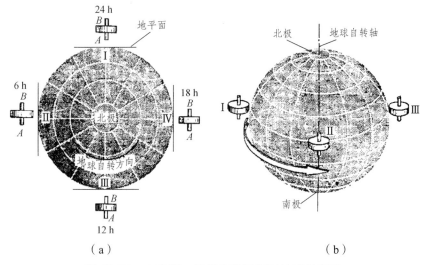

（a）　　　　　　　　　　　　　　　（b）

图10.24　在赤道，陀螺自转轴相对地球的运动

　　若把陀螺放在地球上任意纬度处，并使陀螺自转轴与地平面平行（水平自转轴陀螺），朝向南北方向，如图10.25（a）所示，则可以看到自转轴方向逐渐改变，相对地球作圆锥轨迹运动，每24 h转动一周。如果开始时使陀螺自转轴与地平面垂直（垂直自转轴陀螺），如图10.25（b）所示，则自转轴逐渐偏离地垂线，仍然相对地球作圆锥运动，每24 h转动一周。

　　不管把陀螺放在地球上什么地方，只有当陀螺自转轴与地球自转轴相互平行或重合时，才不存在相对运动，否则都具有相对运动。

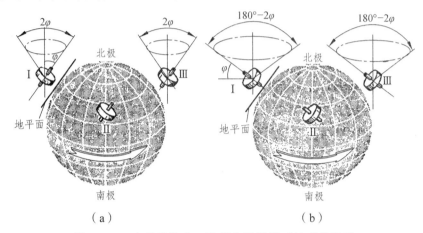

图 10.25　在任意纬度，陀螺自转轴相对地球的运动

　　表观运动的存在，将使航空陀螺仪（一般要求相对于地球稳定）产生误差，误差的大小可以由飞机所在位置和地球自转角速度进行计算。因此，若要使陀螺自转轴保持在当地子午线或地垂线方向上，则要对陀螺施加一定的控制力矩，使自转轴以相应角速度在惯性空间进动。

10.2.2.2　单自由度陀螺的特性

　　单自由度陀螺的基本特性是进动性。单自由度陀螺不具有稳定性。

　　当单自由度陀螺基座绕其缺少自由度的方向转动时，陀螺将绕内框轴转动，这种特性称为单自由度陀螺的进动性。进动方向取决于角动量方向和基座转动方向。其规律是：角动量矢量（或自转角速度矢量）沿最短途径转向基座旋转角速度矢量方向，如图10.26所示。

　　由于单自由度陀螺具有对基座绕缺少自由度的轴方向转动敏感的特性，因此可以用作测量飞机、舰船等角速度和角位移的仪表。

　　因为单自由度陀螺与两自由度陀螺结构不同，所以两种陀螺的进动性具有如下区别：两自由度陀螺在常值外力矩作用下作等速进动，单自由度陀螺在基座旋转角速度的作用下作加速进动；两自由度陀螺在外力矩消失后，立即停止进动，单自由度陀螺在基座旋转角速度消失后自转轴维持等速进动。

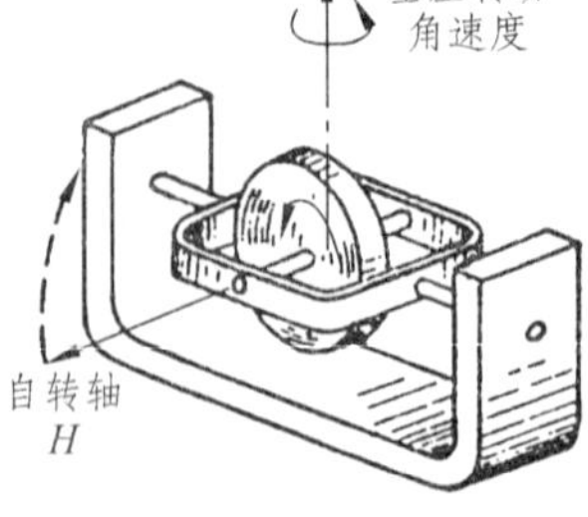

图 10.26　单自由度
陀螺的进动

10.2.2.3　气动陀螺和电动陀螺

　　为了使陀螺正常工作，必须给陀螺提供一定的动力，使刚体陀螺的转子高速旋转起来，达到稳定的转速。飞机上一般使用气源或者电源驱动陀螺转子运动，因此根据陀螺的动力不同，把陀螺分为气动陀螺仪表和电动陀螺仪表。在某些飞机上，所有的陀螺都使用同一种动

力源驱动，但在某些飞机上则同时采用两种动力源的陀螺。通常姿态仪表和航向仪表多使用气动陀螺，而侧滑仪和转弯仪多使用电动陀螺。

1. 气动陀螺

气动陀螺在小飞机上应用广泛，在一些大飞机上也能看到它们用于备用或应急仪表。气动陀螺由真空系统来提供气源。气动地平仪是典型的气动陀螺仪表。在气动陀螺中，陀螺包装在一个密封的容器内，一般由飞机发动机驱动真空泵为其提供 4.5～5.5 inHg（英寸汞柱，即 15.2387～18.6251 kPa）的真空气压源。座舱的大气通过中央过滤器经过管路进入转子室，吹向陀螺转子。陀螺转子是一个"月牙"形涡轮，如图 10.27 所示。仪表壳体是密封的，通过管路与真空泵（真空系统）相连。转子室的前后左右有四个修正器气门与仪表壳体内相通。在真空泵提供的真空气压源作用下，转子室的空气入口与仪表壳体内的空气压力之间存在一个差值，从而使转子室内的空气产生高速流动。高速空气流驱动陀螺转子以 17 000～20 000 r/min 的速率高速转动，形成一个两自由度陀螺。

图 10.27　气动陀螺转子

以塞斯纳 172 飞机为例，该飞机上的真空系统由以下几部分部分组成：两个干式真空泵，两个真空压力警告开关，一个真空压力调节活门，一个真空度表，一个中央进气滤，以及由真空系统驱动的姿态仪和航向仪。具体结构组成如图 10.28 所示。

两个干式真空泵由发动机驱动，使管路产生真空（压力小于大气压力）。真空调节活门用于调节真空度，使真空系统管路内的真空度保持在合适的真空范围内。中央进气滤用于过滤进入真空管路内的空气，以防止空气中飘浮的杂质将高速旋转的陀螺转子打坏。真空度表以英寸汞柱（1 inHg≈3.386 kPa）为单位，指示用于姿态仪和航向罗盘的可用真空。真空压力开关用于监控两边真空泵抽吸的真空度，当真空度值低于一定值时，驾驶舱内的琥珀色真空度低警告闪亮。

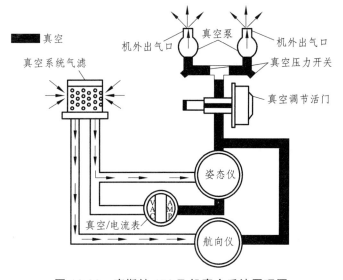

图 10.28　塞斯纳 172 飞机真空系统原理图

飞行期间，应重视对真空系统真空度的监视。如果真空系统压力在正常范围以外，则气动陀螺仪表的指示不可靠。

气动陀螺具有以下优点：

（1）价格便宜。

（2）维护方便。

（3）在紧急情况下，可以不需要电源。

气动陀螺具有以下缺点：

（1）启动时间较长。陀螺转子未达到额定转速前不具有稳定性。在飞机发动机起动完成后，真空驱动的陀螺需要 4～5 min 才能达到正确的工作转速，而仪表提供的显示还需要 2 min 才能使用。

（2）转子的转速和气流质量（质量流量）有关。当飞机爬升时，空气密度下降，质量流量减小，转子的转速也因此降低，陀螺的稳定性恶化。和质量流量有关的其他因素是它要求完全未受阻的气流，如果进气管的过滤器受堵，或部分受堵，也会影响陀螺的稳定性。

（3）气动陀螺需要在经过内框和外框之间的进气管上提供密封接头，这严重限制了绕这些轴转动的自由度。

（4）吸入的灰尘和湿气容易引起腐蚀和轴承磨损。

2. 电动陀螺

目前飞机上使用的大多数陀螺都是电动的，而且通常使用交流电源。有些陀螺也使用 24 V 直流电源。交流电源驱动的陀螺更好，因为它不使用换向器和刷子，就不需要频繁的维护。交流电源陀螺的转速比直流电源陀螺的转速高，所以在要求高稳定性的仪表中享有特权。多数电动仪表使用 400 Hz，36 V 或者 26 V 的交流电源来驱动。

电动陀螺具有以下优点：

（1）可以具有更高的稳定性。

（2）工作转速更稳定。

（3）性能不受高度的影响。

（4）信号可以方便地传送到其他系统。

（5）绕轴转动的自由度更大。

（6）仪表壳是完全密封的，所以没有污垢。

（7）如果需要，可以通过使用补偿元件将温度维持在恒定值，避免了热或冷的影响。

电动陀螺具有以下缺点：

（1）依赖于电源，所以通常需要安装备用的气动陀螺仪表。

（2）价格通常比气动陀螺贵。

10.3.3 激光陀螺

航空技术的不断发展，对陀螺的工作精度提出了越来越高的要求。中等精度的惯性导航系统要求陀螺的漂移率不大于 0.01 (°)/h，而常规刚体陀螺的漂移率一般在 2 (°)/h 以上。为此，从 20 世纪 50 年代以来人们通过两种途径对陀螺进行了改进和革新。一是改进了陀螺的支承，制造出液浮陀螺、气浮陀螺、挠性陀螺、静电陀螺等；二是不断寻求新的工作原理研制新型陀螺，其中有激光陀螺、光纤陀螺等。目前应用最广泛的是激光陀螺。

激光陀螺（laser gyroscope）是一种应用激光技术测量物体相对于惯性空间的转动角速度的新型陀螺仪，它完全没有机械转子，是一个光学器件，只是由于它具有陀螺测量角速度的功能，所以仍被称为陀螺。

激光陀螺具有许多独特的优点：① 结构简单，没有活动的机械转子，不存在摩擦，也不受重力加速度的影响；② 角速度测量范围很宽，从 0.01 (°)/h 到 1000 (°)/s 以上；③ 测量精度很高，可达 0.001 (°)/h；④ 能直接提供数字式输出，与数字式计算机连接方便；⑤ 启动很快，可以说是瞬间启动，而一般陀螺需要几分钟的启动准备时间；⑥ 工作可靠，寿命长，总成本不高等。

由于激光陀螺具有上述优点，现已广泛应用在捷联式惯性导航系统中，并被公认为该系统理想的惯性测量元件。

10.3.3.1　激光陀螺的测量原理

激光陀螺主要由激光发生器和光电探测器等组成，如图 10.29 所示。激光发生器用来产生激光，光电探测器可以把光信号转变成电信号输出。

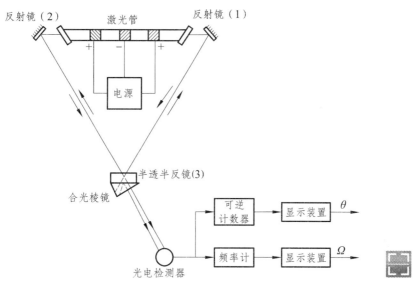

图 10.29　激光陀螺的基本组成

激光发生器由激光管、电源、两个全反射镜、一个半透射半反射镜及合光棱镜等组成。激光管用氦、氖气体作为活性物质，并由高频电源（频率为几十兆赫兹）或直流电源（电压为几千伏）予以激发，可以产生波长 $\lambda = 0.6328\ \mu m$ 的光波。三个反射镜构成正三角形谐振腔。这样，由激光管两端所发出的激光将沿环形激光腔传播，形成正、反向两束激光。这个环形激光器就是激光陀螺的敏感部分，它可以是三角形、四边形或圆形的。

光在激光器环形光路中行进时，速度恒为光速 c。如果在环形光路中两束光分别沿顺、逆时针方向行进，两束光转一圈回到出发点的光程（光行进的路程）长度是相等的，如图 10.30（a）所示。但是，当激光器在环形平面内转动时，两束光回到原出发点的路程就不相等。如

图 10.30（b）所示，若激光器以角速度 ω 顺时针转动，光束 1 从 A 点出发沿环形光路顺时针行进，直到回到原出发点为止。由于这时原出发点 A 已经随环体转到 A' 位，该光束的行程将比激光器不转动时的行程增长 AA'。反之，若光束 2 沿环路逆时针行进，则从出发点 A 回到原出发点的行程比原来缩短 AA'。可以计算出顺、逆光束的光程差为

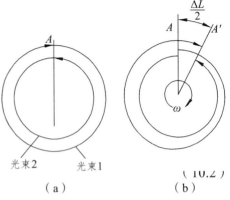

$$\Delta L = \frac{4S}{c}\omega$$

（10.2）

式中，S 为环形光路包围的面积。

图 10.30　激光在环形光路中的行程

只要测出 ΔL 就可以知道激光器相对于惯性空间的转动角速度 ω。然而，由于 ΔL 很小，直接测量光程差是很困难的。解决的方法是将两束激光的光程差转换成频率差进行测量。

根据激光产生的原理，在环形激光腔中所产生激光的频率取决于环形光路的长度，即

$$\lambda = \frac{L}{N}$$

$$f = \frac{c}{\lambda} = N\frac{c}{L}$$

式中，λ 为波长，f 为频率，L 为激光器环形光路的长度，N 为正整数。这是激光腔中光波发生谐振产生激光的条件。

当激光器不转动时，顺、逆向两束激光的光路长度相等，它们的频率也相等，频差为零。当激光器转动时，顺、逆向两束激光的光路长度不相等，频率也不相等，频率差为

$$\Delta f = \frac{4S}{\lambda L}\omega \tag{10.3}$$

式（10.3）说明，当激光器结构一定时，沿环形光路顺、逆时针传播的两束激光的频率差与激光器绕垂直轴转动的角速度成正比。因此，测量两束激光的频率差，就可以测量出激光器（或载体）相对惯性空间的转动角速度。

激光陀螺用光电检测器来测量两束激光的频率差。当两束激光通过半透射半反射镜后，便在合光棱镜合光，形成干涉条纹，光电检测器就可以根据干涉条纹的运动情况测量出激光器的转动角速度。

如果激光陀螺相对惯性空间静止不动，$\omega = 0$，两束光没有频率差，干涉条纹静止不动，光电检测器没有脉冲信号输出，频率计输出为零。如果激光陀螺转动，$\omega \neq 0$，两束光产生频率差，干涉条纹将会移动，其移动速度的大小和方向反映了角速度的大小和方向。这样，频率计和显示器的输出指示出被测物体相对惯性空间转动角速度的大小和方向。将此角速度积分，就可以得出转动角位移。

综上所述，激光陀螺的工作原理是：激光陀螺绕垂直测量轴转动时，正、反向两束激光的光程发生变化，从而使两束激光的频率发生变化，其频率差与转动角速度成正比，利用光电检测器测量这个频率差，就可得出载体的转动角速度，通过积分即得出载体的转动角度。

用这样的激光陀螺（设环形光路为正三角形，$L = 40\text{ cm}$）测量地球自转角速度，得到的

频率差 $\Delta f = 8.87$ Hz。地球自转一周时，两束激光的周期数差（即脉冲数）为 7.66×10^5 个。

10.3.3.2　激光陀螺的结构

图 10.31 所示为目前飞机捷联惯导系统中广泛使用的一种激光陀螺结构示意图。它主要由三角形氦氖激光器、读出探测器和压电抖动马达等组成。

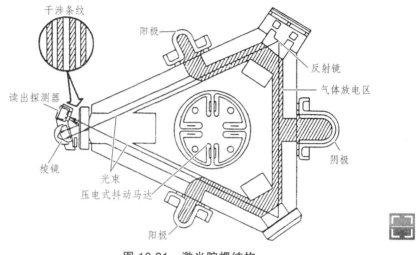

图 10.31　激光陀螺结构

激光器的谐振腔体由温度稳定性很高的微晶玻璃块（或熔石英）制成。在三角形玻璃块上精确地钻了三个成三角形的毛细孔道，为激光提供通路。三角孔道和顶端的两个全反射镜、一个半透射半反射镜构成了一个产生激光必需的光学谐振系统。在三角块的三边分别安装了两个阳极和一个阴极，从而形成向相反方向传播的两束激光。

激光陀螺在输入角速度较小时输出信号为零，不能有效地测量小角速度，即所谓闭锁区误差。因此，在陀螺基座上安装了一个压电抖动马达，使陀螺绕输入轴线处于人为高频角振动状态，从而使陀螺工作点偏离小角速度闭锁区，克服了闭锁区误差。

复习思考题

1. 什么是航空仪表？它的作用是什么？
2. 航空仪表的发展大致经历了哪些阶段？各阶段的仪表有什么特点？
3. 航空仪表有哪些类型？不同类型的航空仪表各有什么特点？
4. 常见的飞行仪表、发动机仪表和其他系统仪表各有哪些？
5. 航空仪表的布局和配置是怎样的？
6. 飞行仪表的排列有什么特点？发动机仪表的排列有什么特点？
7. 什么是陀螺？陀螺有哪些类型？
8. 两自由度陀螺和单自由度陀螺是怎么定义的？
9. 两自由度陀螺和单自由度陀螺各有哪些特性？试说明这些特性的含义。

10. 判断下图中陀螺仪的进动方向,其中(a)、(b)为两自由度陀螺,(c)、(d)为单自由度陀螺。

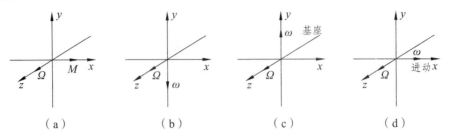

(a)　　　　　　　(b)　　　　　　　(c)　　　　　　　(d)

11. 影响两自由度陀螺稳定性的因素有哪些?怎样提高陀螺的稳定性?

12. 举例说明两自由度陀螺和单自由度陀螺的用途,并说明其原因。

13. 什么是陀螺的表观运动?造成表观运动的原因有哪些?

14. 陀螺的表观运动对仪表会产生什么影响?当陀螺分别位于地球上的不同位置时,陀螺的表观运动对仪表的影响有什么不同?

15. 飞机上陀螺仪表的动力源有哪些?各具有什么优缺点?

16. 什么是激光陀螺?它的工作原理是什么?

17. 激光陀螺的优点是什么?如果要测量绕飞机三轴的角速度,应该怎样安装激光陀螺?

11   全静压仪表及系统

微信扫一扫
彩图更生动

测量飞机高度、速度的仪表主要包括高度表、指示空速表、真空速表、马赫数表、升降速度表等。这些仪表在轻型飞机上一般被称为全静压仪表，在大型运输机上一般被称为大气数据仪表。这些仪表对于驾驶飞机和领航计算都有重要作用。

目前，在小型飞机上大多使用分立式高度表、指示空速表和升降速度表，而大、中型飞机上则利用大气数据计算机集中处理大气数据，然后由电动仪表或电子显示器显示出各种飞行参数。

11.1   国际标准大气

飞机一般在对流层和同温层下面飞行。在这个范围内，空气的物理性质 —— 温度、压力、密度等都经常随着季节、时间、地理位置（经、纬度）、高度等的不同而变化。为了确定飞机的飞行性能，必须按同一标准的大气物理性质 —— 温度、压力、密度等进行换算，才能对各种飞机的飞行性能进行相互比较。标准大气是为了满足飞机仪表标准化的需要，由国际民航组织正式编入国际标准 ISO 2533《标准大气》。它的数据与地球北纬 35° ~ 60° 地区（主要是欧洲）的平均大气数据相近。实际上，它就是把这些平均数值加以修正而拟定出来的。因此，它与我国的情况有一定差距。

国际标准大气的主要条件是：以海平面为零高度；标准海平面的气压 P_0 为 760 mmHg（或 1013.2 hPa，或 29.92 inHg）、气温 T_0 为 15°C（或 288 K）、空气密度 ρ_0 为 0.125 kg · s²/m⁴；对流层的顶界为 11 km；在对流层内，气温垂直递减率 τ 为 – 0.006 5 °C/m；在平流层内，高度低于 25 km 时，气温不随高度变化，等于 – 56.5°C（或 216.5 K），高于 25 km 时，气温略有升高；空气的气体常数 R 为 29.27 m/°C。

大气的温度、密度、压力与高度存在着如下关系：

1. 气温与高度的关系

在靠近地球表面的对流层，温度随高度升高而降低，到达平流层后，温度基本不变。升高单位高度，气温降低的数值，叫作气温垂直递减率（简称气温直减率），用 β 表示。不同季节、不同地区、不同高度的气温垂直递减率是不一样的，其平均值约为 – 0.0065 °C/m，如图 11.1（a）所示。

2. 大气密度与高度的关系

大气密度随高度升高而减小。即高度升高，大气密度减小；高度降低，大气密度增大。

大气密度与高度的关系，如图 11.1（b）所示。

3. 气压与高度的关系

根据标准大气条件可以推导出气压与高度的关系。在任何高度上，高度与气压都存在一一对应的关系。如果测出某高度处的气压，就可以计算出该处的标准气压高度，如图 11.1（c）所示。

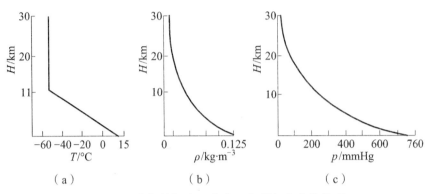

图 11.1　大气的温度、密度、气压与高度的关系

11.2　气压式高度表

气压式高度表是通过感受大气压力来指示飞机飞行高度的仪表。正确测量和选择飞行高度，对充分发挥飞机性能、减少燃油消耗、节约飞行时间和保证飞行安全有十分重要的意义。

11.2.1　飞行高度的概念

飞机的飞行高度是指从飞机到某一个指定基准面之间的垂直距离。根据所选基准面，飞行高度可分以下几种，如图 11.2 所示。

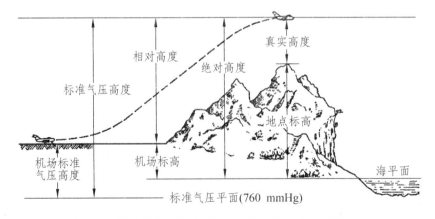

图 11.2　相对高度、真实高度、绝对高度和标准气压高度

1. 相对高度

飞机到某一机场场面的垂直距离叫作相对高度。飞机起飞、降落时，必须知道相对高度。

2. 真实高度

飞机到正下方地面（如地面、水面、山顶等）的垂直距离叫作真实高度。在飞越高山、空中摄影、航测，尤其是盲降着陆时，需要准确测量真实高度。

3. 绝对高度

飞机到平均海平面的垂直距离叫作绝对高度。在海上飞行时，需要知道绝对高度。

我国在 1956 年规定以青岛验潮站的多年平均海平面为中国统一的高程起算面，称为青岛平均海平面或黄海基准面。

相对高度、真实高度、绝对高度都是以地表面上某一水平面作为基准面的高度，具有稳定的几何形态，故有的文献称其为几何高度。

4. 标准气压高度（H_{QNE}）

飞机到标准气压平面的垂直距离叫作标准气压高度。标准气压平面是国际统一规定的气压基准面，它的气压为 760 mmHg 或 1013 hPa（1013 mbar）或 29.92 inHg。在航线飞行时，采用标准气压高度，可以统一高度基准，避免两机相撞的危险。

飞机平飞时，相对高度、绝对高度都不改变，真实高度随飞机正下方地面高度的改变而改变，标准气压高度则随飞机正下方标准气压平面位置的改变而改变。

几种高度的关系是：

$$绝对高度 = 相对高度 + 机场标高 = 真实高度 + 地点标高$$
$$标准气压高度 = 相对高度 + 机场标准气压高度$$

需要指出的是，标高和标准气压高度是不同的，标高是某地到平均海平面的高度，即海拔，标准气压高度则是该地到标准气压平面的高度，它们的基准面是不同的。

5. 场压高度（H_{QFE}）

场压高度是以起飞或着陆机场的场面气压（QFE）为基准面的气压高度，简称场压高。在标准大气条件下，场压高度等于相对高度。

当飞机停在跑道上时，气压式高度表指示的场压高度应为零（准确地讲，应为飞机座舱高度）。

6. 修正海压高度（H_{QNH}）

修正海压高度即修正海平面气压高度，简称海压高度。它是以修正海平面气压（QNH）为基准面的气压高度。修正海平面气压是根据当时机场的场面气压和标高，按照标准大气条件推算出来的海平面气压值（由气象台提供）。在标准大气条件下，修正海压高度等于绝对高度。

当飞机停在跑道上时，气压式高度表指示的海压高度应为机场标高（准确地讲，应为飞机座舱高度加机场标高）。

标准气压高度、场压高度和修正海压高度都和大气压力有关，可以通过测量大气压力间接测量，故文献上常把它们称为气压高度。

几种气压高度的关系是：

海压高度 = 场压高度 + 机场标高

标准气压高度 = 海压高度 + 气压修正高度

气压修正高度是指按照标准大气高度公式计算出来的修正海平面气压值与标准大气压值之差对应的高度值。在海平面附近（或较低高度上），气压与高度的换算值约为 11 m/mmHg、8.25 m/hPa 或 1 000 ft/inHg。

标准气压高度、场压高度和海压高度可以用气压式高度表测量。真实高度使用无线电高度表测量。

11.2.2　测量飞行高度的方法

1. 通过测量大气压力（静压）间接测量高度

在重力场内，大气的压力、大气密度均随高度增加而减小，尽管各自的变化规律不同，但仍有规律可循。所以，通过测量大气压力或大气密度可间接测量飞行高度。

通过测量大气压力来测量飞行高度的仪表称为气压式高度表，它是航空中广泛应用的飞行高度表。

2. 通过测量大气密度来测量飞行高度

通过测量大气密度来测量飞行高度的方法，使用最多的是放射性电离压力计（或密度计）。其基本原理是根据不同密度的空气被游离所产生的离子流大小的不同来间接测量高度。

3. 利用无线电波的反射特性测量高度

利用无线电波的反射特性测量飞行高度的仪表称为无线电高度表，它能测量飞机的真实高度。

利用无线电波的反射特性测量飞行高度的方法，实际上是将高度测量转换为对时间的测量。由于时间间隔是非常小的，故通常并不直接测量时间间隔，而是测量其他参数来代表时间间隔的值。

4. 通过测量飞机的垂直加速度，再二次积分求解飞行高度

这种测量方法要求线加速度零位输出小，精度高，积分运算器精度也高。垂直加速度传感器要经常保持在地垂线方向上，以正确地感受飞机的垂直加速度。利用此种方法测量飞行高度的仪表，称为惯性高度表。

测量飞行高度的方法还有很多，如激光测高仪等。本章主要分析通过测量大气静压，间接测量飞行高度的气压式高度表。

11.2.3　气压式高度表的原理

在标准大气条件下，可以推导出高度与气压的关系式，叫作标准气压高度公式。

在 11 000 m 以下时，

$$H = 44\ 307.7\left[1 - \left(\frac{P_H}{760}\right)^{0.1903}\right]$$

在 11 000 ~ 25 000 m 时，

$$H = 11\,000 + 6337\ln\frac{169.63}{P_H}$$

式中，H 为标准气压高度，P_H 为高度 H 处的静压。

从上两式中可以看出，高度与大气静压存在单值对应关系，静压越小，高度越高。知道某处的静压，利用标准气压高度公式，就可以计算出该处的标准气压高度。

根据标准大气中静压与高度对应的关系，测量静压的大小，就可以计算出飞行高度。

如图 11.3 所示，气压式高度表的感受部分是一个真空膜盒。作用在真空膜盒上的静压为零时，真空膜盒处于自然状态。受大气静压作用后，真空膜盒收缩并产生弹性力。当真空膜盒产生的弹性力与大气静压作用在真空膜盒上的总压力

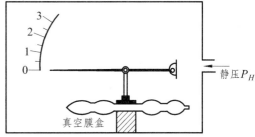

图 11.3　气压式高度表基本原理图

平衡时，真空膜盒变形的程度一定，指针指出相应的高度。高度改变后，气压也随之改变，弹性力与总压力由平衡又变成不平衡，使真空膜盒变形的程度改变，直到弹性力与总压力再度平衡时，真空膜盒变形到新的位置，指针指示出改变后的高度。

通过测量气压来表示高度时，选定的基准面不同，测量出的高度也不同。如以标准气压平面为基准面，则仪表指示标准气压高度；如以某一机场的场面气压平面为基准面，则仪表指示的是对该机场的相对高度（即场面气压高度）；如以修正的海平面气压为基准面，则仪表指示绝对高度。气压式高度表实质上是一种特殊的测量大气绝对压力的压力表。

11.2.4　高度表的结构

图 11.4 所示为一种气压式高度表的结构。

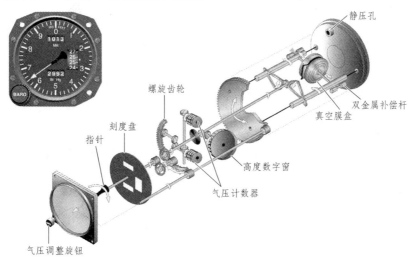

图 11.4　一种气压式高度表的结构

　　该高度表主要由感受、传送、指示和调整等部分组成。感受部分由两只真空膜盒串联组成，可以增大膜盒变形量，提高仪表灵敏度。传送部分由连杆、齿轮等组成，它把真空膜盒的变形传给指示部分。

　　指示部分由指针、刻度盘和数字显示器组成。刻度盘每小格表示 20 ft，每隔 100 ft 刻有数字。高度数字窗的数字显示单位为 1000 ft。读数时先读数字显示窗，再读指针指示值。图 11.4 中所示高度为 25 640 ft。

　　调整部分由气压调整旋钮、齿轮组、数字显示器等组成。显示器有毫巴（mbar）和英寸汞柱（inHg）两种不同单位的气压显示窗。

　　假设没有调整机构，高度表就不能选择不同的测量基准，也就是说它只能测量一种高度而不能测量其他种类的高度，这就使它受到了很大的限制。因此，调整机构可以用来选择高度基准面，测量不同种类的高度；同时，它还能用来修正气压方法误差。

　　转动调整旋钮，可使气压显示窗显示选择的气压基准值。同时，传动机构还带动真空膜盒组和整个指示机构按标准气压高度关系转动相应数值，从而显示出相对所选基准面的高度。如果外界大气压力正好为基准值（如在机场），高度显示零高度；飞机升空后，显示相对高度。

　　图 11.5（a）所示为某型号气压式高度表表面。

　　该高度表的表面主要由刻度盘、高度指针、气压显示窗和气压调整旋钮组成。指示刻度盘为均匀刻度，长指针、粗指针、细指针每走一个数字分别代表 100 ft、 1000 ft、10 000 ft。气压显示窗可显示的气压范围为 28 ~ 31 inHg，可以通过旋转左下角的气压调整旋钮来改变气压显示窗中的气压值，以达到选择基准面的目的。图中所示高度约为 6500 ft。

　　图 11.5（b）所示的鼓式高度表的指示部分由指针、刻度盘和数字显示器组成。刻度盘每小格表示 20 ft，每隔 100 ft 刻有数字。数字显示从左到右分别为万、千、百位，显示范围为 － 1000 ~ 50 000 ft。气压显示窗可显示的气压范围为 28 ~ 31 inHg 或 948 ~ 1050 hPa。读数时先读显示器数字，再读指针指示值。图中所示高度为 6500 ft。

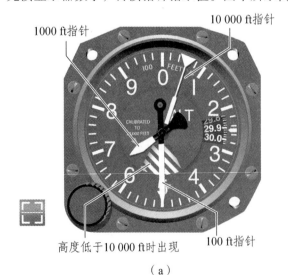

（a）　　　　　　　　　　　　　　　　（b）

图 11.5　一种气压式调度表表面

11.2.5 高度表的使用

为了维护空中交通秩序和飞行安全，CCAR-91 第 91.121 条"高度表拨正程序"规定：

拓展阅读

（1）规定过渡高度和过渡高度层的机场。航空器起飞前，应当将机场修正海平面气压（QNH）的数值对正航空器上气压高度表的固定指标；航空器起飞后，上升到过渡高度时，应当将航空器上气压高度表的气压刻度 1013.2 hPa 对正固定指标。航空器着陆前，下降到过渡高度层时，应当将机场修正海平面气压（QNH）的数值对正航空器上气压高度表的固定指标。

（2）规定过渡高和过渡高度层的机场。航空器起飞前，应当将机场场面气压的数值对正航空器上气压高度表的固定指标；航空器起飞后，上升到过渡高时，应当将航空器上气压高度表的气压刻度 1013.2 hPa 对正固定指标。航空器降落前，下降到过渡高度层时，应当将机场场面气压的数值对正航空器上气压高度表的固定指标。

（3）在没有规定过渡高度或过渡高和过渡高度层的机场。航空器起飞前，应当将机场场面气压的数值对正航空器上气压高度表的固定指标；航空器起飞后，上升到 600 m 高时，应当将航空器上气压高度表的气压刻度 1013.2 hPa 对正固定指标。航空器降落前，进入机场区域边界或者根据机场空中交通管制员的指示，将机场场面气压的数值对正航空器上气压高度表的固定指标。

（4）高原机场。航空器起飞前，当航空器上气压高度表的气压刻度不能调整到机场场面气压的数值时，应当将气压高度表的气压刻度 1013.2 hPa 对正固定指标（此时高度表所指的高度为假定零点高度）。航空器降落前，如果航空器上气压高度表的气压刻度不能调整到机场场面气压的数值时，应当按照着陆机场空中交通管制通知的假定零点高度（航空器接地时高度表所指示的高度）进行着陆。

本书仅以规定过渡高度和过渡高度层的机场为例说明气压式高度表的使用情况。

1. 起飞前

起飞时，高度表应指示以修正海压平面为基准面的海压高度。

转动气压调整钮，使气压刻度（或显示数）为修正海压，高度指针应指示机场标高。

飞机起飞后，高度指针指示飞机的海压高度。

2. 飞行中

在起飞上升过程中，应当根据航行管制规定，在适当时候把指示调为标准气压高度。在航线飞行中，高度表应指示标准气压高度。

转动气压调整钮，使气压刻度为 1013.2 mbar（或 760 mmHg），高度指针即指示飞机的标准气压高度。

3. 着陆前

在着陆过程中，高度表应指示以修正海压平面为基准面的海压高度（调整时间根据航行管制规定确定）。

着陆前，转动调整钮，使气压刻度为修正海压，高度指针便指示海压高度。

4. 着陆后

着陆后，高度指针指示机场标高。

11.2.6 高度表的误差

高度表的误差分为机械误差、方法误差和使用误差。

1. 机械误差

由于高度表在构造、材料、制造上的缺陷以及使用中的磨损、变形等引起的误差，叫作机械误差。例如，有时在起飞前校正场压时，气压刻度指示机场场压，高度指针却不指零，原因就是存在机械误差。

机械误差由有资质的人员定期测定后，绘制成修正曲线卡片，如图 11.6 所示，放在飞机上，供需要时查用。

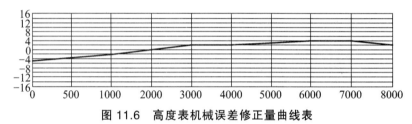

图 11.6 高度表机械误差修正量曲线表

修正方法按下式计算

$$H_C = H_i + \Delta H$$

式中，H_C 为仪表修正高度，H_i 为仪表指示高度（用横坐标表示），ΔH 为机械误差修正值（用纵坐标表示）。

2. 方法误差

气压式高度表是按照标准气压高度公式设计制造的。当实际大气条件不符合标准大气条件时，指示将出现误差，这种误差叫作高度表的方法误差。它又分为气压方法误差和气温方法误差两种。

（1）气压方法误差。

高度表测量基准面气压不符合标准大气条件而引起的误差，叫作气压方法误差。气压方法误差可通过转动气压调节钮，将气压式高度表的气压刻度调整为当前所需压力值（通常为当前机场修正海压）来进行修正。

周围的大气压力符合标准大气条件时，气压式高度表是没有气压方法误差的。如果大气压力不满足标准大气条件，当飞机从高气压地区飞往低气压地区而未重新拨正高度表时，气压式高度表的指示将大于实际高度，仪表出现多指的误差。相反，当飞机从低气压地区飞往高气压地区而未重新拨正高度表时，气压式高度表的指示将低于实际高度，仪表出现少指的误差。

（2）气温方法误差。

高度表测量基准面的气温以及气温垂直递减率不符合标准大气条件而引起的误差，叫作气温方法误差。气温方法误差需要通过领航计算进行修正。

若周围大气的温度符合标准大气条件，气压式高度表是没有气温方法误差的。当大气实际平均温度低于标准平均温度时，气压式高度表的指示大于飞机的实际飞行高度，仪表产生多指的误差。相反，当大气实际平均温度高于标准平均温度时，气压式高度表的指示小于飞机的实际飞行高度，仪表出现少指误差。

3. 使用误差

气压式高度表上有气压调整旋钮和气压刻度窗，飞行员通过气压调整旋钮设定气压刻度窗的气压值，高度表指针则指示出以该气压面为基准的高度。因此，调错基准面的气压值将导致高度表产生多指或少指的误差。如果设定的气压值高于基准面气压，高度表将出现多指误差；如果设定的气压值低于基准面气压，高度表将出现少指误差。

为了保证飞行安全，飞行员应该记住"从热飞往冷或从高（压区）飞往低（压区），防止高度低"。此外，飞行中还应综合分析高度表、升降速度表、无线电高度表和地平仪的指示。如果其他几种表都表明高度有变化，而高度表没有相应的指示，可以判断高度表出了故障。这时，可由升降速度表和地平仪了解高度的变化，由无线电高度表或座舱高度表（非密封座舱）了解飞机的相应高度。

11.3　升降速度表

在单位时间内，飞机高度的变化量叫作升降速度或垂直速度。根据升降速度可以计算出飞机在一定时间内上升（或下降）的高度，以及爬升（或下降）一定高度所需要的时间。升降速度表主要用来测量飞机的升降速度，同时还可以辅助地平仪反映飞机是否平飞。

11.3.1　升降速度表的原理

压力式升降速度表的原理如图 11.7 所示。它由开口膜盒、毛细管、指示部分等组成。膜盒内部通过一根内径较大的导管与外界大气连通；膜盒外部即表壳内部，通过一根内径很小的毛细管与外界大气相通。飞机高度变化时，外界气压（静压）也要变化。飞机升降速度越快，气压变化率也越大。升降速度表就是利用毛细管对气流的阻滞作用，把气压变化率转变成为压力差，利用开口膜盒感受压力差，从而测量飞机的升降速度。

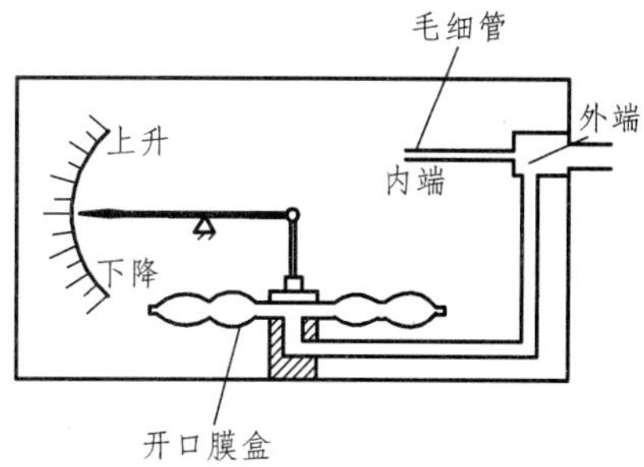

当飞机平飞时，表壳内外的气压相等，膜盒内外没有压力差，仪表指示为零。

图 11.7　升降速度表的基本原理图

当飞机上升时，外界气压不断减小，膜盒内与表壳中的空气同时向外流动。膜盒内的空气通过粗导管能够迅速与外界保持平衡。表壳中的空气通过毛细管，气流受阻滞，流动较慢，气压减小较慢，高于外界气压，产生压力差。飞机上升越快，压力差越大。受此压力差作用，膜盒收缩，通过传动机构，使指针上指，表示飞机上升。

若飞机由上升改为平飞时，外界气压不再变化，膜盒内的气压也不再变化。而表壳中的空气在剩余压力差作用下，逐渐向外流动，经过一定时间后，表壳中气压与外界气压相等，膜盒内外压力差等于零，指针回零，表示飞机平飞。

当飞机下降时，与上述情况相反，膜盒膨胀，指针下指，表示飞机下降。

11.3.2   升降速度表的结构

图 11.8 所示为一种升降速度表的结构。开口膜盒膜片较薄，很灵敏。仪表表面左下角的调整螺钉用于调整仪表的零位，由机务人员调整。

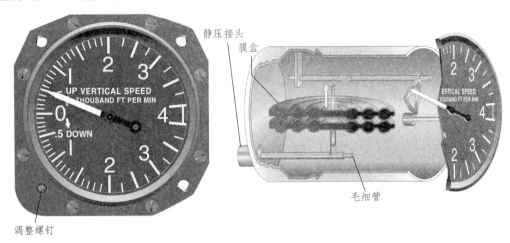

图 11.8   升降速度表的结构

11.3.3   升降速度表的误差

升降速度表的误差主要有气温误差和延迟误差。

1. 气温误差

飞机外部、表壳内部气温和毛细管中平均气温不相等时，毛细管两端会产生压力差，使仪表指示出现误差，这就是气温误差。其误差相对值，最大可达 30%。气温误差的大小，与升降速度有关。升降速度越大，误差越大；升降速度越小，误差越小。仪表在零刻度附近基本上没有气温误差。因此，用升降速度表检查飞机平飞时，即使忽略气温误差，也有较高的准确度。

2. 延迟误差

飞机升降速度跃变时，升降速度表需要经过一段时间才能指出相应数值，在这一段时间内，仪表指示值与飞机升降速度实际值之差，叫作延迟误差。自升降速度开始跃变到指示接近相应的稳定值所经过的时间，叫作延迟时间。

图 11.9 中虚线表示飞机升降率变化时，仪表指示值的变化情况，它是一条指数曲线。图中的阴影部分就是延迟误差。

升降速度表要指示实际的升降率，膜盒内外必须有一个稳定的压力差。而这个稳定的压力差只有在毛细管两端气压变化率达到动

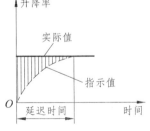

图 11.9   延迟误差

平衡状态才能形成。当飞机升降率跃变时，毛细管两端开始出现压力差，而要达到动平衡状态，就需要一个变化过程。在这段时间中，仪表指示只能逐渐变化，不能立刻指示实际值，这样就出现了延迟误差。

飞机升降速度越大，膜盒内外的压力差也越大，因此，延迟误差越大，延迟时间越长。飞机在高空飞行时，由于空气密度小，达到动平衡的时间稍长。因此，高空飞行时延迟时间稍长；低空飞行时延迟时间稍短。一般来说，升降速度表的延迟时间一般只有 2～7 s。

一种即时升降速度表通过内建一个机械装置来减小延迟误差，如图 11.10 所示。一个小型的活塞在升降速度突变时将做出反应，它通过将膜盒内的空气加压或减压来加快膜盒内外压力差的建立，以便更快地获得准确的数值。

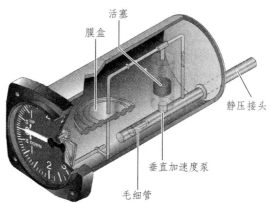

图 11.10　即时升降速度表

需要说明的是，虽然升降速度表存在延迟误差，但在零刻度附近误差却很小，仪表很灵敏。飞机刚一出现上升或下降，仪表立刻会偏离零位。所以，升降速度表是了解飞机上升、下降或平飞状态的重要仪表。

11.4　空速表

飞机相对于空气的运动速度叫作空速，空速表就是测量飞机空速的仪表。飞行员根据空速，可以判断作用在飞机上的空气动力情况，从而正确地操纵飞机；根据空速，还可以计算地速，从而确定已飞距离和待飞时间。

飞机的空速有真空速、指示空速和马赫数。真空速是指飞机相对于空气运动的真实速度。指示空速是按海平面标准大气条件下动压与空速的关系得到的空速，又称表速。关于马赫数，我们将在下一节讲述。

空速表测量空速的基本原理是感受气流的动压，因此我们首先分析它们的关系。

11.4.1　空速与动压、静压、气温的关系

飞机相对于空气运动时，可根据运动的相对性，看作飞机不动，空气以大小相等、方向相反的流速流过飞机。如果能够测量出气流速度，空速也就知道了。直接测量气流速度比较困难，但是，流动的空气具有动压，通过测量动压可以知道空速。飞机飞行时，空气相对于飞机运动，在正对气流运动方向的飞机表面上，气流完全受阻滞，速度降低到零。这时，气流的动能全部转化成压力能和内能，使空气的温度升高、压力增大。在气流受到全阻滞，速度降低到零处的压力，叫作全压或总压。全压包括两部分：一部分是由动能转变成的压力，称为动压；另一部分是气体未受扰动时本身实际具有的压力，称为静压，也就是大气压力。因此，全压等于动压和静压之和。飞机上可用全压管/静压孔或全静压管来收集气流全压和静压。

如果不考虑空气压缩性，当气流运动方向的飞机表面上，气流全受阻时，压力会升高。若认为空气的密度和温度不变，即空气未被压缩，则

$$P_{\text{D}} = \frac{1}{2}\rho_H V^2$$

式中，P_{D} 为动压，ρ_H 为飞机所在高度的空气密度，V 为飞机的空速。该式表明，空速可以由动压、飞机所在高度的静压和气温来反映。

事实上，空气是会被压缩的。空气被压缩时，密度和温度都会升高。因此，气流在全受阻处压力会升高的同时，空气密度和温度都要升高。在考虑到空气的压缩性时，空速与动压的关系就不能用上述公式简单描述了。而在高速飞行时，考虑空气的压缩性是尤为重要的。但根据实际研究证明，不论是亚音速还是超音速，空速都可以由动压、静压和静温来反映。

11.4.2　测量空速的原理

11.4.2.1　测量真空速的原理

测量真空速的方法一般有两种，一种是通过感受动压、静压、气温测量真空速，另一种是通过感受动压、静压测量真空速。

1. 通过感受动压、静压、气温测量真空速的原理

研究证明，无论飞机是低速飞行还是高速飞行，考虑空气的压缩修正量还是不考虑空气的压缩修正量，飞机的真空速都可由动压、静压、气温来反映。如果用三个感受部分，分别感受动压、静压和气温，共同控制仪表的指示，就能指示真空速。

图 11.11 就是这种真空速表的原理示意图。表中有两个开口膜盒和一个真空膜盒。其中，第一开口膜盒内部通全压，外部通静压，其变形大小由动压决定；第二开口膜盒与内装感温液体的感温器相连，其变形大小由气温决定（感温器装在飞机外面，感受大气温度，受热后液体气化，压力增大）；真空膜盒感受静压，变形大小由静压决定。真空膜盒和第二开口膜盒共同控制支点位置，改变传送比。

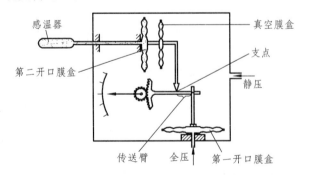

图 11.11　通过感受动压、静压、气温测量真空速的原理图

如果静压、气温不变而动压增大，则说明真空速增大，这时第一开口膜盒膨胀，通过传送机构，使指针转角增大；如果动压、气温不变而静压减小，也说明真空速增大，这时真空膜盒膨胀使支点向右移动，减小传送臂，增大传送比，在同样的动压作用下，指针转角增大；

如果动压、静压不变而气温降低，则说明真空速减小，这时第二开口膜盒收缩，使支点向左移动，减小传送比，指针转角减小。

由此可知，指针转角随动压增大而增大，随静压减小而增大，随气温降低而减小，它们的关系符合空速与动压、静压、气温的关系，可以用于测量真空速。

2. 通过感受动压、静压测量真空速的原理

上述真空速表结构完善，准确度较高，但有它有三个敏感元件，结构比较复杂，并且空气静温也不容易测得，因此这种空速表较少应用。

在标准大气条件下，高度在 11 000 m 以上时，由于气温不随高度变化，故空速只决定于动压和静压。高度在 11 000 m 以下时，气温和静压具有一定的对应关系。因此，在标准大气条件下由于温度和静压互相对应，所以可以通过感受动压、静压来测量真空速。

这种真空速表的原理如图 11.12 所示。动压增大时，开口膜盒膨胀，使指针转角增大；静压减小时，真空膜盒膨胀，支点向右移动，传动比增大，也使指针转角增大。从而，仪表的指示可以按照标准大气条件下，真空速与动压、静压的关系，随动压、静压变化，指示出飞机的真空速。

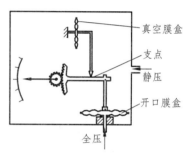

这种真空速表没有感受气温的部分，真空膜盒不仅反映了静压，也反映了温度对真空速的影响。它的结构比较简单，在现代飞机上得到广泛应用。但是，当外界实际气温不等于标准气温时，这种真空速表将出现气温方法误差。

图 11.12　通过感受动压、静压测量真空速的原理图

11.4.2.2　测量指示空速的原理

1. 基本原理

根据指示空速的定义，我们把空速与动压、静压、气温关系式中的静压和气温设为海平面标准大气参数，即 $P_H = P_0$、$T_H = T_0$ 或 $\rho_H = \rho_0$。这样，

$$P_D = \frac{1}{2}\rho_0 V^2$$

空速就只与动压有关，于是，仅测量动压就可以表示指示空速。

指示空速表的原理如图 11.13 所示。开口膜盒在动压的作用下产生变形，带动指针指示。指针的转角完全取决于动压的大小，即指示空速的大小。空速大，动压也大，仪表指示也越大；反之，指示小。可见，指示空速表是根据海平面标准大气条件下，空速与动压的关系，利用开口膜盒测动压，从而表示指示空速。

2. 指示空速与真空速的关系

指示空速仅是动压的量度，而真空速与动压、静压和气温有关，因此两者是不同的。

如果飞机周围的大气参数符合海平面标准大气条件，也就是说，飞机在标准海平面上飞行，指示空速

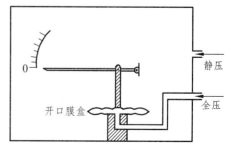

图 11.13　指示空速表的基本原理图

等于真空速。

如果保持真空速不变，而飞行高度升高，一方面空气密度减小，使动压减小；另一方面，气温降低，空气易于压缩，压缩性修正量增大，要使动压增大。但空气密度比空气压缩性修正量变化得快，因此实际动压变小，指示空速小于真空速。高度越高，它们的差别越大。

在同时装有指示空速和真空速指针的组合型空速表上，可以看到飞机飞行高度不高时，两针指示基本一致；随着飞行高度增加，真空速指示就越来越大于指示空速的指示。

3. 测量指示空速的作用

指示空速虽然不等于真空速，但是它反映了动压的大小，即反映了飞行时作用在飞机上的空气动力情况，这对操纵飞机有重要作用。

飞机平飞时，升力等于重力。重力一定，升力也应一定，才能保持平飞。根据飞行原理，升力公式为

$$Y = C_Y S \frac{1}{2} \rho_H V^2 = C_Y S P_D$$

式中，Y 为升力，S 为机翼面积，C_Y 为升力系数，它反映迎角的大小。在小于临界迎角范围内，迎角越大，升力系数也越大。

由上式可见，增大迎角时，升力系数变大，要想保持升力不变，必须减小动压；反之，减小迎角时，要想保持升力不变，必须增大动压。因此，大的迎角对应于小的动压，即对应于小的指示空速；小的迎角对应大的动压，即对应于大的指示空速。这就是说，飞行员根据指示空速，可以保持所需要的迎角飞行。另外，飞机在不同的高度上平飞时，欲保持一定的迎角，所需的指示空速值一般是不变的。因此，不管飞行高度如何变化，飞行员只要记住一个指示空速值就可以了。但是，各高度上指示空速相同时，真空速却不一样。由此可见，飞行员根据指示空速操纵飞机，比用真空速操纵飞机更为方便。

11.4.3　空速表的结构

图 11.14（a）所示为一种指示空速表。它主要由开口膜盒、传送机构和指示部分组成。

图 11.14（b）所示为某轻型飞机空速表表面。该空速表可直接显示指示空速，经修正后

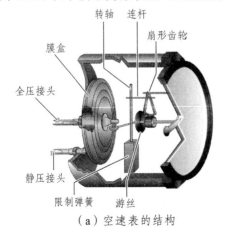

（a）空速表的结构

（b）指示空速/真空速表

图 11.14　空速表

还可显示真空速。这种表还装有一套大气密度误差修正装置，它由仪表上方小窗中的气压高度刻度盘（单位为千英尺）、左下方小窗中的真空速刻度盘和上方固定的气温刻度等组成。转动右下方的调整旋钮，两部分刻度盘随之转动，在气压高度刻度盘上当时飞机的标准气压高度与大气温度对正后，指针在真空速刻度盘上的指示值即为飞机真空速。

许多空速表的刻度盘上都涂有颜色标记，它们代表不同飞行阶段的速度限制范围和各种极限速度，如图 11.15 所示。

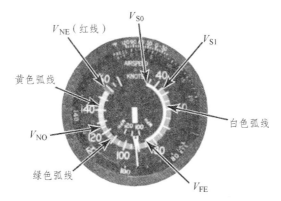

图 11.15　空速表的颜色标记

V_{S0} 指着陆形态下的最小稳定飞行速度或失速速度。在小型飞机上，这个速度也称为着陆形态下最大着陆重量时的无动力失速速度。

V_{S1} 指规定形态下的最小稳定飞行速度或失速速度。在小型飞机上，这个速度也指光洁形态下最大起飞重量时的无动力失速速度。

V_{FE} 指襟翼完全放下后的最大速度。

V_{NO} 指最大结构强度巡航速度。

V_{NE} 指极限速度。

白色弧线区表示襟翼可操作速度范围，其下限为 V_{S0}，上限为 V_{FE}。进近着陆期间，速度一般限制在此范围内。

绿色弧线区是飞机正常操作速度范围，其下限为 V_{S1}，上限为 V_{NO}。大部分飞行都应在此速度范围内进行。V_{NO} 为最大结构强度巡航速度，除在平稳气流中飞行外，其他情况下均不应超过此速度。

黄色弧线区为警戒速度范围，其下限为 V_{NO}，上限为 V_{NE}。只有在飞机处于平稳气流中，且飞行员时刻处于戒备状态的情况下才可在此范围内飞行。

红色标线是极限速度 V_{NE}，不能超过。若飞机大于此速度飞行，可能会对飞机造成损坏或结构破坏。

另外，对于多发飞机，在空速表上通常还有一条蓝色标线，它表示最佳单发爬升率空速 V_{YSE}。

11.4.4　空速表的误差

1. 机械误差

不管是指示空速表还是真空速表都会因制造缺陷、使用磨损、变形等而出现机械误差。机械误差经定期测定后，绘制成修正曲线表，放在飞机上，供需要时查用，如图 11.16 所示。

表中横坐标表示仪表指示空速 V_i，纵坐标表示修正值 ΔV。修正空速 V_C 为

$$V_C = V_i + \Delta V$$

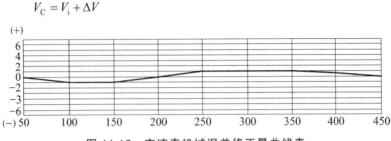

图 11.16 空速表机械误差修正量曲线表

2. 方法误差

通过感受动压、静压而指示的真空速表，当外界气温不符合标准大气条件时，将产生误差，这种误差叫作气温方法误差。因为这种真空速表是根据标准大气条件下气温和静压的对应关系，通过测量静压代替测量气温。而当气温不符合标准大气条件时，上述关系就会出现误差。

空速表的气温方法误差误差可以通过领航计算修正。

11.5　马赫数表

马赫数 Ma 是真空速与飞机所在高度的音速之比。当飞机马赫数超过临界马赫数时，飞机的空气动力特性要发生显著的变化，飞机的安全性、操纵性也会出现一系列变化。例如，飞机可能自动倾斜；高空飞行时，飞机可能有明显的俯仰摆动现象；增大飞机的载荷因素时，操纵驾驶杆的力量需要大大增加等。跨音速和超音速飞行时，升力系数不仅与迎角有关，而且与马赫数有关，指示空速不再能反映空气动力，因此必须利用马赫数表。

11.5.1　马赫数与动压、静压的关系

根据真空速与动压、静压、气温的关系以及音速与气温的关系，可以求得马赫数与动压、静压的关系。

因为 $Ma = \dfrac{V}{a}$，而 $V = K\sqrt{\dfrac{P_D T_H}{P_H}}$（不考虑空气压缩性时），$a = \sqrt{kgRT_H}$（$a$ 为飞机所在高度处的音速，k 为绝热指数），则

$$Ma = K\sqrt{\frac{P_D T_H}{P_H}} \bigg/ \sqrt{kgRT_H} = A\sqrt{\frac{P_D}{P_H}}$$

式中，$A = \dfrac{K}{\sqrt{kgR}}$，是一个常数。

该式说明马赫数仅随动压、静压而变化。

还可以证明，在考虑空气压缩性时，马赫数仍然只与动压、静压有关，只是表达式的结构形式不同。因此，测量动压和静压，可以反映飞机的马赫数。

11.5.2 马赫数表的结构

图 11.17 所示为一种马赫数表的结构示意图。它主要由开口膜盒、真空膜盒、拨杆式传送机构和指示部分等组成。图中 A、B 和 C、D 均是主从式拨杆传送机构，通过游丝的作用使两拨杆始终接触。图中 5、6 为补偿机构。

如果空速增大，动压增大，膜盒 1 膨胀，通过拨杆 A、B 使轴 4 反时针转动，拨杆 C、D 使扇形齿轮反时针转动，指针指示值增大；若高度增高，静压减小，膜盒 2 膨胀，通过支架使轴 3 顺时针转动，轴 4 向右移动，拨杆 D 缩短，传动比增大，指示值增大。反之，若空速减小，或高度降低，则指示值减小。只要系统的传动比和刻度按马赫数与动、静压的关系设计，仪表将指示马赫数。

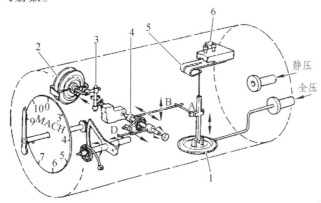

图 11.17　马赫数表的结构

图 11.18 为一种马赫数表的表面，当前的马赫数约为 0.83。

图 11.19 所示为一种马赫数/空速指示器，其中的白色指针为空速指针，而条纹状指针为马赫数表的指针。这两个指针分别由独立的机械系统来驱动并在各自的刻度盘中分别指示空速和马赫数。

图 11.18　马赫数表

图 11.19　马赫数/空速指示器

11.6　全静压系统

全静压系统用来收集气流的全压和静压，并把它们输送给需要全压、静压的仪表及有关设备。全静压系统是否准确和迅速地收集和输送全压、静压，直接影响全静压系统仪表指示的准确性。高度表、升降速度表、空速表和马赫数表等都是基于测量的全压、静压而工作的仪表。一个采用分离仪表的全静压系统及其仪表的结构如图 11.20 所示。

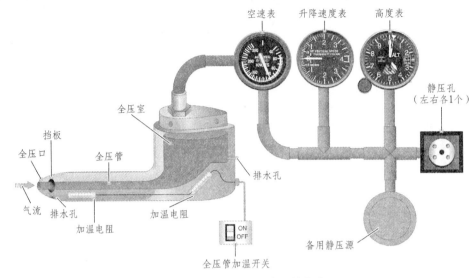

图 11.20　全静压系统及其仪表

11.6.1　全静压系统的组成

全静压系统主要由静压孔、全压管、转换开关和全、静压导管等组成。

1. 静压孔

气压式高度表、空速表和升降速度表需要静压数据，才能输出正确数值。这些仪表通过管路连接到静压孔。静压孔穿过机身蒙皮使飞机外部的静压进入到机内静压管路。静压孔位于机身前侧面无气流干扰的平滑处，此处便于测量静压。它安装在机身蒙皮上稍稍向内凹进，因此称为平齐式静压孔。两种常见的静压孔结构如图 11.21 所示。

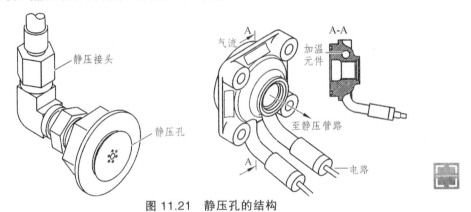

图 11.21　静压孔的结构

在静压孔周围喷有一圈红漆，其下面标有注意事项。要求保持圈内的清洁和平滑，并且静压孔上的小孔不能变形或堵塞，如图 11.22 所示。

静压孔区域必须保持清洁和光滑的目的是防止出现干扰气流，影响正确的指示。

必须注意：在清洗飞机或退漆时，应该用专用盖子堵住静压孔。该堵盖应使用鲜艳的颜色，例如红色，这样容易辨认，便于在下一次航班前将堵盖摘下。

在飞机飞行期间，即使静压孔区域保持清洁、平滑，测量的静压也不会完全等于飞机外的实际静压。这种测量静压与真实静压之差被称为静压源误差（SSE）。它取决于机身的外形、飞机的空速和迎角、襟翼和起落架的位置。静压源误差的校正由大气数据计算机来完成。

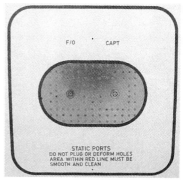

图 11.22　静压孔

另外，飞机的侧滑也会影响静压的测量。在侧滑期间，由于冲压气流的影响，会使机身两侧的静压不一致。为了补偿这一影响，静压孔是在机身两侧对称安装并通过一个三通接头连接在一起，这样就补偿了由于飞机侧滑带来的影响。

2. 全压管

全压管将测得的全压加到空速表它通常位于机身的前部、机翼下部或垂直安定面上能够和气流充分接触的地方。所有的全压管在前端都有一个收集气流的全压的开孔。全压管的前端应保持良好的条件，不能影响气流的流动。

在全压管内有一个挡板，它的作用是防止水或外来物进入全压管路。在管的最低点有一个排泄孔，可以将水和灰尘颗粒排到外面。全压管必须保持畅通，只有这样才能保证仪表给出正确的指示。两种常见的全压管结构如图 11.23 所示。

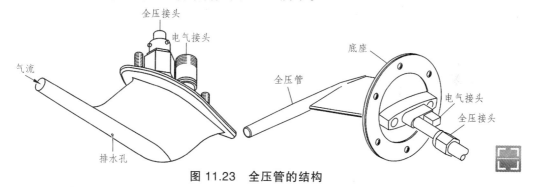

图 11.23　全压管的结构

电加温探头可以防止飞机在飞行期间结冰引起全压管堵塞。注意：如果飞机在地面上接通加热开关，会对管子加温，并且温度很高，触摸时可导致严重烫伤。如果飞机长时间停在地面，全压管必须用专用护盖罩上，以防止水和其他外来物进入。护盖上带有明显标志，以此警告机械员或飞行员在下次飞行前必须摘掉护盖。

在某些类型的飞机上，全压管上也有静压孔。这种类型的管子称为全静压管，也叫空速管，它用来收集气流的全压和静压，如图 11.24 所示。

全静压管一般包括全压、静压和加温等部分。有一支架保持探头离机身蒙皮几英寸，来减小气流的干扰。每个探头上有三类孔：一个孔朝前感受全压，两组孔在侧面感受静压，第三种小孔是排水孔。全压部分用来收集气流的全压。全压孔位于全静压管的头部正对气流方向。全压经全压室、全压接头和全压导管进入大气数据仪表或系统。全压室下部有排水孔，全压室中凝结的水，可由排水孔或排水系统漏掉。

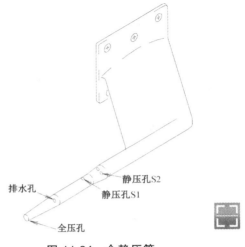

图 11.24　全静压管

静压部分用来收集气流的静压。静压孔位于全静压管周围没有紊流的地方。静压经静压室、静压接头和静压导管进入仪表。全静压管是流线型的管子，表面十分光滑，其目的是减弱它对气流的扰动，以便准确地收集静压。

加温部分用来给全静压管加温。加温电阻通电时，能使全静压管内部保持一定温度，防止气流中的水汽因气温降低而在管子中结冰，影响全静压管和有关仪表的正常工作。

为了准确地收集静压，避免全静压管前端及后部支架对静压孔处压力的影响，低速飞机的静压孔至全静压管前端的距离大致是全静压管直径的 3 倍，至后部支架也应有一定的距离。对于高速飞机，这个距离还应该增加。

3. 备用全静压系统

为了提高系统的可靠性，现代飞机的全静压系统一般都设置有备用装置。

对于非增压的轻型飞机，通常只有 1 套备用静压。该备用静压源一般选择座舱的大气，通过一个正常-备用静压源开关来选择，如图 11.25 所示。

现代民航的大型运输机，通常安装有 3 套全静压系统（大气数据系统）。其中 1 号、2 号（左、右）全静压系统分别为机长位和副驾驶位的全静压仪表提供信号源，而第 3 套全静压系统就作为备用存在。图 11.26 所示为 A320 飞机的备用全静压系统。

图 11.25　备用静压源

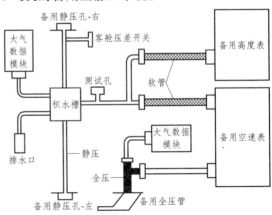

图 11.26　A320 飞机的备用全静压系统

4. 排水接头

由于空气中有水汽，当外界温度比较低的情况下，全压和静压管内就会积聚水分或结冰而导致管路的堵塞；即使没有堵塞，管路中的水分也会影响仪表的测量值。因此，在全静压管路中设有许多放水口，它们会排除积聚在全压和静压管内的水分。排水接头有不同的形式：浮子式、螺纹管接头式、哨型，如图 11.27 所示。它们安装在全压或静压管的最低处。

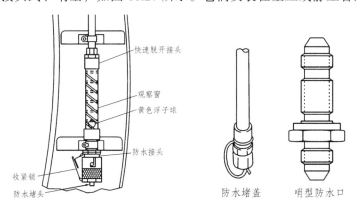

快速脱开接头
观察窗
黄色浮子球
防水接头
收紧锁
防水堵头

防水堵盖　哨型防水口

图 11.27　排水接头

11.6.2　全静压系统的结构

全静压系统随着飞机的发展，其管路结构逐渐从简单变得复杂。然而，随着电子技术的发展，复杂的全静压管路系统又被电缆取代，系统又从逐渐复杂变得简单。

轻型飞机通常只安装有一套全静压系统来驱动气压式高度表、升降速度表和空速表，如图 11.20 所示。

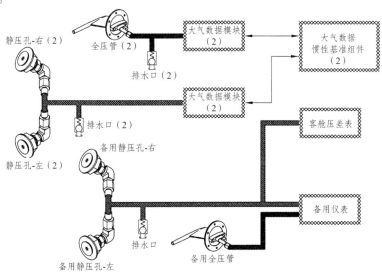

静压孔-右（2）
全压管（2）
排水口（2）
大气数据模块（2）
大气数据惯性基准组件（2）
大气数据模块（2）
客舱压差表
静压孔-左（2）
备用静压孔-右
备用静压孔-左
排水口
备用仪表
排水口（2）
备用全压管

图 11.28　B737NG 飞机的全静压系统

对于早期的大型运输机，通常由两套独立的全静压系统分别为机长和副驾驶的仪表系统提供所需的全静压。

现代民航的大型运输机利用大气数据计算机（ADC）计算全静压的数据，同时电子显示仪表也替代了机械式仪表。各种全静压、大气温度、迎角探头测到的数据转换后直接输入到ADC，经过 ADC 的处理和计算，将输出数据以电信号的形式经电缆输出到相应的电子显示仪表和系统。同时，利用独立的全静压探头，独立的全静压管路，保留气压式备用仪表，或者是自备电池或热电瓶供电的电子式备用仪表。这样，既提高了系统的可靠性，同时大量的全静压管路被电缆代替，从而使飞机的重量减轻、维护方便、造价降低。图 11.28 和图 11.29分别为 B737NG 飞机和 A320 飞机的全静压系统（大气数据系统）结构图。

现代典型飞机上安装有 3 套独立的全静压系统，机长侧为 1 号全静压系统，副驾驶侧为2 号全静压系统，备用全静压系统为 3 号全静压系统。它们分别为机长侧、副驾驶侧以及备用仪表提供全静压数据。

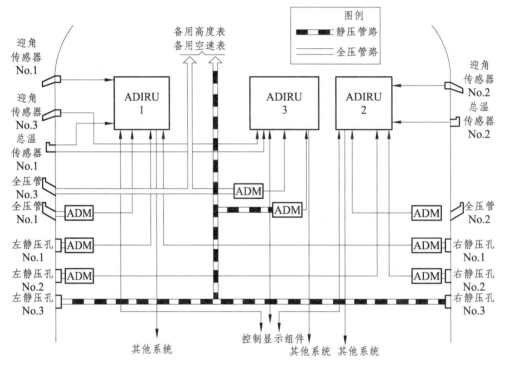

注：ADIRU 为大气数据惯性基准组件，ADM 为大气数据模块。

图 11.29　A320 飞机的大气数据系统

正常情况下，机长侧和副驾驶侧的大气数据仪表由对应的全静压源提供数据，备用全静压仪表由 3 号全静压系统提供。如果机长侧或副驾驶侧大气数据系统出现问题，对于只有 2套 ADC 的飞机，可由另外一侧可以同时给机长和副驾驶的大气数据仪表提供数据；对于设计有 3 套 ADC 的飞机，3 号全静压源也为 3 号 ADC 提供数据源，当 1 号或 2 号 ADC 失效时，由 3 号 ADC 提供对 1 号 ADC 或 2 号 ADC 的备份。

11.6.3　全静压系统的常见故障分析

对全静压系统的常见故障分析，可以帮助读者进一步理解全静压系统，也能帮助飞行员在空中处理全静压仪表的特情时提供一个思路。全静压系统的常见故障主要包括全静压管路的堵塞和泄漏。

1. 管路泄漏对仪表显示的影响

在飞机上，增压舱和非增压舱内部都可能有全压管路和静压管路通过，因此，管路泄漏造成的后果取决于泄漏部位的尺寸和位置。以下的讨论仅考虑管路较大尺寸的泄漏。

若静压管路在非增压舱中泄漏，此时破口处由于文氏效应使得气流速度稍快，静压管路中的静压比正常静压略低。因此，高度表的读数将高于正常值；由于全压未受影响，则动压稍有增加，空速指示和马赫数也比正常值偏高；升降速度表在管路泄漏瞬间，指针会跳动一下，然后又指示正确数值。

若静压管路在增压舱中泄漏，此时增压舱的压力从破口处进入静压管路，使得静压管路中的静压高于正常静压。因此，高度表的读数将低于正常值；由于全压未受影响，则动压减小，空速指示和马赫数也比正常值偏低；升降速度表的指示取决于增压舱的压力变化率。

全压管路的泄漏仅影响空速表和马赫数表，高度表和升降速度表不受影响。当全压管路在非增压舱发生泄漏时，全压和静压几乎相等，空速指示和马赫数会接近于零；而全压管路在增压舱中泄漏时，很难确定空速表的指示，因为无法确定在全压管路破裂时，管路内的压力和增压舱总的压力哪个大。

2. 管路堵塞对仪表显示的影响

在飞机飞行期间，由于高空的水汽和低温，在全压管和静压孔处容易结冰堵塞。也可能由于外来物，如小昆虫的进入而导致全压管和静压孔的堵塞。

当静压孔堵塞，静压保持不变，因而高度表指示不变，而升降速度表会指示为零。当飞机在高于静压孔堵塞的高度飞行时，由于此时管路中的静压高于外界压力，使得测得的动压偏低，指示空速偏低。反之若飞机在低于静压孔堵塞的高度飞行时，指示空速会偏高。对于马赫数表，其显示与指示空速表类似。当飞机在高于静压孔堵塞的高度飞行时，指示值偏低，当飞机在低于静压孔堵塞的高度飞行时，指示值偏高。而当飞机在静压孔堵塞的高度上飞行时，指示空速表和马赫数表指示正确值。

而全压管的堵塞仅影响空速表，高度表和升降速度表不受影响。若全压管完全被堵塞，则管路中的压力保持不变，此时的空速表和马赫数表就像高度表，当高度增加的时候空速和马赫数增大，高度降低的时候空速和马赫数减小。而当飞机保持一定高度飞行时，静压也保持不变，此时空速和马赫数指示也保持不变，即使发动机功率改变而使飞机加速或减速飞行，空速表和马赫数表的指针仍然保持不动。

而当全压管的全压口堵塞而排水孔通畅的情况下，全压管路中的压力会逐渐减小到静压值，从而使动压接近为零，此时空速表和马赫数表会慢慢指为零。

11.6.4 使用注意事项

飞行前应检查全静压管、全压管和静压孔的布套和堵塞应取下并检查是否有脏物堵塞。这些布套和堵塞都有醒目的红色标志，易于检查；全静压管、全压管和静压孔的电加温，应按规定进行检查。由于地面没有相对气流散热，通电检查时间不能太长，一般不超过 1 ~ 2 min，以免烧坏加热元件；全、静压转换开关均应放在"正常"位。

大、中型飞机应在临起飞前接通电加温开关。小型飞机则在可能结冰的条件下飞行时（如有雾、雨、雪等）接通电加温。

当"正常"全、静压失效时，一般应首先检查电加温是否正常。若电加温不正常，应设法恢复正常；如果"正常"全、静压仍不能有效工作，则应将全压或静压转换开关放到"备用"位。

如果全静压系统被堵塞而又没有"备用"系统时，应根据全静压系统仪表的工作原理正确判断受影响的仪表，然后综合应用其他仪表，保证飞行安全。

复习思考题

1. 国际标准大气有什么特点？

2. 飞行高度分哪几种？其含义是什么？气压式高度表可以测量哪些高度？

3. 写出标准气压高度公式并说明它的意义是什么。在较低的高度上，气压与高度的换算关系是怎样的？

4. 说明气压式高度表的组成和基本原理。

5. 气压式高度表的调整机构有什么作用？

6. 可以使用气压式高度表测量机场的标准气压高度和标高吗？怎样测量？

7. 说明怎样用气压式高度表测量标准气压高度、海压高度、相对高度和绝对高度。

8. 有一架飞机准备从广汉机场(场压为 960 mbar，修正海压为 1010 mbar，标高为 1500 ft)飞往郑州机场(场压为 1006 mbar，修正海压为 1012 mbar，高度为 180 ft)，航线高度为 20000 ft。试问在飞行全过程中，应该怎样调整高度表？

9. 高度表主要有哪些误差？各有什么特点？应该怎样修正？

10. 有一架初教机在广汉机场作本场飞行。起飞前修正海压为 1012 mbar，半小时后降落前的修正海压变为 1005 mbar，试问降落前是否还需要重新调整高度表？怎样调整？

11. 升降速度表有哪些用途？简述它的基本组成和工作原理。

12. 什么叫升降速度表的延迟误差？为什么会产生延迟误差？

13. 升降速度表指零时，飞机一定平飞吗？飞机平飞时，升降速度表一定指零吗？为什么？

14. 飞行中应当怎样减小升降速度表延迟误差的影响？

15. 说明空速、真空速、指示空速的含义。

16. 测量真空速、指示空速有什么作用？说明两类真空速表和指示空速表的原理。

17. 随着飞行高度增加，真空速表和指示空速表的指示将会怎样变化？为什么？

18. 图 11.15 的指示空速表为什么还能测量真空速？

19. 在高速飞机上为什么要装马赫数表？说明马赫数表的基本工作原理。

20. 全静压系统有什么作用？说明全静压系统的组成和各部分的作用。

21. 在使用全静压系统时，应注意哪些问题？

22. 在飞机过程中，全压管、静压孔的堵塞对各仪表指示有何影响？

12　测量飞机姿态的仪表

测量飞机姿态的仪表，主要是指测量飞机姿态角和姿态角速度的一些仪表。这些仪表能为飞行员提供俯仰角、倾斜角和转弯角速度等重要参数的目视信号，或为其他机载设备提供这些参数的电信号。

小型飞机上使用的姿态仪表主要是地平仪和转弯侧滑仪，大中型飞机上则采用姿态基准系统等。

12.1　转弯侧滑仪

转弯侧滑仪是由转弯仪和侧滑仪两个独立的仪表组合而成。由于转弯仪和侧滑仪的综合指示对于驾驶员保持飞机平直飞行和做无侧滑的协调转弯具有重要作用，因此常把它们组装在一起。

12.1.1　转弯仪

转弯仪（Turn Indicator）是用来指示飞机转弯（或盘旋）的方向，并粗略反映转弯的快慢程度，有的转弯仪还能用来指示飞机在某一真空速时无侧滑转弯的倾斜角（坡度）。

12.1.1.1　转弯仪的工作原理

转弯仪的基本组成如图 12.1 所示。它由单自由度陀螺、平衡弹簧、空气阻尼器和指示机构等组成。陀螺的自转轴与飞机横轴平行，自转角速度矢量指向左机翼，内框轴与飞机的纵轴平行，测量轴与飞机立轴平行。

1. 指示转弯方向

转弯仪是利用单自由度陀螺的进动性工作的。

当飞机直线飞行时，内框在平衡弹簧作用下，稳定在初始位置，指针指在刻度盘中央，表示飞机没有转弯。

当飞机以一定的角速度向左转弯时，转弯角速度矢量向上，由于自转角速度矢量指向左机翼，所以内框顺时针进动，直到引起进动的力矩（这个力矩称为陀螺力矩）与平衡弹簧的反作用力矩相等为止。内框的转角通过拨杆传送机构传给指针，使指针偏向左方，表示飞机正在向左转

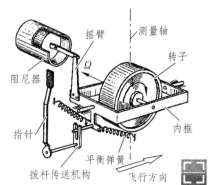

图 12.1　转弯仪的组成

弯（见图 12.2）。转弯停止后，陀螺力矩消失，内框在平衡弹簧作用下回到初始位置，指针指在刻度盘中央。

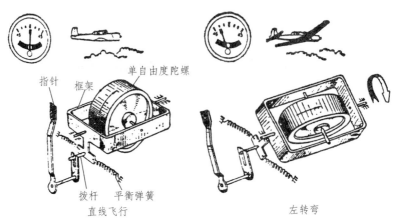

图 12.2　转弯仪的原理图

当飞机向右转弯时，内框反时针进动，带动指针向右偏离刻度盘中央，表示飞机正在向右转弯。

2. 指示转弯快慢

如果飞机以恒定的角速度转弯，引起陀螺进动的力矩是恒定的，内框转角和指针偏转角也一定。飞机转弯角速度越大，引起陀螺进动的力矩也越大，因此内框转角和指针的偏转角也越大。这样，转弯仪也就可以反映飞机转弯的快慢程度。

理论分析表明，飞机转弯时引起陀螺进动的力矩可以表示为

$$L = J\Omega\omega\cos(\gamma - \alpha)$$

式中，ω 为飞机转弯角速度，γ 为飞机倾斜角，α 为内框转角。

陀螺内框转角不大时，上式可以近似为

$$L = J\Omega\omega\cos\gamma \tag{12.1}$$

平衡弹簧的力矩可以表示为

$$M = K\alpha \tag{12.2}$$

式中，K 为弹性力矩系数。

指针稳定时，$M = L$，所以

$$\alpha = \frac{J\Omega}{K}\omega\cos\gamma \tag{12.3}$$

式（12.3）说明，转弯仪的内框转角不仅与飞机转弯角速度有关，而且还和飞机倾斜角有关。一般情况下，飞机的倾斜角不是固定不变的，因此转弯仪只能粗略反映飞机转弯的快慢程度。

还有一种转弯仪，它的陀螺自转轴与飞机纵轴平行，内框轴与飞机横轴平行。由于这种转弯仪受飞机倾斜角影响更大，所以用得不多。

3. 指示飞机无侧滑转弯时的倾斜角

有些转弯仪，除了能指示飞机的转弯方向以外，还能在一定条件下指示飞机的倾斜角。因此，这样的转弯仪还可以辅助地平仪指示飞机倾斜角。

转弯仪为什么能指示飞机倾斜角呢？在跑步（或骑自行车）转弯时，我们都有这样的体会：跑步（或骑自行车）的速度一定时，转弯越快，即转弯角速度越大，身体（或自行车）的倾斜程度也就越大。否则人（或自行车）的转弯半径将增大，不能按预定线路转弯。飞机转弯时也是如此。为了不使飞机发生侧滑，在飞行速度一定的条件下，飞机的转弯角速度越大，倾斜角也越大。可见，在飞机速度一定的条件下，飞机无侧滑转弯时的倾斜角，取决于转弯角速度。这样，测量飞机的角速度，就可以表示飞机的倾斜角。

这个结论还可以由理论分析得出。如图 12.3 所示，当飞机作无侧滑转弯时，作用在飞机上的重力和惯性离心力的合力，正好与飞机的升力大小相等，方向相反；重力与合力的夹角，恰好等于飞机倾斜角。因此，飞机的倾斜角 γ 与惯性离心力 F_i、重力 G 的相互关系为

$$\tan\gamma = \frac{F_i}{G}$$

而

$$F_i = mv\omega$$

$$G = mg$$

式中，m 为飞机的质量，v 为飞机的飞行速度，g 为重力加速度。

图 12.3　飞机作无侧滑转弯时,倾斜角同惯性离心力和重力的关系

因此

$$\tan\gamma = \frac{mv\omega}{mg} = \frac{v\omega}{g}$$

即

$$\omega = \frac{g}{v}\tan\gamma \tag{12.4}$$

把（12.4）式代入（12.3）式，便可得出内框转角与飞机倾斜角的近似关系式

$$\alpha = \frac{J\Omega g}{Kv}\sin\gamma \tag{12.5}$$

这就说明，当飞机的飞行速度（真空速）一定时，陀螺内框转角只取决于飞机无侧滑转弯时的倾斜角。飞机做无侧滑转弯时的倾斜角越大，内框和指针转角也越大；反之，倾斜角越小，内框和指针转角也越小。

12.1.1.2　转弯仪结构和指示

一种电动转弯仪的结构和表面如图 12.4 所示。表面下部是侧滑指示器。

陀螺是一个永磁式直流电动机，转速为 6000 r/min。气体阻尼器用来减小指针的摆动，使指示稳定。刻度盘上的刻度数表示飞机倾斜角度。当飞机真空速为 500 km/h，每小格是 15°，左、右各 45°。若飞行速度增大，则指示偏小；反之，指示偏大。

图 12.5 所示为 TB-20 等飞机安装的转弯侧滑仪。它用可以左右转动的飞机形指针来指示

飞机转弯方向。若小飞机处于水平位置，表示飞机直线飞行；小飞机左倾斜，表示飞机左转弯；小飞机右倾斜，表示飞机右转弯。小飞机的倾斜角越大，表示飞机的转弯角速度越大。当小飞机翼尖指示左或右刻度线时，表示飞机以标准角速度 3(°)/s 转弯，这时飞机转 360° 需要 2 min。对于仪表飞行，这个参考速度是很有用的。表面右上部有一个红色警告标志。只有陀螺转速达到正常值，红色标志才会消失，转弯仪才能正常工作。

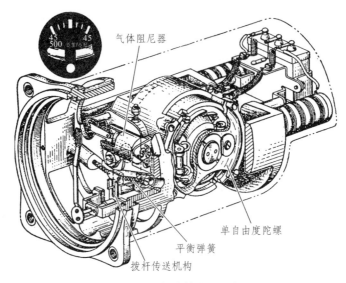

图 12.4　电动转弯仪结构

如果将转弯仪的指针换成电刷，刻度盘换成开关接触点，便成了一个转弯角速度传感器。它可以用来感受飞机转弯角速度，当角速度大到一定值时［一般为 0.1 ～ 0.3(°)/s］，输出信号控制某些设备的通断，以便减小误差。例如，断开地平仪的横向修正电路和陀螺半罗盘的水平修正电路等，从而消除转弯时修正机构的错误修正。

12.1.2　侧滑仪

飞行中，空速矢量与飞机对称面不平行的飞行状态，称为侧滑。空速矢量与飞机对称面之间的夹角称为侧滑角。飞机转弯时，空速矢量偏向转弯内侧叫内侧滑，偏向转弯外侧叫外侧滑。直线飞行时，空速矢量偏向对称面左侧叫左侧滑；偏向对称面右侧叫右侧滑。

侧滑仪（slip indicator）是用来指示飞机有无侧滑和侧滑方向的仪表，常与转弯仪配合，供驾驶员操纵飞机协调转弯。

12.1.2.1　基本结构

侧滑仪由小球、玻璃管和阻尼液等组成，如图 12.5 所示。小球是敏感元件，相当于单摆的摆锤，能在玻璃管中自由滚动。玻璃管的曲率半径相当于摆长。阻尼液对小球起阻尼作用。玻璃管的一端有很小的膨胀室，以便阻尼液因温度升高，容积增大时占用。

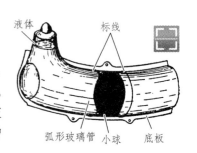

图 12.5　侧滑仪的结构

12.1.2.2　工作原理

飞机在原来没有横向运动的情况下，只要在转弯时保持沿横轴方向的合力为零，就不会发生横向运动，即不会发生侧滑。

飞机做无侧滑转弯时，沿横轴方向的作用力有惯性离心力在横轴方向的分力 F_{1X} 和重力在横轴方向上的分力 G_{1X}，这两个分力的方向是相反的，如图 12.6 所示。因此，只要这两个分力大小相等，其合力便基本上等于零（忽略方向舵偏转后产生的空气动力、螺旋桨扭转气流作用力等），飞机不会侧滑；反之，若这两个分力大小不等其横向合力便不等于零，飞机就会发生侧滑。因此，测量飞机转弯时的横向合力，便可知道飞机的侧滑情况。

直接测量飞机飞行时的受力状况是比较困难的。如果我们在飞机上悬挂一个单摆，在飞行时，摆锤可以模拟飞机的受力状况，摆锤的位移就反映了飞机的侧滑。侧滑仪就是利用单摆模拟飞机承受的横向合力，根据摆锤在横向合力作用下的运动状态指示飞机的侧滑。下面具体分析飞机飞行时，侧滑仪的工作情况。

1.　直线飞行

飞机平直飞行时，侧滑仪的小球受重力 G 作用，停在玻璃管中央的两条标线中间。

飞机带坡度产生侧滑时，重力 G 使小球偏离中央。飞机左侧滑，小球偏向左边；飞机右侧滑，小球偏向右边。直线飞行时，侧滑仪指示如图 12.7 所示。

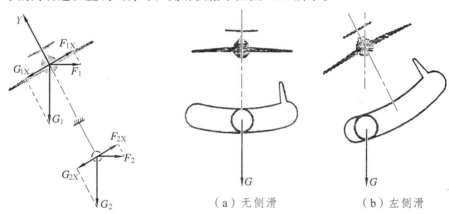

（a）无侧滑　　　　　（b）左侧滑

图 12.6　测量飞机侧滑原理图　　　图 12.7　直线飞行指示

2.　转弯飞行

当飞机以角速度 ω 做无侧滑转弯时，飞机的立轴相对于地垂线倾斜了 γ 角。此时，作用在飞机上的横向合力为零，飞机没有侧滑。由于侧滑仪的玻璃管也跟着飞机倾斜了 γ 角，作用在小球上的横向合力（沿玻璃管的切线方向）也等于零，即 $F_X - G_X = 0$，或 $F_X = G_X$，故小球处在玻璃管中央（见图 12.8），表示飞机没有侧滑。

若飞机转弯时的倾斜角过小或转弯角速度过大，则在横向合力作用下，飞机要发生外侧滑。此时，作用在小球上的横向合力大于零，即 $F_X > G_X$，或 $F\cos\gamma > G\sin\gamma$，小球在横向合力作用下偏离玻璃管中央向右（外）侧运动。由于玻璃管是弯曲的，所以随着小球向右（外）运动，作用在小球上的力 F_X 和 G_X 都要改变。F_X 不断减小，G_X 不断增大。当

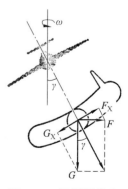

图 12.8　无侧滑转弯

这两个分力相等时，小球停止运动，如图 12.9 所示。

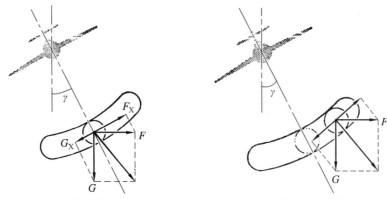

（a）$F_X > G_X$，小球向右（外）运动　　　　　（b）小球停在右（外）侧

图 12.9　外侧滑时侧滑仪的指示

反之，若飞机发生内侧滑，作用在小球上的横向合力小于零，即 $F_X < G_X$，或 $F\cos\gamma < G\sin\gamma$，使小球偏离玻璃管中央而向左（内）侧运动。若飞机横向合力越大，侧滑越严重；小球横向合力越大，则偏离中央位置越远。因此，小球偏离中央位置的方向和距离，可以表示飞机侧滑的方向和严重程度。

综上所述，如果飞机转弯时，横向合力等于零，小球便停在玻璃管中央，表示无侧滑；横向合力大于零，小球便偏向玻璃管外侧，表示外侧滑；横向合力小于零，小球便偏向玻璃管内侧，表示内侧滑。横向合力越大，小球偏离中央位置越远，表示侧滑越严重。

12.1.2.3　转弯侧滑仪的使用特点

拓展阅读

转弯侧滑仪的起动很简单，接通电源，等待陀螺转速正常（按规定时间或警告旗收起）以后就可正常工作。

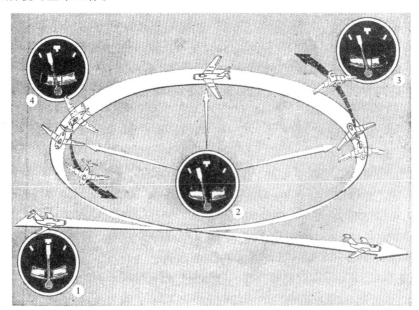

图 12.10　转弯侧滑仪在飞行中的指示

图 12.10 表示飞机在空中左盘旋一周，转弯仪和侧滑仪配合指示情况。飞机平飞时，转弯侧滑仪的指针和小球都停在中央位置，如图中 1 所示。在盘旋过程中，若飞机的倾斜角适当，如图中用实线表示的飞机那样，指针便指在刻度盘的左边，小球处在玻璃管中央，表示飞机左盘旋无侧滑，如图中 2 所示。若倾斜角偏小（如图中 3 虚线表示的飞机），飞机就会沿着箭头所指的方向进入外侧滑。此时，指针指在左边，小球偏在玻璃管的右侧，如图中 3 所示。相反，若倾斜角偏大（见图中 4 虚线表示的飞机），飞机就会沿着箭头所指的方向进入内侧滑。此时，指针指在左边，小球偏在玻璃管的左侧，如图中 4 所示。

在飞行员操纵飞机欲保持预定航向飞行时，由于角速度总是超前角度，因而飞机出现偏转角速度时，转弯仪指针立刻会偏离零位，经一定时间后，航向指示才会出现较明显的偏航角度。为了及时制止飞机的偏航，应注意综合使用转弯仪和罗盘。

12.2 转弯协调仪

飞机使用两种转弯指示仪 ——转弯侧滑仪以及转弯协调仪。由于陀螺仪安装的方式，转弯侧滑指示仪只以度每秒为单位指示转弯的速度。由于转弯协调仪上的陀螺仪以一个角度安装，或者说是倾斜的，因此其最主要的区别是速率陀螺进动轴的位置不一样了。某些小型、通用飞机的转弯协调仪中，陀螺框架受到弹簧限制，将其轴安装在与飞机纵轴成 30°的位置上，这样可以使陀螺同时感受到沿飞机横滚轴和偏航轴的运动（即压坡度的同时在转弯）。开始它可以显示侧滚速度。一旦侧滚稳定后，它就指示转弯的速度。两个仪表都显示转弯方向和质量（转弯协调性），也可以用作姿态指示仪失效时倾斜信息的备用来源。协调性是通过使用倾角计获得的，它由充满液体的弯管组成，其中有一个小球，如图 12.11 所示。

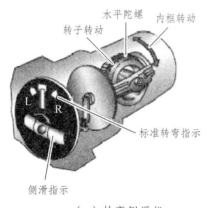 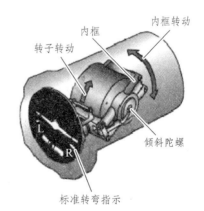

（a）转弯侧滑仪　　　　　　　　（b）转变协调仪

图 12.11 转弯侧滑仪和转弯协调仪的结构

转弯侧滑仪中的陀螺仪在竖直平面内旋转，对应于飞机的纵轴。一个单极万向节限制了陀螺仪可以在其中倾斜的平面，一个弹簧试图把它恢复到中心。由于进动，水平方向的偏转力使得陀螺仪从飞行员座位看去是向左或者向右倾斜的。转弯侧滑指示仪使用一个指针（称为转弯指针）来指示转弯的方向和速度。

图 12.12　转弯协调仪表面

转弯协调仪中的万向节是倾斜的，如图 12.12 所示，因此，它的陀螺仪可以检测侧滚速度和转弯速度。由于转弯协调仪在训练飞机上更流行，这里的讨论就集中于这个仪表。当在转弯侧滚或者退出侧滚时，仪表上的小飞机就会向飞机侧滚方向倾斜。快的侧滚速度导致小飞机比慢侧滚速度倾斜的更陡。转弯协调仪通过使小飞机的机翼和转弯指针对齐可以用于确定和维持标准速率转弯（standard-rate-turn）。转弯协调仪只显示转弯的速度和方向，它不显示倾斜的具体角度。

12.3　航空地平仪

12.3.1　地平仪的功用

地平仪，又称陀螺地平仪（gyro horizon），是用来测量飞机俯仰角和倾斜角的仪表。

飞机的俯仰角和倾斜角表示飞机的飞行姿态。精确地测量出飞机的俯仰角和倾斜角，无论是对于飞机驾驶，还是对于飞机自动控制系统，都是极为重要的。

由于地平仪对于完成飞行任务，保证飞行安全具有十分重大的作用，所以飞机装有两只地平仪（正、副驾驶各一只），而航线运输机还要加装一只备用地平仪，以备主地平仪出现故障时使用。

12.3.2　地平仪的测量原理

12.3.2.1　地平仪的基本原理

飞机的俯仰角是飞机纵轴与地平面的夹角，即飞机绕横向水平轴转动的角度。俯仰角一般用 θ 表示，上仰为正（见图 12.13）。飞机的倾斜角是飞机对称面与通过飞机纵轴所作的铅垂面之间的夹角，即飞机绕纵轴转动的角度。在飞机无俯仰时，也等于飞机横轴与地平面的夹角。倾斜角一般用 γ 表示，右倾斜为正（见图 12.14）。由此可知，测量飞机的俯仰角和倾斜角的关键是要在飞机上建立水平面或地垂线基准，并且还要使这个基准在飞机机动飞行时保持稳定。

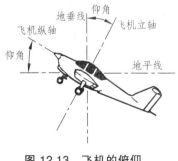

图 12.13　飞机的俯仰

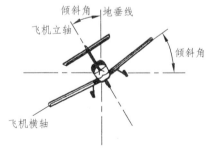

图 12.14　飞机的倾斜

我们知道，悬挂的摆锤，即单摆对重力的方向很敏感，其摆线所指示的就是地垂线，也就是说单摆具有地垂性。由于地垂线和水平面是相互垂直的，所以找到地垂线也就等于找到了水平面。建筑工人利用重锤检查墙壁是否垂直，利用气泡水准仪（相当于液体摆）检查地基是否水平就是应用单摆地垂性的最好例证。

然而，建筑物是静止的，飞机却是运动的物体。当飞机加速、减速或转弯飞行时，由于摆除了受到重力作用外，还受到惯性力作用，将使摆线偏离地垂线。所以，摆不具有抵抗干扰的方向稳定性，不能单独用来测量飞机的姿态角。

从陀螺的基本特性可知，两自由度陀螺的自转轴具有很高的方向稳定性。如果在飞机上安装一个两自由度陀螺，并将其自转轴调整到地垂线方向，那么当飞机机动飞行时，自转轴不会像摆那样受干扰，仍然能相当精确地指示出地垂线。

另一方面，两自由度陀螺的自转轴是相对惯性空间保持方向稳定。由于地球自转，地垂线相对惯性空间的方向不断改变，而陀螺自转轴相对惯性空间的方向却仍然不变，这就使原来与地垂线相重合的自转轴逐渐偏离地垂线（见图12.15）。并且，飞机又总是相对地球运动，从一个地点飞到另一个地点，地球上不同地点的地垂线相对惯性空间的方向是不同的，而陀螺自转轴相对惯性空间的方向却仍然保持与原来的相同，这也将引起自转轴逐渐偏离地垂线（见图 12.16）。此外，实际的陀螺仪总是不可避免地存在着干扰力矩引起的漂移，也会使自转轴偏离地垂线。上述原因使陀螺没有对地垂线的方向选择性。因此，如果单独使用陀螺仪来测量飞机的姿态角，也将产生很大的误差。

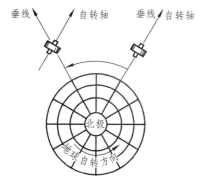
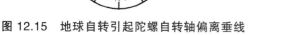
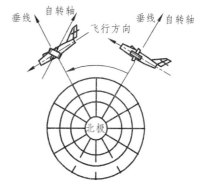

图 12.15　地球自转引起陀螺自转轴偏离垂线　　　图 12.16　飞机运动引起陀螺自转轴偏离垂线

综上所述，摆具有对地垂线的方向选择性，但没有抵抗干扰的方向稳定性；陀螺具有抵抗干扰的方向稳定性，却没有对地垂线的方向选择性。它们都不能单独作为飞机的姿态测量基准。怎么解决呢？我们可以把两者有机地结合起来，从而建立稳定的地垂线测量基准。

地平仪的基本原理就是利用摆的地垂性修正陀螺，利用陀螺的稳定性建立稳定的人工地垂线，从而根据飞机和陀螺的关系测量飞机的俯仰角和倾斜角。

12.3.2.2　地平仪的安装及测量方法

由于两自由度陀螺内外框轴与飞机纵横轴关系不一样，地平仪在飞机上有两种安装方法：一种是外框轴平行于飞机纵轴安装，称为纵向安装；另一种是外框轴平行于飞机横轴安装，称为横向安装。两种安装方法如图12.17所示。

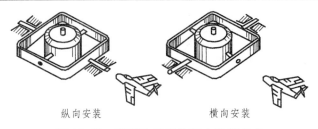

纵向安装　　　　　　　横向安装

图 12.17　陀螺地平仪的基本安装方式

纵向安装地平仪的测量原理如图 12.18 所示。当飞机俯仰时，表壳和外框跟随机体一起转动，而内框绕内框轴保持稳定，外框绕内框轴转过的角度就等于飞机绕横向水平轴转动的角度，即飞机的俯仰角，因而内框轴成为仪表俯仰角的测量轴。当飞机倾斜时，表壳跟随机体一起转动，而外框绕外框轴保持稳定，表壳绕外框轴转过的角度就等于飞机绕纵轴转动的角度，即飞机的倾斜角，因而外框轴成为仪表倾斜角的测量轴。

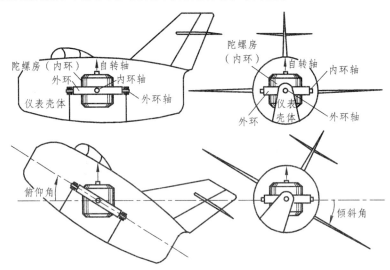

图 12.18　纵向安装陀螺地平仪的测量原理图

横向安装地平仪的测量原理如图 12.19 所示。当飞机俯仰时，表壳跟随机体一起转动，而外框绕外框轴保持稳定，表壳绕外框轴转过的角度就等于飞机绕横向水平轴转动的角度，即飞机的俯仰角，因而外框轴成为仪表俯仰角的测量轴。当飞机倾斜时，表壳和外框轴跟随机体一起转动，而内框绕内框轴保持稳定，外框绕内框轴转过的角度就等于飞机绕纵轴转动的角度，即飞机的倾斜角，因而内框轴成为仪表倾斜角的测量轴。

比较两种安装方式，从测量准确度来看，它们是不同的。我们知道，飞机的俯仰角是绕飞机横向水平轴转动的角度，飞机的倾斜角是绕飞机纵轴转动的角度，即飞机俯仰角的定义轴是横向水平轴，倾斜角的定义轴是飞机纵轴。对于纵向安装的地平仪（见图 12.18），无论在飞机俯仰的情况下测量倾斜，或是在飞机倾斜的情况下测量俯仰，仪表姿态角的测量轴均始终与飞机姿态角的定义轴重合，这样仪表所测量到的姿态角是准确的。对于横向安装的地平仪（见图 12.19），当飞机俯仰时测量倾斜，由于陀螺内框轴保持水平而不和飞机纵轴重合；当飞机倾斜时测量俯仰，由于陀螺外框轴随飞机倾斜而不能保持水平。因此，仪表姿态角的测量轴均与飞机姿态角的定义轴不重合，仪表出现了测量误差。可见，纵向安装的地平仪比横向安装的地平仪更准确。

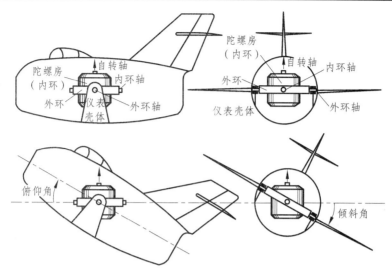

图 12.19　横向安装陀螺地平仪的测量原理图

从两种安装方式陀螺的稳定性来看，当飞机有较大的俯仰角时，纵向安装地平仪陀螺的外框轴与自转轴接近重合，将严重影响陀螺的稳定性；当飞机有较大的倾斜角时，横向安装地平仪陀螺的外框轴与自转轴接近重合，也将严重影响陀螺的稳定性。对于运输机来说，因为俯仰角和倾斜角都不大，所以对陀螺的稳定性不会造成太大影响。

综上所述，由于纵向安装地平仪的准确度更高，飞机大多采用这种安装方式。

12.3.3　地平仪的组成及分类

地平仪的种类很多，结构也各有不同。但是，它们的组成基本为四个部分：两自由度陀螺、地垂修正器、指示机构和控制机构，如图 12.20 所示。

地垂修正器是地平仪的修正部分，用来测量地垂线并对陀螺进行地垂修正。目前，电动地平仪采用的修正器主要有固体摆式修正器和液体摆式修正器两种。

指示机构用来向驾驶员提供飞机姿态角的目视信号。有的地平仪还安装了信号传感器，用来向姿态指示器、自动驾驶仪及其他机载设备提供飞机姿态角的电信号。

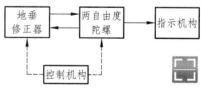

图 12.20　地平仪的基本组成

控制机构分为陀螺控制和摆的控制机构。陀螺控制机构可以在地平仪起动时或飞机机动飞行后使自转轴迅速恢复到地垂线方向，从而缩短起动时间或消除机动飞行过程中产生的指示误差，通常采用机械式锁定装置。摆的控制机构可以在飞机具有一定加速度或角速度时自动断开摆对陀螺的修正作用，避免地平仪产生误差，通常采用活动臂或加速度传感器、角速度传感器等。

在地平仪的四个组成部分中，陀螺和修正器是组成地平仪的核心。因为修正器的敏感元件实质上是一个摆，所以从原理上说，陀螺和摆是组成地平仪的核心。

航空地平仪根据摆和陀螺是否直接带动指示机构可以分为直读式和远读式两种。由摆和陀螺直接带动指示机构的地平仪，称为直读地平仪。由摆和陀螺通过远距传送装置间接带动指示器的地平仪，称为远读地平仪。

直读地平仪体积小，结构较简单，可靠性高，但精度较低。小型飞机通常都安装这种地平仪；在大、中型飞机上则把它作为备用地平仪使用。远读地平仪精度高，但结构较复杂，体积较大，它是大、中型飞机的主用地平仪。本书只讲授直读地平仪，远读地平仪则放在运输机电子设备课程中学习。

12.3.4　地平仪的修正原理

怎样实现摆对陀螺仪的修正作用而使转轴重现准确、稳定的地垂线呢？下面以典型地平仪结构为例分析它的修正原理。

12.3.4.1　固体摆式地垂修正器

图 12.21 所示为一种典型的固体摆式地垂修正器，它广泛使用在 B737、B757、MD11、A340、Y7-100等飞机的直读地平仪上。

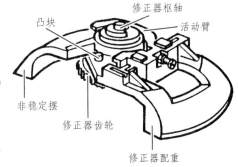

图 12.21　非稳定摆修正器

这种摆式修正器主要由非稳定摆、修正器配重、活动臂等组成，安装在陀螺室（即内框）上部，通过减速齿轮与自转轴相联。

在陀螺工作时，自转轴经减速齿轮、修正器齿轮，带动修正器配重绕修正器枢轴转动，配重又通过其上的凸块推动非稳定摆转动。

当陀螺自转轴处于地垂线方向时，非稳定摆保持与配重上的凸块接触，并以恒速转动，摆和配重的合重心通过旋转轴（即自转轴），对陀螺不施加力矩，陀螺自转轴稳定在地垂线方向，如图 12.22 所示。

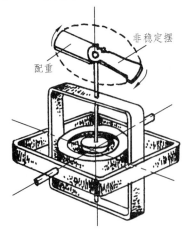
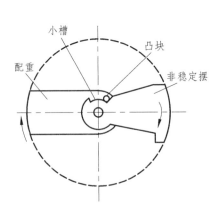

图 12.22　自转轴垂直，没有修正力矩

当陀螺自转轴偏离地垂线方向时，非稳定摆和配重组件的旋转平面也偏离水平面，由于配重上的凸块可在非稳定摆的一段小槽内运动，因此非稳定摆可以相对配重转动，转速将发生变化，摆和配重的合重心不再通过旋转轴，从而产生修正力矩，使陀螺向地垂线进动。

修正器上的活动臂是一种摆的控制机构。当飞机水平加速度分量增大到一定值时，活动臂工作，使非稳定摆不能相对配重自由转动，从而消除它的修正作用，减小了摆受加速度影响产生的误差。

这种地垂修正器的修正速度为 3°/min，垂直精度高于 0.5°。

12.3.4.2　液体摆式地垂修正器

图 12.23 所示为一种液体摆式地垂修正器，使用在 Y5 等飞机的直读地平仪上。

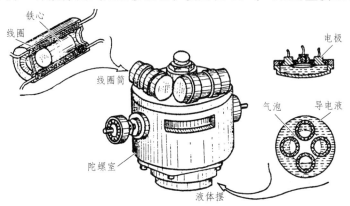

图 12.23　地垂修正器的组成

这种修正器由敏感元件液体摆、执行元件横向和纵向修正线圈筒组成。前者用来感测地垂线，后者用来产生修正力矩。

液体摆固定在陀螺室的下方。在液体摆的铜盒中装有导电液，并且不完全装满，中间留有一个气泡。铜盒的绝缘板上有两对互相垂直的接触点。

纵、横向修正线圈筒安装在陀螺室的顶上。每个线圈筒都有一个圆柱形活动软铁心和两个结构相同的线圈。每个线圈的一端与电源连接，另一端与相应的一个接点相连。液体摆的铜盒则作为另一个电极与电源相接，如图 12.24 所示。

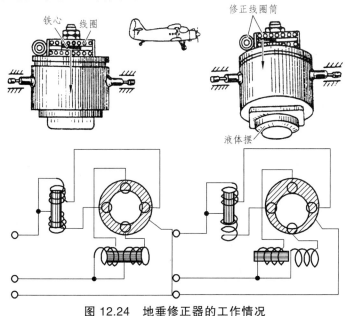

图 12.24　地垂修正器的工作情况

　　当陀螺自转轴处于地垂线方向时，四个接触点与导电液的接触面积相等，四个线圈的电流相等。每个线圈筒的两个线圈产生相等的磁场强度，使铁心停在线圈筒的中央，对陀螺不产生修正力矩。

　　当陀螺自转轴绕内框轴向左（飞机左侧）偏离地垂线时，气泡向右移动，使左接触点与导电液的接触面积增大，电阻减小；右接触点与导电液的接触面积减小，电阻增大。于是，被这一对接触点控制的横向修正线圈筒两个线圈的电流大小不相等，铁心被磁场强的线圈吸向后边，沿外框轴方向产生修正力矩，方向向右，使自转轴（其角速度矢量向上）进动到地垂线方向。同理，当自转轴绕外框轴转动产生纵向偏离时，纵向修正线圈筒产生修正力矩的工作情形与上述相似。

12.3.4.3　气动地平仪的地垂修正器

　　常用的陀螺地平仪有电动和气动两种，转子的转速高达 22 000 ~ 23 000 r/min，稳定性很好。目前，大中型飞机都采用电动地平仪；小型飞机，例如 TB-20 和 CheyenneⅢA 则选用了一只电动和一只气动地平仪。图 12.25 是气动陀螺地平仪的示意图。这种地平仪普遍应用于轻型飞机上，或作为备用仪表使用在商用飞机上。该仪表由真空泵驱动，通过仪表表壳和陀螺房（内框）将空气抽出去，这样就在仪表内形成了低压。仪表周围的空气通过进气滤网，再经气路流到喷嘴。喷嘴安装在内框，内框将气流引导到转子 外围，使转子以大约 13 000 r/min 的速率转动，从上往下看转

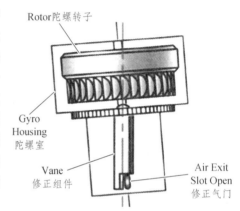

图 12.25　气动陀螺地平仪

动方向为逆时针。然后，气流再通过安装在转子外壳下面的下垂组件上的四个孔抽出，并由两对连在一起的下垂叶片控制，使陀螺的自转轴保持在垂直方向。

　　气动仪表有一个机械下垂的叶片组件，该组件使陀螺直立在其垂直位置上，并在工作过程中保持其自转轴一直处于这种位置。如图 12.26 所示，该组件固定在转子室的下面，由四个刀刃状的、下垂的悬浮叶片组成。悬浮叶片安装在组件体内直径方向上相反的两对轴上。一个轴与陀螺的俯仰轴（Y-Y_1 轴）平行，另一个轴与陀螺的横滚轴（X-X_1 轴）平行。在组件体的边上有四个小的、长的孔，分别位于每一个叶片的下面。真空气流在驱动转子后，通过这些孔排出，这些在直径方向上相反的气流的反作用力施加到组件体上。这些叶片在重力的影响下，总是处于垂直位置，控制着从孔流出的气流的流量，同时也通过排出的空气的反作用力控制着施加到陀螺上的力，当陀螺处于垂直位置时，每个叶片的刃状物将每个孔平均切成两半，所以，所有四个孔的开度是相等的。

　　空气的反作用力近似相等，围绕每一个轴的合成力平衡。但是，如果陀螺自转轴偏离垂直位置，如图 12.27 所示，安装在 Y-Y_1 轴上的一对叶片保持在垂直位置，所以，其中的一个叶片完全打开，而相反方向的另一个叶片完全关闭。从完全打开的孔排出的增加的空气反作用力将对陀螺体施加箭头方向的力矩，根据进动规律，组件将围绕俯仰轴（Y-Y_1 轴）转动。当叶片被重新平均切成两半时，引起的反作用力相等，自转轴回到当地地垂线或直立。

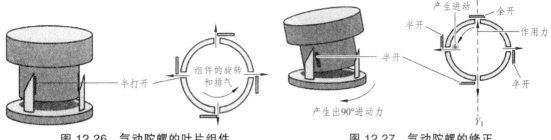

图 12.26　气动陀螺的叶片组件　　　　　　　图 12.27　气动陀螺的修正

12.3.5　地平仪的指示

地平仪指示机构的结构形式多种多样，但它们的指示原理则是大同小异的。

12.3.5.1　指示原理

图 12.28 所示为一种指示机构的原理示意图。它由安装在陀螺上的人工地平线、倾斜指标和安装在表壳上的小飞机形指针（简称小飞机）、倾斜刻度盘等组成。

1. 指示俯仰

当飞机平飞时，地平仪上的小飞机与人工地平线重合，表示飞机平飞，如图 12.28（a）所示。当飞机由平飞转为上仰时，陀螺自转轴保持垂直，内框保持水平，表壳和外框绕内框轴向下转动；安装在外框上的人工地平线摇臂则由固定在内框上的销子拨动，再向下转动一个上仰角，人工地平线下降。这时，小飞机形象地上升到人工地平线上面，表示飞机上仰，如图 12.28（b）所示。

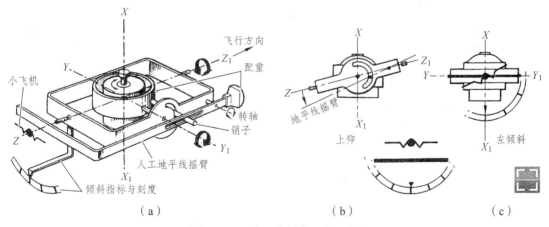

（a）　　　　　　　　　　　　（b）　　　　　　　　　（c）

图 12.28　地平仪的指示原理图

同理，当飞机由平飞转为下俯时，人工地平线上升，小飞机下降到人工地平线下面，表示飞机下俯。

2. 指示倾斜

当飞机由平飞转向左倾斜时，陀螺自转轴、内框、外框保持稳定，表壳绕外框轴左转一个倾斜角。这时，安装在表面上的小飞机和倾斜刻度盘相对安装在陀螺上的人工地平线和倾斜指标左转，表示飞机左倾斜，如图 12.28（c）所示。

同理，当飞机由平飞转向右倾斜时，小飞机和倾斜刻度盘相对人工地平线和倾斜指标右倾斜，表示飞机右倾斜。

12.3.5.2　指示认读及分类

地平仪的指示形式比较多，对它们的要求是形象、直观、认读方便。图 12.29 所示为两种直读地平仪的表面图。

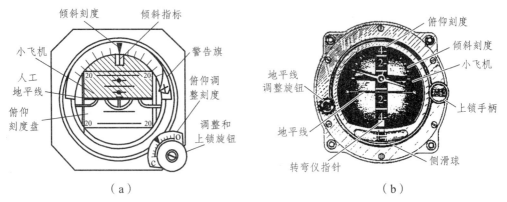

图 12.29　几种地平仪表面

图 12.29（a）、图 12.30 所示为一种地平仪的指示情况，它的指示原理与图 12.28 相同。俯仰刻度盘安装在陀螺上，它的中线即是人工地平线，每 10° 有一条刻线，每 20° 刻有角度数；上部涂成天蓝色，下部涂成褐色，形象地代表天和地。倾斜刻度盘安装在表面上部，每小格代表 10°，每大格代表 30°。

（a）平飞　　　　　（b）上仰 40°，右倾 5°　　　　（c）下俯 5°，左倾 30°

图 12.30　地平仪指示

飞机平飞时，小飞机和人工地平线重合。飞机上升（或下降）时，人工地平线下降（或上升），小飞机在俯仰刻度盘上指示的度数代表飞机的俯仰角。飞机向左（或右）倾斜时，人工地平线向右（或左）倾斜，倾斜指标在倾斜刻度盘上的读数代表飞机的倾斜角。

表面右下方有一个调整旋钮，转动旋钮，可以使小飞机上下移动 ±5°。这个旋钮还具有上锁功能，拉出旋钮，陀螺三轴互相垂直并锁定；松开旋钮，陀螺开锁。

当陀螺未通电或转速较低时，表面右上方会出现一个警告旗，如图 12.29（a）所示。在这种情况下，驾驶员不能利用这只地平仪判读飞机姿态。

上面讲述的以图 12.30 为例的是"从飞机看地面"的指示形式。飞行中，驾驶员看到的是人工天地线运动，小飞机不动，这与驾驶员从飞机上看到地面的情况是一样的。

另一种为"从地面看飞机"的指示形式。飞行中，驾驶员看到的是小飞机运动，人工天地线不动，这与站在地面看飞机的情况是一样的。图 12.29（b）所示地平仪就是这种指示形式。

"从飞机看地面"的指示形式真实性较好，应用广泛。

12.3.6　直读式地平仪典型结构介绍

地平仪的结构形式较多，也较复杂，本书主要介绍两种典型的电动地平仪。

12.3.6.1　采用固体摆式地垂修正器的地平仪

图 12.31 所示为采用固体摆式地垂修正器的地平仪（H321 地平仪）的结构。类似结构的系列地平仪广泛使用在 B737、B757、MD11、A340、Y7-100 等飞机上。

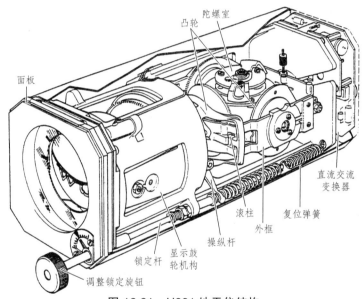

图 12.31　H321 地平仪结构

地平仪的陀螺纵向安装。陀螺电机转速大于 23 000 r/min，起动时间小于 3 min。电源由 28 V 直流经表内直流/交流变换器，转换成 20 V/400 Hz 三相交流电。

地垂修正器采用固体非稳定摆式。

指示机构由陀螺经一系列齿轮机构带动。指示形式是"从飞机看地面"类型。

陀螺上锁机构由调整锁定旋钮、锁定杆、操纵杆、滚柱和固定在内外框轴上的两个凸轮等组成。拉出锁定钮，上锁机构使陀螺内框、外框上锁，此时，陀螺三轴互相垂直，自转轴处于飞机立轴方向。松开锁定钮，在复位弹簧作用下，开锁，陀螺恢复自由。

这种地平仪的测量精度为 ±1°。

12.3.6.2　采用液体摆式地垂修正器的地平仪

如图 12.32 所示为采用液体摆式地垂修正器的地平仪。这种地平仪使用在 Y5 等飞机上。

它是由地平仪、转弯仪、侧滑仪构成的组合仪表。

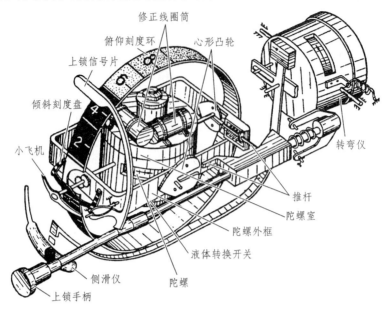

图 12.32　BDP-1 地平仪结构

地平仪的陀螺横向安装。陀螺电机转速在 20 000 r/min 以上，起动时间约为 3 min。电源为三相 36 V/400 Hz 交流电。

地垂修正器采用液体摆和电磁铁式修正线圈筒。

指示形式是"从地面看飞机"类型。

上锁机构由上锁手柄、推杆和固定在内外框轴上的两个心形凸轮等组成。拉出手柄，推杆对心形凸轮施力，迫使其转动，直到插入凸轮缺口中，将内外框锁住。这时，陀螺三轴互相垂直，自转轴方向与飞机立轴一致，同时，上锁信号片出现。推入手柄，推杆退回，陀螺开锁，同时上锁信号片收回。

这种地平仪的测量精度是 ±1°。

12.3.7　地平仪的使用特点

12.3.7.1　地平仪的地面起动

地平仪地面起动，就是要使地平仪通电后陀螺自转轴处于地垂线方向，并使转子转速达到额定转速。怎样判断地平仪已经起动好了呢？对于转速来说，应该按照飞机手册的要求保证起动时间。由于许多地平仪，例如 H321 等的警告旗收起就表示转速已经符合工作要求，因此可以根据警告旗是否收起作为转速是否达到额定转速的依据。对于陀螺是否直立，可以根据地平仪是否已经指示飞机停机角来判断。

我们知道，陀螺电机达到额定转速的时间是一定的，因此，为了加快起动速度、缩短起动时间，应该设法使自转轴尽快转到地垂线方向，使地平仪指示停机角。

地平仪通电以前，陀螺处于自由状态，自转轴一般不在地垂线方向。通电以后，地垂修正器逐渐使自转轴转向地垂线方向，但由于修正速度较低，起动的时间可能比较长。例如，通电前若自转轴偏离地垂线 60°，通电后的修正时间就需要 20 min 左右。因此，起动地平仪时，都要利用陀螺控制机构或上锁装置使陀螺快速直立，陀螺三轴互相垂直（自转轴接近地垂线方向），加快起动速度。

例如，H321 地平仪，通电 3 min 左右，警告旗收起后，应将锁定旋钮拉出，待小飞机和人工地平线重合后，轻轻松开锁定钮，直到地平仪指示停机角后，起动完毕。

对于 BDP-1 型地平仪，通电前应先上锁，通电 1~2 min 后再开锁，约 3 min 陀螺可达额定转速，待指示停机角后，起动完毕。

地平仪的起动时间还和飞机在地面的停机角有关，例如前三点式起落架飞机与地面几乎平行，后三点式起落架飞机的停机仰角则比较大。因此，前者起动时间较短，后者起动时间较长。

在起动过程中，如果起动时间不够或起动程序不对，可能使地平仪稳定性不好或增加起动时间。

12.3.7.2　地平仪的空中使用

不同的飞行状态，使用地平仪的要求是不同的。下面根据地平仪的结构特点，各种飞行状态下的误差规律，来说明正确使用地平仪的基本方法和注意事项。

1. 平飞过程中怎样使用地平仪

飞机保持一定的迎角平飞，地平仪的小飞机将与人工地平线不重合。这时应根据升降速度表的指示，判定飞机确实是平飞后，再用调整旋钮把小飞机和地平线调整重合，以便保持平飞。但在作倾斜和俯仰之前，应将小飞机（或地平线）调回原位，否则会出现指示误差。

2. 加速飞行过程中怎样使用地平仪

飞机增速或减速时，由于惯性力的作用，摆将偏离地垂线，并对陀螺施加修正力矩，使自转轴偏离地垂线。因此，地平仪会产生误差，称为纵向加速度误差。增速飞行时，陀螺自转轴上端向前移动，地平仪产生上仰误差；减速飞行时，陀螺自转轴上端向后移动，地平仪产生下俯误差。例如，飞机由起飞到加速上升的最初一分钟内，地平仪约产生 2.5°~4.5° 的上仰误差。飞机做 90° 转弯后，由于陀螺自转轴在空间的方向不变，故这一误差又可变为倾斜误差。

为了减小纵向加速度误差，有的地平仪安装了误差控制装置。它可以把误差减小到一定值，但仍然存在误差。因此，在飞机加速飞行时使用地平仪，应该及时利用升降速度表和转弯侧滑仪来检查地平仪的指示。

3. 盘旋和转弯过程中怎样使用地平仪

飞机盘旋或转弯时，由于惯性离心力的作用，摆将偏离地垂线，并对陀螺施加修正力矩，使自转轴偏离地垂线方向。因此，地平仪会产生误差，称为盘旋误差或向心加速度误差。这时，俯仰和倾斜指示都有误差。

对于安装了误差控制装置的地平仪，可以减小误差，但仍有误差。因此，在飞机改平后，应该利用升降速度表和转弯侧滑仪检查地平仪的指示。

4. 出现误差后的修正方法

地平仪出现的误差，待飞机匀速平飞时可以自行消除，但需要的时间较长。为了加速消除误差，飞行员应利用陀螺上锁机构，在飞机改平、匀速飞行时上锁，然后开锁，误差就会消除。

5. 使用后的处置

使用完毕，断开电门。有上锁机构的，应立即上锁。有的地平仪（如 H321）断电后，由于转速降低、稳定性降低，允许指示器打转，这时不能拉锁，以免损坏机件。

6. 特殊情况下的处置

飞行中，升降速度表、空速表和高度表的指示，可以间接反映出飞机的俯仰角及其变化；转弯侧滑仪和陀螺磁罗盘的指示，可以间接反映出飞机的坡度及其变化。因此，应综合分析地平仪和这些仪表的指示。如果发现地平仪发生故障后，应根据升降速度表和空速表的指示了解飞机的俯仰情况，根据转弯侧滑仪和陀螺磁罗盘的指示了解飞机的倾斜情况。

12.4　姿态基准系统

姿态基准系统实质上是由远读地平仪和飞行指引仪组合而成。远读地平仪和飞行指引仪都需要俯仰角和倾斜角信号才能工作，所以，可以用一个垂直陀螺或惯导系统提供。两者的指示部分合装在一个表壳内，其姿态角和姿态指令的指示就更便于驾驶员观察和阅读。为了使有关参数也集中在指示器上反映，将其他相关参数的指示部分也装在姿态指引仪上。这样，姿态指引仪就成为一个多参数的综合指示器。所有的姿态指引仪，其指示的主要参数都是姿态角和姿态指令，只是在其他参数的指示上有多有少而已。

图 12.33 所示为 B737 机型的姿态基准系统信号连接方框图。它主要由双套垂直陀螺提供姿态信号，为正、副驾驶员提供姿态显示。在非正常情况下，可以通过转换开关选择，使两个指示器指示的姿态信息都来自一个垂直陀螺传感器（即图中垂直陀螺 1 号或 2 号）。姿态系统传感器（垂直陀螺）除了为指示器提供飞机的俯仰和倾斜角信号外，还为飞行指引仪、自动驾驶仪和气象雷达提供飞机的姿态角信号，如图 12.33 所示。在正常情况下，1 号系统为 1 号飞行指引仪和自动驾驶仪提供姿态信息；2 号系统为 2 号飞行指引仪和气象雷达提供姿态信息。在非正常情况下，只有两套指引仪可以共用一个垂直陀螺，而自动驾驶仪和气象雷达则不能转换。

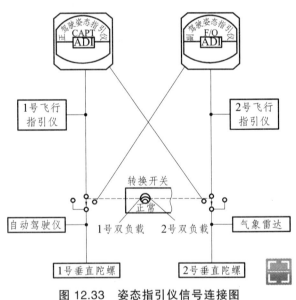

图 12.33　姿态指引仪信号连接图

姿态基准系统的指示仪表可分为机电式姿态指引仪和电子式姿态指引仪两类。

1. 机电式姿态指引仪

图 12.34 所示是一种机电式姿态指引仪，它除指示主要参数外，还能显示真实高度、仪表着陆进场状态、决断高度和故障警告。

（1）俯仰角指示：俯仰刻度盘的零刻度线为人工地平线，它代表天地线。俯仰刻度范围

为 ±90°。仰角刻度为天空背景蓝色，俯角刻度为大地背景颜色。整个俯仰刻度盘由垂直陀螺传输来的真实俯仰角信号所驱动，相对于固定在表面中心的三角形飞机标记运动而指示飞机的真实俯仰角。

（2）倾斜角指示：在表面上部表壳上有倾斜刻度盘，范围为左、右各60°，各刻度线分别代表10°、20°、30°、45°和60°，在零刻度处有一个倒三角形指标"▽"。倾斜刻度盘的下缘也有一个三角指标"△"，用作倾斜指针，它由垂直陀螺传输来的真实倾斜角信号所驱动，相对倾斜角刻度盘转动而指出飞机的真实倾斜角。认读时，三角形倾斜指针所对准刻度值即为飞机的真实倾斜角。

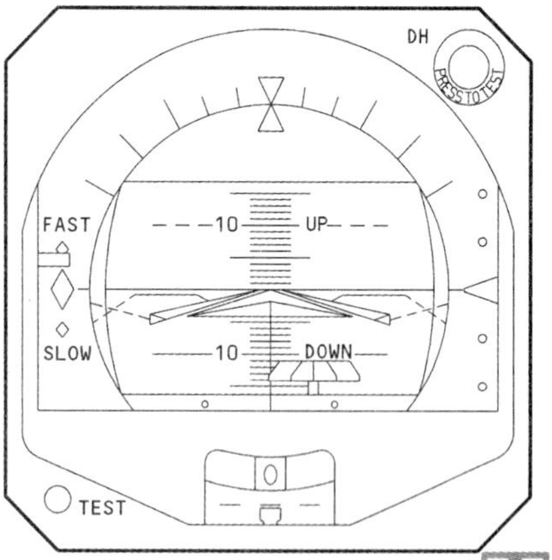

图 12.34 机电式姿态指引仪

（3）姿态指令指示：俯仰、倾斜指令采用"八"字形指针指示。飞机操纵正确时，"八"字形指引杆将包围三角形飞机标记，且两指引杆上的两个小三角与飞机标记底边对准成一条直线。

（4）快-慢指针和刻度：指示实际空速与目标空速的快慢关系及大致的偏差。当方形的指针在小菱形处，表示实际空速比目标空速快或慢 5 n mile/h，当方形的指针在"FAST"或"SLOW"处，表示实际空速比目标空速快或慢 10 n mile/h。

（5）表面右上角有一个决断高度警示灯，它与无线电高度指示器上的 DH 灯并联工作。

（6）仪表着陆指示。表面右侧有下滑信标偏差指示。指针为三角形，刻度内一点表示下滑偏差为 0.35°，两点为 0.7°。

（7）在表面正下方有航向信标偏差指示。指针是呈梯形的跑道偏离指标，当跑道偏离指标与飞机标记上的下三角对齐时，表明飞机对准了着陆跑道。

（8）表的下方有侧滑仪。

（9）指示器表面还有垂直陀螺警告旗（GYRO）、飞行指引计算机警告旗（COMPUTER）、下滑信标警告旗（GS）、无线电高度警告旗（RAD ALT）和航向信标警告旗。当以上某个警告旗出现，则相应的指示部分的指示也就失效了。

2. 电子式姿态指引仪

现代飞机基本都已采用电子仪表系统，机电式的姿态指引仪发展为电子式姿态指引仪。电子式姿态指引仪（EADI）如图 12.35 所示。电子式姿态指引仪是一种 CRT 显示器或 LCD

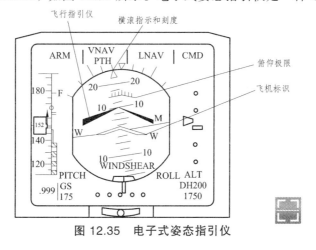

图 12.35 电子式姿态指引仪

液晶显示器，仪表上的各种刻度、指针和标识都使用电子符号表示。它除显示常规的飞行姿态和指引信息外，还可以显示地速、决断高度、空速、垂直偏离、侧向偏离，以及自动飞行控制系统、飞行管理系统工作灯信息。

复习思考题

1. 简要说明转弯仪的功用和工作原理。
2. 分析转弯仪指示飞机转弯方向的工作过程。
3. 分析转弯仪为什么能指示飞机转弯快慢。
4. 分析转弯仪为什么能指示飞机转弯时的坡度。指示的条件是什么？
5. 说明侧滑仪的功用和工作原理。
6. 分析测滑仪指示协调转弯和内、外侧滑的原理。
7. 举例说明飞机右盘旋一周时，转弯侧滑仪的各种指示情况。
8. 说明飞机航向角增加（或减小）时，转弯仪的指示情况。
9. 飞机上为什么要安装地平仪？
10. 为什么利用单摆可以检查建筑物的垂直度，却不能用来测量飞机的姿态角？
11. 为什么不能单独使用陀螺测量飞机的姿态角？
12. 地平仪的工作原理是什么？
13. 地平仪由哪几部分组成？它们的功用是什么？
14. 试分析固体摆式地垂修正器和液体摆式地垂修正器的修正原理。
15. 试判断图 12.36 中飞机的俯仰角和倾斜角。

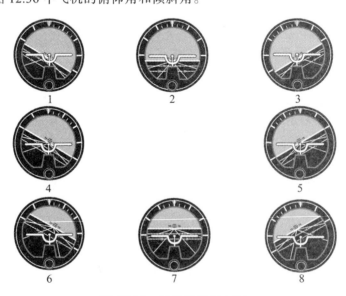

图 12.36　地平仪指示之三

16. 地平仪的指示形式有哪两种？它们有什么特点？
17. 地平仪地面起动的要求是什么？怎样判断起动完毕？怎样加快起动速度？

18. 试分析安装在 Y5（停机角 11°50′）和 Y7 飞机上的地平仪（地垂修正器修正速度约为 3(°)/min）在通电和开锁后，各需要多长时间才能正常指示。

19. 地平仪有哪些主要误差？说明产生误差的原因。

20. 说明地平仪的空中使用方法。

21. 说明姿态基准系统的基本工作原理。

13　测量飞机航向的仪表

航向表示飞机的飞行方向。测量航向的仪表叫作航空罗盘（简称罗盘）。罗盘是飞机上重要的驾驶领航仪表之一。

随着航空技术的发展，罗盘的种类日益增多，测量原理日趋完善。目前，飞机上有利用地磁来测量航向的磁罗盘，有利用陀螺来测量航向的陀螺半罗盘，有利用天体来测量航向的天文罗盘，此外还有利用地磁和陀螺共同测量航向的陀螺磁罗盘，以及综合测量航向的罗盘系统等。

小型飞机常用磁罗盘、陀螺半罗盘和陀螺磁罗盘（或罗盘系统）。大、中型飞机则采用磁罗盘和罗盘系统（或直接采用惯性基准系统测量航向）。

13.1　磁罗盘

磁罗盘（magnetic compass）是通过感受地球磁场，从而测量飞机航向的仪表。由于它结构简单、可靠，飞机上都安装了磁罗盘。

13.1.1　地磁与航向

13.1.1.1　地　磁

1. 地球磁场

地球具有磁性（见图 13.1）。地磁场的北极靠近地理北极，叫作北磁极，位于北纬 74.9°、西经 101° 的地方；地磁场的南极靠近地理南极，叫作南磁极，位于南纬 67.1°、东经 142.7° 的地方。北磁极实际上具有磁南极（S 极）的磁性；南磁极实际上具有磁北极（N 极）的磁性。

地球磁场的强度在赤道附近最弱，在地磁极附近最强。

2. 磁　倾

由于地球磁场的磁力线收敛于南北极，所以地球磁场强度的方向与水平面不平行。地磁强度与水平面的夹角叫作磁倾角，简称磁倾 θ。某地磁倾的大小也称为磁纬度。一般来说，越靠近地磁极，磁倾越大，即磁纬度越高。

地磁强度 T 可分为两个分量：平行于水平面的水平分量 H 和垂直于水平面的垂直分量 Z，如图 13.2 所示。它们大小的关系为

$$H = T \cos \theta$$
$$Z = T \sin \theta$$

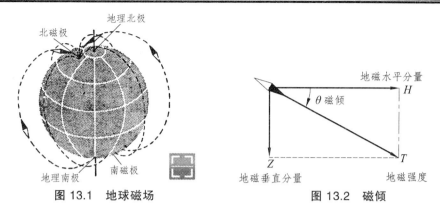

图 13.1　地球磁场　　　　　　　　图 13.2　磁倾

地磁水平分量的方向线称为磁经线，又叫磁子午线。磁针在地磁水平分量作用下，指示出磁经线方向；地磁垂直分量使磁针倾斜。

3. 磁　差

由于地磁极与地理极不重合，磁经线与真经线也不重合，磁经线偏离真经线的角度叫作磁差，如图 13.3 所示。磁经线北端（简称磁北）偏在真经线北端（简称真北）以东，磁差为正；磁经线北端偏在真经线北端以西，磁差为负。各地磁差的大小和符号是不相同的（见图 13.4），飞行员可以在航空地图上查出来。在航空地图上，连接磁差相等的各点的曲线叫作等磁差线。

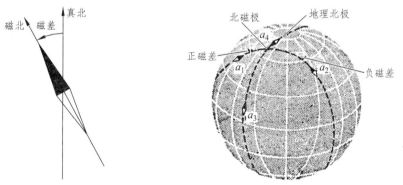

图 13.3　磁差　　　　图 13.4　地磁极与地理极不重合引起各地磁差不等

必须注意，磁性矿藏对磁差影响很大。在强磁区附近磁差很大，甚至能使磁针反指。飞机在强磁区上空飞行时，可以增加飞行高度，以减小对罗盘的影响。

此外，磁差还会随时间而变化。飞行时，应根据磁差年变率和航空地图上所标磁差的年份，修正地图上的磁差值。

磁暴（地球磁场在全球范围内突然发生急剧而不规则的扰动，叫作磁暴，它与太阳黑子活动有关）出现时，磁针摆动很厉害，磁差也较大。但每次磁暴时间不长，一般只有几小时。磁暴过去后，磁差又恢复到原来数值。

13.1.1.2　航　向

飞机的航向是指飞机纵轴与经线在水平面上的夹角。航向都是以经线北端为起点顺时针方向计算的。由于所取经线不同，航向可分为真航向、磁航向和罗航向。

1. 真航向

真经线与飞机纵轴在水平面上的夹角，叫作真航向（见图 13.5（a））。真航向的 0°、90°、180° 和 270° 就是正北、正东、正南和正西方向，可分别用英文字母 N、E、S、W 来表示。

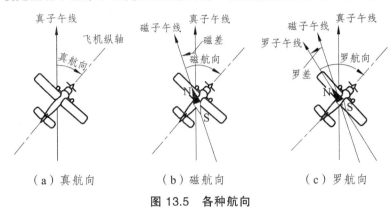

（a）真航向　　　　（b）磁航向　　　　（c）罗航向

图 13.5　各种航向

2. 磁航向

磁经线与飞机纵轴在水平面上的夹角，叫作磁航向（见图 13.5（b））。因为磁经线与真经线相差一个磁差，所以真航向与磁航向的关系为

$$真航向 = 磁航向 + (\pm 磁差)$$

3. 罗航向

飞机上的钢铁物质和工作着的用电设备所形成的磁场叫作飞机磁场。飞机磁场由硬铁磁场和软铁磁场两部分组成。硬铁磁场由矫顽磁力较大的铁磁物质（发动机轴、电机轴等）和用电设备产生。它的特点是：大小和相对于飞机的方向一般是不变的。软铁磁场由矫顽磁力较小的铁磁物质（软铁）受地磁场的磁化而产生。它的特点是：大小和相对飞机的方向都随着航向的改变而改变。软铁受硬铁磁场的磁化而产生的磁场，其性质与硬铁磁场相同，可以认为是硬铁磁场的一部分。

每架飞机的磁场是不同的。图 13.6（d）所示的飞机磁场方向指向飞机右前下方。飞机磁场水平分量与地磁水平分量的合成磁场方向线叫作罗经线如图 13.6（e）所示。放在飞机上的磁针将指向罗经线方向。

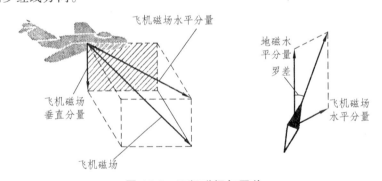

图 13.6　飞机磁场与罗差

罗经线与磁经线之间的夹角叫作罗差。罗经线北端偏在磁经线北端以东，罗差为正；偏

在罗经线北端以西，罗差为负。

罗经线与飞机纵轴在水平面上的夹角，叫作罗航向如图 13.5（c）所示。磁航向与罗航向的关系为

$$磁航向 = 罗航向 + (±罗差)$$

13.1.2 磁罗盘的原理及使用

磁罗盘用来测量飞机的罗航向。由于经过罗差修正后，剩余罗差并不大，因此有的文献称之为测量磁航向。

13.1.2.1 基本原理

磁罗盘的基本原理是利用自由旋转的磁条跟踪罗经线的特性来指示飞机的罗航向。

如图 13.7 所示，磁罗盘的敏感元件是在水平面内可以自由旋转的磁条。在磁条上固定着环形刻度盘，0°～180° 刻度线与磁条方向一致。航向标线固定在表壳上，代表飞机纵轴。

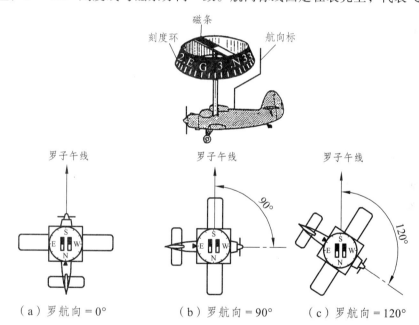

（a）罗航向 = 0°   （b）罗航向 = 90°   （c）罗航向 = 120°

图 13.7　磁罗盘的基本原理图

飞机航向改变后，磁条始终稳定在罗经线方向，表壳随飞机一起转动。因此航向标线在刻度盘上所指的角度，就是飞机纵轴与罗经线在水平面上的夹角，即罗航向。

13.1.2.2 基本结构

磁罗盘主要由罗牌、罗盘油、外壳和航向标线、罗差修正器等组成，如图 13.8 所示。

罗牌是罗盘的敏感部分，它由磁条、轴尖、浮子、刻度环等组成。整个罗牌可在支柱的轴承上自由转动，保证 0°～180° 刻度线始终与罗经线方向一致。为了减小磁倾的影响，使敏感部分保持水平，罗牌的重心通常偏在支点的南面（在北半球飞行时，可以抵消磁倾的作用），

并且还偏在支点的下面或上面。

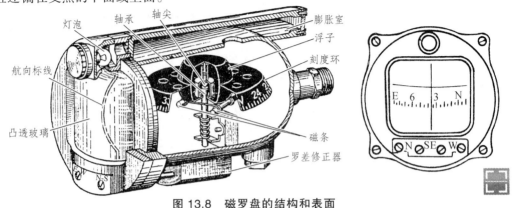

图 13.8 磁罗盘的结构和表面

罗盘油可以增加罗牌的运动阻尼和减小罗牌对轴承的压力,从而减小罗牌的摆动和摩擦。

罗差修正器用来抵消飞机磁场的影响,从而减小罗差。它有两对小磁铁(见图 13.9),一对可沿飞机纵轴方向产生附加磁场,抵消沿纵轴方向的飞机磁场对罗牌的影响,它们的相对位置可由 E—W 旋柄来改变;另一对可沿飞机的横轴方向产生附加磁场,抵消沿横轴方向的飞机磁场对罗牌的影响,它们的相对位置可由 N—S 旋柄来改变。

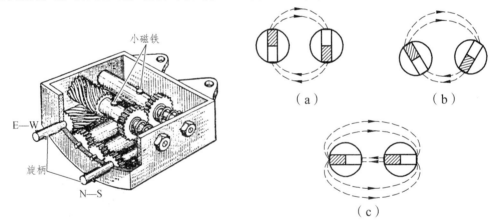

图 13.9 罗差修正器的结构　　　　图 13.10 罗差修正器的磁场

当两个小磁铁平行时(见图 13.10(a)),磁力线作用的空间范围最小,消除罗差的能力也最小;当两个小磁铁成一直线时(见图 13.10(c)),磁力线作用的空间范围最大,消除罗差的能力也最大;两个小磁铁处于其他相对位置时(见图 13.10(b)),消除罗差的能力介于上述两者之间。因此,只要适当转动旋柄,改变两个磁铁的方向和相对位置,就可以在一定范围内消除不同符号、不同大小的罗差。

罗差校正由机务人员按规定的时间进行,其他人员不能随意转动罗差修正旋柄。

13.1.2.3　磁罗盘的误差

磁罗盘具有罗差和飞行误差。

1. 罗 差

磁罗盘为了便于使用，一般安装在驾驶舱风挡玻璃的上部。而驾驶舱则是飞机用电设备高度集中的地方。由于电流磁场和飞机其他钢铁物质的影响，罗差较大，所以磁罗盘需要定期校正。校罗盘后制成剩余罗差曲线卡片，放在驾驶舱，供计算磁航向用，如图 13.11 所示，图中，横坐标为罗航向，纵坐标为剩余罗差。磁航向与罗航向、剩余罗差的关系为

磁航向 = 罗航向 + 剩余罗差

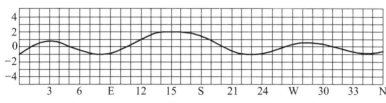

图 13.11 剩余罗差修正量曲线表

2. 飞行误差

飞机在俯仰、倾斜、盘旋、加速或减速时，飞机磁场和地球磁场的垂直分量将对磁罗盘产生影响，使指示出现误差，这些误差统称为飞行误差。在飞机平飞后，这些误差会自行消除。

1）俯仰倾斜误差

俯仰、倾斜误差是飞机俯仰、倾斜时，飞机磁场垂直分量引起的误差。

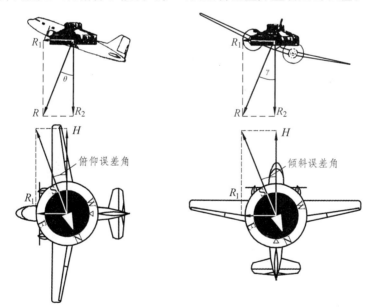

图 13.12 磁罗盘的俯仰、倾斜误差

飞机俯仰或倾斜时，磁罗盘敏感部分仍保持水平，而飞机硬铁磁场的垂直分量 R 则随飞机一起俯仰或倾斜，如图 13.12 所示。这时，R 在敏感部分的平面上产生一个分量 R_1，如果该分量的方向与地磁水平分量的方向不一致，二者的合成磁场将偏离磁经线，使罗盘产生误差，这就是俯仰、倾斜误差。当飞机改平后，误差自行消失。

为了减小飞机磁场对罗盘的影响，通常在可能的情况下，将罗盘或磁传感器放在飞机硬

铁磁场较弱的地方，如机翼尖等。

2）加速度误差

加速度误差是当飞机沿纵轴方向有加速度时，由惯性力、地磁垂直分量和飞机磁场垂直分量引起的一种误差（见图 13.13）。

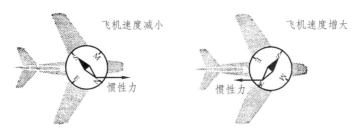

飞机速度减小　　　　飞机速度增大

惯性力　　　　惯性力

图 13.13　加速度误差的产生

由于磁罗盘罗牌的重心通常偏在支点的南面和下面，飞机有纵向加速度时，就有惯性力作用于罗牌的重心，产生惯性力矩。它使罗牌在水平面内转动，同时又使罗牌偏离水平面。前者直接产生指示误差，后者又由地磁和飞机磁场垂直分量作用于罗牌平面而产生误差。

飞机在东西磁航向上加速度误差最大，在南北磁航向上加速度误差最小。为了避免加速度误差，应在飞机匀速飞行时判读航向。

3）涡动误差

涡动误差是飞机转动时，敏感部分受到阻尼力矩作用而引起的一种误差。

飞机转弯时，罗盘壳体随飞机转动，罗盘油由于摩擦作用也将发生运动，从而又带动罗牌向着转弯方向转动。当飞机已经停止转动时，由于罗盘油的惯性作用仍使罗牌继续转动一段时间，使指示出现误差，误差最大可达数十度。飞机绕横轴或纵轴转动时，罗盘油同样会带动罗牌倾斜，此时地磁垂直分量和飞机磁场垂直分量也可使罗盘产生误差。

为了避免涡动误差，应在飞机改为平直飞行 15～20 s，待罗牌稳定后判读航向。

4）转弯误差

转弯误差是飞机转弯时，地磁垂直分量所引起的一种误差。由于飞机转弯时需要知道航向，因此它对驾驶飞机的影响最大。

a）误差产生的原因

飞机转弯时，作用于罗牌重心上的惯性离心力和重力的合力将使罗牌与飞机同方向倾斜，如图 13.14 所示。罗牌倾斜后，地磁垂直分量在罗牌平面上便有一个分量，如果该分量与地磁水平分量的方向不一致，两者的合成磁场将偏离磁经线方向，使罗盘产生误差。

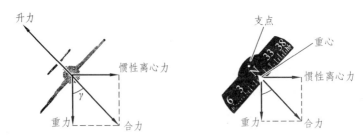

升力　　　　　　　　　　支点　　　重心

惯性离心力　　　　　　　　　　惯性离心力

重力　　　合力　　　　　　　重力　　　合力

图 13.14　敏感部分随飞机倾斜

b）误差现象

（a）在 0° 磁航向附近的误差

在北半球（下同），飞机由 0° 磁航向向西转弯时，飞机向左倾斜，罗牌也向左倾斜，地磁垂直分量在罗牌平面上的分量 Z' 指向飞机左方。Z' 和地磁水平分量 H 的合成磁场指向飞机左前方，偏离了磁经线方向。罗牌将向左转动，停在合成磁场方向上。由于罗牌转动方向和飞机转弯方向相同，两者的相对转角减小，因此在转弯过程中，罗盘指示的转弯角度小于飞机实际的转弯角度，如图 13.15 所示。

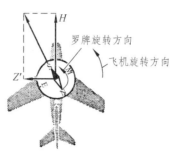

图 13.15　由 0° 磁航向向西转弯时的转弯误差

例如，飞机原航向是 0°，现左转 30°，改航 330°。当飞行员操纵飞机左转弯，罗牌出现左倾斜时，合成磁场指向飞机左前方，使罗牌向左旋转停在合成磁场方向。如果罗牌转动 30°，开始转弯时飞行员看见罗盘的指示不是零，而是 30°。当飞机转弯 30°，飞行员看见的指示才是零。飞机转弯 60° 后，飞行员看见的指示才是 330°。这样，指示的转弯角度（30°）小于实际的转弯角度（60°）。

同理，飞机由 0° 磁航向向东转弯，罗盘指示的转弯角度也小于飞机实际的转弯角度。

飞机转弯时的倾斜角越大，地球磁场垂直分量的影响也越大，转弯时的误差就越大。如在上海地区用 30° 坡度转弯时，误差可达 27°。

（b）在 180° 磁航向附近的误差

飞机由 180° 磁航向向西转弯，分量 Z' 指向飞机右后方，罗牌转动的方向与飞机转动的方向相反（见图 13.16），罗盘指示的转弯角度大于飞机实际的转弯角度。同理，飞机自 180° 磁航向向东转弯，罗盘指示的转弯角度也大于飞机实际的转弯角度。

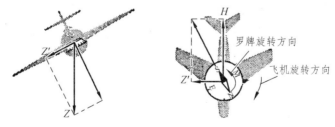

图 13.16　由 180° 磁航向向西转弯时的转弯误差

（c）在 90° 和 270° 磁航向上的误差

如图 13.17 所示，飞机在 90° 或 270° 磁航向上向南转弯时，罗牌随飞机倾斜，地磁水平分量 H 可沿罗牌平面产生分量 H'，地磁垂直分量 Z 也可沿罗牌平面做出分量 Z'。分量 H' 与 Z' 方向相反，它们的大小均与飞机的倾斜角有关，当 H' 等于 Z' 时，飞机的倾斜角是一个特殊的倾斜角，叫作临界倾斜角，这时罗牌失去定向能力，可以停在任意方向，罗盘可以指示任意角度[见图 13.17（a）]；当飞机倾斜角小于临界倾斜角时，H' 大于 Z'，没有误差[见图 13.17（b）]；当飞机倾斜角大于临界倾斜角时，Z' 大于 H'，罗盘转动 180°，出现 180° 的误差[见图 13.17（c）]。

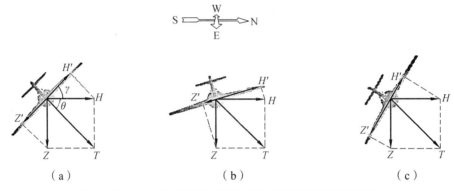

图 13.17　由 90° 或 270° 磁航向向南转弯时的转弯误差

飞机在临界倾斜角时，地磁强度与罗牌平面垂直，所以临界倾斜角等于 90° 减去当地的磁倾角。磁倾越大，临界倾斜角越小。例如，在广州，磁倾约为 32°，临界倾斜角为 58°；在北京，磁倾约为 57°，临界倾斜角为 33°。

飞机在 90° 或 270° 磁航向上向北转弯瞬间，分量 H' 与 Z' 的方向一致，罗盘没有误差。

综上所述，飞机在 0° 磁航向附近转弯时，罗盘有少指的误差。在 180° 磁航向附近转弯时，罗盘有多指的误差。在 90° 或 270° 磁航向上向北转弯瞬间，罗盘没有误差。在 90° 或 270°磁航向上向南转弯，当飞机倾斜角小于临界倾斜角时，罗盘没有误差；当飞机倾斜角大于或等于临界倾斜角时，罗盘有误差。飞机转弯倾斜角越大，转弯误差越大。

在南半球，由于地球磁场垂直分量的方向相反（垂直向上），因此转弯误差的正负（或多指、少指）关系与北半球相反。

此外，转弯误差还和磁航向、磁倾角有关。由于磁罗盘飞行误差大，一般作为备用仪表使用。

③ 避免转弯误差影响的措施

飞行人员根据磁罗盘操纵飞机转向预定航向时，必须考虑转弯误差，即根据磁罗盘的指示，提前或延迟改出转弯。在北半球飞行，如不考虑飞机惯性，转弯后的航向在 90° ~ 0° ~ 270° 范围内时，应提前改出转弯；在 90° ~ 180° ~ 270° 范围内时，应延迟改出转弯。

13.1.2.4　使用特点

（1）磁罗盘一般在飞机上主用罗盘失效后使用。

（2）为了避免飞行误差，应在匀速平飞时判读航向。如果罗牌摆动，读数应取平均值。若在转弯时使用，应注意修正转弯误差。

（3）在磁矿区，磁罗盘误差很大。增加飞行高度，可减小误差。

（4）在两极地区飞行时，由于地磁水平分量小，磁罗盘不能准确指示航向。

（5）若要利用磁航向进行领航计算，应该修正剩余罗差。

13.2　陀螺半罗盘

陀螺半罗盘（directional gyro），又称陀螺方向仪，是利用两自由度陀螺稳定性工作的仪表。它可以测量飞机的转弯角度，经过校正，还可以指示飞机的航向。由于这种仪表不能独立测量航向，必须与其他罗盘配合工作，所以叫作半罗盘。

13.2.1　工作原理

13.2.1.1　测量飞机转弯角度

陀螺半罗盘主要由两自由度陀螺、刻度盘、航向指标、水平修正器和方位修正器等组成，如图 13.18 所示。两自由度陀螺的外框轴与飞机的立轴平行。刻度盘固定在外框上，航向指标固定在表壳上，代表飞机纵轴。水平修正器的修正力矩作用于外框轴，使自转轴保持水平；方位修正器的修正力矩作用于内框轴，使自转轴能够跟踪选定的方位基准线。

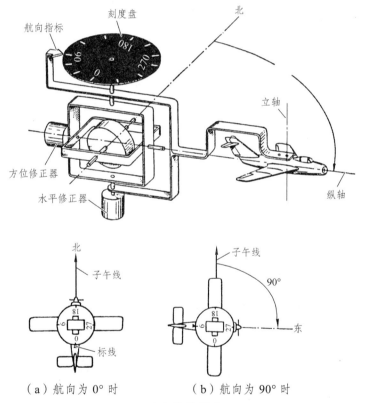

图 13.18　方向仪的基本原理图

当飞机转弯时，由于陀螺的稳定性，自转轴方位不变，刻度盘被陀螺稳定不动，而航向指标则随着飞机转动。因此，航向指标相对于刻度盘的转角，可以表示飞机的转弯角度。

13.2.1.2　测量飞机航向

航向是飞机纵轴与经线的夹角。由于陀螺自转轴不能自动跟踪经线，因此要测量航向就必须把自转轴（准确讲是刻度盘 0°～180° 连线）校正并稳定在经线（真经线、磁经线等）方向上，航向标线指示的角度便是航向角。

例如，测量真航向。真航向是飞机纵轴与飞机所在位置的真经线之间的夹角。要想指示真航向，必须使自转轴稳定在飞机所在真经线上。因此，陀螺半罗盘应该具备三个条件：① 使用前，必须使自转轴与起始点真经线方向一致；② 飞行过程中，由于地球自转，必须使自转轴随起始点真经线在惯性空间一起转动；③ 飞行过程中，由于飞机位置不断改变，所在点经线也不断改变，飞机所在经线与起始点经线发生相对运动，因此还必须使自转轴随时转到飞机所在真经线方向上。

自转轴与起始点真经线的相对运动，其性质就是陀螺的表观运动，在陀螺原理部分已经详细分析。要想使自转轴经常随起始点真经线一起转动，一方面必须用水平修正器使自转轴经常处于水平（水平修正）；另一方面，必须用方位修正器使自转轴在方位上不断进动（方位修正）。

如果使用前将自转轴调整到起始点真经线方向，在使用过程中，水平修正器经常使自转轴保持水平，方位修正器经常使自转轴以适当的角速度在方位上进动，则半罗盘的自转轴始终稳定在飞机所在真经线方向上，航向标线指示的航向便是真航向。同理，如果把上述真经线换成磁经线，陀螺半罗盘便可以指示磁航向。

13.2.2　结　构

陀螺半罗盘和地平仪一样，也有直读式和远读式两种。前者主要用在小型飞机上；后者主要用在中型飞机上，但现在已被罗盘系统取代，故用得很少。本书只介绍直读式陀螺半罗盘。

直读陀螺半罗盘的基本结构如图 13.19 所示。它由两自由度陀螺、指示部分、修正器和上锁机构等组成。

两自由度陀螺有电动和气动两种。刻度环固定在外框上，0°～180° 连线与自转轴方向一致。航向标线安装在表壳上，图 13.20 中指示为 355°。

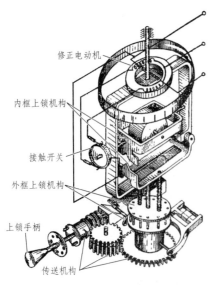

图 13.19　方向仪的基本结构

修正电动机
内框上锁机构
接触开关
外框上锁机构
上锁手柄
传送机构

图 13.20　方向仪指示器表面

　　直读半罗盘没有设置专门的方位修正器,而是利用配重沿内框轴方向形成一定的重力矩,作为方位修正力矩,以修正地球自转引起的自转轴方位偏离。但是,配重是按某一纬度设计的,如果飞行地区的纬度同设计的不一样,还会产生一些误差。

　　这种半罗盘采用了垂直修正器,使自转轴与外框轴保持垂直,从而使陀螺保持最大的稳定性;同时在飞机平飞时,使自转轴保持水平。垂直修正器由接触电门和修正电动机组成,接触电门安装在内框轴上,修正电动机安装在外框轴方向。

　　当自转轴与外框垂直时,接触电门的两把电刷正好同时与导电环的导电部分相通。两个控制绕组同时通电,两绕组产生的磁场大小相等、方向相反,互相抵消,故修正电机不产生力矩。

　　当自转轴与外框轴不垂直时,接触电门的一把电刷停在导电环的导电部分,另一把电刷停在绝缘部分,于是只有一个控制绕组通电,修正电动机产生修正力矩,自转轴进动,直到自转轴与外框轴重新恢复垂直为止。

　　上锁机构包括上锁手柄、上锁装置和红色信号片等。当推入上锁手柄时,陀螺内外框被锁住,信号片出现,此时转动手柄能使整个陀螺和刻度环一起转动,从而可调整半罗盘读数。拉出手柄时,陀螺内、外框开锁,信号片消失,仪表可以正常工作。

　　图 13.21 是另一种半罗盘的结构和表面。飞机形指针固定在表面上,刻度盘经传动齿轮与陀螺外框相连,小飞机指示的角度即为航向角。推入并转动调整旋钮可以转动刻度盘,用来校正航向。

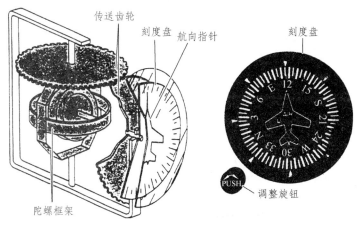

图 13.21　方向仪之二

13.2.3　误　差

　　陀螺半罗盘主要存在自走误差。陀螺半罗盘的自走误差是陀螺自转轴相对地球经线运动而产生的误差,它包括纬度误差、速度误差和机械误差。

13.2.3.1　纬度误差

　　根据陀螺半罗盘工作原理,用半罗盘测量航向时,必须以适当的角速度对自转轴进行方位修正及水平修正,而方位修正的角速度是和飞机所在位置的纬度和相对地球运动的速度有关的。若给定的方位修正角速度为常值,不能按飞机所在纬度的变化而自动进行调节,则要引起误差。所以，由于地球自转，陀螺自转轴将相对地球经线运动，从而产生的误差称为纬度误差。

纬度误差的大小由飞机所在纬度与给定的常值修正纬度之差来决定。差值越大，误差越大。直读半罗盘只能进行常值修正，纬度误差较大。远读半罗盘可以人工根据纬度改变修正速度，但一般每隔 2°纬度调整一次，仍存在剩余纬度误差。

例如，若陀螺半罗盘具有根据北京地区的纬度（约为 40°）给定的常值方位角速度，那么在广州地区（纬度约为 23°），纬度误差积累的速度为 3.78 (°)/h。

13.2.3.2 速度误差

用陀螺半罗盘测量真航向（或磁航向）时，若仪表没有对飞机相对地球运动引起的自转轴方位偏离进行修正而产生的误差，称为速度误差。速度误差的大小与飞机飞行速度等因素有关，飞行速度越大，误差越大。

例如，若飞机在北京上空向东平飞，速度为 800 km/h，这时速度误差积累的速度为每小时 6°21′。

由于修正速度误差需要考虑飞机即时速度、航向等因素，现在的陀螺半罗盘都没有设置速度误差修正装置。

13.2.3.3 机械误差

机械误差是指陀螺静平衡不良（重心偏离支点）、轴承摩擦等机械原因使自转轴进动，偏离经线，从而产生的误差。

为了减小陀螺半罗盘自走误差的影响，需要进行定时校正。

13.2.4 使用特点

（1）陀螺半罗盘的稳定性好，不受外界磁场影响，可以在加速、转弯、盘旋时，在强磁地区或高纬度地区使用。

（2）测量转弯角度。第一种方法，在转弯之前根据其他罗盘的指示，校正好半罗盘航向，在转弯过程中，根据航向的变化量确定转弯角度。第二种方法，在转弯之前将半罗盘的指示调到零，在转弯过程中即可指示出转弯的角度。对于直读半罗盘，第二种方法误差较小。

（3）测量航向。起飞前应调整半罗盘指示真航向（或磁航向）。在飞行过程中，每隔一段时间（直读半罗盘一般每隔 15 min，其他依飞行手册而定）应根据其他罗盘进行一次校正，以消除这段时间积累起来的自走误差。

（4）陀螺半罗盘是陀螺仪表，如果在使用过程中发现陀螺飞转时，有上锁机构的，应柔和地上锁，然后再开锁，使仪表恢复正常工作。

13.3 陀螺磁罗盘

我们已经知道，磁罗盘能够独立测量飞机航向，但稳定性差；陀螺半罗盘稳定性好，但不能独立测量飞机航向。如果把两者适当结合起来，发挥各自的优点，克服各自的缺点，就制成了一种既能独立测量航向，又具有良好稳定性和较高灵敏度的航向仪表 ——陀螺磁罗盘（gyro magnetic compass）。它能够测量飞机的磁航向，也能测量转弯角度。

陀螺磁罗盘在近现代飞机上通常作为罗盘系统的一个组成部分。所谓罗盘系统是指由两种或两种以上不同原理的罗盘组成的系统，也称航向系统。一般认为，在罗盘系统中仅由磁传感器来校正航向的那部分系统也叫作陀螺磁罗盘。

13.3.1 组成及分类

陀螺磁罗盘的结构形式多种多样，但从基本结构来讲，它由磁传感器、放大器、陀螺机构（又称方位陀螺）、指示器等四部分组成，如图 13.22 所示。

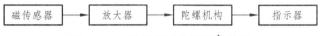

图 13.22 陀螺磁罗盘原理结构图

磁传感器是陀螺磁罗盘的地磁敏感部分。它可以测量飞机的磁航向，并输出航向信号，控制陀螺机构。磁传感器有两种，一种是磁条式，一种是感应式。磁传感器一般安装在飞机翼尖等飞机磁场较小的地方，经罗差修正后，剩余罗差不大。

放大器用来放大陀螺磁罗盘中的电信号。

陀螺机构用来稳定磁传感器测出的磁航向信号。陀螺机构相当于一个陀螺半罗盘，它受磁传感器控制，同时磁传感器又通过它输出稳定的磁航向信号使指示器指示。

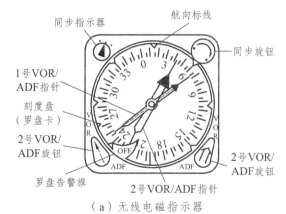

（a）无线电磁指示器

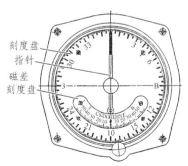

（b）带磁差修正的指示器

（c）带预选航向的指示器

图 13.23 几种指示器表面

指示器用来指示磁航向和转弯角度。现代飞机都采用综合指示器，不仅能指示磁航向，还可以指示无线电方位角等。图 13.23 所示为几种指示器表面。

根据磁传感器的不同，陀螺磁罗盘可分为磁条式陀螺磁罗盘和感应式陀螺磁罗盘两类。磁条式陀螺磁罗盘由于灵敏度较低、精度不高已很少使用。感应式陀螺磁罗盘灵敏度高，准确度高，广泛使用在多种飞机上。

根据陀螺磁罗盘工作电路的形式，可以分为电子式和机电式两种。TB、Cheyenne Ⅲ A 飞机采用电子式，其他飞机大多采用机电式。本书仅以机电式陀螺磁罗盘为例，说明它的工作原理。

13.3.2 工作原理

图 13.24 所示是一种陀螺磁罗盘的工作原理图。下面分别分析磁传感器测量磁航向的原理、方位陀螺测量陀螺航向的原理和磁传感器控制方位陀螺指示磁航向的原理。

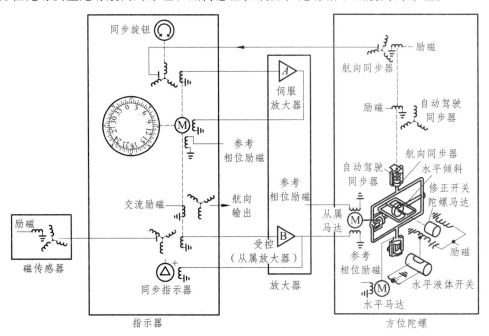

图 13.24 陀螺磁罗盘原理图

13.3.2.1 磁传感器测量磁航向的原理

感应式地磁传感器的敏感元件是三相地磁感应元件，它由三个彼此相距 120° 的扇形铁心、三个绕在铁心上连接成星形的测量线圈和一个共用的磁化线圈构成，如图 13.25 所示。地磁感应元件由万向接头安装在壳体上，靠重力保持水平，但不能在水平面内自由转动。

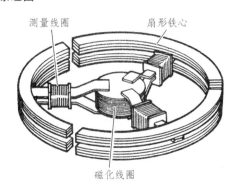

图 13.25 三相地磁感应元件

1. 软磁铁心被地磁场磁化所产生的磁通与航向的关系

设磁导率为 μ 的软磁铁心水平放置在地磁场中（见图 13.26），由于地磁水平分量 H_e 的感应，该铁心被磁化而具有一定的磁感应强度 B_e，其方向与铁心中心线一致，大小为

$$B_e = \mu H_e \cos\varphi$$

式中，φ 是铁心中心线与地磁水平分量之间的夹角。

若铁心的截面面积为 S，则地磁在铁心中产生的磁通 Φ_e 的大小为

$$\Phi_e = B_e S = S\mu H_e \cos\varphi \tag{13.1}$$

对于一定的铁心来说，其截面面积是不变的，若铁心磁导率和地磁水平分量也不变，那么铁心中所产生的磁通就仅仅同铁心中心线与地磁水平分量之间的夹角有关。如果我们将铁心沿飞机纵轴方向安装在飞机上，并且测量出铁心中的磁通，那么就可以测量出飞机的磁航向。

2. 地磁感应元件的测量原理

地磁感应元件是利用电磁感应原理，测量软铁心中地磁场磁通变化而产生的感应电势来表示航向。

根据式（13.1），为了使地磁通交变而产生感应电势，必须使磁导率 μ 发生交变。由于铁心的磁导率随磁场强度的变化而变化，因此只要外加一个交变磁场就可使磁导率发生交变。

若在磁化线圈中通以 400 Hz 的交流电，磁化电流产生的交变磁通将通过铁心的两个臂形成闭合回路（见图 13.27）。因为两臂磁通在测量线圈处大小相等、方向相反，互相抵消，所以测量线圈不产生感应电势。但是交变磁通却使铁心的磁导率发生了周期性的变化。

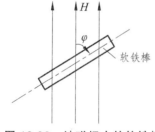

图 13.26　地磁场中的软铁棒

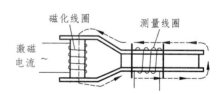

图 13.27　激磁电流使铁心磁化

如图 13.28 所示，由于磁场强度 H 与磁化电流成正比，故当磁化电流为零时，磁导率最大；而磁化电流接近峰值时，铁心饱和，磁导率最小。这样，由于磁化电流周期性变化，铁心磁导率也产生了周期性变化，变化频率为 800 Hz。

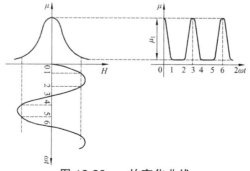

图 13.28　μ 的变化曲线

由于铁心的磁导率不断变化，通过铁心的地磁磁通 Φ_e 也就不断变化，从而使测量线圈中产生了地磁感应电动势。铁心中地磁通量越大，磁通的变化量也越大，感应电动势越大；反之，地磁通量越小，磁通变化量也越小，感应电动势越小。

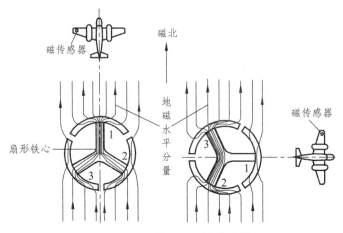

图 13.29　地磁场中的传感器

把磁传感器安装在飞机上，并且铁心①与飞机纵轴平行，如图 13.29 所示。当飞机向北飞行时，航向 $\varphi = 0°$，根据式（13.2），铁心①的磁通量最大，并且是铁心②或③的 2 倍。这样，测量线圈①的感应电势为最大值 E_m，并且是测量线圈②或③的 2 倍。当飞机向东飞行时，航向 $\varphi = 90°$，铁心①磁通量为零，铁心②、③均为 $\sqrt{3}/2$ 倍最大值。这样，测量线圈①感应电势为零，线圈②、③则均为 $\sqrt{3}/2\, E_m$。

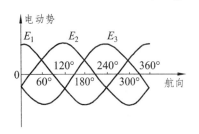

图 13.30　三相电势与航向的关系

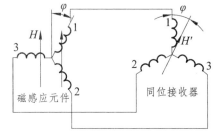

图 13.31　磁传感器测量航向原理图

设三相测量线圈的地磁感应电势分别用 E_1、E_2、E_3 表示，则它们与飞机航向的关系为

$$\begin{cases} E_1 = E_m \cos\varphi \\ E_2 = E_m \cos(\varphi + 120°) \\ E_3 = E_m \cos(\varphi + 240°) \end{cases} \qquad (13.2)$$

还可用曲线表示，如图 13.30 所示。由此可见，三相测量线圈产生的感应电动势与航向有关，随航向变化而变化。

如果把三相测量线圈和感应式同位器接收器的定子线圈相连，根据同位器磁通传送原理，同位器接收器定子合成磁场的角位移等于发送器磁通的角位移。也就是说，接收器合成磁场相对于定子绕组转动的角度等于三相地磁感应元件相对于地磁水平分量转动的角度，即等于飞机航向的变化，如图 13.31 所示。

13.3.2.2　方位陀螺测量陀螺航向的原理

图 13.24 中，方位陀螺和指示器构成了一个远读式陀螺半罗盘。方位陀螺像普通半罗盘一样测量飞机转弯角度和航向（这个航向未经校正时一般称为陀螺航向），然后传送给指示器转变成目视信号。

方位陀螺的水平修正器由水平液体开关和水平电动机组成。水平液体开关安装在陀螺内框上，感受自转轴是否水平，并通过水平电动机使自转轴始终稳定在水平面内。

方位陀螺的方位电动机（从属电动机）受磁传感器控制，用来校正磁航向。

方位陀螺测量的航向信号由航向随动系统传送给指示器。航向随动系统由方位陀螺的航向同步器和指示器的航向接收器、放大器 A、随动电机 M 组成。航向同步器的转子安装在陀螺外框轴上，定子安装在表壳上。

飞机航向改变时，航向同步器定子相对转子转动一个航向变化角，这个航向信号由航向同步器定子发送到指示器中航向接收器的定子，然后接收器转子线圈输出失调信号，经放大器 A 放大后使随动电动机工作。电动机一方面带动接收器转子转动，逐渐和发送器协调，同时又使刻度盘指示出飞机航向，此外，还把地磁同步接收器的转子置于相应位置。

水平倾斜修正开关是沿陀螺自转轴方向安装的一个液体开关（液体摆）。当这个方向的加速度增大到一定值时，它切断水平修正电路，避免错误修正。

方位陀螺外框轴上还安装了一个自动驾驶仪同步器，它可以向自动驾驶仪输出航向稳定信号。指示器中还安装了一个航向同步器，它可以向其他设备输出航向信号。

13.3.2.3　磁传感器控制方位陀螺指示磁航向的原理

磁传感器测量的磁航向由磁校正随动系统传送到方位陀螺。磁校正随动系统由磁传感器、指示器中的磁同步接收器、放大器 B 和方位陀螺中的从属电动机组成。

磁航向传感器测量的磁航向信号，由磁同步器传送到指示器中的磁同步接收器定子线圈后，形成合成磁场。如果这时方位陀螺输出的航向等于磁航向，指示器中的随动电动机正好会使磁同步接收器的转子线圈和合成磁场垂直，系统处于协调状态。如果这时方位陀螺输出的航向信号不等于磁航向，则随动电动机使转子线圈和合成磁场不垂直，磁校正随动系统失调，转子线圈输出失调信号，经放大器 B 放大后，使从属电动机工作，方位陀螺绕外框轴进动，航向随动系统失调，随动电动机转动，使磁同步器转子逐渐与定子合成磁场垂直，系统逐渐协调，失调信号渐趋于零，从属电动机停转，指示器中随动电动机停转，指示器指示出磁航向。

例如，飞机平飞时，由于陀螺自走误差，方位陀螺输出的航向不等于磁航向，指示器中随动电动机使磁同步接收器转子线圈偏离垂直于定子合成磁场的位置，输出失调信号，使从属电动机转动，对陀螺进行磁航向校正，直到陀螺航向等于磁航向，磁同步接收器转子重新和定子合成磁场垂直，系统恢复协调，指示器指示磁航向。

飞机平飞时，陀螺自走误差一般小于 $1(°)/min$，而系统的协调速度选择在 $1 \sim 4\,(°)/min$，协调速度大于自走误差引起的方位偏离速度，磁传感器能够有效地对陀螺进行磁校正，指示器准确地指示磁航向。当然，在飞机平飞时，由于振动和飞机加、减速，磁传感器也会产生误差，但因为系统协调速度很慢，误差很小。

飞机转弯时，磁传感器由于转弯误差等原因，误差较大，这个误差信号使系统一直处于失调状态，但是由于转弯时间很短，系统协调速度很慢（每分钟只能反映 $1° \sim 4°$ 误差值），误差被大大减小，指示器仍然能比较正确地指示出转弯角度和航向。在这个过程中，可以认为陀螺稳定了磁传感器，指示器的指示主要由方位陀螺决定。

为了进一步减小转弯过程中的误差，有的陀螺磁罗盘采用转弯角速度传感器等装置，在转弯角速度增大到一定值时［如 0.1～0.3 (°)/s］，切断磁航向校正电路，待飞机改平后重新接通。

飞机转弯过程中积累的误差，在飞机平飞时可以由随动系统自动校正（协调）。但是，由于协调速度慢，校正时间较长。此外，陀螺磁罗盘接通电源起动时，由于自转轴处于任意位置，刻度盘 0°～180° 连线可能偏离磁经线很远，起动时间就很长。

为了加快协调速度，缩短起动时间或快速消除误差，罗盘设置了同步旋钮（或快速协调按钮）。转动同步旋钮，可以使指示器中航向接收器的定子直接转动，人为加大了指示器和方位陀螺之间的失调角，加快了协调电机的转动速度，使协调速度可以达到 1 200～3 000 (°)/min，这种状态叫作快速协调。

综上所述，陀螺磁罗盘由磁传感器测量出飞机磁航向，经磁校正随动系统控制方位陀螺，反映磁航向；同时，由陀螺减小磁传感器的飞行误差，然后经航向随动系统控制指示器指示出磁航向。

13.3.3 使用特点

13.3.3.1 地面起动

接通陀螺磁罗盘电源 3～5 min（根据飞行手册确定），罗盘正常工作，指示磁航向。若尚未指示当时航向，可根据同步指示器指示，转动同步旋钮，或按下快协按钮，加快协调速度，直到指示当时磁航向。

13.3.3.2 空中使用

在飞行过程中，罗盘应能指示飞机磁航向和转弯角度。

在转弯、盘旋、俯仰、倾斜、加速、减速时，罗盘有少量误差，待飞机匀速平飞后，可转动同步旋钮（或按快协按钮），快速消除误差。在上述机动飞行过程中，禁止采用快速协调，否则磁传感器的各种飞行误差会迅速传给指示器。

13.3.3.3 特殊情况下的处置

飞行中，应综合分析陀螺磁罗盘、磁罗盘和转弯侧滑仪、地平仪的指示。如果其他几种表都表明航向有了变化，而陀螺磁罗盘没有相应的指示，说明陀螺磁罗盘可能发生了故障。这时应保持一段时间平飞，再进行快速协调，若指示仍不正常，则可判断仪表发生了故障。陀螺磁罗盘发生故障后，可以利用磁罗盘、陀螺半罗盘了解航向，还可以参看地平仪和转弯侧滑仪的指示了解航向的变化。

13.4 罗盘系统

由两种以上不同原理的罗盘所组成的测量飞机航向的系统称为罗盘系统（compass

system），也叫作航向系统（heading system）。罗盘系统在飞机上的应用很广泛，它能满足飞机在不同地区、不同气象条件和各种不同的飞行状态下准确可靠地测量飞机航向的要求，同时，还能向自动驾驶仪、飞行指引系统、甚高频全向信标系统、飞行管理计算机系统、飞机状态监控系统等提供航向信号。罗盘系统的使用，不仅提高了测量航向的精确性，而且提高了设备的自动化程度，也便于设备的使用监测，提高效益。

现在飞机上的罗盘系统一般有两种工作方式：磁校正方式（MAG）和方位陀螺方式（DG），有的飞机上称为伺服方式（SLAVE）和自由方式（FREE）。如图 13.32（a）所示。当 K 位于"罗盘"位时，系统工作在磁校正方式（MAG 方式或 SLAVE 方式或陀螺磁罗盘方式）；而当 K 位于"陀螺"位时，系统工作在方位陀螺方式（DG 方式或 FREE 方式或陀螺半罗盘方式）。而早期的苏制飞机，如伊尔-18、图-154 等机型，它们的系统除了具有磁校正方式和方位陀螺方式外，还配备了天文罗盘方式，如图 13.32 所示，该系统通常称为航向系统。本书仅对罗盘系统做一简单介绍。

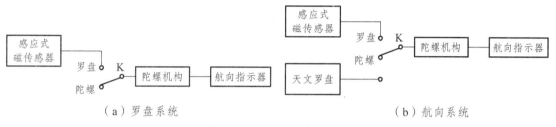

图 13.32　罗盘系统原理图

为了增加罗盘系统在飞行中的余度，在中、大型运输机上装有两套罗盘系统，其信号分配如图 13.33 所示。正常工作时，两套罗盘系统分别受其控制板控制，第 1 套罗盘系统将航向信号输送到左座 HSI 和右座 RMI，第 2 套罗盘系统将 航向输送到右座的 HSI 和左座的 RMI。

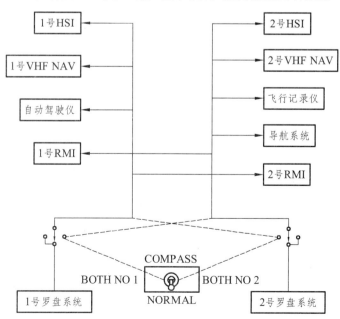

图 13.33　一种罗盘系统的信号分配

这样分配信号的目的是保证只要有一套罗盘系统工作正常，则左座和右座就都能获得航向信号。当其中一套罗盘系统故障后，可用罗盘系统的转换开关进行转换，使故障一套的指示器从无故障的一套得到航向信号。

罗盘系统指示器的形式是多种多样的，而且大多数是与其他导航系统的指示综合在一起的。现在用得较多的是无线电磁指示器（RMI）和水平状态指示器（HSI）两种。

RMI 的表面如图 13.34 所示。航向由仪表表面上方的固定航向标线在刻度盘上指出。航向信号来自罗盘耦合器的同步发送器，经随动系统放大后输入无线电磁指示器，由马达带动刻度盘的转动，罗盘刻度的转动方向取决于同步的信号，即飞机的航向。仪表表面上有两根针，一根绿针，一根黄针，分别由 ADF 和 VOR 驱动。

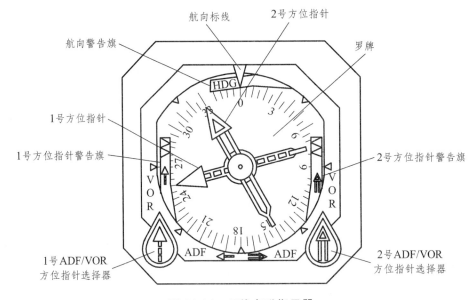

图 13.34　无线电磁指示器

HSI 的表面如图 13.35 所示。在表面上不仅指向航向，还能接受其他设备信号指示航道及航道偏离、预选航向、向/背台信号、下滑道和其他信号。HSI 是将磁罗盘与导航信号及下滑道结合在一起，向飞行员提供飞机的位置及飞机与所选航线的位置关系。如图 13.35 所示，方位刻度盘可转动，上方基准线为所显示的飞机航向，图中显示的航向为 0°。预选航道指针指示的箭头调定在 20°，指针尾部指示的是相对的 200°。航道偏移杆使用 VOR/LOC 导航接收机来进行操作，指示飞机偏移到所选航线的左侧或者右侧。通过转动刻度盘上的航道选择旋钮来选择预选航道，这就为飞行员提供了直观的图示：飞机符号及航道偏移指针显示飞机相对于选择航道的位置，所提供的角度是飞行员俯视飞机时看到的视景。TO/FROM 指示器是一个三角指针。当指示器指向航道指针的顶端时，表明如果可以正确截获并沿着所选航道飞行，则飞机可以到达所选择的台。当指示器指向航道指针的末端时，表明如果可以正确截获并沿着所选航道飞行，则飞机将直接离开所选择的台。下滑道偏移指针指示飞机相对于下滑道的位置。当指针低于中心位置时，飞机高于下滑道并且需要增加下降速率。

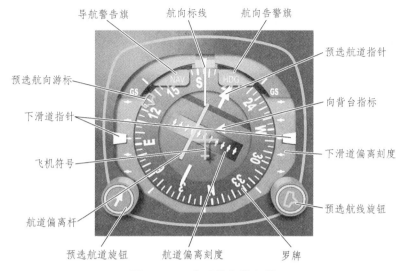

图 13.35 水平状态指示器

罗盘系统的控制组件用来控制罗盘系统的工作状态和修正罗盘系统的误差。如图 13.36 所示的控制组件上含有：伺服指示器、AUTO/MAN 开关和 CCW/CW 开关。

伺服指示器：用来反映磁航向伺服系统的工作状态。当系统协调时，指针指在中央，即由磁传感器测量的磁航向与指示器指示的磁航向之间没有误差。系统不协调时，指针将偏左或偏右，表示有误差。

AUTO/MAN 开关：有的控制组件上为 SLAVE/FREE 开关，其作用与 AUTO/MAN 开关完全一样。当开关置于 AUTO 或 SLAVE 位时，罗盘系统工作于感应式陀螺磁罗盘状态，即 MAG 方式；当该开关置于 MAN 或 FREE 位时，断开了磁传感器对方位陀螺的修正信号，罗盘系统工作在远读陀螺半罗盘状态，即 DG 方式。

图 13.36 控制组件

CCW/CW 开关：该电门是个弹性中立的三位开关，也叫同步旋钮（或快速协调按钮）。该开关作用是加快协调速度，缩短起动时间或快速消除误差。平时处于中立位，当将该开关扳向 CCW 或 CW 位时，指示器的刻度盘将会逆时针或顺时针转动。松手后，该电门转动返回中立位。该功能仅在 AUTO/MAN 开关位于 MAN 位时有效。

复习思考题

1. 说明磁倾、地磁水平分量、地磁垂直分量的含义。
2. 什么叫磁差？它是怎样产生的？影响磁差的因素有哪些？
3. 什么是真航向、磁航向、罗航向？它们之间的关系怎样？
4. 什么叫罗差？它是怎样产生的？怎样修正罗差？
5. 磁罗盘的功用是什么？
6. 说明磁罗盘的基本原理。
7. 磁罗盘有哪些误差？

8. 什么是涡动误差？怎样避免涡动误差的影响？

9. 什么是转弯误差？误差的现象是什么？怎样避免转弯误差的影响？

10. 为什么飞机上都要安装磁罗盘？它是飞机的主要航向仪表吗？为什么？

11. 陀螺半罗盘的功用有哪些？

12. 说明陀螺半罗盘测量转弯角度和真航向的原理。

13. 陀螺半罗盘的自走误差包括哪些误差？什么是陀螺半罗盘的纬度误差？什么是陀螺半罗盘的速度误差？怎样修正自走误差？

14. 一架飞机在过站短停，仪表没有断电，半小时后起飞，陀螺半罗盘是否还要重新校正？为什么？

15. 怎样利用陀螺半罗盘测量转弯角度和真航向？

16. 感应式陀螺磁罗盘的功用是什么？它主要由哪些部分组成？各部分的作用是什么？

17. 试分析感应式磁传感器测量磁航向的工作原理。

18. 试分析方位陀螺测量和传送陀螺航向及转弯角度的工作过程。

19. 试分析磁传感器控制方位陀螺，并使指示器指示磁航向的工作过程。

20. 在飞机匀速平飞过程中，陀螺磁罗盘指示是否准确？在飞机转弯、盘旋、加速飞行时，陀螺磁罗盘指示是否准确？为什么？

21. 为什么陀螺罗盘的正常协调速度不能小于陀螺自走引起自转轴方位偏离的速度？为什么陀螺磁罗盘的正常协调速度又不能太快？

22. 什么时候使用陀螺磁罗盘的快速协调？在转弯、盘旋、加减速飞行时，是否可以使用快速协调？为什么？

23. 如果磁传感器出现故障，罗盘还能不能使用？如果方位陀螺出现故障呢？为什么？

24. 试比较磁罗盘、陀螺半罗盘和陀螺磁罗盘的特点，分析它们的使用范围。

25. 什么叫罗盘系统？它有哪几种工作方式？各种工作方式的特点是什么？

14 发动机仪表

14.1 发动机仪表概述

测量发动机工作状态的仪表叫作发动机仪表。飞行员根据发动机仪表的指示，监视和控制发动机的工作参数，从而保持所需要的工作状态。为了全面了解发动机的工作状态，需要测量的发动机参数及测量仪表较多。根据被测参数的性质，大致可分为：测量压力的仪表、测量温度的仪表、测量转速的仪表、测量油量的仪表、测量流量的仪表和测量振动的仪表等。

发动机的种类不同时，仪表配置是不同的。通常，活塞式发动机的仪表主要反映以下参数：发动机转速（engine speed）、进气压力（induction manifold pressure）、扭矩（torque）、气缸头温度（cylinder head temperature）、滑油压力和温度（lubricating oil pressure and temperature）、燃油流量（fuel flow）、燃油量（fuel quantity）和燃油压力（fuel pressure）等。一种活塞式发动机的仪表配置如图 14.1 所示。

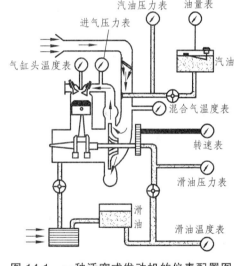

图 14.1 一种活塞式发动机的仪表配置图

涡轮螺旋桨发动机的主要监控参数为：转速（rpm）、扭矩（torque）、排气温度（Engine exhaust Gas Temperatures, EGT）、滑油压力（lubricating oil pressure）、滑油温度（lubricating oil temperature）、燃油流量（fuel flow）、燃油量（fuel quantity）、燃油压力（fuel pressure）等。

燃气涡轮发动机的主要监控参数为：发动机压力比（Engine Pressure Ratio,EPR），转速或者 N_1、N_2（RPM, N_1, N_2），排气温度（EGT），滑油压力和温度（oil temperature and pressure），燃油压力和温度（fuel pressure and temperature）等。一种燃气涡轮发动机的仪表配置如图 14.2 所示。

发动机位置总是远离座舱，所以发动机仪表一般都采用电动远距离传送的形式。一套仪表通常包括传感器、指示器及其连接导线。传感器安装在需要测量参数的部位上，直接感受被测参数（如温度、压力等），并转换成相应的电量（如电阻、电势、频率等）。连接导线将此电量传送至控制装置和指示装置。指示装置安装在座舱仪表板上直接指示被测参数的大小或变化情况，供驾驶员观察。下面分别介绍下各类发动机仪表的简单原理。

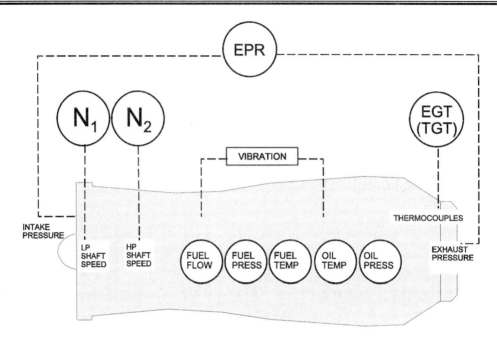

图 14.2　一种燃气涡轮发动机仪表配置图

14.2　测量压力的发动机仪表

　　飞机上测量压力的发动机仪表主要有燃油压力表、滑油压力表、进气压力表以及压气比表等，分别测量燃油、滑油的供油压力，发动机进气管中的气体压力以及喷气压和进气压的比值等。压力表的形式很多，有机械的，也有电动的；有直流的，也有交流的；有近距测量的，也有远距测量的。压力表的形式虽然多，它们的本质却大致相同，都是利用弹性敏感元件在流体压力作用下的形变程度来表示被测压力的大小。常用弹性敏感元件有单圈弹簧管、膜片、膜盒、波纹管等。

14.2.1　进气压力表

　　进气压力表（manifold pressure）用来测量活塞式发动机进气管中的进气压力（测量的是绝对压力）。它与转速表配合，可以反映活塞式发动机的功率。测量单位多为毫米水银柱（mmHg）或英寸汞柱（inHg）。进气压力表是一种机械式压力表。图 14.3 是一种进气压力表原理图。它的敏感元件是一个真空膜盒，用来感受进气压力。真空膜盒由两片弹性波纹膜片制成，内部抽成真空。当进气压力变化时，膜盒发生弹性变形（膨胀或收缩），膜盒中心刚性部分（称为硬中心）产生位移，直到弹性力等于压力为止。膜盒的变形量由压力大小决定，因此，膜盒硬中心的位移量可以反映进气压力的大小。膜盒的位移量经连杆、齿轮机构传送给指针，由指针在刻度盘上指示出被测压力的大小。

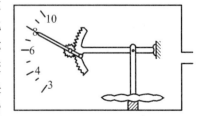

图 14.3　进气压力表原理图

当发动机未工作时，进气压力表指示当时场压（机场气压）；发动机工作时，指示进气压力值。

图 14.4 所示是 TB 飞机进气压力和燃油流量表表面。它的左面是进气压力，右面是燃油流量，组合在一起可以减少仪表数量，也便于判断发动机工作情况。进气压力刻度范围是 10 ~ 35 inHg。

图 14.5 所示是另一典型飞机进气压力表表面，刻度范围为 10 ~ 75 inHg。

图 14.4　进气压力与燃油流量表

图 14.5　进气压力表表面

14.2.2　电动压力表

电动压力表（electrical pressure gauge）用来测量燃油压力、滑油压力、螺旋桨扭矩及储压器压力等，测量单位是公斤/厘米 ^{2} 或磅/英寸 ^{2}（PSI）。电动压力表又可以分为直流二线式、交流二线式、交流电动式等多种形式。

1. 直流二线式压力表

直流二线式压力表由传感器和指示器两部分组成，如图 14.6 所示。

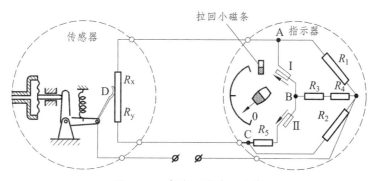

图 14.6　直流二线式压力表

传感器用来将被测压力转变成电量。它主要由压力敏感元件膜片或膜盒，以及将位移转换成电阻的电位器等组成。被测压力较大时用膜片，压力较小则采用膜盒。

指示器是一个两线框动铁式电流比值表。指示器的指针装在一个活动小磁铁上，磁铁的转动受两线框产生的合成磁场控制，而合成磁场又由流过两线框的电流比值决定。这种指示器的优点是不受电源波动影响。图 14.7 中指示器的刻度范围是 0 ~ 15 kg/cm^2。

仪表的原理电路是一个半对角线电桥，电阻 R_1、R_2 是电桥的固定臂阻；电阻 R_x、R_y 是电桥的可变臂阻；温度补偿电阻（$R_3 + R_4$）是电桥的半对角线；Ⅰ、Ⅱ两线框是电桥对角线；电阻 R_5 是Ⅱ线圈的补偿电阻（使 AB、BC 电阻相等）。当被测压力增大时，电刷 D 往下移动，电阻 R_x 增大，R_y 减小，指示器中的 A 点电位升高，C 点电位降低；在 B 点电位基本不变的情况下，流过Ⅱ线框的电流增大，流过Ⅰ线框的电流减小，两线框产生的合成磁场方向顺时针转一个角度，小磁铁带动指针跟随转动到合成磁场方向上，指针在刻度盘上指示出较大压力，如图 14.8（a）所示。

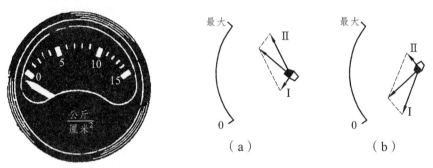

图 14.7　指示器表面　　　　　　图 14.8　压力表的指示情况

当被测压力减小时，电刷 D 往上移动，A 点电位降低，C 点电位升高；Ⅱ线框的电流减少，Ⅰ线框的电流增大，合成磁场带动指针反时针转动一个角度，指示出较小压力，如图 14.8（b）所示。

当被测压力为零时，指针指零。电源断开后，活动磁铁在拉回小磁条的作用下，使指针停在零刻度以下的限制柱处（称机械零位）。

综上所述，传感器中的膜片受压力作用后产生位移，使电位器电阻改变，从而改变了指示器中的两线框电流的比值，使指针转动，在刻度盘上指示出相应的压力。

直流电动压力表由于电刷和电阻之间的摩擦磨损和接触不良，可能使指针摆动，影响仪表正常工作。

2. 交流二线式压力表

为了克服直流电动压力表的缺点，目前飞机上大多采用交流电动压力表。这种压力表的传感器没有接触摩擦，工作可靠性好。

交流二线式压力表也由传感器和指示器两部分组成，如图 14.9 所示。传感器主要有膜片和将位移转换成电感的变换器。指示器与直流二线式指示器相似，只是增加了两只锗二极管对交流电进行半波整流。整流的脉动直流电含有交流成分和直流成分，既适合电感变换器工作，又能使指示器稳定指示。

仪表的基本工作原理是：利用膜片感受被测压力作用后的位移，来改变活动衔铁和固定铁心之间的相对位置，即改变固定铁心上两个线圈的感抗，从而改变指示器两线框的电流比值，使指针转动，指示出相应压力。当被测压力较小时，活动衔铁偏在左边，它与线圈 2 的铁心之间间隙小，与线圈 1 的铁心之间间隙大，线圈 2 的感抗大于线圈 1 的感抗。因此，电桥中 A 点电位低，C 点电位高，Ⅰ线框的电流大于Ⅱ线框的电流，合成磁场的方向偏在左下方，活动磁铁带动指针指示出较小的压力。

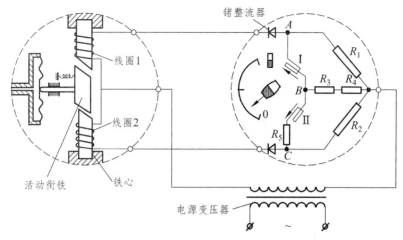

图 14.9 交流二线式压力表

被测压力增大时，活动衔铁向右移动，线圈 I 的感抗逐渐大于线圈 2 的感抗，A 点电位高于 C 点电位，I 线框电流小于 II 线框电流，合成磁场顺时针转动，指针指示出较大的压力。

图 14.10 所示是一种双指针交流二线式压力表，刻度范围为 0 ~ 150 kg/cm²。交流二线式压力表的可靠性较高，广泛应用于现代民航中小型飞机上。

图 14.10 双指针压力表表面

14.2.3 压力比表

发动机产生的功率或推力是一个要准确地了解和控制的重要参数。但影响功率或推力的因素很多，难以实现直接的、准确的测量。过去是根据主轴转速和排气温度间接估算喷气发动机的推力，其精度很低。为了提高推力估计的准确度和充分发挥发动机的性能，目前有些飞机采用了测量喷气发动机的进气总压和喷气总压之比的压力比表。根据压力比表的示值，不仅能比较准确地估计发动机所产生的推力而且能方便地进行调整和控制。

1. 发动机压力比与推力的关系

根据喷气发动机原理，推力是气体给发动机的反作用力，它的大小等于发动机给气体的作用力。这个力的大小，决定于压气机进口的全压和涡轮出口的全压（或涡轮出口和风扇出口的综合压力），以及飞行速度。也就是说，推力是压力和飞行马赫数的函数，即

$$R = f\left(\frac{P_{T7}}{P_{T2}}, Ma\right) \tag{14.1}$$

式中，R 为推力，P_{T7} 为涡轮出口全压，P_{T2} 为压气机进口全压，Ma 为飞行马赫数。

它们的关系还可以用图形表示，如图 14.11 所示。从图中可见，当飞行马赫数不变时，发动机的推力只与压力比（P_{T7}/P_{T2}）有关。测量这个压力比，就可以反映发动机推力。

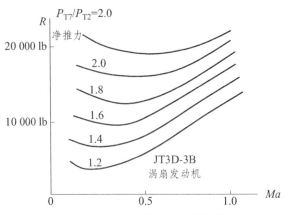

图 14.11　推力与压力比、马赫数的关系

2. 压力比表工作原理

压力比表又称 EPR（Engine Pressure Ratio）表是通过测量发动机涡轮排气全压与压气机进气全压比值，从而反映发动机推力的仪表。

压力比表由传感器和指示器两部分组成。常用的传感器有电容式变换器和电感式变换器两种。图 14.12 所示为一种采用电容式变换器的 EPR 表原理电路。

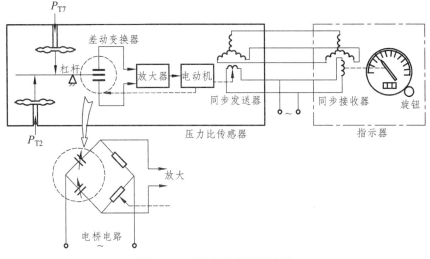

图 14.12　压力比表原理电路

传感器由两只开口膜盒、差动电容变换器、同步发送器等组成。指示器由同步接收器、指示机构、调定旋钮等组成。

发动机工作时，涡轮排气全压和压气机进气全压分别通入两个开口膜盒，膜盒的位移使杠杆按压力比值 P_{T7}/P_{T2} 转动。杠杆又带动差动电容器的动极板移动，使一个电容增加、另一个电容减小，其变化量和杠杆位移成比例，也就是和压力比成比例。差动电容器的容抗变化由交流电桥测量，经放大后使双向电机工作。电机一方面改变可变电阻，使电桥恢复平衡（故称自动平衡电桥），同时带动同步器转子转动，由定子输出和压力比成比例的电压信号。这个信号传送到指示器的同步接收器，驱使转子线圈同步转动，同时带动指针，指示出压力比值。

图 14.13 所示为一种压力比表表面。起飞前，飞行员应根据当时场压，大气温度和飞机全重，从飞机性能曲线上查出起飞压力比值。然后，转动调定旋钮，使推力游标"△"和数码窗指示出起飞压力比值。起飞时，飞行员控制发动机油门，当指针对准推力游标时，便说明发动机达到了起飞推力。飞行中，指针指示发动机压力比值。

图 14.13　压力比表指示器

14.3　测量温度的发动机仪表

测量发动机的温度，不仅是为了调节发动机性能，也是为了保证安全。如润滑油的温度，能反映出发动机润滑系统的工作状况，也用以检查发动机部件是否存在过热等情况，以防止发动机因部件过热损坏而造成故障。测量温度的仪表主要有电阻式温度表和热电偶式温度表两种类型。

14.3.1　电阻式温度表

电阻式温度表（resistance thermometer）是利用导体或半导体的电阻随温度变化的特性制成的测温仪表。它广泛用于测量较低的温度，如发动机进气温度、滑油温度、燃油温度、客舱温度、防冰加温设备的温度以及大气温度等。

1. 基本工作原理

这种温度表使用金属导体（如铂、铜、镍等）作感温元件。由于导体的电阻随温度的变化而变化，将它放在被测温度的介质中时介质的温度即转换成导体的电阻值。在一定温度范围内，温度与电阻值成线性关系。经测量电路进一步将电阻转换成相应的电流（或两电流比值），而后由电表指示。目前多用电流比计作为指示器。

2. 组　成

电阻式温度表由传感器和指示器组成。

传感器一般用电阻温度系数较稳定，并且在较高温度下不易氧化的镍丝（或铂丝）制成。对于流动速度不大的气体或液体，传感器通常制成感温棒形式（见图 14.14），并且插入被测气体或液体之中，感受被测温度。随着被测温度的升高（或降低），感温电阻的阻值也将升高（或降低），这就把被测温度转变成了电阻值。其转换关系可以表示为

$$R_t = R_0[1 + \alpha(t - t_0)] \qquad （14.2）$$

式中，R_t、R_0 为温度 $t\,^\circ\mathrm{C}$、$t_0\,^\circ\mathrm{C}$ 时导体的电阻，α 为导体的电阻温度系数。

指示器有多种形式，如动铁式电流比值表［见图 14.15（a）］、磁电式电流表［见图 14.15（b）］

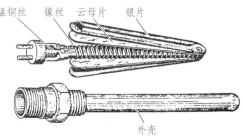

锰铜丝　镍丝　云母片　银片

外壳

图 14.14　感温器的结构

及数字显示指示器［见图 14.15（c）］等。

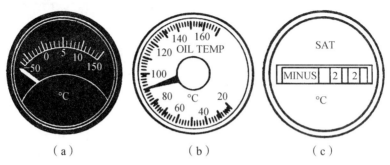

（a）　　　　　　　　（b）　　　　　　　　（c）

图 14.15　电阻式温度表指示器

14.3.2　热电偶式温度表

热电偶式温度表（thermoelectric thermometer）是利用热电偶的热电效应制成的测温仪表。它广泛用于测量较高的温度，如活塞式发动机的气缸头温度，喷气发动机的排气温度以及热气防冰加温温度等。

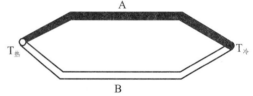

图 14.16　热电偶原理示意图

1. 基本工作原理

热电偶是由两种不同材料的金属构成的闭合回路，如图 14.16 所示。当热电偶的两个节点存在温度差时，热电偶回路中就会产生电动势，通常叫作热电动势。温度较高的接点称为热端，温度较低的接点称为冷端。

热电动势的大小可用公式表示为

$$E = \alpha(t_2 - t_1) + \frac{1}{2}\beta(t_2^2 - t_1^2) \tag{14.3}$$

式中　E —— 热电动势，μV；

　　　t_1、t_2 —— 冷热两端的温度，℃；

　　　α、β —— 与热电偶金属材料相关的两个常数，单位分别为 $\mu V/℃$ 和 $\mu V/℃^2$。

由上述公式可以看出，当热电偶金属材料一定时，热电动势为热端温度和冷端温度的函数。如果当保持热电偶的一端温度不变时，另一端温度随被测环境变化，利用毫伏表测量出热电动势的大小就可以计算出另一端的温度，也即被测量环境的温度。

2. 组　成

热电偶式温度表由热电偶和指示器组成。测量气缸头温度的热电偶和指示器如图 14.17 所示。热电偶的正极用镍铬制成，负极用锰铜制成。为了便于传导温度，热电偶的工作端（热端）焊在铜垫圈上，装在发动机电嘴下，紧贴气缸。指示器实质上是一个刻度为温度的毫伏表。

例如，对 V2500 发动机的 EGT 测量，它有四个探头传感器，分别安装在低压涡轮机匣支架上的 9 点半钟、7 点半钟、4 点半钟和 2 点钟位置（如图 14.18 所示）。每个探头传感器上都有两个热电偶，它们分成两组。每个探头传感器通过导线电缆并联到连接盒上。两组热电偶分别测得排气温度数据并传给连接盒，连接盒将 4 个数据求平均值，然后分别传给 EEC 的通道 A 和通道 B。

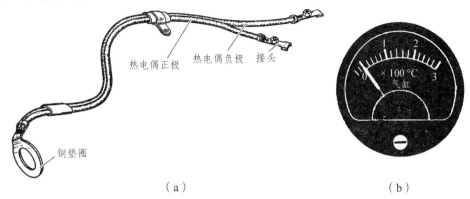

图 14.17　气缸头温度表的传感器和指示器表面

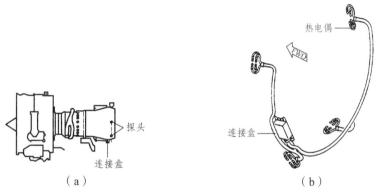

图 14.18　EGT 热电偶导线电缆

EGT 的温度数值在 ECAM 显示面板的发动机和警告显示(E/WD)面板上显示，如图 14.19 所示。ECAM 对于 EGT 有如下的显示形式：

——模拟形式，在表盘上方有一个可偏转的指针。

——数字形式，在表盘下方部位有数字显示。

这些显示在通常情况下都是绿色。

14.4　测量转速的发动机仪表

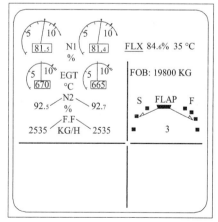

图 14.19　发动机和警告显示（ E/WD ）

测量发动机曲轴、涡轮轴或直升机旋翼轴转速的仪表，叫作发动机转速表（ tachometer ）。根据转速表和进气压力表的指示，可以了解活塞式发动机的功率；根据转速表和排气温度表的指示，可以了解涡轮喷气发动机的推力。因此，转速表是一种重要的发动机仪表。目前，飞机上广泛使用的转速表有磁转速表和磁电式转速表等。在多发动机飞机上常装有转速同步仪，反映多台发动机转速的差异。

14.4.1 磁转速表

1. 工作原理

磁转速表由传感器和指示器组成，它的原理电路如图 14.20 所示。

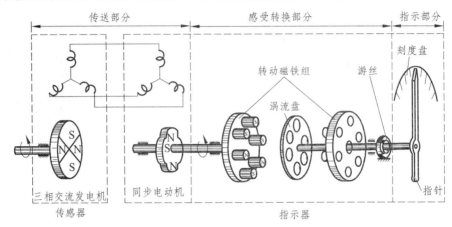

图 14.20 转速表的基本原理图

传感器是一个永磁式三相交流发电机，转子经传动机构直接由发动机曲轴或涡轮轴带动。由电工原理可知，三相交流电的频率与转子转速，即与发动机曲轴或涡轮轴转速成正比。指示器主要由同步电动机、涡流电磁转换器、指示部分等组成。

发动机工作时，传感器产生三相交流电，其频率与发动机曲轴或涡轮轴转速成正比。三相交流电输送到指示器的同步电动机，使其转子同步旋转。同步电动机又带动转动磁铁组旋转，并使涡流盘产生涡流。涡流与磁场相互作用，产生电磁力矩，其大小与转动磁铁组的转速成正比。在涡流电磁力矩作用下，涡流盘随转动磁铁组同向转动。当这个力矩和游丝反作用力矩相平衡时，涡流盘停止转动，涡流盘的转角与涡流电磁力矩成正比，即与发动机转速成正比。这时，指针在刻度盘上指示出发动机转速。

2. 转速的指示

图 14.21 所示为两种转速表表面。（a）图是一种轻型飞机上使用的转速表，单位为转/分（r/min）×100。（b）图是喷气式发动机转速表。由于喷气式发动机转速较高，直接读数不方便，因此用百分比表示，100% 即表示额定转速。小刻度盘表示 0 ~ 10%。

（a）   （b）

图 14.21 转速表指示器表面

14.4.2 磁电式转速表

磁电式转速表主要由导磁齿轮盘、磁电感应式传感器和指示器组成。它的测量原理如图 14.22 所示。

导磁齿轮盘与发动机转轴相连接，传感器固定安装在导磁齿轮盘旁边。发动机工作时，带动齿轮盘转动。导磁齿间隔地闭合或断开传感器磁路，其磁阻周期性地交替变化，磁通量随之变化，从而在感应线圈上产生感应电动势，电动势的频率 f 与转速 n 和齿盘齿数 z 成正比，即

$$n = \frac{60f}{z} \qquad (14.4)$$

由此可见，在齿数一定时测量电动势的频率，即可测得转速。一种常见的转速表如图 14.23 所示。

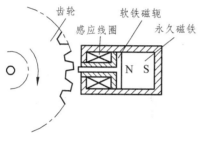

图 14.22　磁电式转速表基本原理图

图 14.23　转速表

14.5　测量油量的发动机仪表

油量表（fuel quantity gauge）用来测量飞机的燃油、滑油和液压油油量，并可在油量减少到一定数量时发出剩油警告。测量单位是公升、加仑、公斤、磅等。

在飞行过程中，及时了解飞机的剩油量，对于正确估计续航时间，完成飞行任务和确保飞行安全，有着重要意义。因此，油量表是一种重要的发动机仪表。

目前，飞机上常用的油量表有浮子式和电容式两种。前者结构简单，但误差较大；后者准确度较高，在多种飞机上使用。

14.5.1 浮子式油量表

浮子式油量表主要由传感器、指示器和转换开关等组成。其原理电路如图 14.24 所示。

传感器包括浮子、传送机构和电位器。指示器是一个动框式电流比值表，指针安装在两个活动线框上。若两线框电流比值发生变化，它们在磁场中所受电磁转矩就将发生变化，从而产生转动，其转角与电流比值成比例。

由于飞机油箱的形状是一定的，因此根据油箱液面高低就可以确定油箱油量。浮子用泡沫塑料或金属盒子做成，随液面高低而升降，并通过传送机构带动电刷移动，从而改变动框式电流比值表两线框电流的比值，使活动线框转动，从而带动指针指示出油量。

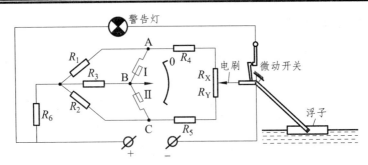

图 14.24　浮子式油量表原理电路

当剩油减少到一定数量时，浮子带动微动电门接通剩油警告灯，提醒飞行员注意。电源断开后，游丝使指针转到零以下的限制柱处。

浮子式油量表的测量精度受飞行状态影响较大，检查油量要在平飞时进行。

当剩油警告灯亮时，飞行员应结合飞行过程判断剩油状况。如果确认剩油不多，应立即报告地面指挥，并迅速做出正确处置。

14.5.2　电容式油量表

电容式油量表是利用电容器把油量转变成电容量，从而测量油量的油量表。

1. 油量转换成电容量的原理

电容式油量表的传感器是一种变介电常数式电容器，它由两只同心圆筒形极板组成，如图 14.25 所示。传感器插入油箱后，上部为空气介质，下部为燃油介质。由于燃油的介电系数大于空气的介电系数，故油箱内燃油增加时，油面升高，传感器的电容相应增大，燃油减少时，油面降低，电容相应地减小。这样就把油量的变化转化为电容的变化。

设油箱无油时传感器的电容量为 C_0，称为干电容；随着燃油高度而增加的电容为 ΔC，则总的电容为

$$C_{传} = C_0 + \Delta C \qquad (14.5)$$

当邮箱空时，传感器电容为最小值 C_0，随着油量增加，传感器电容也增加，到油箱满时，传感器电容增至最大值。电容曲线如图 14.26 所示。

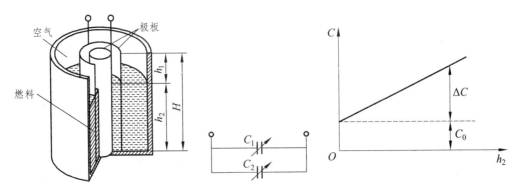

图 14.25　油量转换成电容的原理图　　　　图 14.26　电容曲线示意图

2. 仪表的工作原理

电容式油量表利用电容传感器把油面高度转换成电容，再用自动平衡电桥测量此电容，从而指示出油量。一种自动平衡电桥电路如图 14.27 所示，它由交流电桥、放大器、电动机、指示部分等组成。电容式传感器 C_X 为电桥的一条可变臂，固定电阻 R_2 和平衡电阻 R_2' 是电桥的另一条可变臂，标准电容 C_0 和电阻 R_1 为两条固定臂。放大器和电动机组成自动平衡装置。

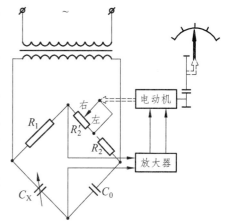

当电桥平衡时，放大器没有输入信号，电动机不转动，指针指示当时油箱的油量。当油量改变时（增加或减少），C_X 改变（增大或减小），电桥平衡被破坏，产生不平衡信号，输入放大器，经放大后驱使电机转动。电机转动时，一方面改变平衡电阻 R_2' 的大小（增大或减小），使电桥重新平衡，电机停转；另一方面带动指针指示出新的油量。

图 14.27　电容式油量表原理电路

电容式油量表的指示是以某一种燃料在某一规定温度（如 20 ℃）时的介电常数和密度为根据的。当温度改变或更换另一种燃料时，由于燃料的介电常数和密度改变，仪表指示会出现误差。温度改变引起的误差，叫作温度误差；更换燃料引起的误差，叫作换油误差。为了减少温度误差，在油量表中安装了补偿传感器感受温度变化，对温度误差进行补偿。为了减小换油误差，通常在换油后应检查指示器的"零"值和实际值（"满"值）并进行调整。

安装电容式油量表时，往往在一只油箱中装几个传感器，可以减小飞机俯仰、倾斜或加速度引起的误差。

14.5.3　油量表的指示

油量表指示器的形式很多。图 14.28 所示为运-7 飞机油量表指示器和转换开关。当转换开关放"总"位时，指示器"左"（Z）、"右"（Y）指针分别在内圈刻度盘指示出左、右机翼各油箱总油量。转换开关放"1"或"2"位时，则分别在外圈刻度盘指示左、右机翼的第 1 或第 2 组油箱油量。指示器内圈刻度范围为 0~2 400 kg，外圈为 0~1 600 kg。

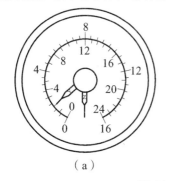

（a）

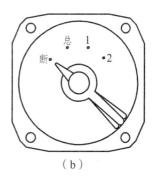

（b）

图 14.28　Y7 油量表指示器和转换开关

图 14.29 所示为燃油总量显示。该装置以数字的方式在驾驶舱内指示器上显示燃油量，并给出飞机上所携带燃油总量（单位 kg）。

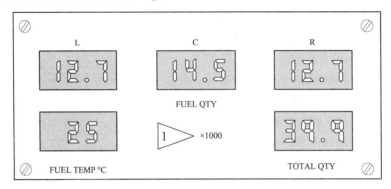

图 14.29　燃油总量显示

14.6　测量流量的发动机仪表

流体在单位时间内流过管道某一截面的体积或质量，称为流量。前者叫作体积流量，后者叫作质量流量。

测量燃油流量的仪表叫燃油流量表（fuel flow meter）。有的燃油流量表，除了测量流量外，还能指示燃油的消耗量或油箱中的剩余油量，因此又叫燃油耗量表。根据燃油流量表的指示，飞行员可以了解发动机的供油情况，它是检查和调整发动机工作状态的依据之一。

目前，飞机上常用的流量表有两种：一种是叶轮式流量表，用来测量体积流量；另一种是角动量式流量表，用来测量质量流量。

14.6.1　叶轮式流量表

叶轮式流量表是利用叶轮把燃油流量转换成叶轮转速，从而测量流量的仪表。

1. 流量转换成叶轮转速的原理

根据流量的定义，流体流量

$$Q_V = sv \tag{14.6}$$

$$Q_m = \rho sv \tag{14.7}$$

式中，Q_V 为体积流量，Q_m 为质量流量，s 为管道截面面积，v 为流速，ρ 为密度。

叶轮式流量表的敏感元件是一个叶轮，它在燃油的冲击下绕轴转动。在测量管道的截面面积一定时，流量越大，流速越快，叶轮的转速也越快。叶轮转速与流体流量成正比，测量叶轮转速就可以测出流体流量，其数学表达式为

$$\omega = \frac{2\pi Q_V}{zls} \tag{14.8}$$

式中，ω 为叶轮转速，z、l 分别为叶轮叶片数和宽度。

式（14.8）说明，叶轮转速与流体流量成正比。

由于这种方法测量的是单位时间流过的体积，只有当流体密度一定时才能表示流体质量，所以指示器上需标注流体的密度。

2. 测量流量的原理

叶轮式流量表的工作原理如图 14.30 所示，它由叶轮式传感器和同步指示器组成。

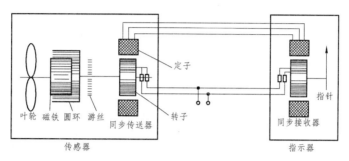

图 14.30　流量表原理图

发动机工作时，燃油不断流过供油管路，放置在管路中的叶轮受燃油冲击而转动，其转速与流量成正比。叶轮带动永久磁铁转动，并在涡流圆环上产生电磁转矩，使圆环跟随转动。当游丝反作用力矩与涡流电磁力矩平衡时，圆环停止转动。圆环转动的角度与叶轮转速成正比，即与流量成正比。圆环的转角通过感应式同步器传送给指示器，指针指示流量值。

3. 测量总消耗量的原理

燃油的总消耗量就是瞬时消耗量（流量）对时间的积分。因此，测量总消耗量也可利用叶轮把流量转换成转速，然后对转速进行积分。如果再从总油量中减去这段时间的总消耗量，则可得出当时油箱内的剩余油量（在没有泄漏和交输供油时）。

图 14.31（a）所示为一种总耗量表的传感器原理结构，它是一个无触点式转数变换器。图 14.31（b）所示为这种总耗量表的测量原理图，它由交流电桥、放大器和电磁计数式指示器等组成。

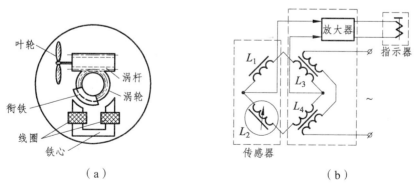

图 14.31　总消耗量测量原理

发动机工作时，燃油流经传感器使叶轮转动。由于叶轮转一周即表示消耗一定的油量，因此叶轮的转数与消耗量成正比。测量叶轮转数，便可以测得燃油总消耗量。

传感器叶轮转动时，经涡轮、涡杆减速带动衔铁转动。衔铁远离铁心时，交流电桥平衡，没有信号输出。衔铁靠近铁心时，电感 L_2 增大，电桥不平衡，输出一个脉冲信号，使电磁计数器工作一次，指示器的数码盘跳动一个数字。燃油消耗量越大，叶轮转数越多，电桥不平衡次数越多，输出脉冲数越多，指示器跳动的数字就越多。所以，指示器数码盘显示的数字就表示燃油消耗量的大小，若从总油量减去耗量，则可以表示油箱存油量。

图 14.32　流量表指示器

这种流量表表面如图 14.32 所示，指针指示燃油流量，单位为千克/小时（kg/h），数码窗显示油箱存油量（剩余油量），单位为千克（kg）。

为了指示油箱剩余油量，应在飞机加完油后，把数码窗调到油箱实际油量数（压下并转动表下方的调整旋钮可以调整数码窗数字）。发动机工作时，油量数将不断减小，只要不采用交输供油，数码窗将显示剩余油量。

这种表测量油量不存在姿态误差，但不能反映油箱泄漏情况。

14.6.2　角动量式流量表

角动量式流量表是把燃油流量转换成角动量（即动量矩），从而测量流量的流量表。由于角动量式流量表直接测量燃油质量流量，与流体的密度、温度等参数无关，测量精度高，所以被广泛使用在大中型飞机上。

1. 流体流量与角动量的关系

根据动量定理

$$F\Delta t = mv - mv_0 \tag{14.9}$$

或

$$F = \frac{mv - mv_0}{\Delta t} \tag{14.10}$$

可知，任何物体在外力作用下运动状态发生变化时，其动量随时间的变化率等于其所受的外力。而动量

$$mv = m \cdot \frac{l}{t} = l \cdot \frac{m}{t} \tag{14.11}$$

也就是说，流体的动量等于质量流量和它流过距离的乘积。若距离一定，则动量和质量流量成正比。如果再让这段流体绕固定轴转动，当转速恒定时，它对该轴之矩（即动量矩 $J\omega$）也和质量流量成正比。所以，测量流体的角动量就可以反映质量流量。

2. 工作原理

角动量流量表主要由传感器和指示器等组成，它的传感器如图 14.33 所示。

传感器的叶轮和涡轮安装在各自的轴上。叶轮在叶轮马达驱动下恒速转动，涡轮被限动弹簧制动。断耦盘固定安装在叶轮和涡轮之间，使来自叶轮的燃油只能进入涡轮孔道之中。

仪表工作时，燃油流经叶轮，将被叶轮强迫转动，获得一个横向动量，即角动量。在叶轮转速一定时，燃油质量流量越大，这个角动量也越大。换句话说，燃油单位时间流经叶轮的质量越大，它的转动惯量越大，角动量也越大。

图 14.33 角动量式流量表传感器原理图

从叶轮流出的燃油随即进入涡轮,又将被涡轮强迫导直,从而把全部角动量传递给涡轮。这样,燃油的角动量对涡轮形成一个转矩 M,其大小就和燃油质量流量成正比。理论分析可得

$$M = CnQ_m \qquad\qquad (14.12)$$

式中,C 为叶轮的结构常数,n 为叶轮转速,Q_m 为质量流量。

在燃油转矩的作用下,涡轮转动,弹簧变形。当弹簧反作用力矩与涡轮轴上的燃油转矩平衡时,涡轮停转。这时,涡轮轴的转角与燃油质量流量成正比。这个转角通过同步器传送到指示器,指示出燃油流量。信号经积分后,则可得出总耗量。图 14.34 所示为两种常用的角动量式流量表表面,左图只能指示流量,单位为磅/小时(lb/h);右图用指标指示流量,数字显示总耗油量,单位为磅(lb or pound)。

图 14.34 两种角动量式流量表表面

14.7 测量发动机振动的仪表

发动机振动指示器(engine vibration indicator)是测量发动机振动程度的仪表。航空喷气发动机是一种高速旋转机械,转子虽然经过严格的平衡,但工作时还是有或大或小的振动现象。发动机振动会使轴承加速磨损,零部件疲劳损伤,发动机寿命缩短,飞机结构强度减弱,噪声增大等。因此,现代大中型飞机都装有测振仪表,以便随时监视发动机的振动量,及时判断故障,预防早期损伤,确定发动机的返修周期与使用寿命。

14.7.1 振动的概念

发动机振动是一种周期性机械振动,可以用正弦函数来描述。振动位移 y,速度 v 和加速度 a 分别表示如下:

$$y = Y_{\mathrm{m}} \sin \omega t \tag{14.13}$$

$$v = \frac{\mathrm{d}y}{\mathrm{d}t} = \omega\, Y_{\mathrm{m}} \cos \omega t = V_{\mathrm{m}} \sin\left(\omega t + \frac{\pi}{2}\right) \tag{14.14}$$

$$a = \frac{\mathrm{d}^2 y}{\mathrm{d}^2 t} = -\omega^2 Y_{\mathrm{m}} \sin \omega t = A_{\mathrm{m}} \sin(\omega t + \pi) \tag{14.15}$$

式中，Y_{m} 为位移的最大值，称为振幅；V_{m} 为振动速度幅值；A_{m} 为振动加速度幅值；ω 为振动角频率。

目前，振动测量大多采用全振幅 S 或振动载荷系数 G 作为指示参数。全振幅

$$S = 2Y_{\mathrm{m}} \tag{14.16}$$

振动载荷系数是振动加速度幅值与重力加速度的比值，即

$$G = \frac{A_{\mathrm{m}}}{g} \tag{14.17}$$

振动载荷系数与振动速度的关系是

$$G = \frac{\omega^2 Y_{\mathrm{m}}}{g} = \frac{\omega\, V_{\mathrm{m}}}{g} \tag{14.18}$$

振动载荷系数与全振幅的关系是

$$G = \frac{\omega^2}{g} \cdot \frac{S}{2} = \frac{\omega^2 S}{2g} \tag{14.19}$$

14.7.2　振动的测量原理

目前，常用的测振仪表有速度式和加速度式两种。

1. 速度式测振原理

速度式测振传感器的原理如图 14.35 所示。它由永久磁铁、线圈、弹簧等组成。线圈安装在壳体上，壳体固定在发动机振动测量点上。永久磁铁质量较大，并由两个刚度很小的软弹簧连接在壳体上，因此自然振动频率很低（＜15 Hz）。整个传感器相当于一个把振动速度转换成交流电压的永磁式发电机。

发动机工作时，传感器壳体随发动机一起垂直振动，沿测量方向做高频往复直线运动。由于磁铁自然振动频率低，壳体的振动来不及传递给永久磁铁，所以磁铁并不随发动机振动，而是基本上保持静止状态。这样，永久磁铁相对于线圈的往复运动就反映了发动机的振动。根据电磁感应原理，永久磁铁与线圈相对运动时将产生感应电动势，即

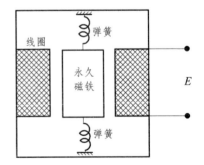

图 14.35　传感器原理图

$$E = BNLV \tag{14.20}$$

式中，E 为感应电动势有效值，B 为磁感应强度，N 为线圈匝数，L 为每匝绕组的有效长度，V 为相对速度的有效值。

式（14.20）说明，速度式测振传感器的结构一定时，感应电动势与发动机振动速度成正比。所以，测量感应电动势的大小，可以表示发动机的振动速度。测出振动速度后，通过积分可以得到振幅。当发动机振动频率一定时，又可以得到振动载荷系数。通常在发动机上安装两个振动传感器，一个安在压气机附近，另一个安在涡轮转子附近，测量这两处的径向振动参数。

2. 加速度式测振原理

当物体加速运动时，将受到惯性力的作用。惯性力的大小等于加速度与物体质量的乘积，惯性力的方向与加速度的方向相反，其关系式为

$$F_i = -ma \tag{14.21}$$

式中，F_i 为运动物体所受惯性力，m 为运动物体的质量。

式（14.21）说明，当物体质量一定时，测量它所受惯性力的大小，就可知其加速度。

加速度式测振传感器是一个压电式力传感器，它的原理结构如图 14.36 所示。质量块是加速度敏感元件，它被硬弹簧压紧在压电晶体片上，并随壳体一起运动。壳体安装在发动机上，随发动机一起运动。

发动机工作时，传感器随发动机一起垂直振动。由于弹簧的刚度相当大，质量块的质量相对较小，可以认为质量块的惯性很小。因此，质量块感受与传感器基座相同的振动，其振动加速度与发动机振动加速度成正比。这样，质量块就有一个正比于加速度的交变力作用在压电片上。由于压电片具有压电效应，因此在它的两个表面上就产生了交变电荷（电压），其电荷量（电压）与作用力成正比，即与发动机

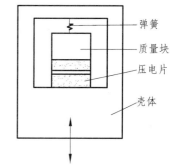

图 14.36 加速度式测振传感器

振动加速度成正比。测量传感器的输出电压就可以表示发动机振动加速度的大小。通过积分，就可以得到振动速度和振幅。由于这种传感器结构简单、工作可靠、体积小巧，因此得到了广泛的应用。

3. 振动的指示器

振动指示器一般是测量电压的毫伏（或毫安）表。图 14.37 所示为两种振动指示器表面。图 14.37（a）指示振动载荷系数，民航飞机正常工作时振动载荷系数一般在 3~4。图 14.37（b）指示振动幅值，单位为密耳（mil，1 mil = 10^{-3} in），通常正常值在 2~3 mil。

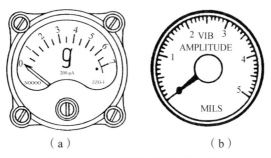

（a）   （b）

图 14.37 两种振动指示器表面

图 14.38 所示为一种振动指示器的转换开关板，它和指示器配合使用。把转换开关放在扩散器位时，指示器指示的振动值是扩散器附近的传感器测得的该位置的振动值；放在涡轮位时，则指示涡轮附近的传感器测得的振动值。

试验按钮用来检查指示器和警告灯。发动机未工作时，按下试验按钮，指针指示一定数值（如 3.8 ~ 4.2 mil），并且警告灯亮；松手后，指针回零，灯灭。

发动机振动指示器是一种监视仪表，使用前应该用试验按钮进行检查；使用中若警告灯亮，表示振动过大（如有的发动机振动达 4 mil 时，警告灯亮），应结合其他仪表指示判断故障情况，并迅速做出处置。

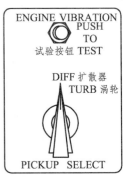

图 14.38　转换开关

14.8　测量发动机扭矩的仪表

发动机扭矩表是用来测量涡轮螺旋桨发动机主轴的扭矩的仪表。涡轮螺旋桨发动机将绝大部分（90%左右）的燃气可用能量转变成涡轮机械功用以带动螺旋桨。减速器将高转速低扭矩的涡轮功率变为低转速高扭矩功率并送到螺旋桨。发动机经减速器传递给螺旋桨的功率称为螺旋桨轴功率，其大小同主轴的扭矩成正比。显然，扭转力矩越大，螺旋桨的功率也越大。测量此扭转力矩的大小，就可以了解螺旋桨的功率。所以发动机扭矩表所测扭矩的大小实际反映了螺旋桨的功率。螺旋桨轴功率是正确控制发动机工作，以维持飞机所需拉力的一个重要参数。

扭矩表系统是发动机本身的一部分，通常与减速齿轮组件一起内置于输出轴和传动轴之间，通过把扭矩转换成油压的大小来测量。

扭矩表主要由轮缘、动作筒、活塞及输油圈等组成，如图 14.39 所示。

动作筒一端固定在轮缘上，轮缘与减速器跨轮壳体衔接。涡轮轴经减速器带动螺旋桨转动时，跨轮壳体传输给轮缘的扭转力矩，由动作筒产生一定的位移，改变筒腔中的油压来平衡。

空心活塞轴，一端置于动作筒中，与筒壁构成工作腔；另一端安装在减速器机匣的连接座上。滑油由专用滑油泵经输油圈注入空心活塞及动作筒工作腔后，再由筒壁放油槽口放出。槽口开放的大小，由活塞轴在筒壁中的相对位置控制着。

当扭转力矩一定时，动作筒壁与活塞轴的相对位置一定，放油槽口的开度一定，动作筒

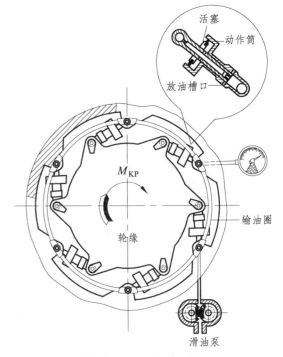

图 14.39　扭矩表原理

工作腔中的滑油压力也一定。将此油压引入压力表传感器中，使压力表指示一定，表示螺旋桨的功率一定。

当扭转力矩增大时，跨轮壳体经轮缘传输来的力矩增大，使动作筒与活塞轴相对轴向位移增大，放油槽口开度减小，放出的滑油减少，筒腔中油压增大，压力表指示增大，表示螺旋桨功率大。

由上述可知，扭矩测量器的结构一定时，动作筒工作腔中滑油压力的大小与螺旋桨功率成正比。因此，测量此油压的大小即可了解螺旋桨的功率。发动机扭矩表测量的是与螺旋桨功率成正比的压力，因此，扭矩表用的就是一套压力表。

某发动机扭矩表的原理电路如图 14.40 所示。

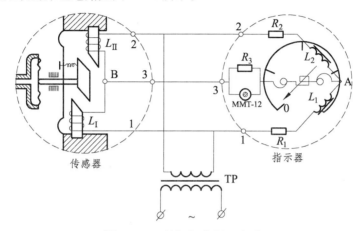

图 14.40 某扭矩表原理电路

从原理图可以看到，全套电路组成一个交流电桥。传感器中两个可变电感 L_I、L_{II} 与指示器中的固定电感 L_1+R_1，$L_{II}+R_2$ 组成四个桥臂支路。单相交流电源接在对角线上，活动线框支路连接在另一对角线 A、B 两点间，作为电桥的输出端。通过压力传感器将压力的改变转化为活动铁心的移动，从而改变可变电感 L_I、L_{II} 的大小。可变电感 L_I 感抗最大时，L_{II} 感抗最小。

当扭矩为零，使传感器中压力为零时，活动铁心靠近 L_I，使 L_I 感抗最大，L_{II} 感抗最小，B 点电位略高于 A 点电位。此时，电桥不平衡信号最小，流过活动线框的电流最小，产生转矩也最小，游丝变形产生很小的反抗力矩就能平衡线框转矩，平衡后使指针指在零位，表示出压力为零。

当扭矩增大，传感器压力增大时，活动铁心逐渐离开 L_I 使其感抗变小，靠近 L_{II} 使其感抗增大。L_I 变小，L_{II} 增大都是使 B 点电位升高（A 点电位不变）。因此，交流电桥不平衡信号增大，活动线框中电流增大，产生的转矩增大。这时，游丝必须变形更多，产生的反抗力矩变大才能平衡线框的转矩。当转矩与反转矩平衡时，指针偏转了较大角度，指示出较大的压力。

扭矩减小时，与增加时情形相反，电桥不平衡信号减小，活动线框中电流减小，转矩减小，在游丝反抗力矩作用下使指针回退，指示出压力减小。

扭矩表通常以 PSI（磅/平方英寸）为单位进行显示，也可以用百分比表示。一种安装在涡轮螺旋桨飞机上的典型扭矩测量装置如图 14.41 所示。在该装置中，由发动机轴驱动的螺旋齿轮（helical gears）产生轴向推力（axial thrust），滑油压力（oil pressure）作用在多个活塞（pistons）上用于同该轴向推力相抗衡，相应的力会同扭矩成比例。该数值传输到适当校准的指示器刻度盘，指示出扭矩的大小。这种扭矩测量装置的一个优点是当扭矩测量系统中的滑油压力由于发动机失效而突然降低时，可以作为螺旋桨的顺桨装置。

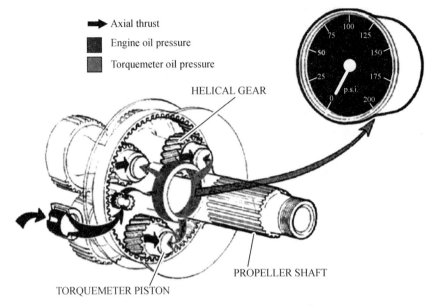

图 14.41　涡轮螺旋桨飞机扭矩测量装置

复习思考题

1. 常用的活塞式发动机仪表有哪些？主要监控哪些参数？
2. 常用的燃气涡轮发动机仪表有哪些？主要监控哪些参数？
3. 进气压力表的功用是什么？工作原理是怎么样的？
4. 在发动机工作前、工作时，进气压力表应怎样指示？
5. 电动压力表的功用是什么？
6. 试说明直流二线式压力表、交流二线式压力表的基本原理。
7. 推力表的功用是什么？现代民航机常用的测量推力仪表有哪几种？
8. 试分析压力比表的工作原理。
9. 电阻式温度表和热电偶式温度表各有什么用途？
10. 试分析热电偶式温度表的工作原理。
11. 转速表的功用是什么？
12. 试分析磁转速表的工作原理。
13. 试分析磁电式转速表的工作原理。
14. 转速表有哪两种指示形式？各用在什么地方？怎样认读？
15. 试分析浮子式油量表的工作原理。使用时的注意事项有哪些？
16. 试说明油量转变成电容量的基本原理，并分析电容式油量表的工作原理。
17. 流量表的功用是什么？

18. 试分析叶轮式流量表测量流量和总耗量的工作原理。

19. 试分析角动量式流量表的工作原理。

20. 振动指示器有什么功用？发动机测振仪常用哪些测量单位？

21. 什么是振动载荷系数？

22. 试分析速度式测振仪的工作原理。

23. 试分析加速度式测振仪的工作原理。

24. 说明振动指示器的使用特点。

25. 简述扭矩表的功用和基本原理。

15 辅助仪表

15.1 航空时钟

目前，飞机上使用的航空时钟（aircraft clock）有两类：机械时钟和电子时钟。

15.1.1 机械时钟

机械时钟有飞行时钟和领航时钟两种，它们的计时原理和普通时钟相同，但在结构和使用上有其特点。

1. 飞行时钟

飞行时钟用来指示现在时间。图 15.1 所示为一种飞行时钟的表面，其刻度与普通时钟相同。

反时针转动刻度盘外缘的转环，可以给时钟上条。一次上足条，可连续走 8 天。拉出并顺时针转动转环，可以对时。对时后应将转环推回原位，否则时针、分针将不走动。

转环上有一个三角标记，顺时针转动转环，可以使它指在某一预定时刻上，以便计算飞行时间。

2. 领航时钟

领航时钟用来指示现在时间、续航时间和测量某一时间间隔。领航时钟由主时刻表、续航时间表和飞行秒表组成。一种领航时钟的表面如图 15.2 所示。

图 15.1　飞行时钟　　　　　　　　图 15.2　领航时钟

主时刻表用来指示现在时间，它由主刻度盘和中央的时针、分针组成。

续航时间表用来指示续航时间，它由上部的小刻度盘、时针和分针组成。在小刻度盘下部有一个小窗口，可以出现"红""半红半白""白"三种信号标志，分别表示续航时间表的工作、停止和回零三种状态。这三种状态受表面左下角的按钮控制，每按压一次，变换一种工作状态。

飞行秒表用来测量某一段时间间隔（如发动机起动时间等），它由下部的小刻度盘、分针和主刻度盘上的秒针组成。飞行秒表也有工作、停止、回零三种状态，受表面右下角的按钮控制，每按压一次，变换一种工作状态。

时钟上条和主时刻表拔针也用左按钮控制。反时针转动左按钮，可以上条。一次上足条，约可走 5 天。拉出并反时针转动左按钮，可以顺时针拔针，拔针后，应将按钮推回原位。

为了保证飞行时钟和领航时钟在较低温度下也能准确计时，在时钟里面都装有加温电阻。接通时钟加温电源，即可加温。

15.1.2　电子时钟

现代飞机大多使用电子时钟。图 15.3 为目前广泛使用的一种电子时钟。它可以显示现在时间（年、月、日、时、分），经过时间和精确计时，并且可以向飞机上其他系统提供现在时间基准。

现在时间显示在表面上方的液晶显示屏上。平时，显示屏显示时、分，显示范围为 00：00～23：59，采用 24 小时制计时。按压表面右上角的"DATE"（日期）按钮，显示屏显示日、月，并以 1 s 为间隔交替显示年份；再次按压，重新显示时、分。

现在时间的控制和调整由表面右下角的"GMT"（格林尼治时间）控制钮控制。当 GMT 钮在 RUN（工作）位时，开始走时；在 HLD（保持）位时，走时停止，秒计时

图 15.3　电子时钟

回零。如果显示屏显示年，则可向前调整年份。在 SS（慢调）位时，向前调整分钟；如果显示屏显示日、月，则可向前调整月份。在 FS（快调）位时，向前调整小时；如果显示屏显示日、月，则可向前调整日期。

经过时间（相当于续航时间）和精确计时时间（相当于飞行秒表）都可以显示在表面下方的液晶显示屏上，精确计时优先。经过时间显示范围为 00：00～99：59。精确计时显示屏只显示分钟数，而由刻度盘上的秒针指示秒数，计时范围为 00′00″～99′59″。

经过时间由表面左下角的"ET"控制钮控制。当 ET 钮在 RUN 位时，开始计时；在 HLD 位时，计时停止；在 RESET（复位）位时，计时回零。RESET 位为弹簧控制，松手后，自动返回 HLD 位。精确计时由表面左上角的"CHR"按钮控制。第一次按压，开始计时，显示器显示精确计时时间，秒针走动；第二次按压，计时停止；第三次按压，计时回零。在精确计时工作时，若经过时间在 RUN 位，经过时间仍然工作，只是不能显示。当精确计时回零后，显示器自动显示经过时间。

电子时钟一般采用飞机电瓶汇流条和备用直流汇流条供电，只要电瓶电压正常，时钟始终工作。

15.2 指位表

指位表（Position Indicator）是用来指示飞机某一机构的停放位置或开放角度的仪表。这些机构有油门杆、襟翼、滑油散热器风门、舵面等。常用的指位表有直流同步传输系统和交流同步传输系统等。

图 15.4 所示为直流同步传输系统指位表原理。它由传感器和指示器两部分组成。当被测机构运动时，通过曲臂带动电位器的环形电阻相对电刷转动，从而使指示器三线圈中电流比值发生变化，合成磁场的方向随之改变，活动磁铁转动，并带动指针指示出相应角位置。

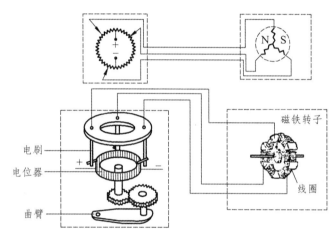

图 15.4　直流同步传输系统指位表原理图

图 15.5 所示为交流同步传输系统指位表原理，它实际上是一个感应式同步器。被测机构与发送器转子相连接，指针安装在接收器转子上。当被测机构运动时，其角位移被传送到接收器，由指针指示出来。

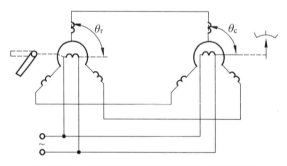

图 15.5　交流同步传输系统指位表原理图

图 15.6 所示为两种指位表表面，（a）图表示左、右发动机滑油散热器风门的开度，（b）图表示左、右襟翼的收放角度。

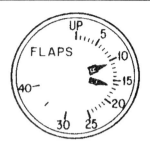

（a）滑油散热器风门指位表　　　　　　（b）襟翼指位表

图 15.6　两种指位表

15.3　弹簧管压力表

弹簧管压力表（spring tube pressure gauge）是一种机械式压力表，主要用来测量较大的压力，如飞机上的冷气压力、氧气压力、高压油压力等。这种仪表测量范围广，从 0.8 kg/cm² 到几百 kg/cm²，并且仪表的结构简单，坚固耐用，但远距传输困难。

弹簧管压力表是由一根弹性很好的金属管、传送机构、指针和刻度盘等组成，如图 15.7 所示。金属管的横截面是椭圆形或扁圆形。管子弯成弧状，自由端封闭，开口的一端安装在固定座上。

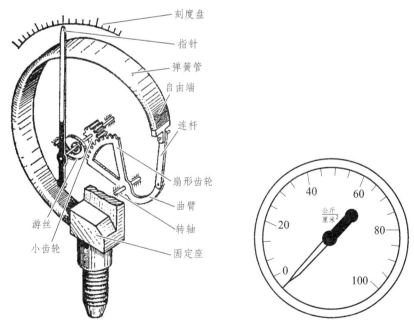

图 15.7　弹簧管压力表

流体进入管内之后，在流体压力的作用下，弹簧管有伸直的趋势，自由端产生位移（正如一条卷曲的消防水管，在高压水的作用下会很快伸直一样）。流体压力越大，管子伸直变形越多，自由端产生的位移越大。自由端向外移动时，经连杆、曲臂和齿轮使指针转动，指示出流体压力的大小。压力消失后，弹簧管由于本身弹力的作用而恢复原形，指针也随之回零。

　　弹簧管受流体压力作用后，为什么会伸直一些呢？由于弹簧管的横截面是椭圆形或扁圆形的，沿短轴 b 方向的表面积大，沿长轴 a 方向的表面积小。因此，受流体压力作用后，沿短轴方向的总压力也就大于沿长轴方向的总压力。在两压力作用下，使椭圆的长轴缩短、短轴伸长，即使横截面由椭圆形向圆形转化，如图 15.8（a）所示。

　　在弹簧管的横截面向圆形转化的过程中，弹簧管外弧伸长，外弧管壁"纤维"受到拉伸作用；内弧缩短，内弧管壁"纤维"受到压缩作用，如图 15.8（b）所示。因而外弧管壁产生反抗拉伸的拉应力，内弧管壁产生反抗压缩的压应力。这两个应力分别沿外、内弧合成，在自由端构成一对力偶。在此力偶作用下，弹簧管伸直变形，自由端向外产生位移 S，从而使弹簧管圆弧改变 $\Delta\alpha$ 角，如图 15.8（c）所示。

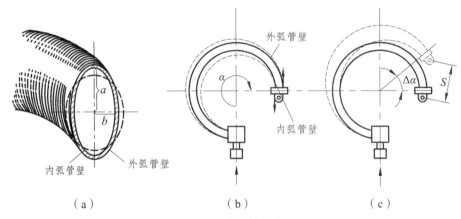

图 15.8　弹簧管的变形

　　弹簧管伸直变形时，外弧管壁的"纤维"又受压缩，产生压应力；内弧管壁的"纤维"又受拉伸，产生拉应力。这两个应力组成一对力偶，这对力偶与横截面变形产生的应力所构成的一对力偶方向相反。当这两对力偶的大小相等时，弹簧管在伸直变形过程中达到平衡，自由端的位移也就一定。当弹簧管结构一定时，流体压力越大，横截面变形越大，自由端位移越大，指示越大。

复习思考题

1. 说明领航时钟的功用和使用方法。
2. 说明电子时钟的功用和使用方法。
3. 说明指位表的功用。
4. 说明直流同步传输系统和交流同步传输系统指位表的工作原理。
5. 弹簧管压力表的功用是什么？
6. 说明弹簧管压力表的工作原理。

参考文献

[1] 秦永元. 惯性导航[M]. 北京：科学出版社，2015.

[2] 王世锦. 飞机仪表[M]. 北京：科学出版社，2014.

[3] 何永威. 仪表飞行指南[M]. 成都：西南交通大学出版社，2013.

[4] 王增和，卢春兰，钱祖平. 天线与电波传播[M]. 北京：机械工业出版社，2013.

[5] 刘建英，任仁良. 飞机电源系统[M]. 北京：中国民航出版社，2013.

[6] 王鹏. 使用限制资料和电气线路互联系统[M]. 北京：航空工业出版社，2013.

[7] 迈克·图利，戴维·怀亚特. 飞机电气和电子系统 —— 原理、维护和使用[M]. 张天光，张博宇，译. 上海：上海交通大学出版社，2011.

[8] 寇明延，赵然. 现代航空通信技术[M]. 北京：国防工业出版社，2011.

[9] 田裕鹏. 传感器原理[M]. 北京：科学出版社，2011.

[10] 伊恩·莫伊尔，阿伦·西布里奇. 民用航空电子系统[M]. 范秋丽，等，译. 北京：航空工业出版社，2009.

[11] Ian Moir, Allan Seabridge. Aircraft Systems: Mechanical, electrical, and avionics subsystems integration[M]. 3rd ed. John Wiley & Sons, Ltd, 2008.

[12] 朱新宇，王有隆，胡焱. 民航飞机电气仪表及通信系统[M]. 成都：西南交通大学出版社，2008.

[13] 伊尔曼. 飞行员航空知识手册[M]. 王同乐，杨新湜，译. 北京：航空工业出版社，2006.

[14] 郑连兴，任仁良. 涡轮发动机飞机结构与系统[M]. 北京：兵器工业出版社，2006.

[15] 刘连生. 飞机通信系统[M]. 北京：兵器工业出版社，2005.

[16] 赵淑荣，罗云林. 大气数据系统[M]. 北京：兵器工业出版社，2004.

[17] 魏光兴. 通信 导航 监视设施[M]. 成都：西南交通大学出版社，2004.

[18] 张泽龙. 私用飞行员教程[M]. 成都：西南交通大学出版社，2001.

[19] 张泽龙. 商用飞行员教程[M]. 成都：西南交通大学出版社，2001.

[20] 王有隆. 航空仪表[M]. 成都：西南交通大学出版社，2001.

[21] 严仰光，谢少军. 民航飞机供电系统[M]. 北京：航空工业出版社，1998.

[22] 朱普安. 飞机电气元件[M]. 北京：中国民航出版社，1997.

[23] 盛乐山. 航空电气[M]. 北京：科学出版社，1994.

[24] 王成豪. 航空仪表[M]. 北京：科学出版社，1992.

[25] 杨世钧. 航空测试系统[M]. 北京：国防工业出版社，1984.

[26] 南京航空学院陀螺仪原理编写组. 航空陀螺仪原理[M]. 北京：科学出版社，1981.